KB078886

임춘무 · 이일권 · 최종기 공저

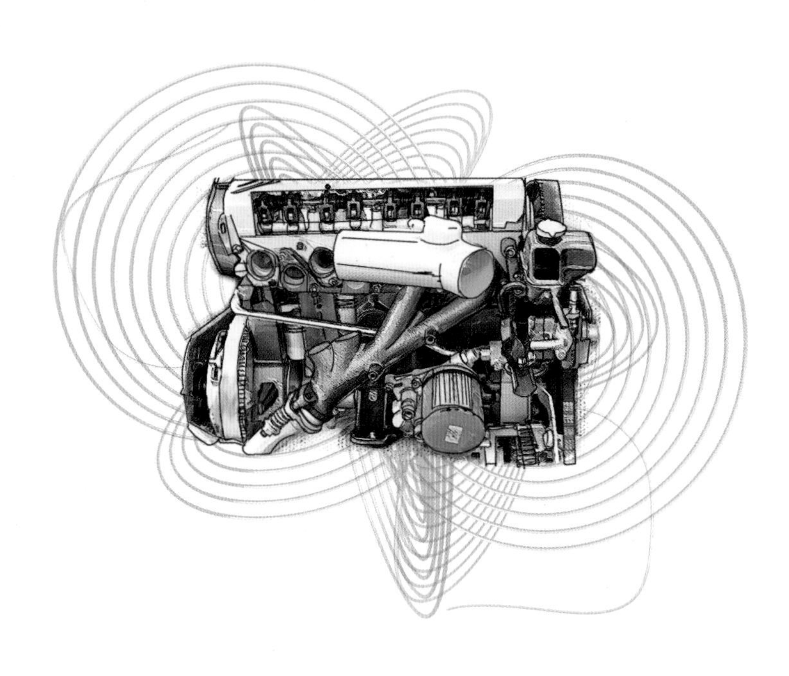

일진사

머 리 말

대한민국 경제는 1인당 국민 소득 4만 달러, 무역 규모 2조 달러 시대를 목표로 삼고 있으며, 경제 성장의 패러다임이 추격형, 기능형에서 선도형, 창조형으로 변화되고 있습니다. 특히 소비자들의 소득 수준이 높아질수록 자동차를 단순한 이동 수단을 넘어 자신의 삶의 느낌과 의미, 보람으로 연관시키고 있어 자동차는 문화를 주도하는 도구로써 생활의 즐거움을 주는 예술품으로 진화하고 있습니다.

세계 주요 공업국에서는 자동차 산업을 최대의 기간산업으로 육성하고 또한 자동차 산업은 각국의 경제면에서 중요한 역할을 담당하고 있을 뿐만 아니라 국가 간의 무역에서도 큰 지위를 차지하고 있습니다. 우리의 자동차 산업도 세계 최고의 위상과 최고급 브랜드화를 향해 계속 전진해가고 있으며, 우리의 능력과 열정, 에너지를 감안하면 그러한 목표는 반드시 현실화될 수 있으리라 확신합니다.

이 책은 자동차 엔진 정비에 처음 입문하는 학생들을 위한 실습 교재로 다음과 같은 특징으로 구성하였습니다.

첫째, 자동차 정비에 입문하는 학생들이 자동차 엔진 정비의 개념을 충분히 이해하고 이를 토대로 실습 기능과 고장진단 능력을 습득함으로써 자신의 가능성과 잠재능력을 계발할 수 있도록 하였습니다.

둘째, 학생들이 편리하게 공부할 수 있도록 컬러 사진을 풍부하게 수록하여 생생한 자동차 정비 실습 분위기를 전달함으로써 작업 내용을 쉽게 이해하고 응용할 수 있도록 하였습니다.

셋째, 자동차 엔진 파형 측정 실습 시 과제를 부여함으로써 실습 수행 과정에서 측정과 분석 및 센서 단품 점검 능력을 향상시킬 수 있도록 하였습니다.

넷째, 실습 교육의 효과를 높이기 위하여 관련 지식을 기초부터 심화 단계까지 제시함으로써 실습 과정과 연계하여 수준별 학습을 실시할 수 있도록 하였습니다.

이 책은 자동차 정비에 입문하는 여러분들에게 자동차의 구조와 정비를 이해하는 길로 안내하기 위해 집필되었습니다. 실습 여건이 여의치 않는 독자들에게 자동차 정비 실습 작업을 이해할 수 있도록 자료를 정리한 만큼 독자 여러분들에게 소기의 결실이 있기를 기대하며, 혹여 출판된 내용에 오류가 발견되어 지적해 주시면 겸허한 마음으로 수정하도록 하겠습니다.

끝으로 좀 더 나은 책이 출간될 수 있도록 관심과 사랑으로 물심양면 지원해 주신 동료 교수님들과 **일진사** 편집부 직원들께도 진심으로 감사의 말씀을 전합니다.

저자 씀

차 례 CONTENTS

4 타이밍 벨트 점검 정비

5 윤활장치 점검 정비

6 냉각장치 점검 정비

7 엔진 고장 진단 점검 정비

8 가솔린 전자 제어장치 점검 정비

9 전자 제어 엔진 파형 점검 정비

10 배기가스 점검 정비

11 LPG 엔진 점검 정비

12 디젤 엔진 점검 정비

Hi-DS

자동차 정비 공구와 장비

1. 자동차 정비 공구와 장비 활용의 필요성
2. 자동차 정비 공구의 종류와 명칭
3. 자동차 정비 작업 시 주의 사항

1 자동차 정비 공구와 장비

1 자동차 정비 공구와 장비 활용의 필요성

자동차 정비 공구란 자동차 정비 작업을 안전하고 효율적으로 수행하며 자동차의 성능을 충분히 발휘할 수 있도록 자동차의 보수와 유지, 분해, 점검, 조정 수리를 하기 위한 정비 공구를 말한다. 이 장에서는 자동차의 고장이나 성능 저하를 예방하고, 배출가스 및 소음에 의한 환경 공해를 방지함과 더불어, 안전하고 경제적인 운행을 유지할 수 있도록 정비 공구의 활용도를 높여 효율적인 정비 작업이 되도록 한다.

2 자동차 정비 공구의 종류와 명칭

공구툴 박스 일반 공구

래칫 핸들(rachet handle) : 볼트, 너트에서 소켓을 빼내지 않고 계속 한쪽 방향으로 볼트, 너트를 조이거나 풀 때 사용하며 자동차 정비 작업 시 활용도가 높은 공구로 큰 토크가 필요치 않는 작업에 활용된다.
래칫 : 방향 전환 작업 시 스위치 방향을 반대로 작동시켜야 줘야 한다.

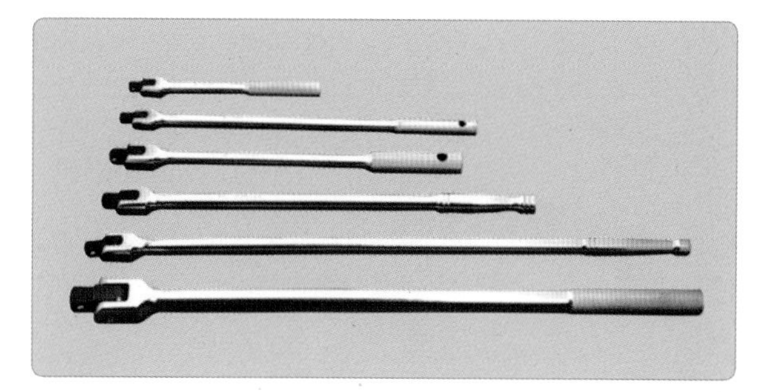

소켓 핸들(hinge handle) : 최대의 지렛대 힘을 활용할 수 있는 공구로써 볼트나 너트의 조임 토크가 커 볼트나 너트를 풀고 조일 때 사용하는 힌지 핸들로 14 mm 이상의 볼트나 너트를 처음 풀 경우 주로 사용한다.
공구 사용 방법 : 볼트나 너트를 조이고 풀 때는 핸들을 잡고 몸 안쪽으로 잡아당겨 부상당하지 않도록 작업한다.

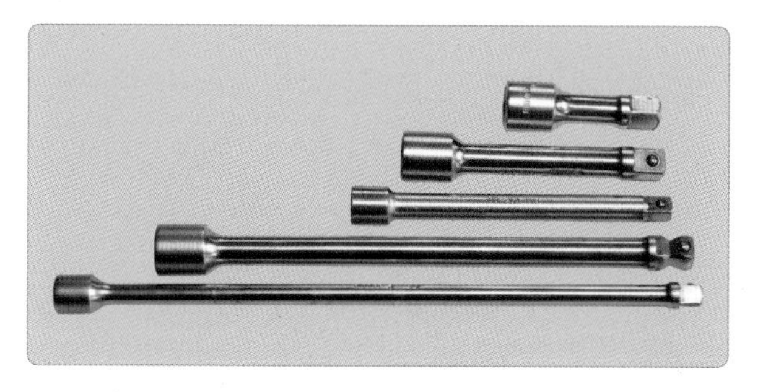

연결대(이음대, extension bar) : 좁은 작업 공간에서 복스 소켓과 렌치나 핸들의 중간 연결에 사용되며, 연결대 종류는 대 · 중 · 소로 구성되어 작업 상황에 맞게 사용한다.

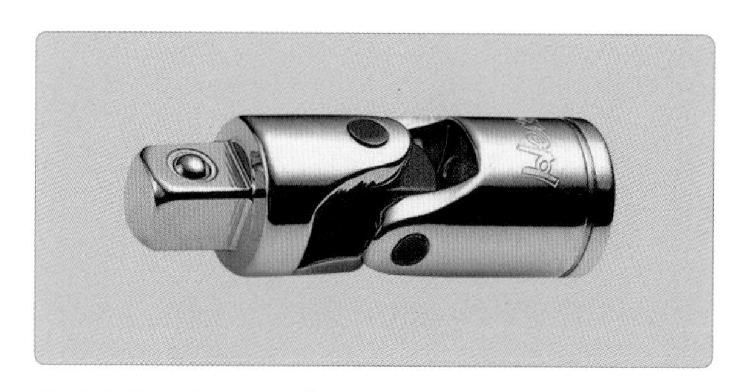

유니버설 조인트 : 두 축의 각도를 자유롭게 바꿀 수 있는 이음(조인트) 공구로써 각도가 있는 비스듬한 작업 공간 또는 작업이 원활하지 않은 복잡한 작업 공간에서 소켓과 래칫 핸들 사이에 연결하여 각도 변화를 주어 경사진 곳에서 조임이나 풀기 작업이 가능하다.

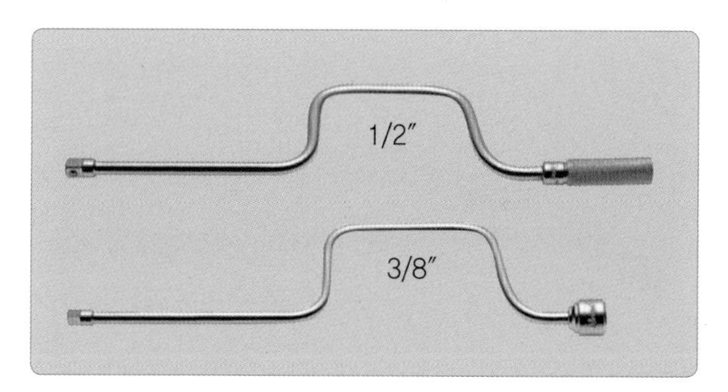

스피드 핸들(speed handle) : 볼트나 너트를 신속히 풀거나 조일 때 사용하며 작업 공간이 충분하고 볼트와 너트가 많을 경우 빠르게 작업하는 데 사용된다. 10 mm 이상은 힌지 핸들로 분해한 후 신속한 작업을 위해 스피드 핸들로 작업한다. 이때 소켓의 교환 공구 사용 작업이 원활하도록 한다.

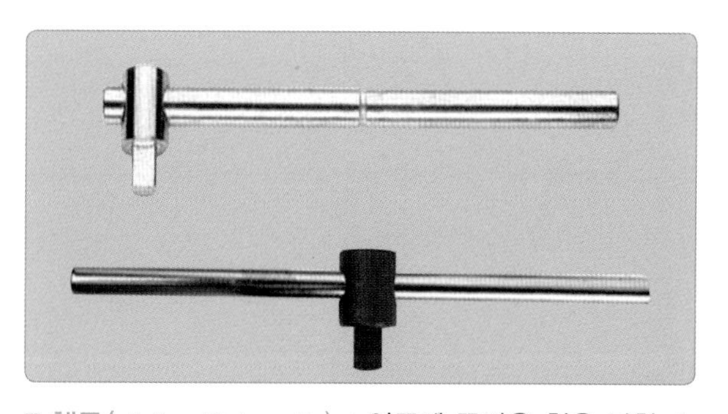

T 핸들(sliding T-handle) : 양끝에 똑같은 힘을 가할 수 있고, 한쪽으로 몰아서 힌지 핸들과 같이 볼트나 너트를 분해 또는 조립 시 바의 길이를 조절하여 필요한 토크로 조일 수 있으므로 무리한 힘으로 조여지지 않도록 사용할 수 있는 공구이다.

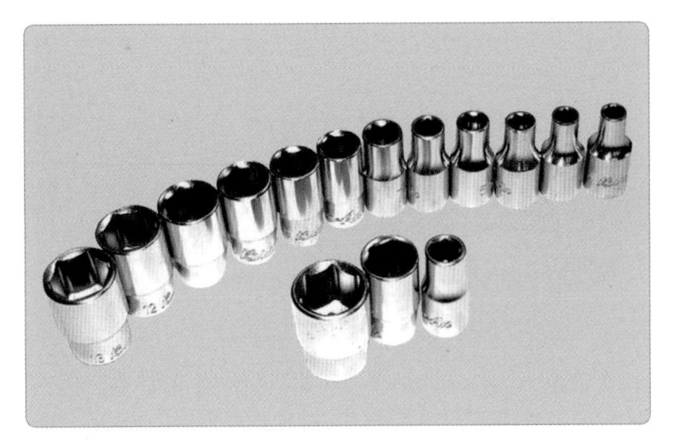

소켓(6각, 12각) : 소켓은 래칫 핸들, 힌지 핸들 같은 렌치형 수동 구동 공구 사용 시 활용되며, 볼트, 너트를 풀고 조이는 핸드 소켓과 전기나 압축 에어를 이용하는 임팩트 소켓이 있다.

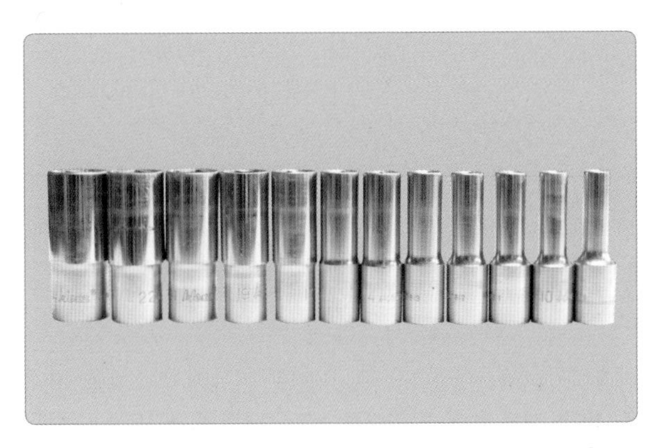

딥(롱) 소켓 : 볼트나 너트 깊이가 길어서 단구 소켓을 사용할 수 없을 경우 활용할 수 있는 소켓으로 실린더 헤드부나 스파크 플러그 탈착 시 사용된다.

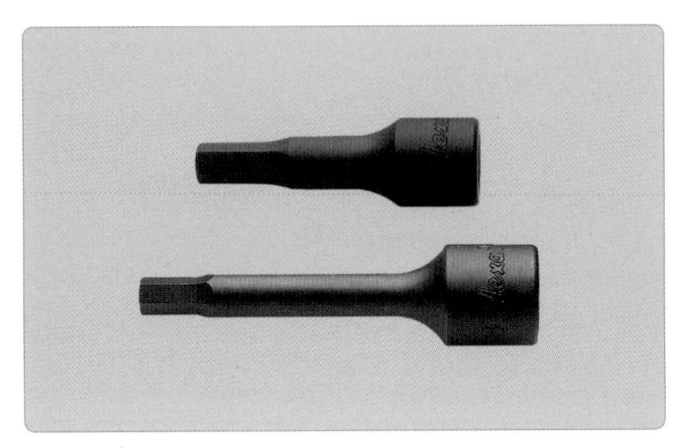

육각 렌치(실린더 헤드 분해 조립용) : 실린더 헤드 볼트나 일반 볼트 안지름이 육각으로 형성된 경우에 사용되는 공구이다.

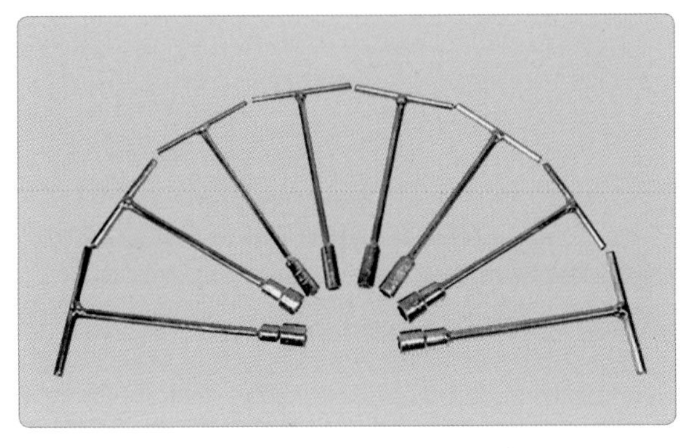

T형 복스 렌치대(T형 핸들) : 소켓과 T자 모양의 핸들을 용접하여 고정시켰으며 토크가 작은 볼트나 너트를 조이거나 분해할 때 주로 사용한다(12 mm, 10 mm, 8 mm 사용).

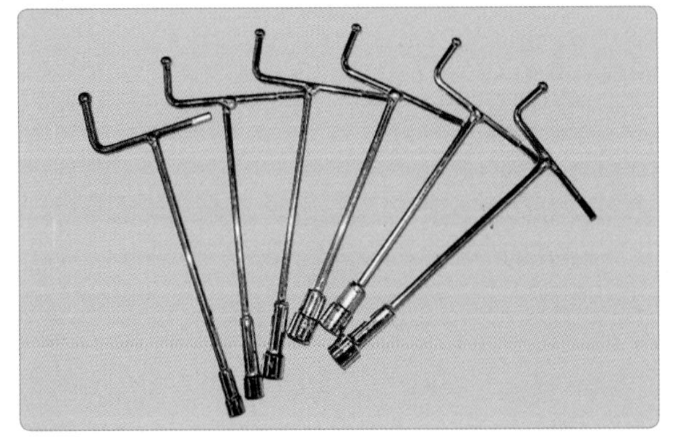

T형 복스 렌치대(스피드 핸들, T형 핸들) : 소켓과 T자 모양의 핸들을 고정시켜 일체가 되도록 제작된 T렌치로 조임 토크가 작은 나사를 신속하게 조이거나 풀 때 주로 사용한다(주로 12 mm, 10 mm, 8 mm 사용).

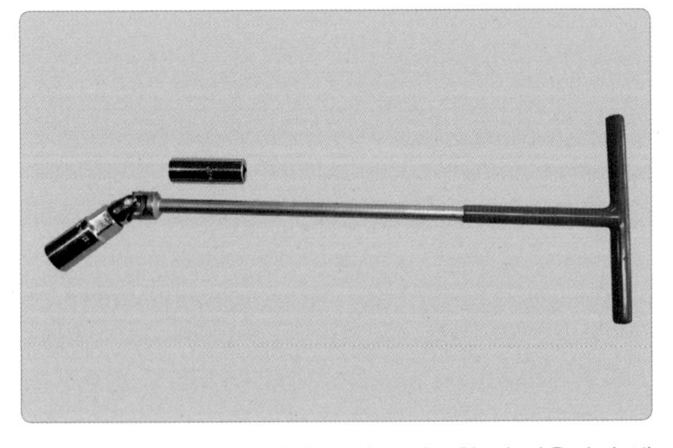

스파크 플러그 렌치 : 점화 플러그 탈부착 시 사용하며 엔진이 냉간 시에 스파크 플러그를 신속하게 탈부착할 수 있도록 T형 핸들에 고정시켜 사용한다.

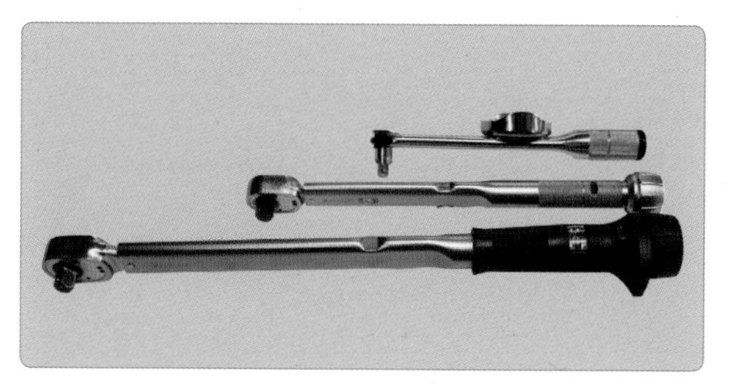

토크 렌치(audible indicating torque wrench) : 고정식 토크 렌치라고도 하며, 토크값을 손잡이 핸들에서 조정한 후 볼트나 너트를 조일 때 세팅된 토크가 걸리면 작동음이 "딸깍" 소리가 나게 되며 주기적으로 영점을 맞추어 규정된 토크를 사용한다.

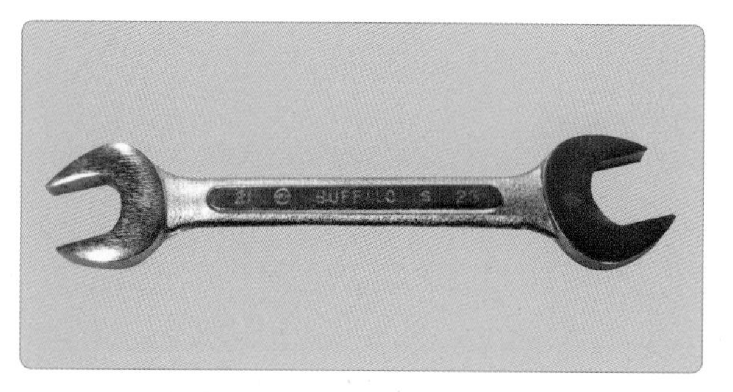

오픈 엔드 렌치(open-end wrench)[양구 스패너(double headed spanner)] : 양쪽에 물림입이 달린 스패너로 양쪽 끝이 열려 있으며, 볼트, 너트를 조이거나 풀 수 있다. 연료 파이프 라인의 피팅(연결부)을 풀고 조일 때 사용한다. 렌치 스패너라고도 하며, 볼트, 너트, 나사 등을 조이거나 풀 때 사용한다.

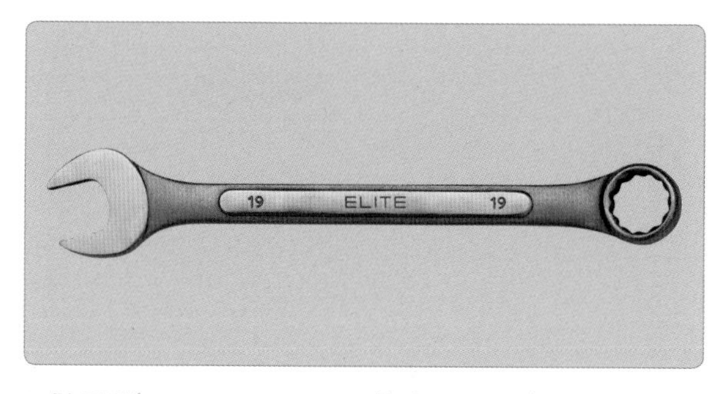

조합 렌치(combination wrench)[편구 스패너(single headed spanner)] : 오픈 렌치와 복스 렌치의 장점을 모아 하나로 만든 렌치로 가조임은 스패너 쪽으로, 본조임은 오프셋 쪽으로 사용하여 하나로 두 가지의 기능을 할수 있는 공구이다. 오픈 렌치보다 조합 렌치가 많이 사용되고 활용도가 높다.

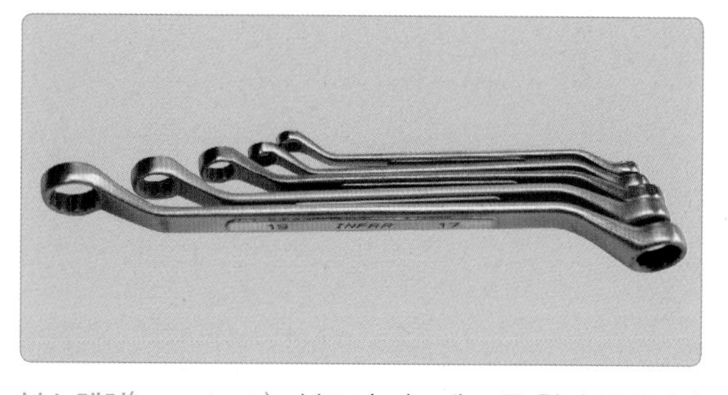

복스 렌치(box wrench) : 볼트나 너트에 고른 힘이 분산되어 오픈 엔드 렌치와 달리 볼트, 너트를 조일 때(또는 풀 때) 주위를 완전히 감싸게 되어 사용 중에 미끄러지지 않고 큰 힘으로 풀거나 조일 수 있다.

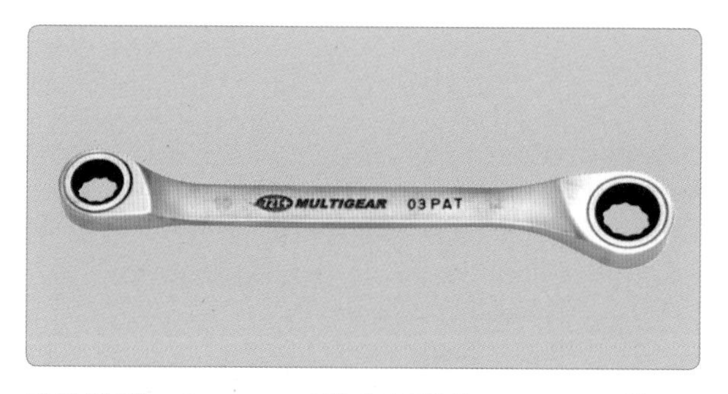

래칫 렌치(rachet wrench)[기어 렌치(gear wrench)] : 소켓과 래칫 핸들이 일체화된 렌치이며 좁은 곳, 예를 들면 시동전동기 탈착 작업 등에서 렌치를 빼고 끼울 필요 없이 끝날 때까지 연속적으로 사용 가능하여 편리하다. 회전 부분에 래칫이 있어 한 방향으로만 회전이 가능하며, 렌치를 반대 방향으로도 사용 가능하다.

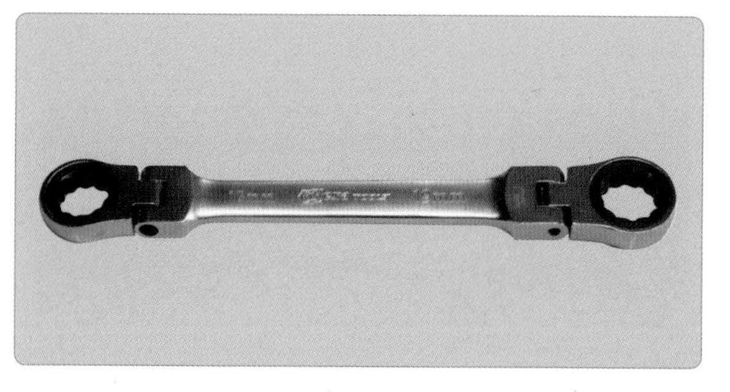

플렉서블 래칫 렌치(flexible gear wrench) : 굴절형 기어 렌치로 헤드 부분에 힌지가 있어 각도 조절이 가능한 작업을 수행할 수 있다. 예를 들면 엔진룸에서 기동 전동기 탈부착 시 긴 볼트를 풀고 조이는 작업에 유용하다.

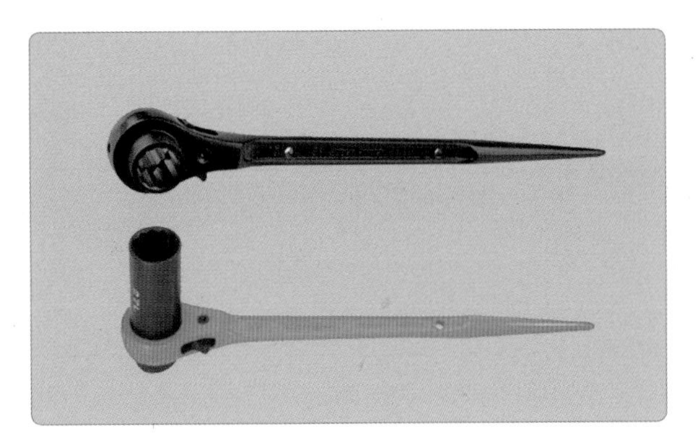

래칫 렌치(엔진 오일 교환용) : 엔진 오일 교환 작업 시 드레인 플러그를 풀거나 조이는 공구로 오일 교환 시 신속하게 작업할 수 있다(17 mm,19 mm).

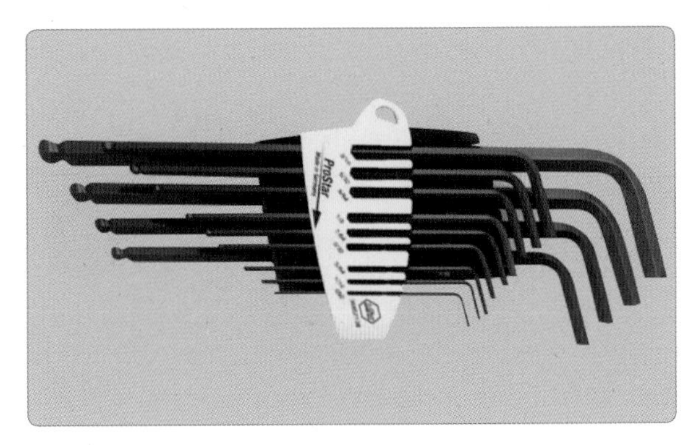

육각 렌치 : 육각으로 형성된 볼트를 규격에 맞는 것을 중심으로 렌치를 연결하여 사용하며 규격에 맞추어 사용하도록 되어있다.

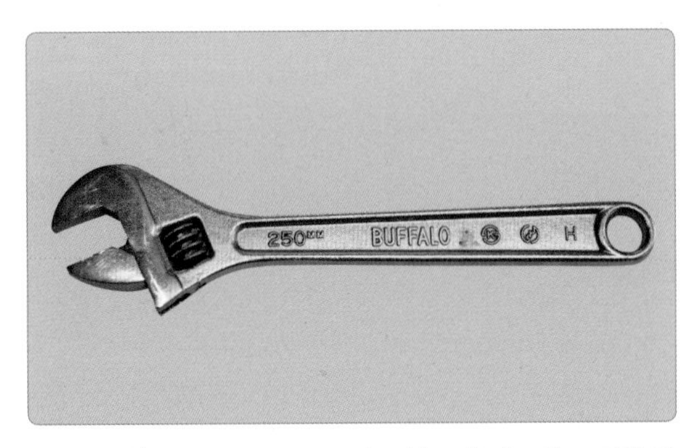

조정 렌치(adjustable wrench) : 볼트나 너트의 크기에 따라서 한쪽의 조(jaw)의 크기를 조정하여 사용한다. 볼트 또는 너트를 조이거나 풀 때 고정 조에 힘이 가해지도록 해야 물림턱조절나사산(웜과 래크 기어)의 여유가 많아 볼트나 너트에 파손(마멸) 가능성이 많으므로 복스 렌치 등이 맞지 않는 특수한 볼트, 너트를 풀 때 사용하도록 한다.

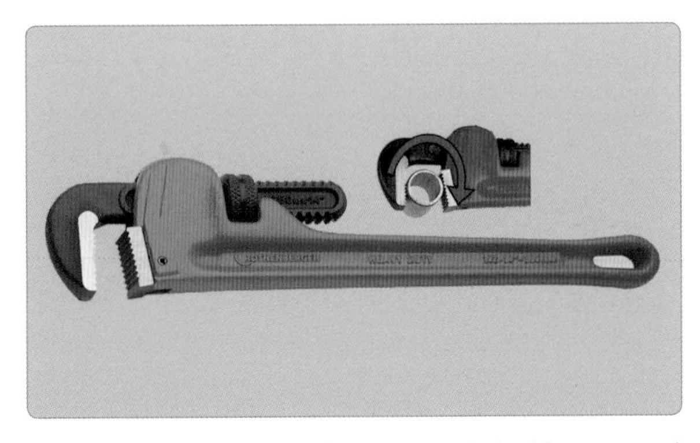

파이프 렌치(pipe wrench) : 파이프 작업 전용 공구로 파이프(관) 등과 같이 주위가 매끄러운 것을 물려서 고정 또는 회전시킬 때 사용하는 공구이다. 마우스에 톱니 모양의 이(serration)가 있어 관을 물어주며, 이의 방향을 참고해서 한쪽 방향으로만 회전시키도록 한다. 휠 얼라이먼트의 토인 조정 시 고착된 타이로드 연결부를 풀 때 유용하며 가스관 등 배관 공사에 주로 사용된다.

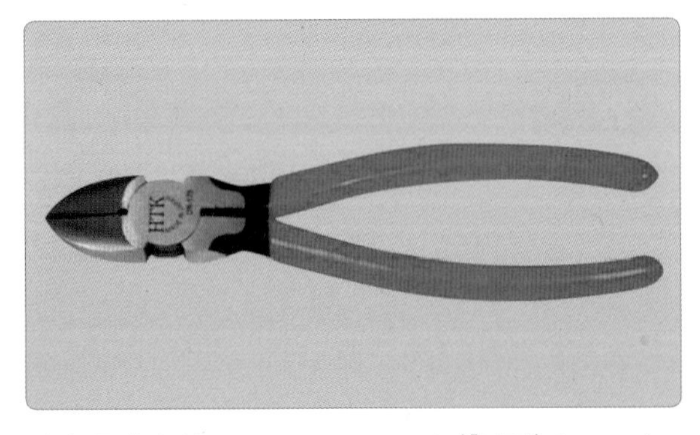

커팅 플라이어(diagonal cutting plier)[니퍼(wire cutting nippers)] : 동선류나 철선류 및 전선류를 절단하거나 피복을 벗기는 데 사용하는 공구이다.

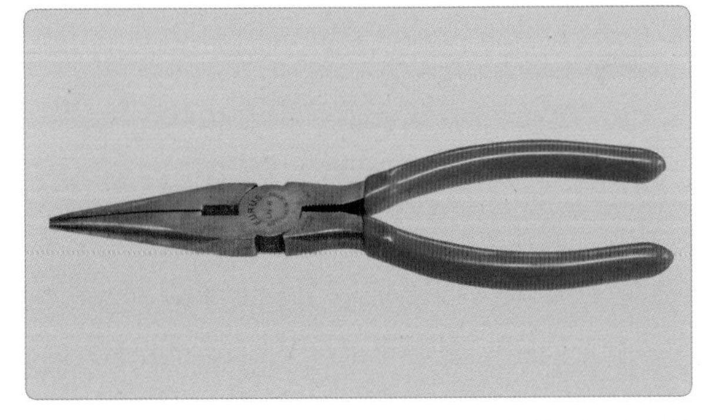

롱 노즈 플라이어(long nose plier) : 끝이 가늘게 되어 있어서 좁은 곳의 전기 수리 작업에 유용하며, 철사나 전선을 구부리거나 집거나 절단하는 데 사용한다.

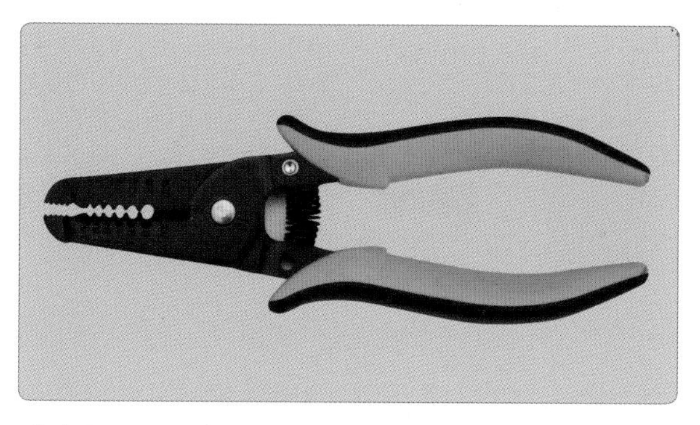

와이어 스트리퍼(auto wire stripper) : 전선 탈피, 절단, 압착용 공구이며 자동차 배선 커팅 및 피복 탈피 등 배선 작업에 주로 사용하는 공구이다.

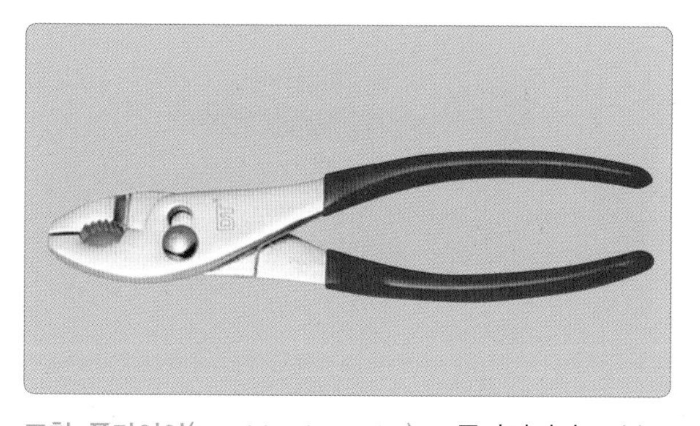

조합 플라이어(combination plier) : 플라이어라고 부르며, 잡을 때는 밀착시키는 부분이 움직이도록 되어 있다. 물체의 크기에 알맞게 조의 폭을 변화시킬 수 있도록 지지점의 구멍이 2단으로 되어 있어 큰 것과 작은 것 모두 잡고 돌릴 수 있다.

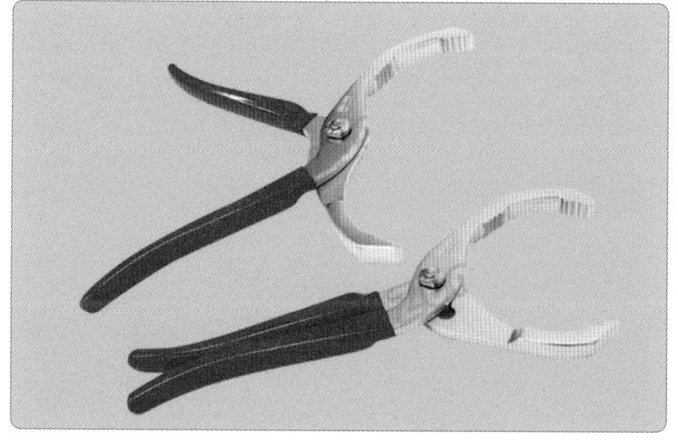

오일 필터 렌치(플라이어) : 엔진 오일 필터 교환 시 편리한 작업 공구이며 체인 파이프 렌치보다 활용도가 높다. 필터 크기에 맞춰 조이거나 풀 수 있다.

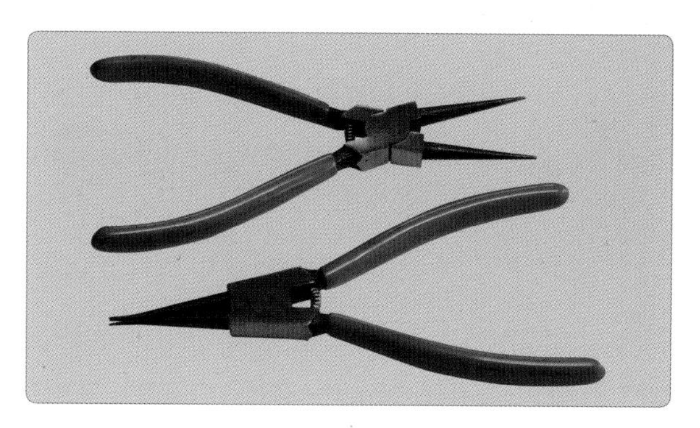

스냅링 플라이어 : 축이나 구멍 등에 설치된 스냅링(축이나 베어링 등이 빠지지 않게 하는 멈춤링)을 빼거나 조립 시 사용하는 공구이며 오무릴 때(in)와 벌릴 때(out) 사용한다.

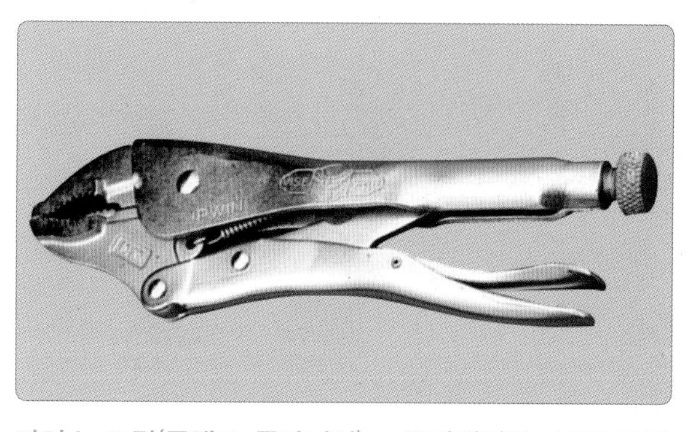

바이스 그립(클램프 플라이어) : 플라이어와 손바이스를 합친 기능이 있으며 압착 간격 조정이 용이하고 스패너, 파이프 렌치 등으로 사용 가능하다. 고착된 볼트를 풀 때 유용하며 잠김 기능 장치가 있어 대상 물체를 고정시킨 후 두 손을 자유로이 사용하여 작업 가능하다.

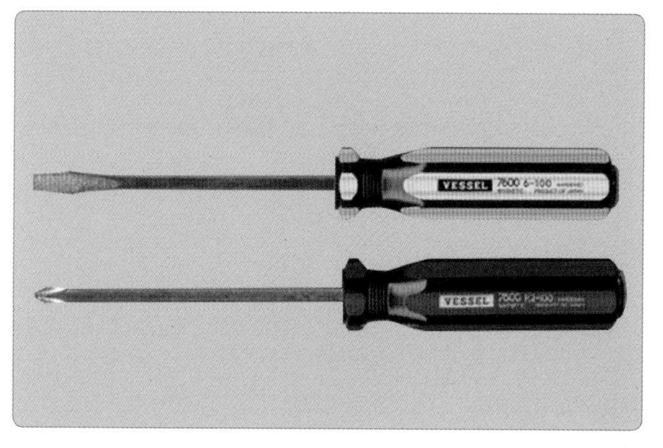

스크루 드라이버(screw driver) : 각종 나사나 피스를 조이고 풀 때 사용하는 공구이며 블레이드와 드라이버 끝이 일체로 되어 있어 해머 작업이 가능한 드라이버가 작업하기 좋다.

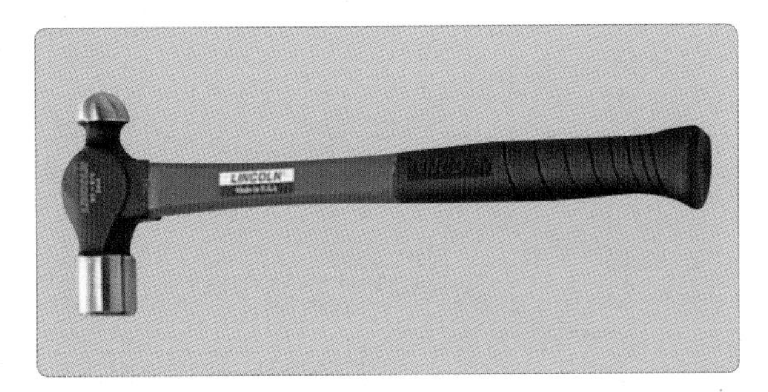

볼핀 해머(ball peen hammer) : 물체의 다목적 타격용으로 사용하며 금속 해머로 핀(peen)이 볼 모양으로 둥글게 되어 있어 용도에 맞는 타격을 선택한다.

고무 망치(rubber hammer) : 물체에 타격을 가할 때 사용하는 공구로 물체에 손상을 주지 않고 충격을 가할 때 사용된다.

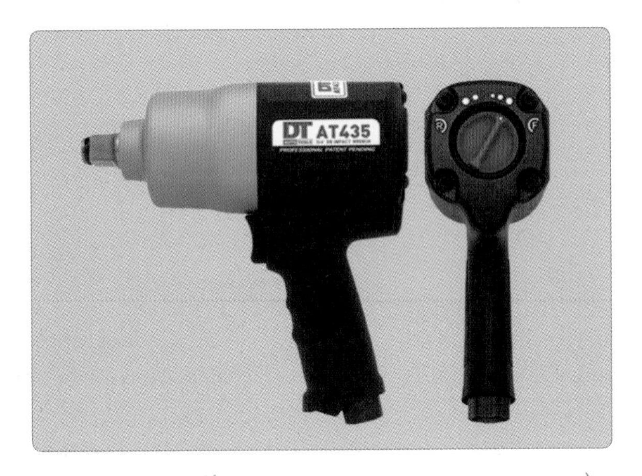

에어 임팩트 렌치(air impact wrench, shock wrench) : 압축 공기로 볼트, 너트를 풀고 조이는 에어 렌치로 치수(1/2″ 3/8″ 3/4″ 등)가 다양하며 정비 작업 시 신속한 작업 성과를 낼 수 있는 공구이다. 부하가 많이 걸리면 구동축이 정지되어 볼트, 너트를 과부하로부터 보호한다.

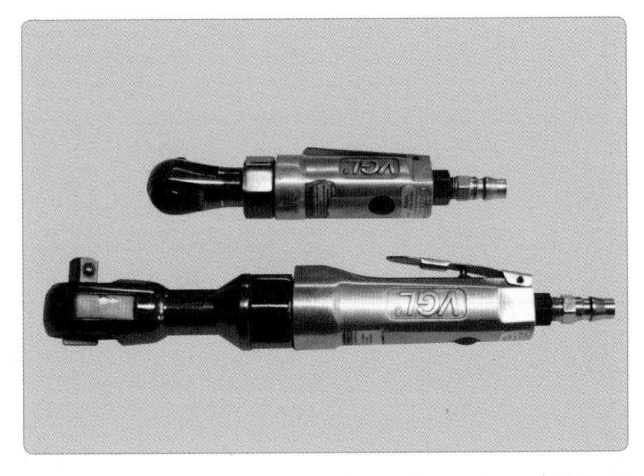

에어 래칫(air rachet wrench) : 압축 공기로 소켓을 움직여 볼트, 너트를 풀고 조이는 데 신속한 작업 효과를 볼 수 있으며 에어 래칫 핸들이 고장났을 때는 수동으로도 사용할 수 있어 자동차 정비 작업 시 효율적인 작업을 할 수 있다.

전동(충전) 드라이버 : 도어 트림 작업 등에서 나사, 피스를 풀고 조일 때 사용하며 기타 자동차 범퍼 및 카울패널 등의 나사나 피스 탈거 조립 시 유용하게 사용된다.

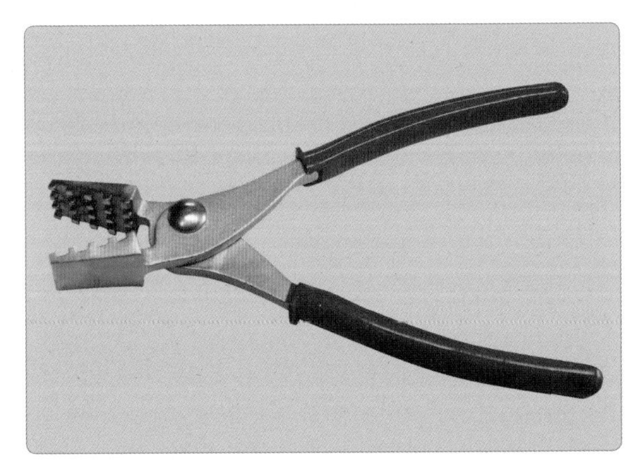

호스 밴드 풀러(플라이어) : 스프링식 호스 클립의 탈착 작업 전용 공구로 플라이어 이가 호스 클립을 압착할 때 미끄러지지 않게 하며 좁은 곳에서도 효율적으로 사용할 수 있다.

피스톤 링 플라이어(piston ring plier) : 스냅링 플라이어의 일종으로 피스톤 링을 확장하여 탈착하는 데 사용하고 피스톤 링을 압축하여 실린더에 피스톤 조립 시 사용한다.

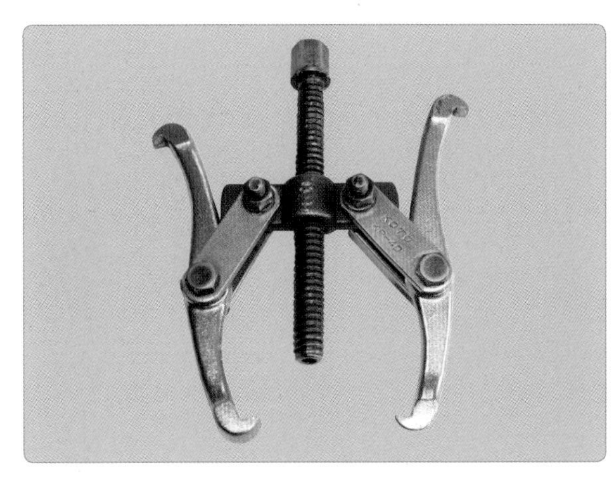

기어 풀러(gear puller) : 기어(스프로킷), 풀리, 구름 베어링 등을 축에서 빼낼 때 사용하는 특수 공구이다.

오일 필터 캡 : 엔진 오일 교환 시 차종에 맞는 필터 캡을 선택하여 필터를 교환한다.

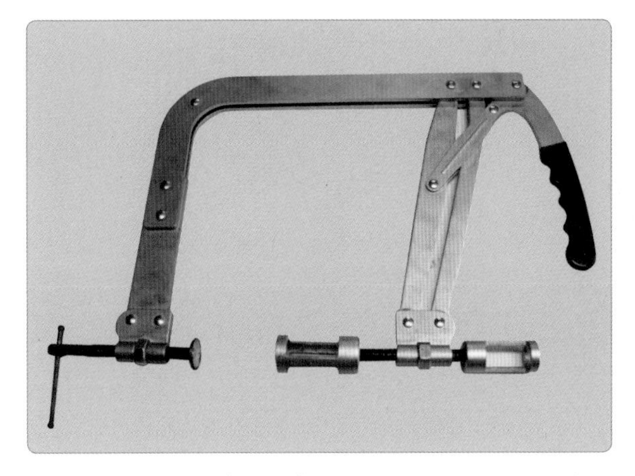

밸브 스프링 탈착기(DOHC) : DOHC 엔진 밸브 스프링 탈착 시 사용하는 공구이다.

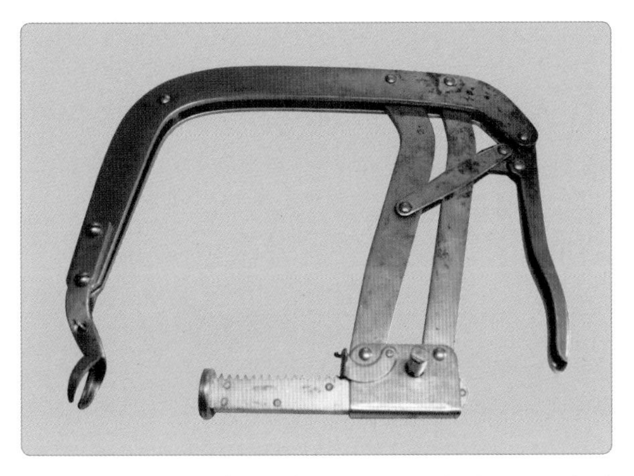

밸브 스프링 탈착기(SOHC) : SOHC 엔진 밸브 스프링 탈착 시 사용하는 공구이다.

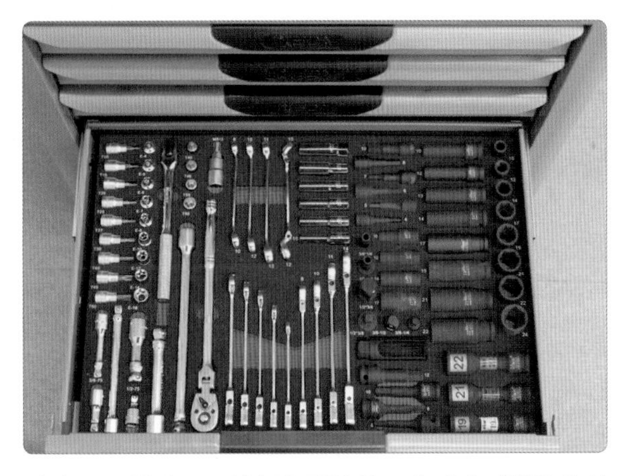

일반 공구 툴박스 : 실습장 작업 용도에 따라 자유롭게 이동하여 자동차 정비 작업을 수행할 수 있다.

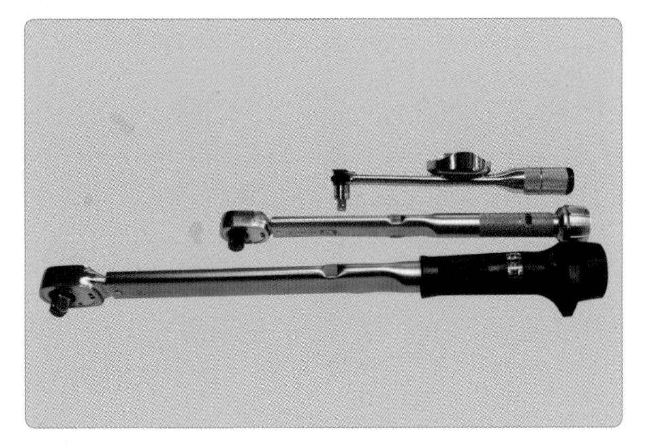

토크 렌치 : 볼트나 너트를 규정된 토크로 조일 때 사용되는 렌치로 볼트나 너트의 조임 토크 규격에 따라 사용된다.

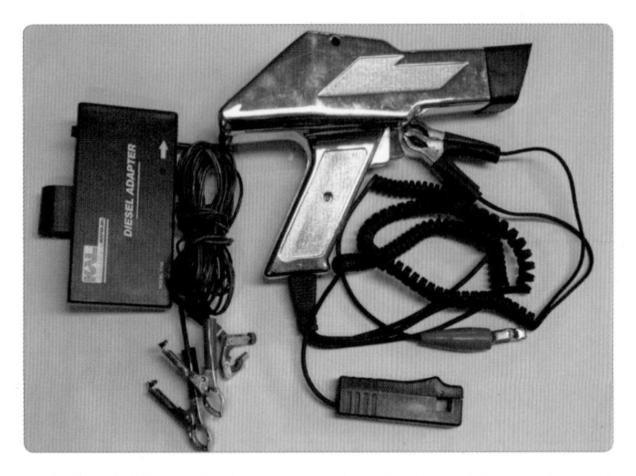

타이밍 라이트 : 가솔린 엔진 및 디젤 엔진의 점화 및 분사 시기를 엔진 회전수에 따라 확인하고 최적의 점화 또는 분사 상태로 조정하기 위한 측정기기이다.

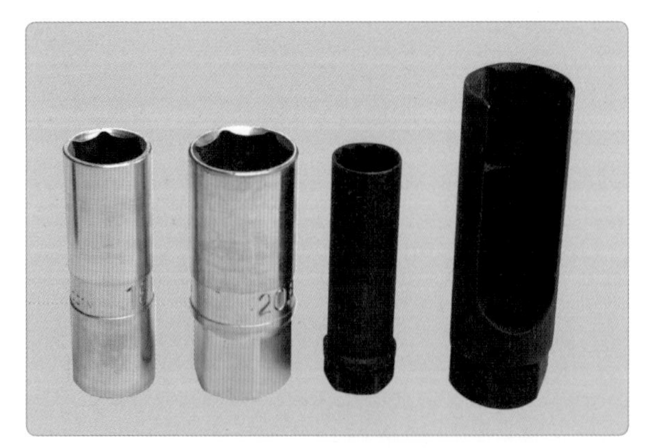

산소 센서 탈거 렌치 : 산소 센서 탈부착 시 사용되는 공구로써 탈거 시 배선 손상을 방지하도록 렌치 옆이 반오픈식으로 되어 있다.

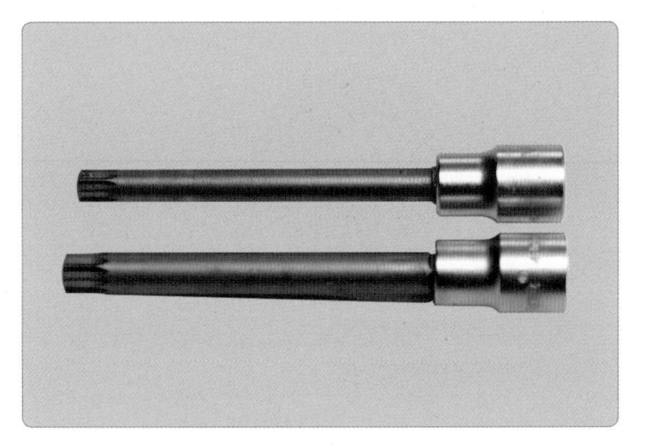

별표 렌치 : 형상이 별각으로 되어 있는 볼트나 너트를 분해하거나 조립할 때 사용하는 특수 공구이다.

디그니스 게이지 : 기어나 축 사이드 간극과 피스톤 링 엔드 갭 등을 측정하기 위한 게이지로 간극에 맞는 일정한 수치를 규정 간극 기준으로 맞춰가면서 측정하여 정비 기준에 따라 양부를 판단하는 측정기이다.

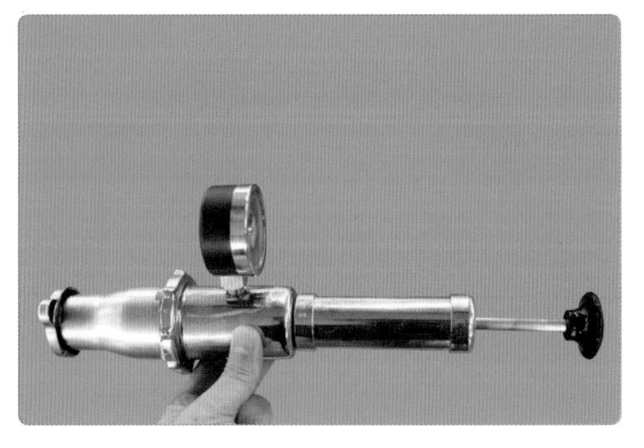

라디에이터캡 압력시험기 : 라디에이터캡 누설 시험 시 사용되며, 게이지 피스톤을 압축 후 규정 압력에서 10초간 유지되는지 확인하는 시험기이다.

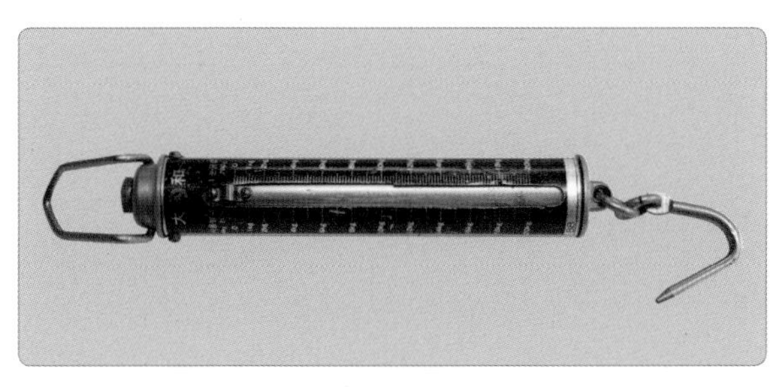

스프링 저울 : 기어의 프리로드나 엔진의 실린더 간극(필러 게이지와 함께 측정) 등을 측정하는 데 사용되는 측정기이다.

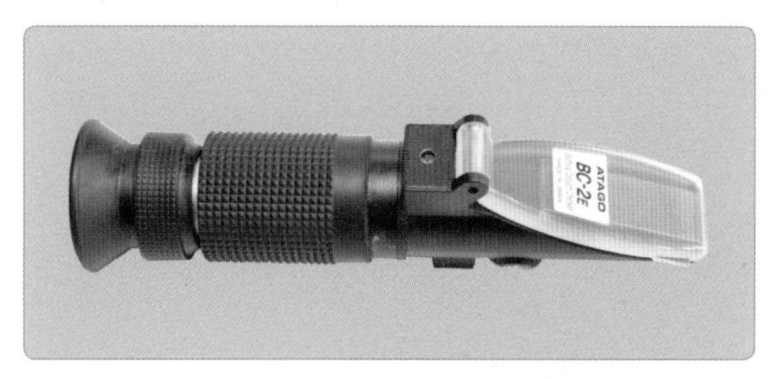

비중계(광학식) : 배터리 비중 및 부동액을 점검하기 위한 측정기로 전해액 및 부동액을 점검창에 떨어뜨려 빛(광선)이 비추는 곳으로 향하도록 하여 음영이 구분되는 부분을 측정값으로 읽는다.

압축 압력계 : 가솔린 및 디젤 엔진의 실린더 및 연소실의 압축 압력을 측정하는 기기로 실린더 마모 및 밸브, 실린더 헤드 개스킷 마모 상태를 점검할 수 있다.

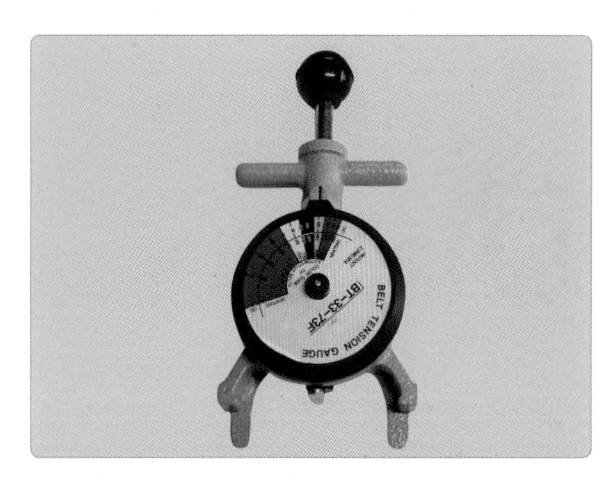

벨트 장력계 : 엔진 구동계 벨트 장력을 측정하는 기기로써 벨트 장력(압력)에 따른 눌림량을 점검한다.

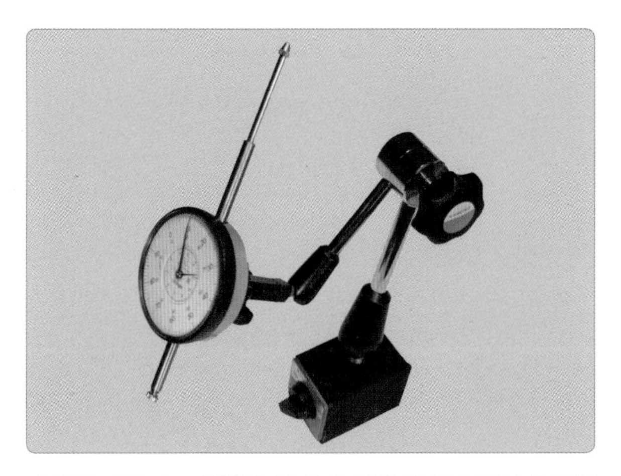

다이얼 게이지 : 축방향 및 축의 휨량과 접촉면의 흔들림을 점검하기 위한 기기로써 측정기 하단은 고정할 수 있는 스위치식 자석과 스탠드로 설치되며 0.01 mm까지 측정 가능하고 기어를 응용한 측정 게이지이다.

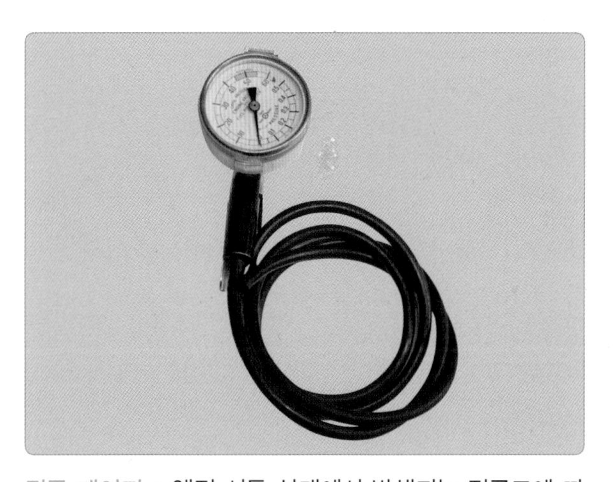

진공 게이지 : 엔진 시동 상태에서 발생되는 진공도에 따라 엔진의 결함 상태를 확인할 수 있는 게이지로 엔진 시동 상태에서 발생되는 진공도의 변화에 따라 정상 여부를 판단한다.

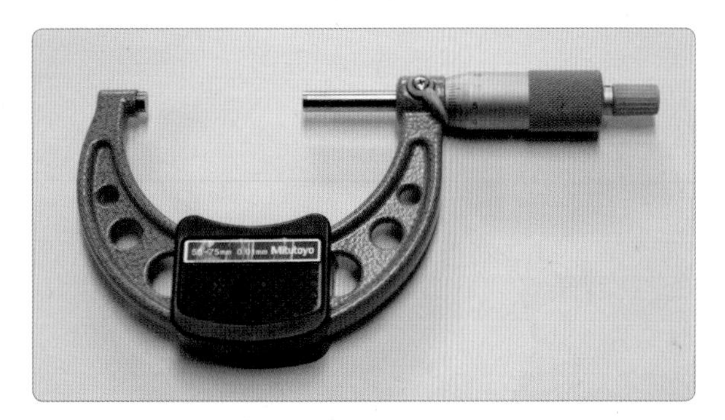

외경 마이크로미터 : 축의 외경(바깥지름), 안지름, 두께 등을 측정하는 기기로 0.01 mm까지 측정이 가능하며 나사를 응용한 정밀 측정 게이지이다.

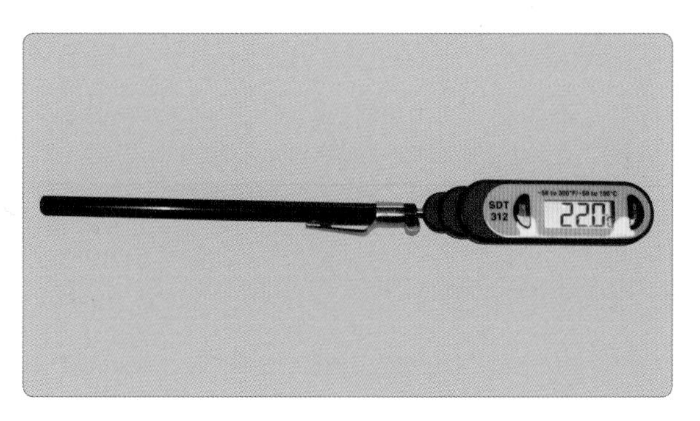

디지털 온도 게이지 : 엔진 내 부위별 온도나 실내 온도를 점검하며 부동액 및 필요에 따른 액체 온도를 점검 확인하는 데 활용된다.

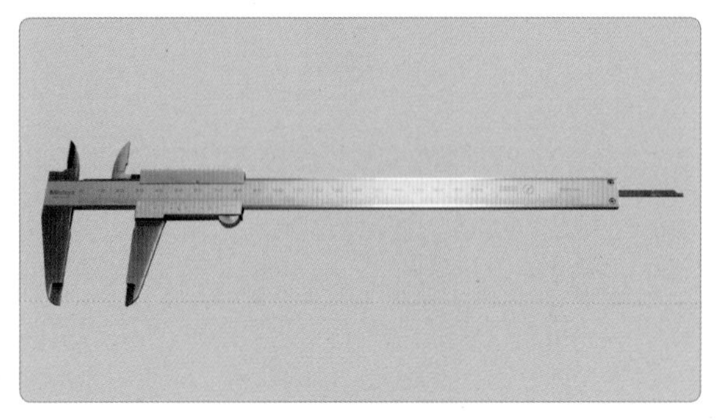

버니어캘리퍼스 : 축의 외경 및 내경을 측정하는 측정기로 측정 부품의 깊이와 높이도 측정할 수 있다(최소 0.1 mm, 0.05 mm, 0.02 mm).

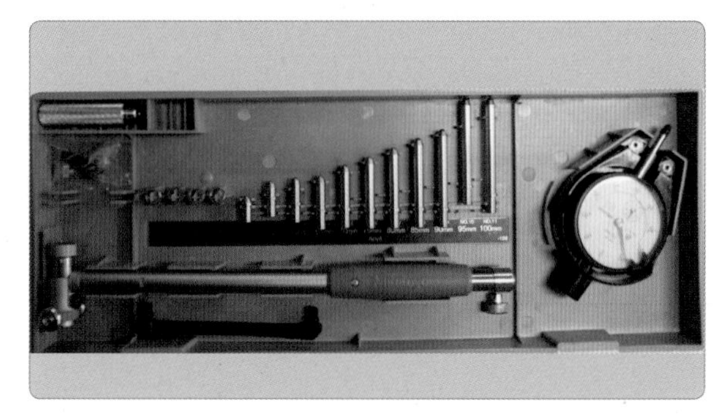

실린더 보어 게이지 : 엔진 실린더 내경을 측정하는 다이얼식 게이지로 내경 규격에 맞는 바를 선택하여 실린더 내경을 측정할 수 있다.

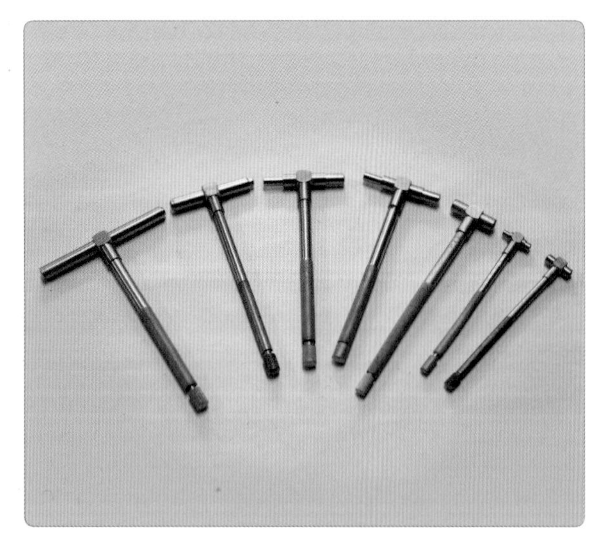

텔레스코핑 게이지 : 스위치 나사식으로 내경에 따라 스프링 장력으로 바가 움직여 내경을 측정하며 외경 마이크로미터와 함께 내경 측정용으로 사용한다.

컴프레서 : 자동차 정비에 사용되는 에어 공구 장비에 공기 압력을 공급해 주는 장비로써 에어 라인을 통해 리프트, 임팩트 및 래칫 타이어 탈착기 등 공압이 필요한 요소에 공기 압력을 공급한다.

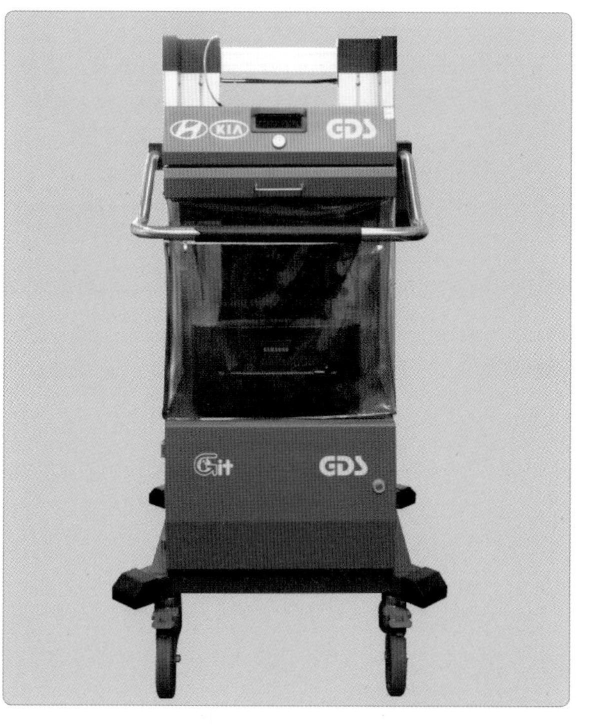

GDS 차량 종합진단기 : 자동차의 종합진단장비로 전자 제어 엔진, 전기 전자 시스템 및 ECU 제어와 통신으로 자기 진단과 고장 진단하는 종합진단장비이다.

CRDI 인젝터 테스터기 : 커먼레일 인젝터를 분사압력 및 분사상태, 후적을 점검할 수 있는 장비로 스트로크를 통한 분사량을 점검한다.

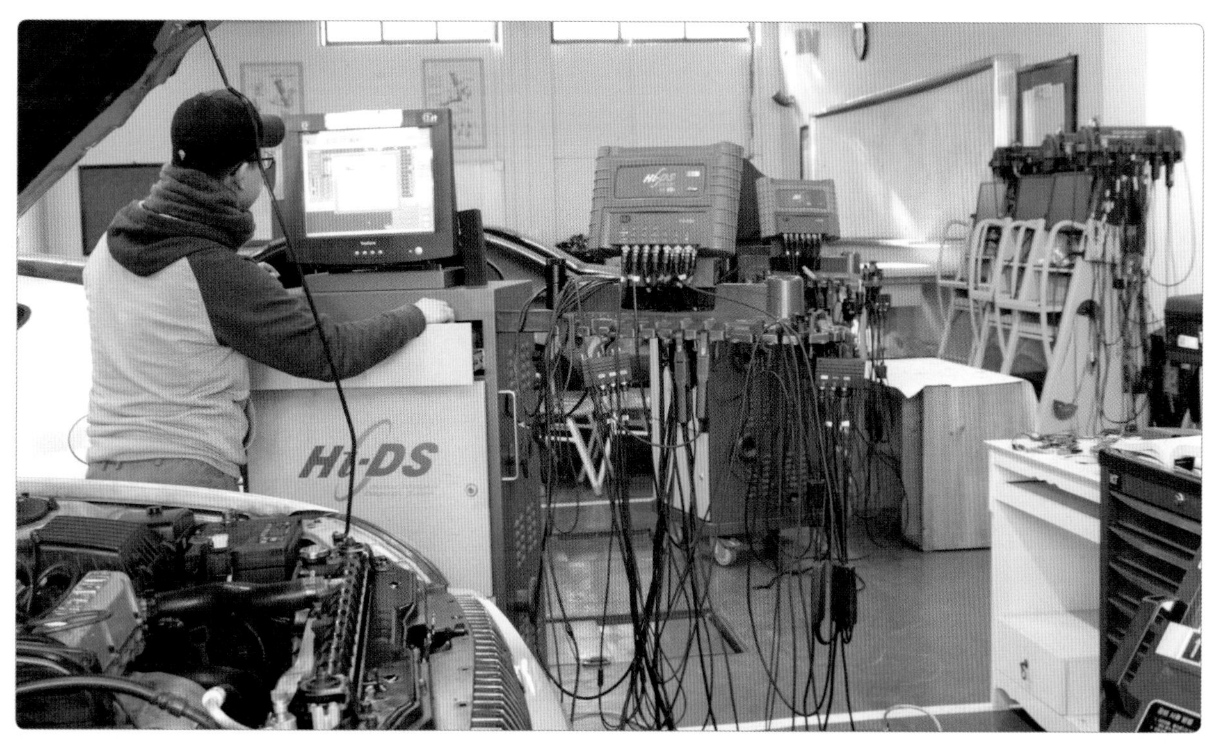

HI-DS 종합진단기 : 파형(오실로스코프), 멀티미터, 현상별, 계통별 고장 진단이 가능하며 자기 진단 및 스캔툴을 사용하여 차량의 고장을 진단할 수 있다.

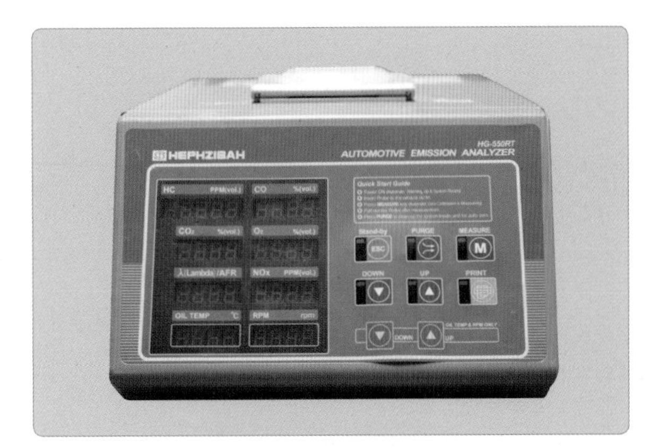

CO 테스터기 : 가솔린 엔진의 연소 중에 발생되는 CO, HC, NO_X, λ(공기과잉률)를 측정하는 장비이다.

매연 테스터 : 디젤 엔진 매연을 점검 확인하고 차종에 맞는 기준(자동차등록증)과 비교하여 양부 판정으로 불량 시 엔진 정비를 수행함으로 자동차 배출가스를 점검 조정하기 위한 장비이다.

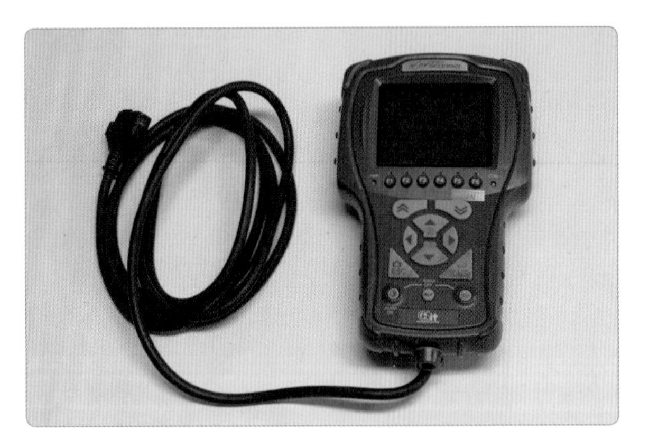

HI-DS 스캐너 : 자동차 전자 제어장치 점검용으로 사용되며 자기 진단 및 스캔툴 기능이 있는 휴대용 장비로 정비 시 활용도가 높다.

CRDI 압력 게이지 : 커먼레일 고압을 측정하기 위한 테스터기로써 동적 및 정적 시험 시 사용되는 장비이다.

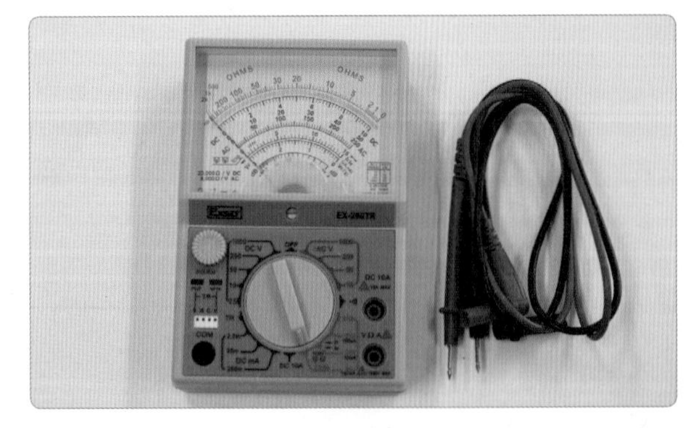

회로 시험기(아날로그) : 자동차 전기 회로의 저항, 단선, 접지를 확인하고 회로 내 직류와 교류를 점검하기 위한 휴대용 다용도 회로 테스터이다.

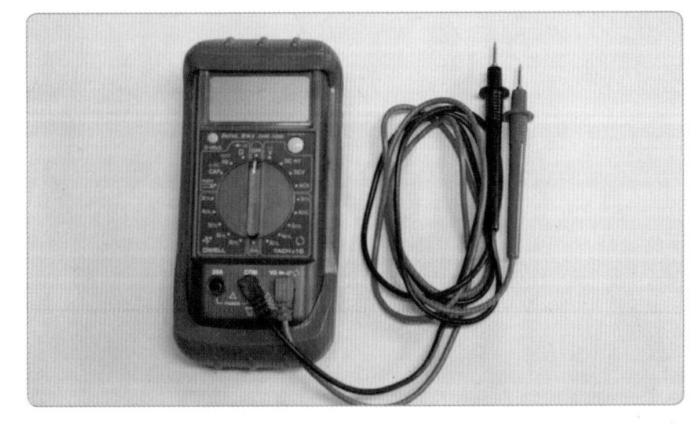

디지털 멀티 테스터기 : 자동차 전기 전자 회로의 저항, 단선, 접지를 확인하고 센서의 단품 점검과 회로 내 직류와 교류 전압을 점검하기 위한 휴대용 다용도 회로 테스터이다.

2주식 리프트 : 3 ton 미만의 승용자동차 작업에 사용된다.

자동차 검사 장비 : 제동력 시험기, 속도계 시험기, 사이드 슬립 시험기, 전조등으로 검사 기준에 의한 점검을 실시하여 필요시 정비 및 수정할 수 있는 장비이다.

차량 리프트(휠 얼라이먼트 전용) : 휠 얼라이먼트 작업에 사용하며 차량의 일반적인 정비 작업 시 안전하게 작업할 수 있는 장비로 하체 작업이나 차체 작업 시 효율적으로 활용할 수 있다.

3 자동차 정비 작업 시 주의 사항

자동차 정비 작업 시 주의해야 할 사항으로 다음 내용을 준수하여 정비 작업에 임하도록 한다.

- 엔진 운행 직후 엔진 부품을 점검 및 부품 교환 시에는 엔진열을 냉각 다음 정비 작업에 임하며 작업 시 화상에 주의한다.
- 엔진 시동을 OFF시키고 변속기 변속 패턴을 P에 위치시킨 다음 주차 브레이브를 작동시켜 차량 이동이 발생되지 않도록 조치한 후 정비한다.
- 엔진 시동 상태에서 점검을 해야 하는 경우가 아니면 반드시 엔진 시동을 OFF시키고 작업한다.
- 자동차 점검 및 정비는 환기가 잘되는 장소에서 실시하도록 한다.
- 자동차 하체(아래)에서 작업할 때에는 반드시 리프트를 사용하여 작업하도록 한다.
- 부품 탈거 및 교체 시에는 배터리(–)를 분리한 후 점검 정비하도록 한다(점화 스위치 OFF 상태 확인 후 탈거할 것).
- 엔진룸에서 점검 시 엔진 커버 상단 또는 연료 관련 부품 위에 무거운 물건을 올려 놓거나 무리한 힘 또는 충격이 가해지지 않도록 한다.

- 연료 계통 정비 시에는 반드시 연료 잔압을 제거한 후 정비 작업에 임하고 엔진 주변에 연료가 열점에 노출되어 화재 발생이 되지 않도록 주의하며 반드시 헝겊을 받히고 작업한다.

1 차량의 보호

차체 도장면 및 내장 부품들이 오손, 손상되지 않도록 작업 커버(시트 커버) 및 테이프(공구 등에 의해 손상되는 경우)를 사용하여 자동차 보호 조치 후 작업하며 또한 운전석에는 시트 작업 커버를 씌워 시트가 기름에 노출되지 않도록 선행 작업을 한 후 정비 작업에 임한다.

2 탈거 및 분해

① 고장 진단 결과 결함이 발견되면 확인과 동시에 고장 원인을 규명하고 관련 부품을 탈거, 분해할 필요가 있는지를 파악한 후 정비 지침서의 작업 순서에 준하여 정비한다.

② 오조립의 방지를 위해 펀치 마킹이나 매직 표시는 부품 외관 손상이 없는 범위에 표기하도록 한다.

③ 부품 개수가 많은 장치를 분해할 때는 조립 시에 혼동되지 않도록 정리하고 표시하여 부품을 정렬하여 놓는다.

- 탈거한 부품은 순서대로 잘 정리한다.
- 교환 부품과 재사용 부품을 구분한다.
- 볼트 및 너트류는 가급적 교환하며 재사용 시는 상태를 확인 후 규정 토크를 사용하여 조립한다.

3 특수 공구

일반 공구로 대용하여 작업을 실시하면 부품이 파손, 손상될 수 있는 장치나 부품은 특수 공구를 필히 사용한다.

4 교환 부품

다음 부품을 탈거했을 때에는 필히 신품으로 교환한다.

① 오일 실	② 개스킷(로커 커버 개스킷은 제외한다.)	③ 패킹
④ O-링	⑤ 로크 와셔	⑥ 분할핀

보수용 부품에는 세트, 키트 부품을 갖추고 있으므로 세트(키트) 부품을 사용하여 정확한 부품이 교환되도록 한다. 정비하는 부품 교환 시 어셈블리 교환을 원칙으로 하며, 소모품은 세트 및 키트 부품으로 반드시 교환 하도록 한다.

엔진 분해 조립

1. 엔진 분해 조립

2. 가솔린 엔진 분해 조립

3. 디젤 엔진 분해 조립

2 엔진 분해 조립

실습목표 (수행준거)	1. 엔진의 소음 · 진동, 작동 상태를 점검하고 분석하여 고장 진단 능력을 배양한다. 2. 엔진 본체 분해 조립 기능을 습득하여 엔진 분해 정비 능력을 향상시킨다. 3. 작업 공정에 맞는 장비와 공구를 효율적으로 적용시켜 작업 시간을 단축시킨다. 4. 능률적인 측정기 사용으로 측정부위 판정 시 신뢰성을 향상시킨다.

1 엔진 분해 조립

1 엔진 분해 정비 시기

엔진을 올 분해하여 정비해야 할 시기는 다음과 같다.

① 압축 압력(kgf/cm^2)이 규정 압축 압력의 70% 이하일 경우

② 연료 소비율(km/l)이 표준 소비율의 60% 이상일 경우

③ 윤활유(오일) 소비율(km/l)이 표준 소비율의 50% 이상일 경우

④ 엔진 작동 중에 베어링 소리가 발생되거나 엔진 출력이 심각하게 저하되는 경우 내부적인 결함이 발생되었다고 판단될 때

2 엔진의 구성

엔진은 많은 부품이 조합된 복잡한 기계이지만 엔진을 크게 나눠보면 3단계로 구분할 수 있다. 엔진의 가장 아랫부분은 크랭크축이 들어 있는 크랭크 케이스와 오일 팬, 그리고 가운데에는 피스톤이 왕복하는 실린더를 일체로 모은 실린더 블록, 엔진 상단부에는 실리더 헤드가 조립된다.

3 엔진 분해 조립 시 유의 사항

① 엔진 부품 조립 시 토크 렌치를 사용하여 규정 토크로 조립한다.

② 기계적인 마찰 부위(피스톤 및 실린더, 크랭크축과 베어링, 캠축과 베어링 등)에는 윤활유를 미리 도포한다.

③ 피스톤 조립이 끝나면 피스톤 ❶, ❹번은 상사점 위치로 맞춘다(1번 초기 점화).

④ 크랭크축 타이밍 마크와 캠축 타이밍 마크는 정확하게 확인하고 조립한다.

⑤ 여러 개의 볼트를 조이는 부품은 조일 때는 안에서 밖으로 대각선 방향으로 조이고, 분해할 때는 밖에서 안으로 대각선 방향으로 분해한다(예 실린더 헤드 볼트, 크랭크축 메인 저널 캡 볼트).

⑥ 일반 공구 사용은 작업 상태에 맞게 적절한 공구 교체로 작업 효율성을 높인다.

2 가솔린 엔진 분해 조립

1 엔진 분해

1. 팬벨트 장력을 이완시킨다.

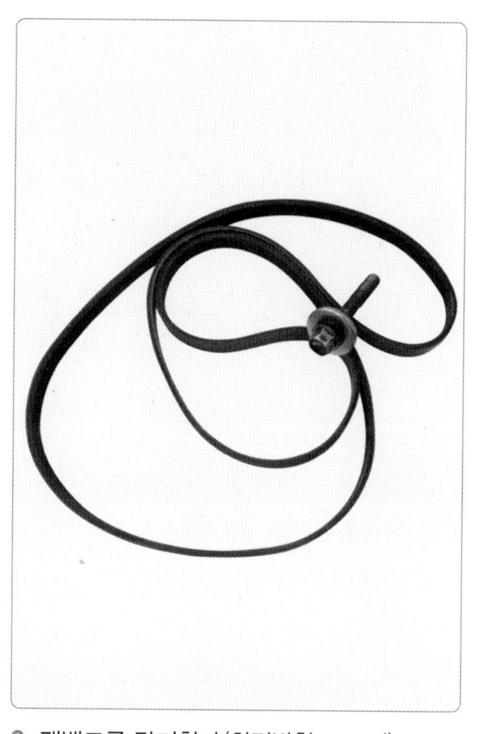

2. 팬벨트를 탈거한다(회전방향 → 표시).

3. 전기장치(발전기, 기동 전동기, 고압케이블, 점화 코일, 에어컨 컴프레서)를 탈거한다.

4. 크랭크축 풀리를 탈거한다.

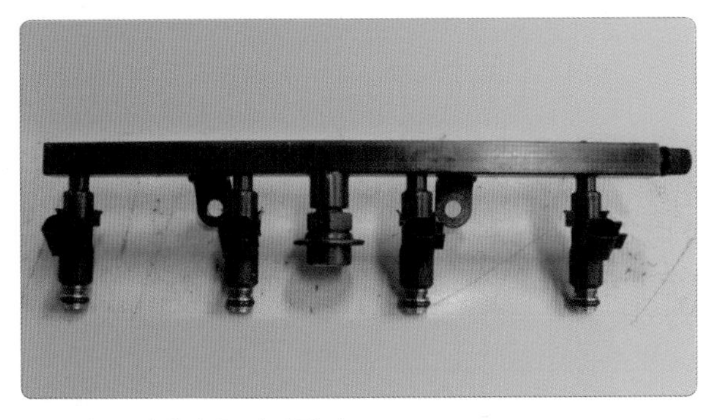

5. 연료 인젝터를 탈거한다.

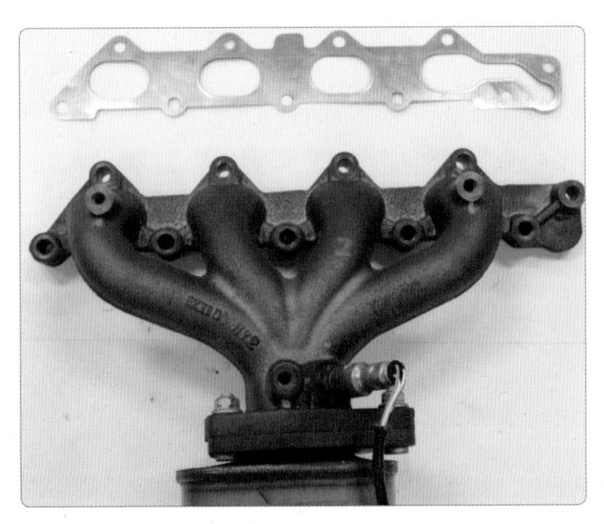

6. 배기 다기관을 탈거한다.

7. 흡기 다기관을 탈거한다.

8. 엔진 본체를 정렬한다.

9. 실린더 헤드 커버를 탈거한다.

10. 타이밍 커버를 탈거한다(상, 하).

11. 타이밍 벨트를 탈거하기 전에 크랭크축 및 캠축 스프로킷 타이밍 마크를 확인한다.

12. 크랭크축을 돌려 캠축 스프로킷과 크랭크축 타이밍 마크를 세팅한다.

13. 물 펌프 고정 볼트를 풀고 시계 방향으로 돌려 타이밍 벨트 장력을 이완시킨다.

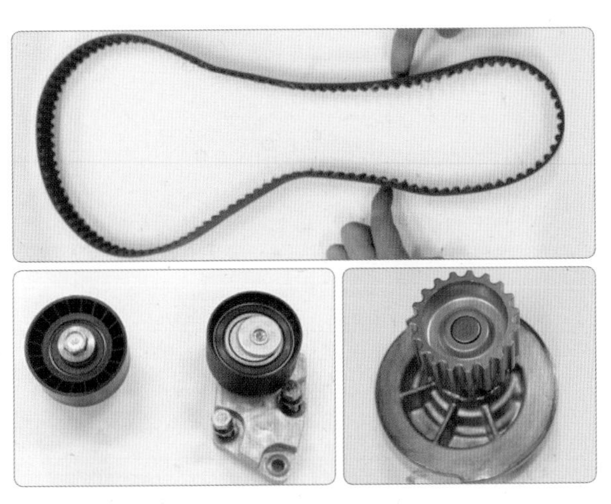

14. 타이밍 벨트 및 텐셔너, 물 펌프를 탈거한다.

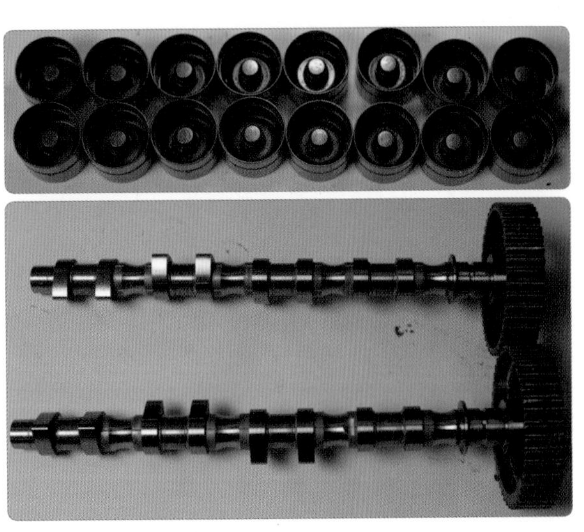

15. 캠축 기어 및 리후다(유압 태핏)를 탈거한다.

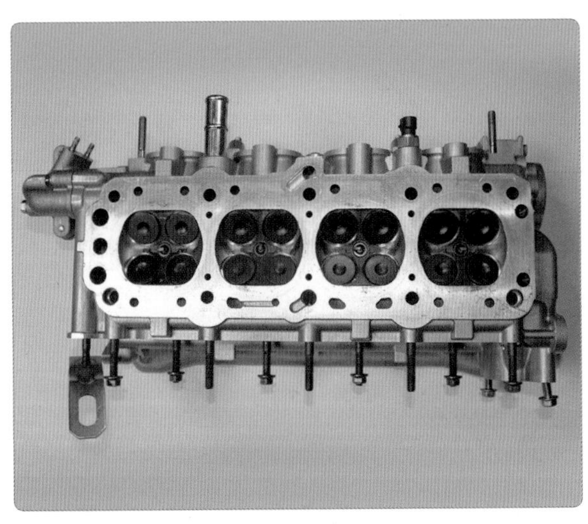

16. 실린더 헤드를 탈거한다(헤드 볼트를 밖에서 안으로 분해한다).

17. 오일팬을 탈거하기 위해 엔진을 180° 회전시킨다.

18. 오일팬을 탈거한다.

19. 오일 펌프, 오일 필터, 스트레이너를 탈거한다.

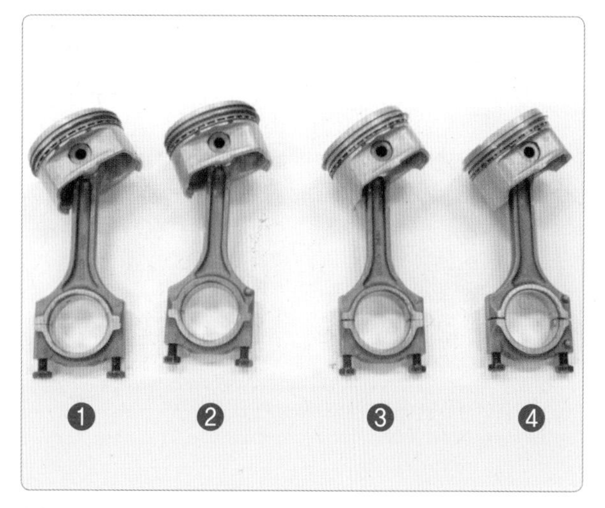

20. 실린더별 피스톤을 탈거한다(❶-❹-❸-❷).

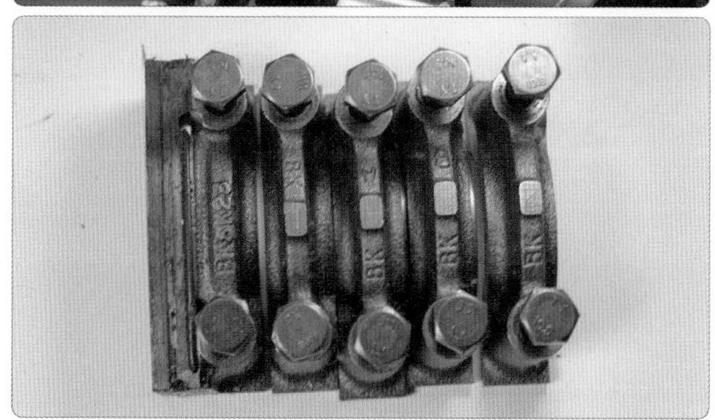

21. 크랭크축을 탈거한다(크랭크축 및 크랭크축 메인 저널 캡을 정리한다).

22. 크랭크축을 탈거한 후 엔진 부품을 정렬한다.

실습 주요 point

엔진 번호

G	4	F	D	A	000001
사용연료 (가솔린)	실린더수 (4사이클 4실린더)	엔진 개발 순서	배기량 (1591 CC)	제작년도 (2010)	생산 일련 번호

2 엔진 조립

1. 실린더 블록 메인 저널 캡 베어링을 깨끗이 닦는다.

2. 크랭크축을 블록에 정위치하고 메인 저널 캡을 규정 토크로 조립한다(4.5~5.5 kgf-m).

3. 피스톤을 조립한다(❸-❷-❹-❶). 조립이 끝나면 ❶, ❹번 피스톤 위치가 상사점에 오도록 조립한다.

4. 오일 펌프 및 오일 스트레이너를 조립한다.

5. 오일팬을 조립한다.

6. 물 펌프를 조립한다.

7. 엔진을 바로 정렬하고 헤드 개스킷을 조립한다.

8. 실린더 헤드를 블록 위에 설치하고 헤드 볼트를 규정 토크로 조립한다(7.5~9.5kgf-m).

9. 캠축(흡기,배기)을 헤드에 설치하고 조립한다.

10. 캠축 스프로킷의 타이밍 마크를 맞춘다.

11. 크랭크축 스프로킷의 타이밍 마크를 맞춘다.

12. 타이밍 벨트의 크랭크축과 캠축 스프로킷을 조립하고 물 펌프 몸체(벨트 장력 조정)를 시계 방향과 반시계 방향으로 돌려 타이밍 벨트 장력을 조정한다.

13. 엔진 고정 마운틴을 조립하고 타이밍 커버를 조립한 후 발전기 컴프레서를 조립한다.

14. 앞 원 벨트(팬 벨트, 에어컨 벨트, 파워 스티어링 오일 펌프)를 조립하고 장력을 조정한다.

3 디젤 엔진 분해 조립

1 엔진 분해

1. 크랭크축 풀리 마크와 원 벨트 정렬 상태를 확인한다.

2. 원 벨트 장력을 이완시킨다(회전방향 → 표시).

3. 원 벨트를 탈거한다.

4. 전기장치(발전기, 기동 전동기, 에어컨 컴프레서)를 탈거하고 텐셔너를 탈거한다.

5. ETC(전자 제어 스로틀 보디), 진공 탱크, 터보차저, EGR 파이프, EGR 솔레노이드, B 오일 필터, 오일 레벨 게이지를 분해한다.

6. 연료 고압 펌프를 탈거한다.

7. 진공 펌프를 탈거한다.

8. 배기 매니폴더를 확인한다.

9. 배기 매니폴더를 탈거한다.

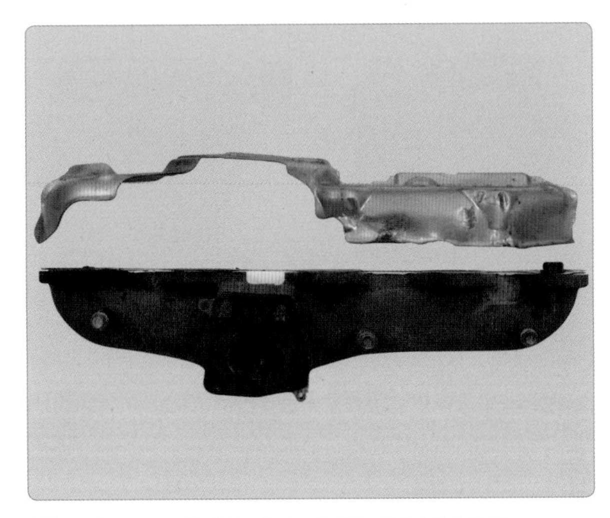

10. 히트 프로텍터와 배기 매니폴더를 정렬한다.

11. 인터쿨러 고정 볼트를 분해한다.

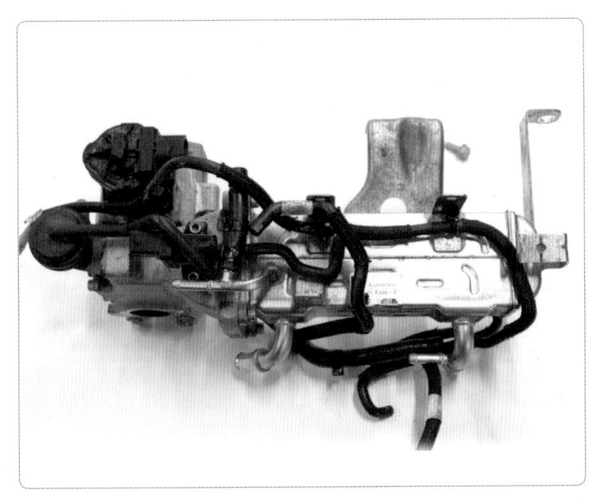

12. 인터쿨러를 정렬한다.

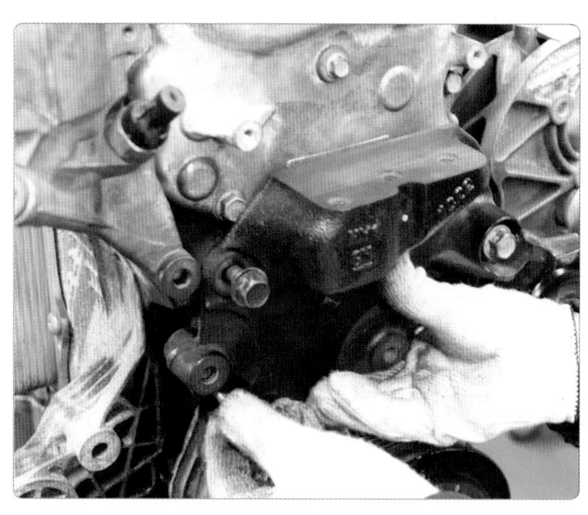

13. 엔진마운트를 분해한다.

14. 분해된 엔진마운트를 정렬한다.

15. 물 펌프와 서모스탯을 분해한다.

16. 흡기 매니폴드와 가변 흡기 제어 밸브를 분해한다.

17. 흡기 매니폴더와 가변 흡기 제어 밸브를 정렬한다.

18. 물 펌프와 서모스탯을 분해한다.

19. 분해된 오일쿨러를 정렬한다.

20. 인젝터와 커먼레일의 공급 파이프를 분리한다.

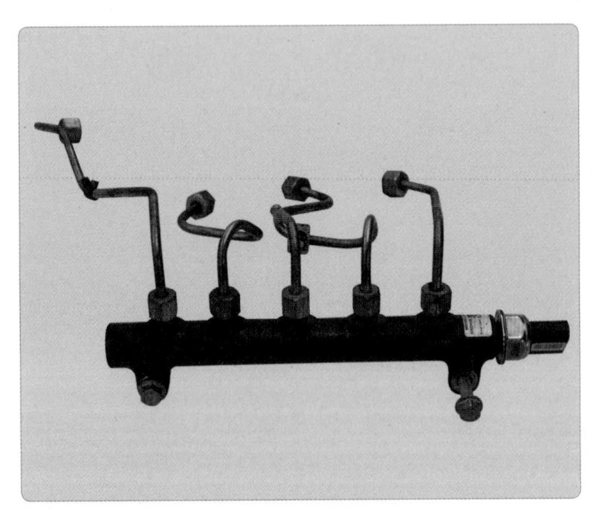

21. 커먼레일과 공급 파이프를 정렬한다.

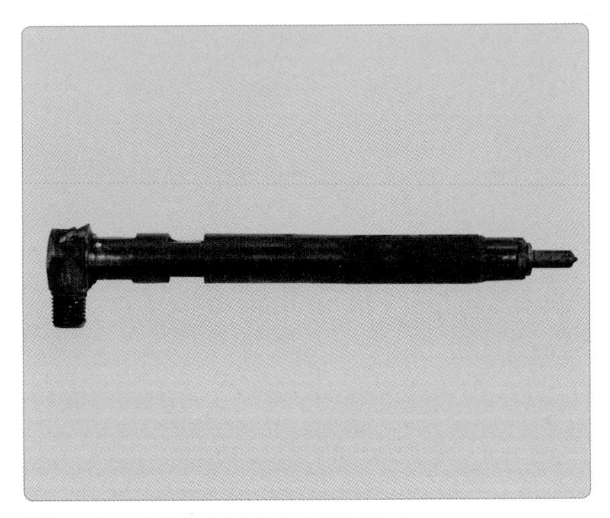

22. 연료 인젝터를 분해하여 정렬한다.

23. PCV 밸브를 분해한다.

24. 실린더 헤드 커버(캠샤프트 커버)를 분해한다.

25. 노크 센서를 탈거한다.

26. 캠샤프트 포지션 센서를 탈거한다.

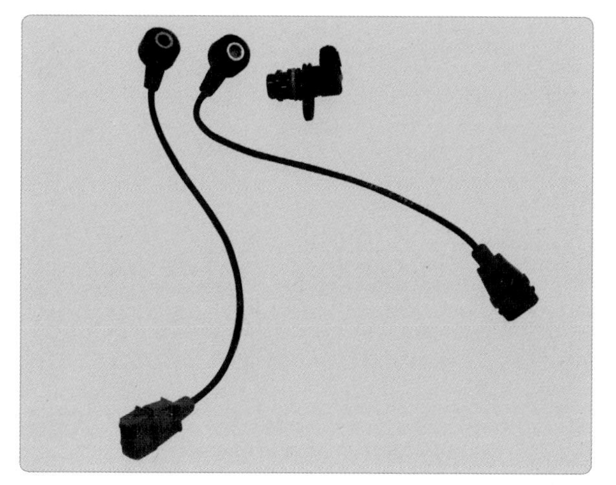

27. 노크 센서와 캠포지션 센서를 정렬한다.

28. 크랭크축 풀리 고정 볼트를 분해한다.

29. 타이밍 체인 커버를 분해한다.

30. 타이밍 체인 커버를 정렬한다.

31. 크랭크축 체인 스프로킷 타이밍 마크를 맞춘다.

32. 캠축 흡배기 스프로킷 타이밍 마크를 확인한다.

33. 크랭크축을 회전시켜 타이밍 마크와 흡배기 캠축 스프로킷 타이밍 마크를 확인한다.

34. 배기 캠축 스프로킷 홀에 고정 볼트를 삽입한 후 텐셔너와 체인 가이드를 탈거한다.

35. 캠축 스프로킷과 체인을 정렬한다.

36. 캠축 베어링 캡과 캠축 스러스트 베어링 캡을 분해한다.

37. 캠축 베어링 캡과 캠축 스러스트 베어링 캡을 정렬한다.

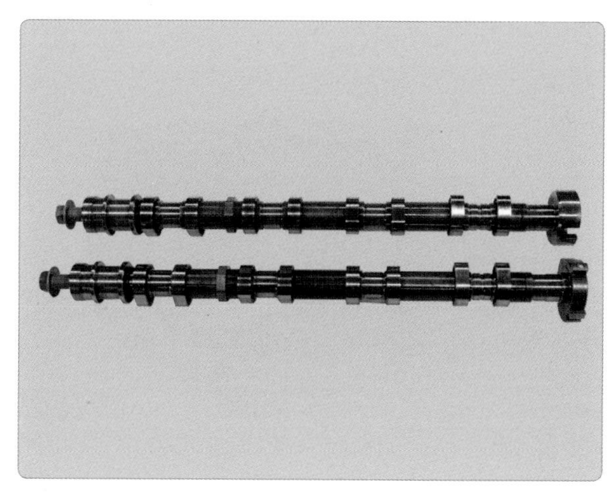

38. 흡배기 캠축을 정렬한다.

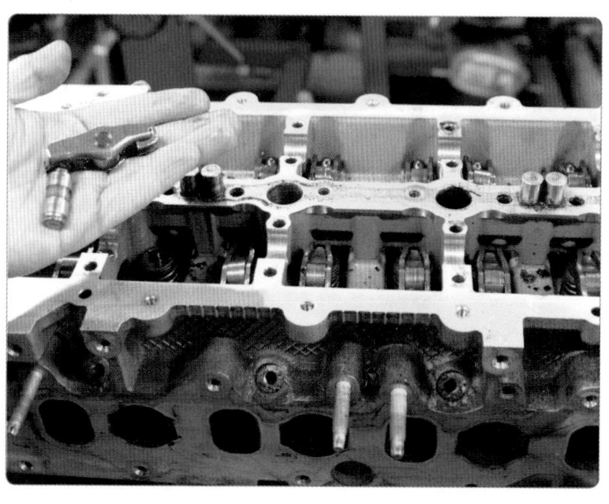

39. 실린더 헤드에서 밸브 리후다(유압식 밸브 간극 조정기)를 분해한다.

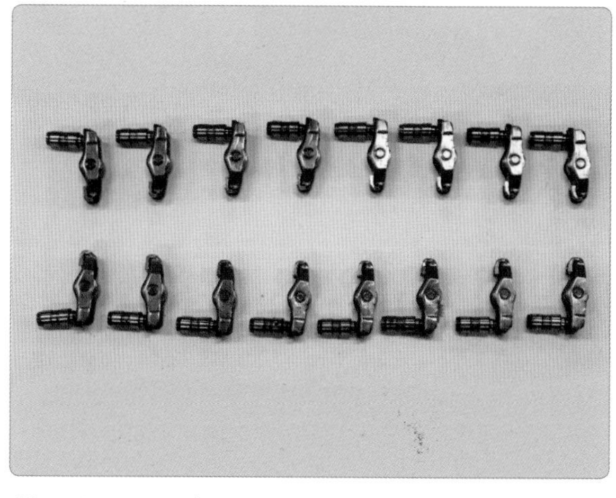

40. 밸브 리후다(유압식 밸브 간극 조정기)를 정렬한다.

41. 실린더 헤드 볼트를 분해한다.

42. 실린더 헤드를 탈거한다.

43. 실린더 헤드 개스킷을 탈거한다.

44. 엔진을 180° 회전하여 오일팬을 탈거한다.

45. 오일팬을 정렬한다.

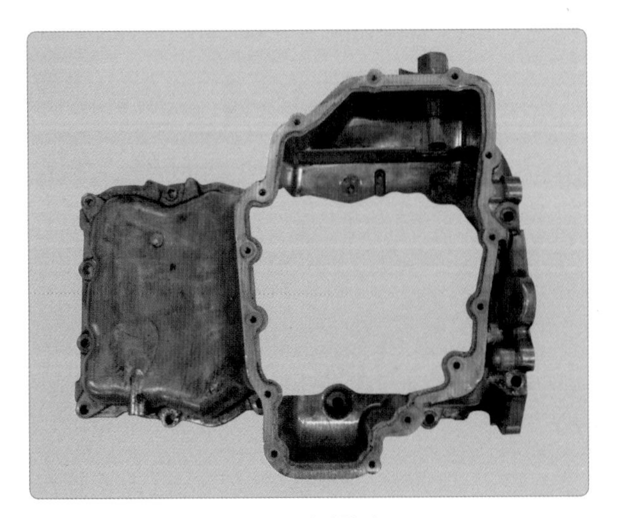

46. 하부 크랭크케이스를 제거한다.

47. 오일 펌프 홀더 고정 볼트를 분해한다.

48. 오일 펌프 홀더를 정렬한다.

49. 상부 크랭크케이스를 분해한다.

50. 상부 크랭크케이스를 정렬한다.

51. 피스톤을 분해한다(❶-❹, ❸-❷).

52. 분해된 실린더를 정렬한다(❶-❷-❸-❹).

53. 플라이휠을 분해한다.

54. 크랭크축 리어실을 분해한다.

55. 크랭크축 리어실을 정렬한다.

56. 크랭크축 메인 저널 캡을 분해하고 크랭크축을 정렬한다.

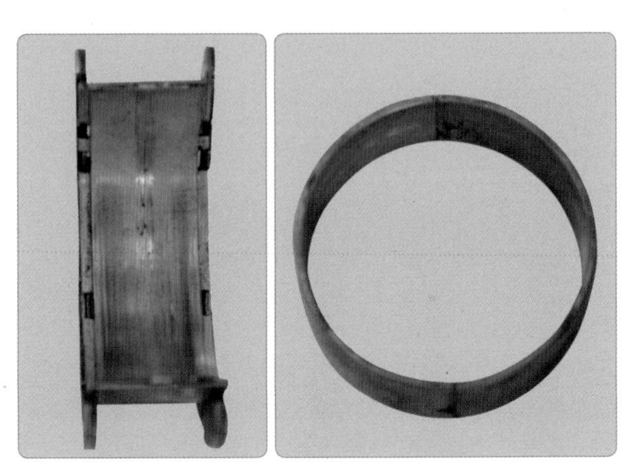

57. 크랭크축 스러스트 베어링과 메인 저널 베어링을 정렬한다.

58. 실린더 블록을 정렬한다.

실습 주요 point

안전 및 유의 사항

① 실습 시작 전 실습 순서를 정하고 실습기기 및 공구와 정비 지침서, 재료 등을 충분히 검토한다.
② 실습 시작 전 안전 교육을 실시하고 소화기를 비치하여 화재 사고에 대비하고 화재 위험 방지를 위하여 유류 등의 인화성 물질은 별도 안전한 곳에 보관한다.
③ 실습 시작 전 실습장 주위의 정리정돈을 깨끗이 하고 실습에 임한다.
④ 실습을 하는 동안은 적절한 공구를 사용하고 실습 중 안전과 화재에 주의한다.
⑤ 볼트 · 너트 체결 시, 무리한 힘을 가하지 말고 규정된 토크로 조여 고정시킨다.
⑥ 모든 부품은 분해, 조립 순서에 준하여 작업을 실시하고 분해된 부품은 순서에 따라 작업대에 정리정돈을 한다.
⑦ 실습 종료 후 작업대와 실습장을 깨끗이 정리한다.

2 엔진 조립

1. 실린더 블록에 크랭크축을 조립한다(베어링 윤활유 도포).

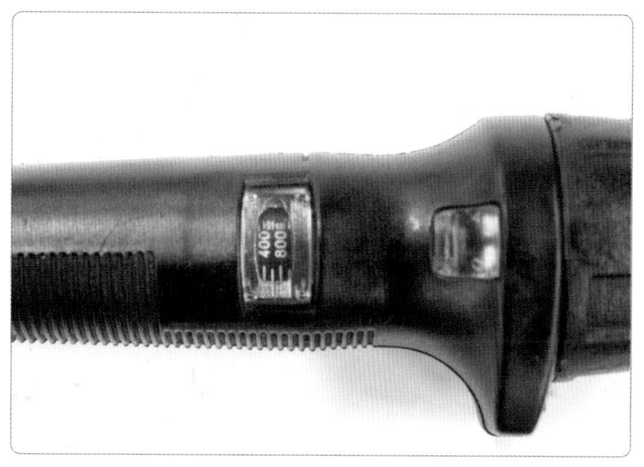

2. 토크 렌치를 규정 토크로 설정한다(4.5~5.5 kgf-m).

3. 크랭크축 메인 저널 캡을 규정 토크로 조립한다(안에서 밖으로 회전 방향으로 조인다).

4. 크랭크축 리어실을 분해한다.

5. 플라이휠을 조립한다.

6. 피스톤을 조립한다(❹-❶, ❸-❷).

7. ❶-❹번 피스톤 상사점 위치로 마무리하고(초기 분사 시기 1번 실린더 폭발), 크랭크축 타이밍 마크를 확인한다.

8. 상부 크랭크케이스를 조립한다.

9. 오일 펌프 홀더를 조립한다.

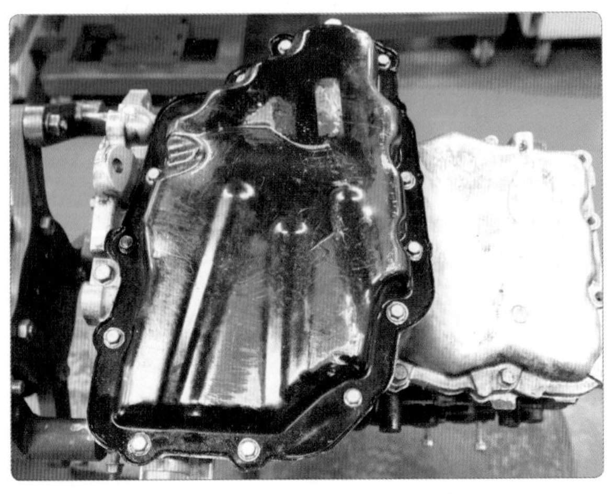

10. 하부 크랭크케이스 및 오일팬을 조립한다.

11. 실린더 헤드 개스킷을 새것으로 조립한다.

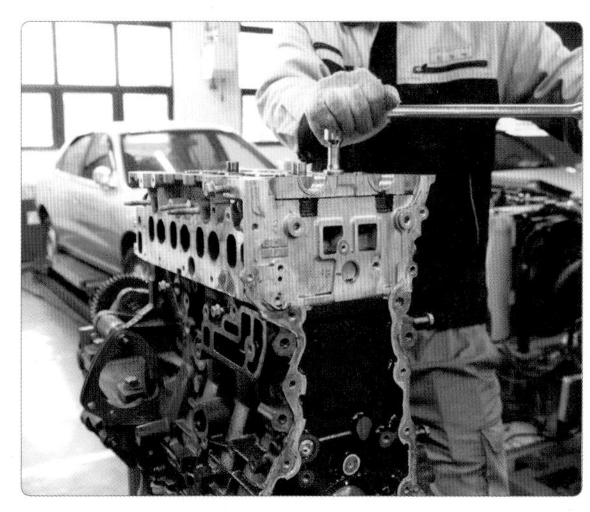

12. 실린더 헤드를 조립한다(규정 토크 8.5~11.5 kgf-m).

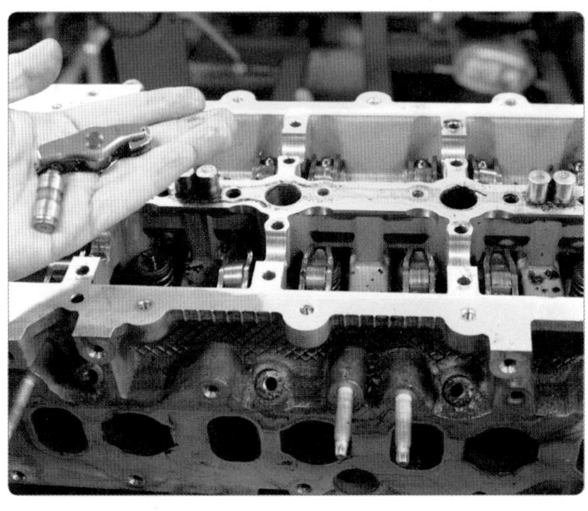

13. 밸브 리후다(유압식 밸브 간극 조정기)를 조립한다.

14. 캠축을 조립한다(마찰 부위 윤활유 도포).

15. 캠축 스프로킷을 조립한다.

16. 크랭크축 타이밍 마크를 확인한다.

17. 체인 가이드를 가조립한다.

18. 캠축 스프로킷 타이밍 마크를 확인하고 가이드를 조립한다.

19. 크랭크축 풀리 볼트를 조립하고 크랭크축을 회전시켜 회전(조립) 상태를 확인한다.

20. 타이밍 체인 커버를 조립한다.

21. 크랭크축 풀리를 조립한다.

22. 노크 센서를 조립한다.

23. PCV 밸브를 조립한다.

24. 연료 인젝터와 커먼레일 공급 파이프를 조립한다.

25. 오일 쿨러를 조립한다.

26. 흡기 매니폴더와 가변 흡기 제어 밸브를 조립한다.

27. 물 펌프와 서모스탯을 조립한다.

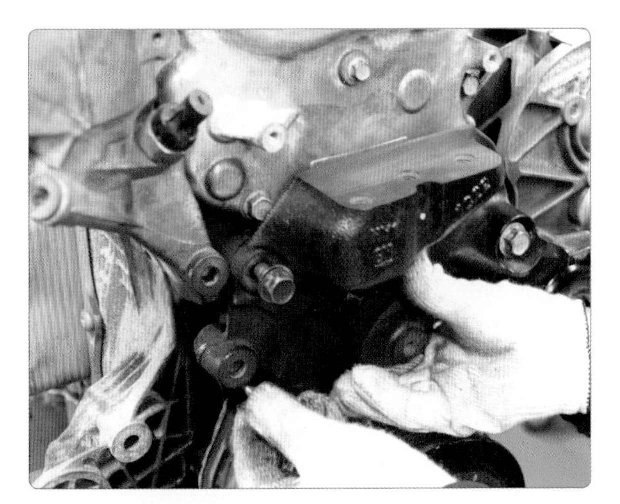

28. 엔진마운트를 조립한다.

29. 인터쿨러를 조립한다.

30. 배기 매니폴드를 조립한다.

31. 터보 차저를 조립한다.

32. 오일 필터와 오일 레벨 게이지를 조립한다.

33. 흡배기 캠축에 연료 고압 펌프와 진공 펌프 체결 위치를 확인한다.

34. 고압 펌프와 진공 펌프를 조립한다.

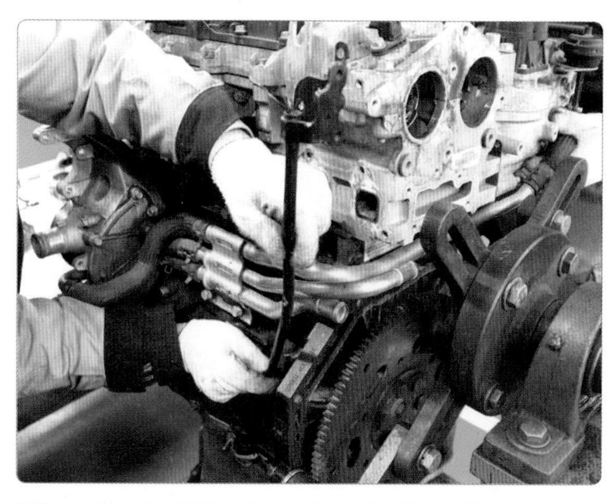

35. 크랭크각 센서 배선 고정 브래킷을 조립한다.

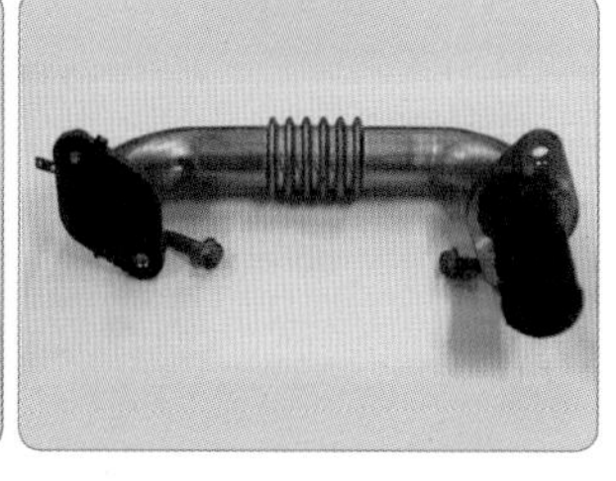

36. ETC(전자 제어 스로틀 보디), 진공 탱크, EGR 솔레노이드, EGR 파이프를 조립한다.

37. EGR 솔레노이드 연결 호스를 조립한다.

38. 진공 호스 및 오일 쿨러 파이프를 조립한다.

39. 전기장치(발전기, 기동 전동기, 에어컨 컴프레서)를 조립하고 텐셔너를 조립한다.

40. 조립할 팬벨트의 조립 방향을 확인한다.

41. 팬벨트를 조립한다.

42. 팬벨트 장력을 조정하고 엔진을 정렬한다.

실습 주요 point

엔진 부품의 세척 방법

세척제 사용법과 증기 세척 사용법이 있다.

❶ 유기용제 세척 : 솔벤트(가장 효과적), 벤졸, 등유, 경유

❷ 알칼리 용액 세척 : 주철, 강철제 제품

❸ 산성 용액 세척 : 비금속 제품, 냉각수 통로, 라디에이터 등

❹ 증기 세척 : 기름, 흙, 먼지 등의 증기압력(6 kgf/cm^2)과 열로써 세척

❺ 비눗물(중성비누 수용액) 세척 : 고압 코드, 팬벨트, 고무 호스 등

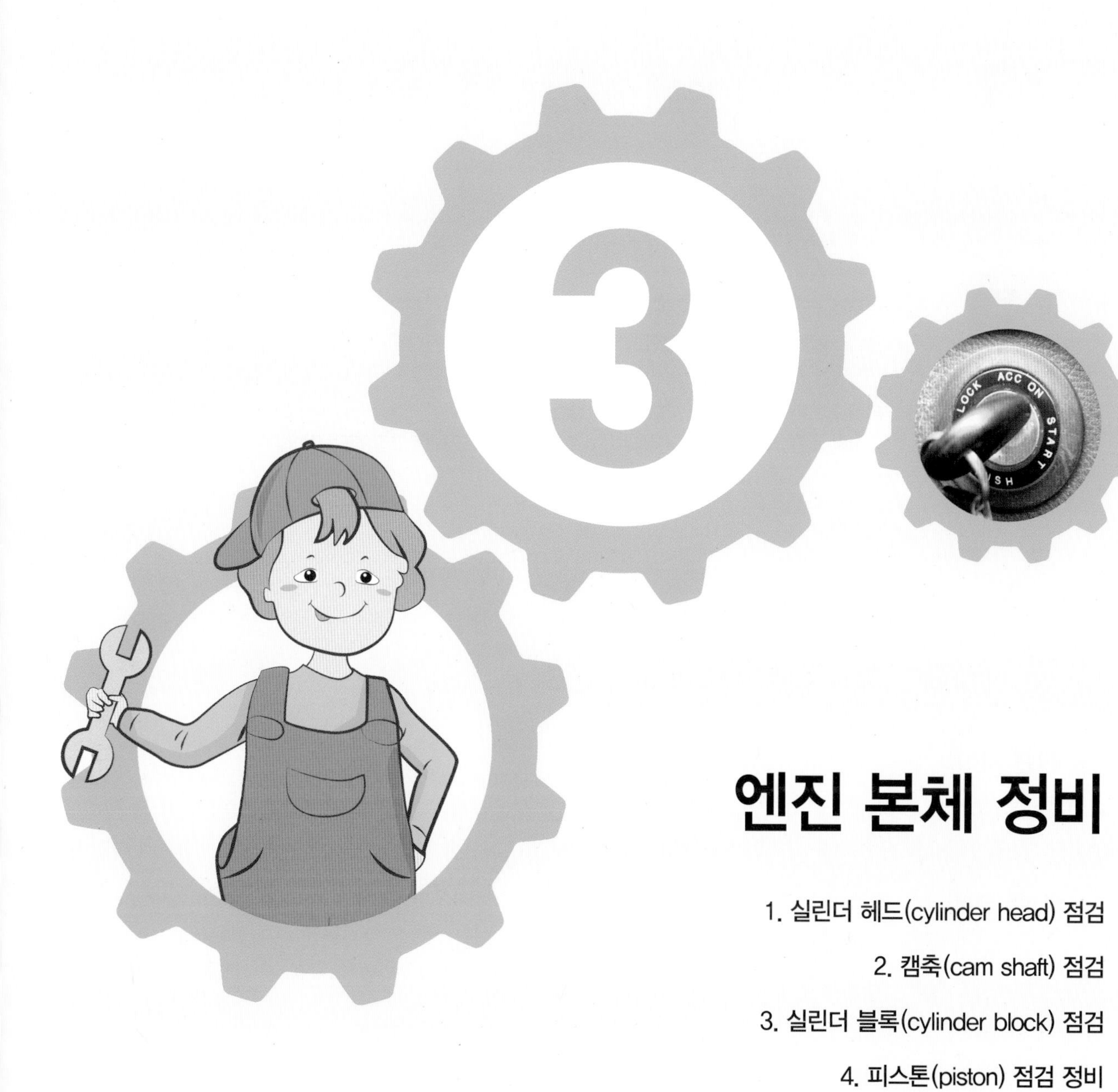

엔진 본체 정비

1. 실린더 헤드(cylinder head) 점검
2. 캠축(cam shaft) 점검
3. 실린더 블록(cylinder block) 점검
4. 피스톤(piston) 점검 정비
5. 크랭크축(crank shaft) 점검 정비
6. 플라이휠 런아웃
7. 밸브 장치(valve system) 점검 정비
8. 가변 흡기(VICS) 제어장치

3 엔진 본체 정비

실습목표 (수행준거)	1. 엔진 본체의 구조와 작동 상태를 이해하여 고장 진단 능력을 배양한다. 2. 진단장비를 활용하여 고장 요소를 점검하고 정비할 수 있다. 3. 제조사별 엔진 종류에 따른 특성을 이해하고 고장을 진단할 수 있다. 4. 엔진 본체 장치의 점검 시 안전 작업 절차에 따라 점검 · 진단할 수 있다. 5. 차종별 정비 지침서에 따라 엔진 본체의 세부 점검 목록을 확인하여 고장 진단 절차에 의한 정비를 수행할 수 있다.

1 실린더 헤드(cylinder head) 점검

1 관련 지식

실린더 헤드의 형상은 엔진에 따라 다르지만, 윗부분에는 밸브 구동 시스템이 장착하게 되며 엔진 특성에 따라 좌(우)로는 혼합기가 연소실에 들어가는 흡기 포트(intake port)와 연소된 배기가스를 배출하는 배기 포트(exhasust port)가 있고, 실린더 블록으로부터 올라가는 냉각수가 통로인 물 재킷으로 형성되어 있다.

실린더 헤드와 실린더 블록 사이에는 기밀 유지용 헤드 개스킷을 설치하고 결합되면서 실린더 헤드에 연소실을 형성하게 된다. 이곳에 혼합기를 흡입하고 연소 가스를 배출하는 밸브 구동 시스템이 장착되며, 그 중앙에 점화 플러그가 설치된다. 이 부분의 형상과 작동 상태에 따라 엔진 성능에 영향을 주게 된다.

실린더 헤드(연소실, 밸브, 스파크 플러그)

실린더 헤드(캠축)

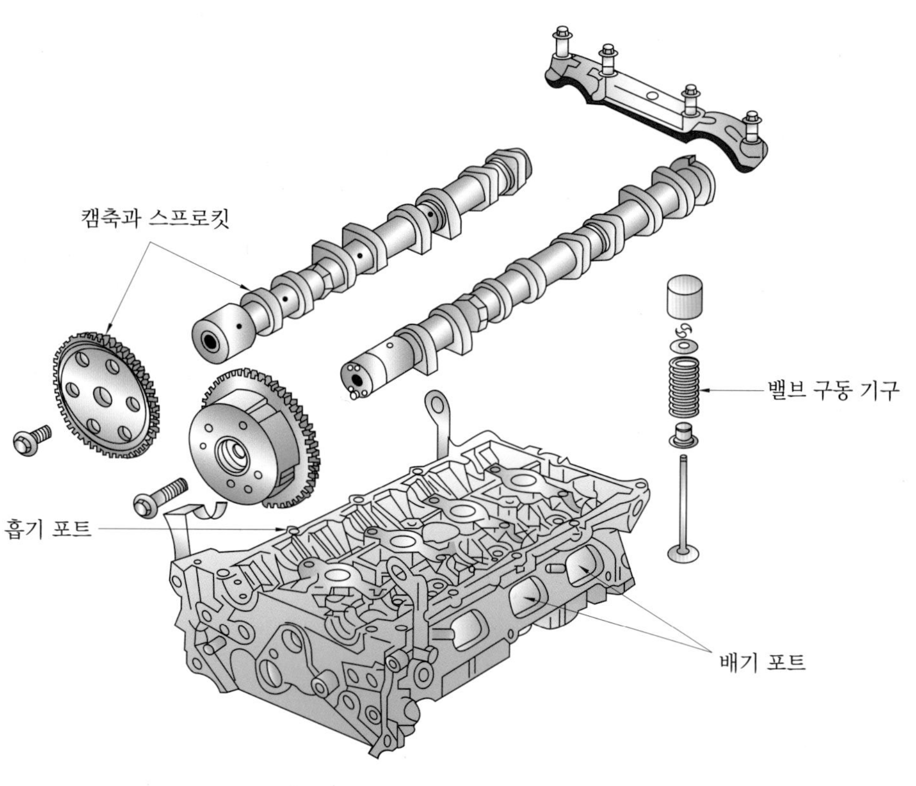

실린더 헤드와 밸브 개폐 기구

실린더 헤드 분해 조립 시 유의 사항

실린더 헤드 볼트의 조립은 엔진 조립 시 가장 주의를 요하는 부분으로 토크 렌치를 사용하여 차종의 규정 토크에 맞는 조임으로 조립해야 한다. 헤드 볼트를 조일 때 반드시 안에서 밖으로 조립 순서에 의해 조립하고, 분해 시에는 밖에서 안으로 회전 방향으로 분해한다. 이는 조임력이 크므로 임의로 편향된 방향에서부터 조이거나 분해되면 실린더 헤드 변형이 발생하게 되어 엔진의 성능 저하는 물론 실린더 헤드 변형한도를 넘어 교환해야 하는 경우가 발생되기 때문이다.

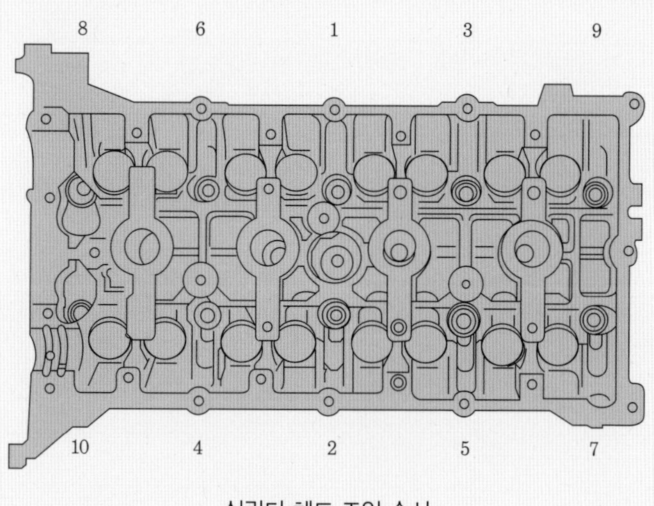

실린더 헤드 조임 순서

2 실린더 헤드의 고장 원인

① 실린더 헤드 개스킷의 소손
② 엔진 온도 상승에 의한 과열 손상
③ 냉각수의 동결로 인한 균열
④ 실린더 헤드 볼트 조임 불균형

실린더 헤드 점검 사항

분해된 실린더 헤드 면을 솔벤트나 경유로 세척한 후 압축 공기를 이용하여 이물질을 제거한다. 특히 오일 통로는 카본 접착제 슬러지에 의해 막히지 않도록 공기로 불어서 제거한다. 이때 실린더 헤드 내외의 균열, 손상, 누수를 점검한다.
※ 실린더 헤드 분해 시 캠축 타이밍 마크를 확인한 후 분해하며 실린더 헤드는 연소실이 위를 향하도록 분해하여 정리한다.

실린더 점검 및 정비

❶ 헤드의 균열 원인 : 과격한 열적 변화, 냉각수 동결, 외부로부터의 충격, 과열 시 급격한 냉각수 보충으로 인한 온도 변화
❷ 점검 방법 : 육안검사, 자기탐상법, 염색탐상법
❸ 헤드 고착 시 떼어내는 방법 : 헤드의 재질에 손상이 가지 않는 범위에서 플라스틱 해머 및 압축 압력 또는 호이스트를 이용하여 탈착한다.

3 실습 준비 및 유의 사항

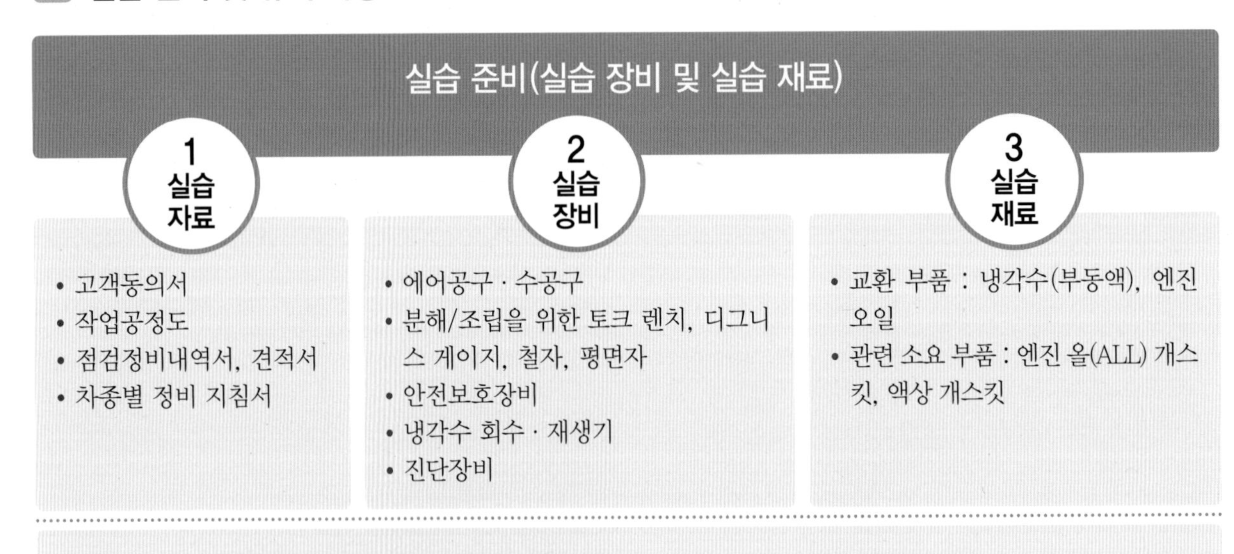

실습 시 유의 사항

• 작업 시 위험 요소를 고려하여 안전장비를 구비한다.
• 오일이 누유되었을 때에 바닥이 미끄럽지 않도록, 도장면에 묻지 않도록 주의해야 한다.
• 실린더 헤드 및 블록의 오일 구멍과 냉각수 통로가 이물실에 막히지 않도록 소치한다.

4 실린더 헤드 점검

(1) 실린더 헤드 변형도 측정

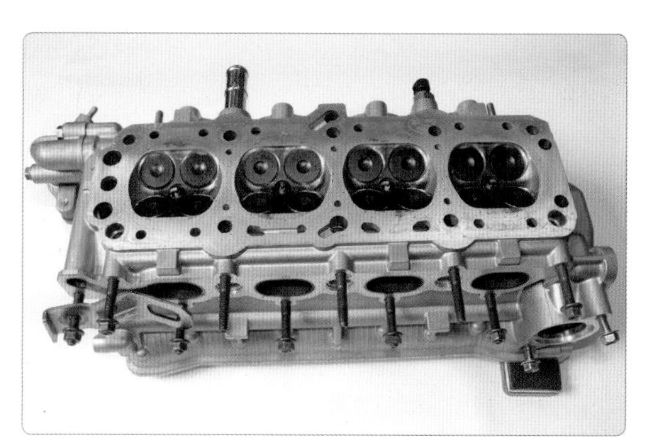

1. 실린더 헤드 개스킷 접촉면을 깨끗이 닦는다.

2. 실린더 헤드면 위에 평면 게이지(자)를 대각선 방향으로 설치한다.

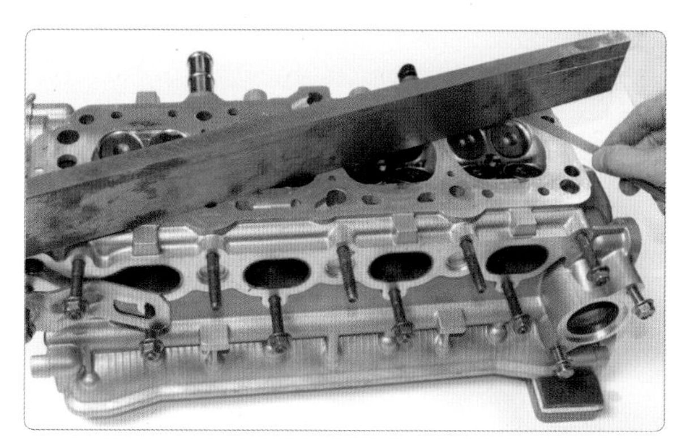

3. 실린더 헤드면 6~7군데를 측정하여 틈새 간극이 최대가 되는 곳이 측정값이다(냉각수, 오일통로 볼트 홀을 피하여 측정한다).

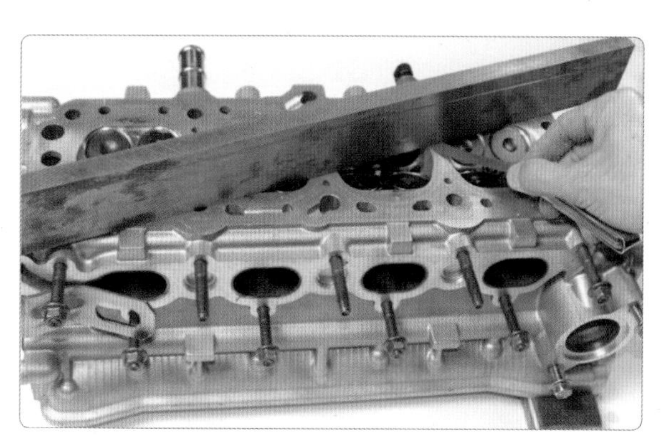

4. 측정값은 0.02 mm이다.

(2) 수정 방법

실린더 헤드 변형이 경미한 경우 실린더 헤드 개스킷을 교환하여 수정하며 수정한계 이상으로 정비가 필요한 경우 평면 연삭기를 사용하여 절삭한다(차령이나 부품 가격을 고려할 때 마모가 심한 경우 실린더 헤드를 교환한다).

측정(점검) : 위에서 측정한 실린더 헤드 변형도 값이 0.02 mm인 경우 수정한계 이내이므로 실린더 헤드 분해 조립 시 실린더 헤드 개스킷을 교환하고 조립한다.

차종별 실린더 헤드 변형도(mm) 기준값							
차 종		규정값	한계값	차 종		규정값	한계값
아반떼	1.5 DOHC	0.05 이하	0.1	쏘나타 Ⅱ, Ⅲ	1.8 DOHC	0.05 이하	0.2
	1.8 DOHC	0.05 이하	0.1		2.0 DOHC	0.05 이하	0.2
아반떼 XD	1.5 DOHC	0.03 이하	0.1	그랜저 XG	2.0/2.5 DOHC	0.03 이하	0.2
	2.0 DOHC	0.03 이하	0.1		3.0 DOHC	0.05 이하	0.2
옵티마 리갈	2.0 DOHC	0.03 이하	–	카렌스	2.0 LPG	0.03 이하	–
	2.5 DOHC	0.03 이하	–		2.0 CRDI	0.03 이하	–
싼타페	2.0 DOHC	0.03 이하	0.2	토스카	2.0 DOHC	0.05 이하	–
	2.7 DOHC	0.03 이하	0.05		2.5 DOHC	0.05 이하	–

2 캠축(cam shaft) 점검

1 관련 지식

(1) 캠축

엔진의 행정 작동 중 밸브를 단속하기 위해 엔진 밸브 수와 같은 수의 캠이 배열되어 있는 축으로써 재질은 특수 주철 및 크롬강, 저탄소강으로 제작되며 캠 표면을 경화시켜 제작한다.

① SOHC(single over head cam shaft) : 1개의 캠축으로 흡배기 밸브(흡기 밸브, 배기 밸브)를 작동시킨다.

② DOHC(double over head cam shaft) : 흡기캠과 배기캠 2개의 캠축으로 각각 흡기와 배기 밸브를 작동시킨다.(16밸브)

㈎ 흡입 효율 향상

㈏ 허용 최고 회전수 향상

㈐ 높은 연소 효율

㈑ 구조가 복잡하고, 생산단가가 고가이다.

캠 측정

캠축 기어 흡배기 캠 타이밍 마크

(2) 캠의 구성

① 기초원(base circle) : 캠축의 기초가 되는 원

② 노즈(nose) : 밸브가 완전히 열리는 점

③ 양정(lift) : 기초원과 노즈와의 거리

④ 플랭크(flank) : 밸브 리프터가 접촉, 구동되는 옆면

⑤ 로브(lobe) : 밸브가 열려서 닫힐 때까지의 거리

※ 양정(lift) = 캠 높이 − 기초원

캠의 구성

2 고장 진단 및 원인 분석

캠축의 휨은 엔진 작동 시 발생되는 충격과 자동차 운행의 급가속 및 급감속 등에 의해 내구연한이 오래된 자동차에서 발생되고 특히 캠의 양정 마모(로브 및 노즈)는 엔진 출력이 저하되는 원인이 되며, 엔진 내부 윤활 불량에 의해 마모가 발생된다.

3 실습 준비 및 유의 사항

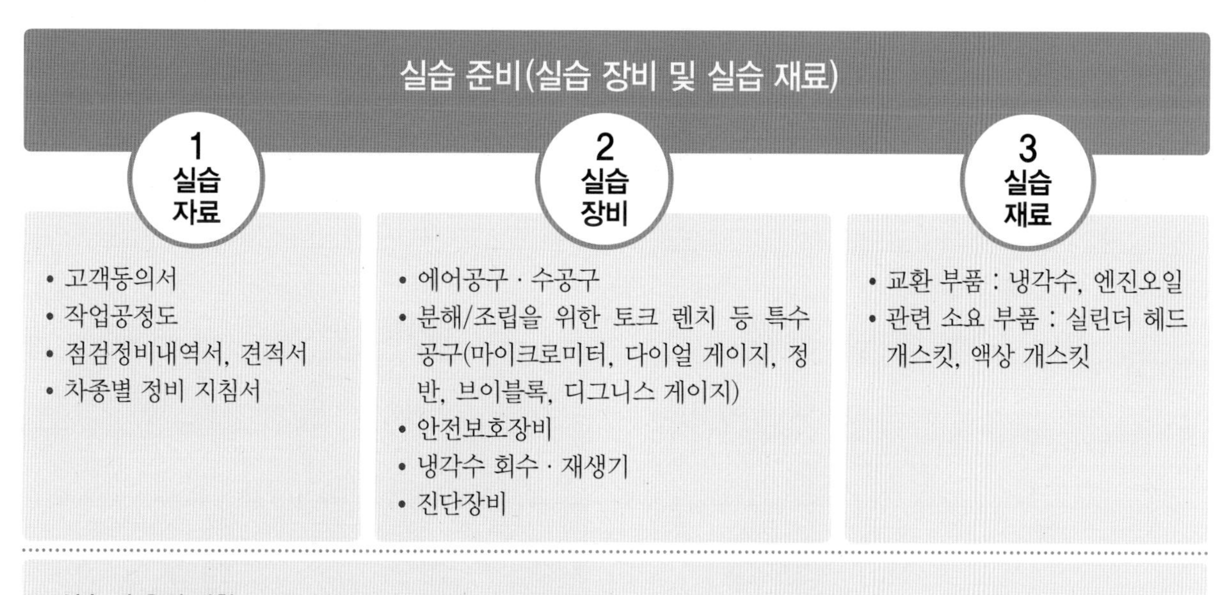

실습 시 유의 사항

- 작업 시 위험 요소를 고려하여 안전장비를 구비한다
- 오일이 누유되었을 때에 바닥이 미끄럽지 않도록, 도장면에 묻지 않도록 주의해야 한다.
- 캠축 휨을 측정 시 바닥에 떨어지지 않도록 주의한다.

4 캠축 점검

(1) 캠축 양정 점검

① 측정 방법

캠축 양정 측정

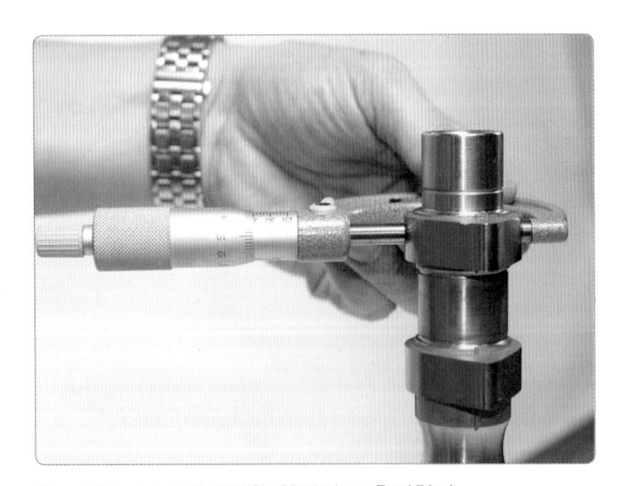

1. 마이크로미터 0점을 확인하고 측정한다.

2. 마이크로미터에 측정된 눈금을 읽는다.
(측정값 35.25 mm)

② 수정 방법

측정(점검) : 캠의 높이 측정값 35.25 mm를 규정(한계)값 35.393~39.593 mm를 적용하여 판정한다. 측정값이 불량이므로 정비 및 조치할 사항으로 캠축을 교환한다.

캠 높이(양정) 규정값								
차 종		규정값(mm)	한계값(mm)	차 종			규정값(mm)	한계값(mm)
EF 쏘나타	흡기	35.493±0.1	–	크레도스		흡기	37.9593	–
	배기	35.317±0.1	–			배기	37.9617	–
옵티마 2.0D	흡기	35.439	35.993	세피아		흡기	36.4514	36.251
	배기	35.317	34.817			배기	36.251	36.251
쏘나타	흡기	44.525	42.7484	토스카	2.0D	흡기	5.8106	–
	배기	44.525	43.3489			배기	5.3303	–
아반떼 1.5D	흡기	43.2484	42.7484		2.5D	흡기	5.931	–
	배기	43.8489	43.3489			배기	5.3303	–

(2) 캠축 휨 점검

① 측정 방법

1. 다이얼 게이지를 직각으로 설치하고 0점 조정한 후 캠축을 1회전시킨다.

2. 1회전 측정된 값 0.06 mm의 1/2이 측정값이 된다(0.03 mm).

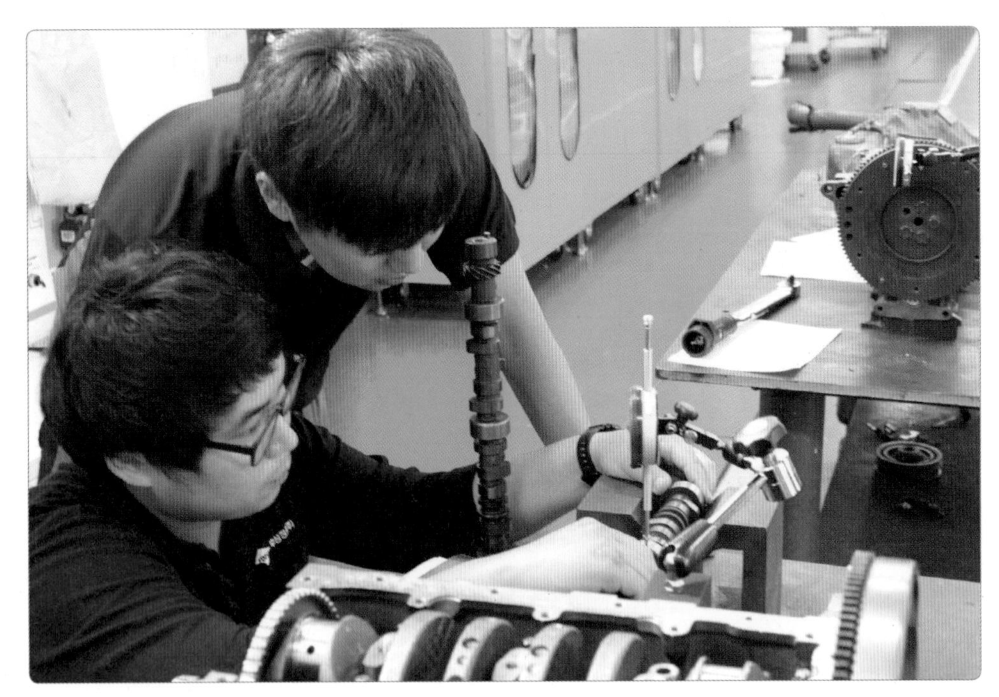

캠축 휨 측정

② 수정 방법

측정(점검) : 캠의 높이 측정값 0.03 mm를 규정(한계)값(0.02 mm 이하)을 적용하여 판정한다. 측정값이 불량이므로 정비 및 조치할 사항으로 캠축을 교환한다.

캠축과 캠(cam shaft & cam)

캠축의 주 기능은 흡 · 배기 밸브 개폐이며, 캠 표면의 곡선은 매우 조금만 변화되어도 밸브 개폐 시기나 밸브 양정이 달라져 엔진의 성능에 크게 영향을 주게 된다. 따라서 그 재질은 장시간 사용하여도 캠 표면의 마멸이나 축의 휨이 작은 것이어야 한다. 일반적으로 캠축의 재질은 특수주철, 저탄소강에 침탄시킨 것, 중탄소강에 화염 경화나 고주파 경화시킨 것을 사용한다.

밸브 개폐 시기와 열림 시간, 밸브의 양정은 캠의 형상에 의해 결정되므로 엔진에 따라 다양한 캠이 사용된다. 그러나 어느 형상에서나 로커암(또는 밸브 리프터)과 캠이 직접 접촉하므로 이 부분과의 마찰과 마모를 감소시키기 위해 접촉면의 하나는 반드시 원호형으로 하고 있다. 캠의 형상에는 접선 캠, 볼록 캠 및 오목 캠 등이 있다.

그리고 캠에서 기초원(base)과 노즈(nose) 사이의 거리를 양정(lift)이라 한다. 캠 노즈가 마모되면 양정이 작아져 밸브 개폐 시기에 영향을 주게 되어 엔진 출력에 영향을 주게 된다. 측정값이 마모한도를 넘게 되거나 캠축의 휨량이 규정한도를 넘게 되면 캠축을 교환한다.

3 실린더 블록(cylinder block) 점검

1 관련 지식

위쪽에는 실린더 헤드가 설치되며, 아래 중앙부에는 평면 베어링을 사이에 두고 크랭크축이 설치된다. 내부에는 피스톤 운동이 될 수 있는 실린더(cylinder)가 설치되어 있으며, 연소 및 마찰열 냉각을 위한 물 재킷이 실린더를 둘러싸고 있다. 실린더 블록 재질은 특수 주철이나 알루미늄 합금을 사용한다.

실린더 블록

(1) 실린더(cylinder)의 종류

① **일체식** : 실린더 블록과 같은 재질로 실린더를 일체로 제작한 형식(실린더 보링)

② **라이너식(liner type)** : 실린더를 별도로 제작한 후 실린더 블록에 끼우는 형식(실린더 교체)

(2) 실린더 보링

① **실린더 보링 작업** : 실린더 벽이 마모되었을 때 마모량을 측정하여 오버사이즈 값을 구하고, 해당되는 피스톤을 선정하여 실린더를 절삭하는 작업이다(보링 후 다듬질 작업 호닝 실시).

② **실린더 보링값**

보링 오버사이즈 규정				
실린더 내경	수정 한계값	오버사이즈 한계	차수 절삭	진원 절삭값
70 mm 이상	0.2 mm	1.50 mm(6차)	0.25 mm	0.2 mm
70 mm 이하	0.15 mm	1.25 mm(5차)		

③ **측정** : 실린더 내 상중하 6군데 측정(실린더 보어 게이지, 텔레스코핑 게이지, 내경 마이크로미터)

→ 신차 규정값 : 75.00 mm, 측정 최댓값 : 75.26 mm, 진원 절삭값 : 0.2 mm

피스톤 위치(1, 4번 상사점)

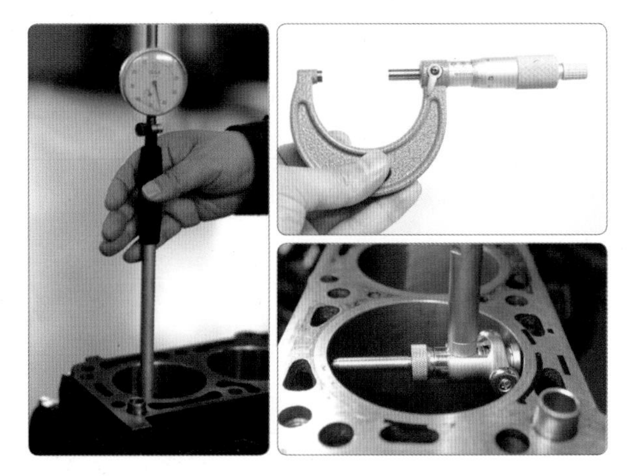

실린더 내경 측정

보링값

앞의 오버사이즈 규정에서 보면 75.46 mm 오버사이즈 피스톤이 없으므로 이보다 근접한 윗단계 STD 75.50 mm에 맞춰 실린더를 보링하고 피스톤은 표준보다 0.50 mm 큰 피스톤을 체결한다.
최대 측정값 75.26 mm + 진원 절삭값 0.2 mm = 75.46 mm

(3) 실린더 상사점 부근의 마멸 원인 : 실린더 윗부분(TDC)

① 엔진의 어떤 회전속도에서도 피스톤이 상사점에서 일단 정지하고, 이때 피스톤 링의 정지 작용과 고온으로 인해 유막이 유지되지 않는다.

② 피스톤 상사점에서 폭발압력으로 피스톤 링이 실린더에 밀착되기 때문이다.

실린더 블록의 실린더 내경

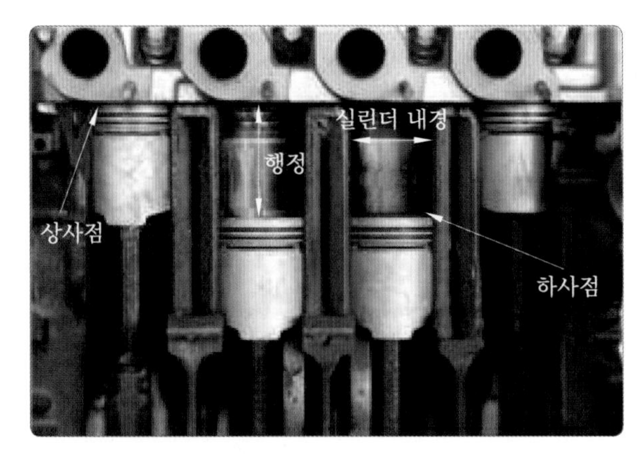

실린더별 피스톤 작동

2 실습 준비 및 유의 사항

실습 준비(실습 장비 및 실습 재료)

1 실습 자료

- 고객동의서
- 작업공정도
- 점검정비내역서, 견적서
- 차종별 정비 지침서

2 실습 장비

- 에어공구 · 수공구
- 분해/조립을 위한 토크 렌치, 실린더 보어 게이지, 마이크로미터, 텔레스코핑 게이지
- 안전보호장비
- 냉각수 회수 · 재생기
- 진단장비

3 실습 재료

- 교환 부품 : 냉각수, 엔진오일
- 관련 소요 부품 : 실린더 헤드 개스킷, 액상 개스킷

실습 시 유의 사항

- 작업 시 위험 요소를 고려하여 보안경 및 면장갑을 구비한다.
- 오일이 누유되었을 때 바닥이 미끄럽지 않도록, 도장면에 묻지 않도록 주의해야 한다.
- 실린더 내경을 깨끗이 닦고 측정하며, 정확한 측정값을 얻을 수 있도록 상 · 중 · 하 최대 마모된 측정 부위를 정확하게 측정하도록 한다.

3 실린더 마모량 점검

(1) 측정 방법

실린더 보어 게이지를 측정할 실린더에 넣고 실린더 내경 측정

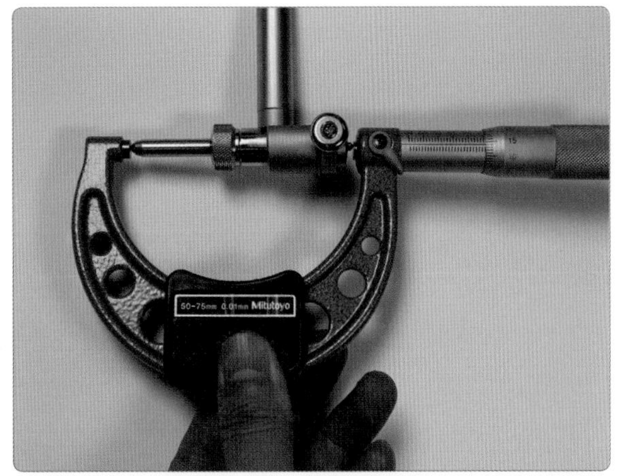

1. 마이크로미터로 실린더 보어 게이지 바의 길이를 측정한다(이때 보어 게이지 눈금이 0에서 움직일 때 마이크로미터 눈금을 읽는다).

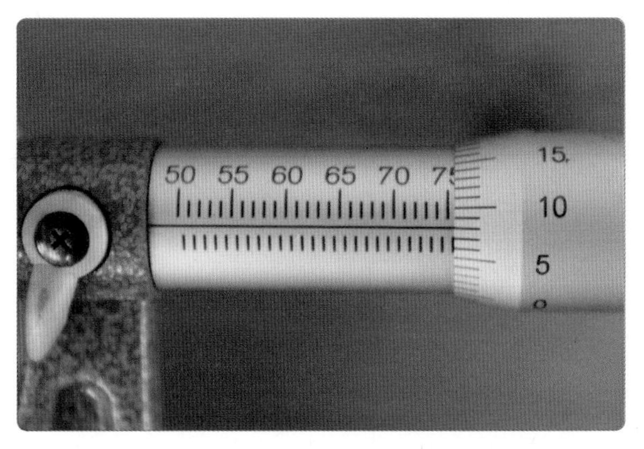

2. 실린더 보어 게이지 측정 바 길이 : 75.58 mm

3. 실린더 보어 게이지를 측정 실린더에 넣고 우측에서 좌측으로 기울이면 실린더 보어 게이지 바늘 지침이 회전하다 멈춘 후 반대로 회전하는데 이때 순간 정지된 위치가 측정값이 된다.
실린더 상, 중, 하(3군데), 핀 저널 직각 방향으로 상, 중, 하(3군데), 총 6군데를 측정한다(최댓값이 측정값이 된다).

4. 실린더 보어 게이지 측정값(최대 측정값 0.21 mm)

실린더 보어 게이지 바 길이 측정값 – 실린더 측정값
= 75.58 mm – 0.21 mm = 75.37 mm

실린더 마모량
= 75.37 mm(측정값) – 75.00 mm(실린더 기준값)
= 0.37 mm
➡ 실린더 마모량 = 0.37 mm

(2) 수정 방법

① **측정(점검)** : 실린더 내경 측정값 0.37 mm를 규정(한계)값(실린더 내경 : 75.5 mm, 마모량 : 0.20 mm 이하)을 적용하여 판정한다.

② **정비 및 조치할 사항** : 실린더 마모량이 0.37 mm로 보링값을 구한다.

75.37 mm(실린더 측정값) + 0.2(진원 절삭값) = 75.57 mm

실린더 O/S 값 : 0.25 mm, 0.50 mm, 0.75 mm, 1.00 mm, 1.25 mm, 1.50 mm

→ 실린더 보링은 3차 보링 후 O/S 피스톤으로 교체한다.

<table>
<tr><th colspan="8">실린더 내경 규정값(한계값)</th></tr>
<tr><th colspan="2">차 종</th><th>규정값
(내경×행정)</th><th>마모량
한계값</th><th colspan="2">차 종</th><th>규정값
(내경×행정)</th><th>마모량
한계값</th></tr>
<tr><td rowspan="2">엑셀, 아반떼</td><td rowspan="2">1.5 DOHC</td><td rowspan="2">75.5×82.0</td><td rowspan="8">0.2 mm
이하</td><td rowspan="2">아반떼</td><td>1.5 DOHC</td><td>75.5×83.5</td><td rowspan="8">0.2 mm
이하</td></tr>
<tr><td>1.8 DOHC</td><td>82.0×85.0</td></tr>
<tr><td rowspan="2">쏘나타</td><td>1.8 SOHC</td><td>80.6×88.0</td><td rowspan="2">아반떼 XD</td><td>1.5 DOHC</td><td>75.5×83.5</td></tr>
<tr><td>1.8 DOHC</td><td>85.0×88.0</td><td>2.0 DOHC</td><td>82.0×93.5</td></tr>
<tr><td rowspan="2">EF 쏘나타</td><td>2.0 DOHC</td><td>85.0×88.0</td><td rowspan="2">그랜저 XG</td><td>2.5 DOHC</td><td>84.0×75.0</td></tr>
<tr><td>2.5 DOHC</td><td>84.0×75.0</td><td>3.0 DOHC</td><td>91.1×76.0</td></tr>
<tr><td rowspan="2">베르나</td><td rowspan="2">1.5 SOHC</td><td rowspan="2">75.5×83.5</td><td rowspan="2">라노스</td><td>1.3 SOHC</td><td>76.5×73.4</td></tr>
<tr><td>1.5 S/DOHC</td><td>76.5×81.5</td></tr>
</table>

4 실린더 간극 측정

(1) 측정 방법

1. 실린더 보어 게이지를 측정할 실린더에 넣고 실린더 내경을 측정한다.

2. 실린더 보어 게이지를 앞뒤로 움직여 실린더 내 최소 부위를 측정한다.

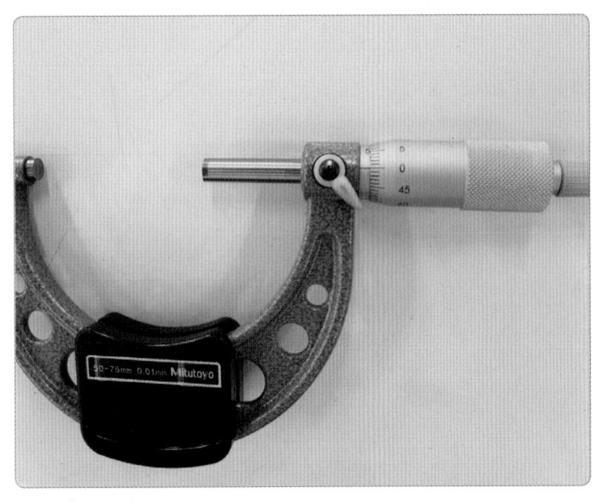

3. 측정 점검할 마이크로미터의 0점이 맞는지 확인한다.

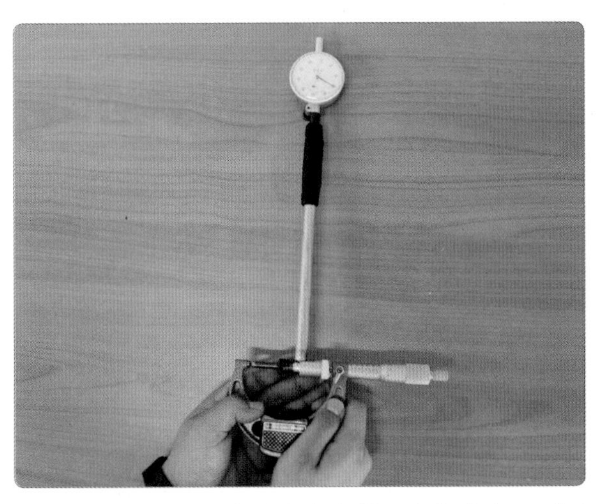

4. 지시된 실린더 보어 게이지 위치(눈금)에 마이크로미터 스핀들을 맞추고 측정값을 확인한다.

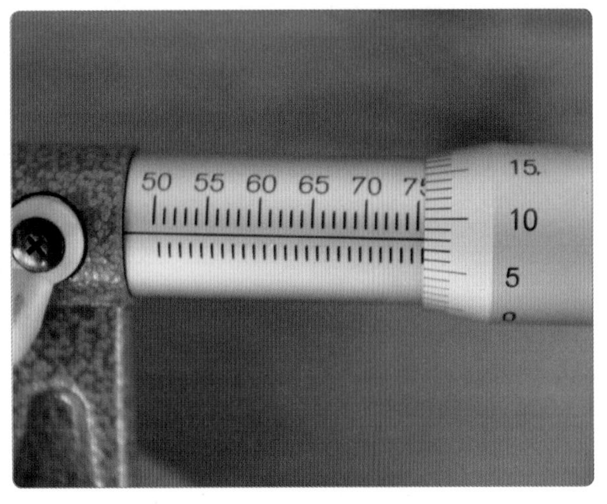

5. 실린더 내경값을 확인한다(75.58 mm).

6. 피스톤 스커트부 외경을 측정한다.

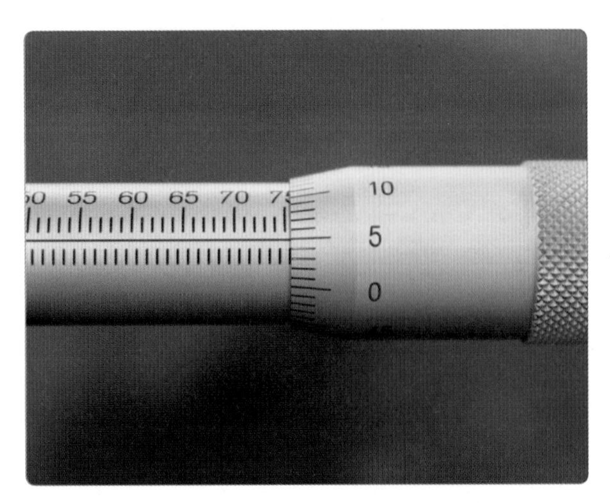

7. 피스톤 외경 측정값을 확인한다(75.55 mm).

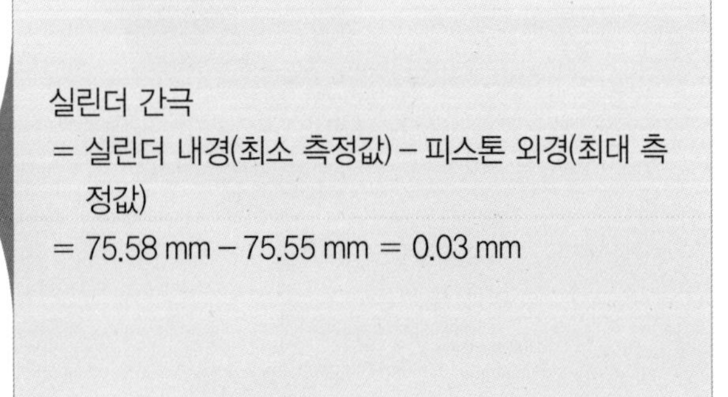

실린더 간극
= 실린더 내경(최소 측정값) − 피스톤 외경(최대 측정값)
= 75.58 mm − 75.55 mm = 0.03 mm

(2) 판정 및 수정 방법

실린더 간극 측정값 0.03 mm를 규정(한계)값 0.02~0.03 mm(0.15 mm)를 적용하여 판정한다.

① **판정** : 측정값과 규정(한계)값을 비교하여 범위 내에 있으므로 양호에 표시한다.

② **정비 및 조치할 사항** : 판정이 양호이므로 정비 및 조치사항 없음을 기록한다.

실린더 간극(피스톤 간극) 규정값			
차 종	규정값	한계값	비 고
EF 쏘나타	0.02~0.03 mm	0.15 mm	측정값의 판정은 한계값을 기준으로 판정한다.
쏘나타 Ⅰ, Ⅱ, Ⅲ	0.01~0.03 mm	0.15 mm	
아반떼	0.025~0.045 mm	0.15 mm	
엑셀	0.02~0.04 mm	0.15 mm	

피스톤 간극

실린더 안지름과 피스톤 최대 바깥지름(스커트 부분 지름)과의 차이를 말한다.

❶ 피스톤 간극이 작으면 열팽창으로 인해 실린더와 피스톤의 고착(소결, 융착)이 발생한다.

❷ 피스톤 간극이 크면 피스톤 압축 시 압축 압력이 저하되어 엔진 출력이 저하되고 엔진 오일이 연소되며, 블로바이가스가 발생되어 윤활유가 연소된다.

4 피스톤(piston) 점검 정비

1 관련 지식

피스톤은 실린더 내 상하로 왕복 작동하며, 엔진이 폭발행정에서 순간적으로 연소가스가 팽창하면서 최대 30~40 kgf/cm^{2}의 폭발력과 1300~1500 ℃의 온도를 발생시킨다. 이 에너지는 커넥팅 로드를 거쳐 크랭크축에 회전력을 전달하는 역할을 한다.

또한 피스톤은 짧은 시간에 매우 큰 충격을 받아 실린더에 고속으로 작동하기 때문에 실린더 벽에 충격과 마찰이 발생된다.

피스톤의 윗부분은 피스톤 헤드, 피스톤 크라운으로 형성되며 실린더 헤드의 연소실을 형성하는 주요 부위가 된다.

또한 압축비를 높이기 위한 목적으로 피스톤 가운데가 솟아 있기도 하거나 흡·배기 밸브의 작동 균형이 맞지 않았을 때 밸브가 피스톤에

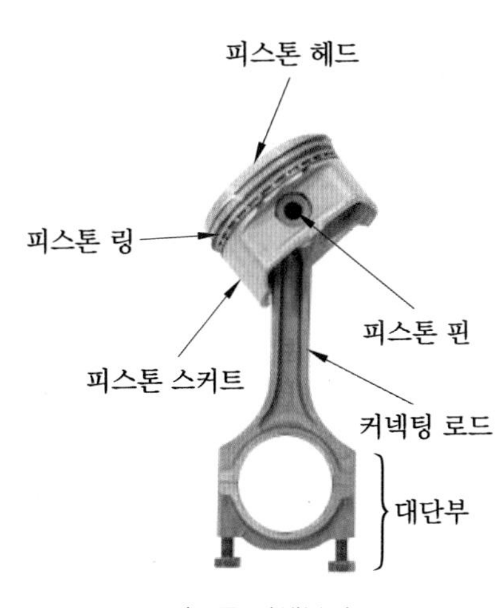

피스톤 어셈블리

부딪치는 것을 피할 수 있도록 홈을 형성시킨 피스톤도 있다.

> 히트 댐(heat dam)은 피스톤 링 제1번 랜드나 제3번 랜드에 좁은 홈을 여러 개 만들어 피스톤 헤드의 열이 피스톤 하단부 스커트로 전달되는 것을 억제시킨다. 이것은 주로 피스톤 링을 높은 온도에서 보호하기 위함이다.

2 고장 진단 및 원인 분석

피스톤 및 피스톤 링의 마모가 발생되는 원인으로는 엔진의 과열로 피스톤 및 피스톤 링의 고착, 피스톤 헤드의 피칭 엔진 오일 부족, 엔진 이상 연소에 의한 실린더 내 급격한 압력 상승 등이 있으며, 노킹에 의한 타음(금속을 두드리는 소리)은 피스톤 마모를 촉진시키게 되며 노킹을 제어하기 위한 점화 시기를 제어하도록 실린더 블록에 노크 센서를 설치하게 된다.

(1) 엔진 과열 시 손상 부위(기계적인 부분)

① 피스톤 및 피스톤 링의 고착
② 실린더의 긁힘 및 변형
③ 실린더 헤드의 변형
④ 크랭크축 베어링의 손상
⑤ 커넥팅 로드의 손상

(2) 가솔린 엔진 노크 발생

① **마모되는 부품** : 실린더 헤드와 블록, 흡기 · 배기 밸브, 피스톤과 피스톤 링, 크랭크축과 저널 베어링, 점화 플러그
② **가솔린 엔진의 노크 발생 원인** : 점화 시기 부정확, 압축비가 너무 높을 때, 흡기의 온도와 압력이 높을 때, 실린더나 피스톤의 과열
③ **가솔린 엔진 노크 방지책** : 점화 시기 지연, 옥탄가가 높은 연료 사용, 흡기 온도를 낮추거나 와류를 활성화, 열점이 발생되지 않도록 이상적인 연소 상태 유지
④ **노킹 제어 방법** : 실린더 블록에 노킹 센서를 장착하고 이 센서의 신호로 노킹 시 점화 시기를 조절하는 방법을 활용한다.

(3) 디젤 엔진 노킹 방지 방법

① 착화 지연을 짧게 한다.
② 압축비를 높인다.
③ 초기 분사량은 적게, 착화 후에는 많게 한다.
④ 세탄가가 높은 연료를 사용한다.
⑤ 공기에 와류를 형성시킨다.

3 실습 준비 및 유의 사항

실습 준비(실습 장비 및 실습 재료)

1 실습 자료

- 고객동의서
- 작업공정도
- 점검정비내역서, 견적서
- 차종별 정비 지침서

2 실습 장비

- 에어공구 · 수공구
- 분해/조립을 위한 토크 렌치, 마이크로미터, 실린더 보어 게이지, 디그니스 게이지, 스크레이퍼
- 안전보호장비
- 냉각수 회수 · 재생기
- 진단장비

3 실습 재료

- 교환 부품 : 냉각수(부동액), 엔진오일
- 관련 소요 부품 : 엔진 올(ALL) 개스킷, 액상 개스킷, 피스톤 링 및 핀 베어링

실습 시 유의 사항

- 작업 시 면장갑을 착용하고 피스톤 링은 반드시 실린더에 삽입하여 규정 엔드 갭을 확인한다.
- 오일이 누유되었을 때에 바닥이 미끄럽지 않도록, 도장면에 묻지 않도록 주의해야 한다.
- 분해된 피스톤은 번호 순대로 정렬하고 핀 저널 캡이 바뀌지 않도록 하며 피스톤 핀의 움직임을 확인하고 피스톤 상태를 확인한다.

피스톤 링 조립 시 주의 사항

❶ 피스톤 링 : 피스톤 링은 기밀 유지 작용(밀봉 작용), 오일 제어 작용(오일 긁어내리기 작용), 냉각 작용(열전도 작용) 등 3가지 작용을 한다.

❷ 피스톤 링 정비

- 링 엔드 갭(절개구 간극) : 링 이음부 간극(0.2~0.4 mm)은 엔진 작동 중 열팽창을 고려하여 두며 피스톤 바깥지름에 관계된다.
- 링 엔드 갭 조립 : 피스톤 링 조립 시 위치는 피스톤 핀 설치 방향을 피해 엔드 갭 방향이 120~180° 방향이 되도록 설치한다.

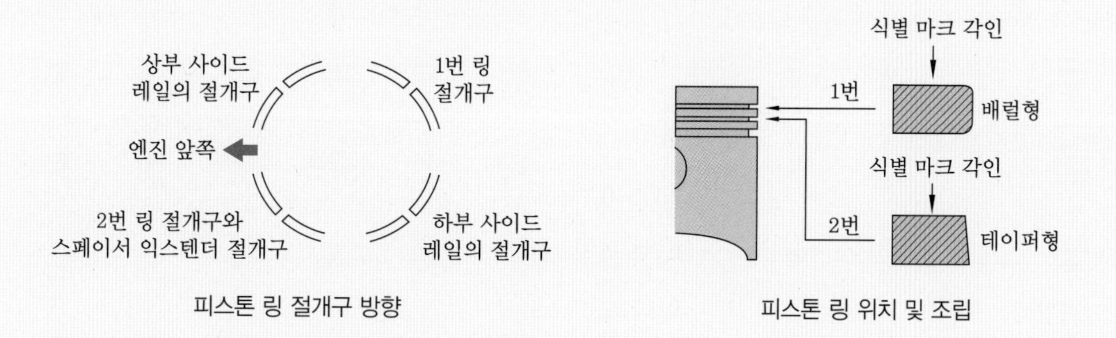

피스톤 링 절개구 방향

피스톤 링 위치 및 조립

4 피스톤 링 이음 간극 측정

1. 피스톤 링 이음 간극을 측정할 실린더를 확인한다(측정 실린더를 깨끗이 닦는다).

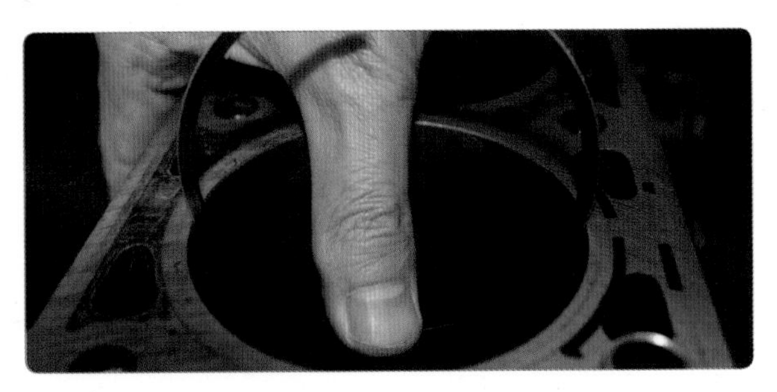

2. 측정할 피스톤 링을 세워 실린더에 삽입한다.

3. 실린더에 피스톤을 거꾸로 끼워 피스톤 링을 삽입한다.

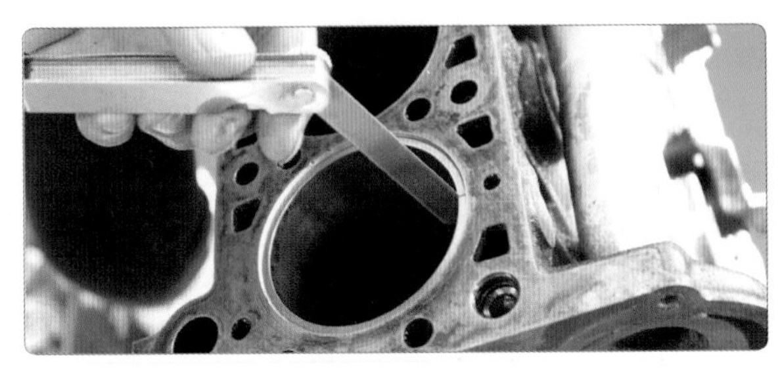

4. 피스톤 링을 실린더 최상단에 위치시키고 디그니스 게이지로 피스톤 링 엔드 갭을 측정한다(실린더 하단부 2/3 지점 측정 가능).

측정(점검) : 피스톤 링 이음 간극 측정값 0.25 mm를 규정(한계)값 0.25~0.40 mm(0.8 mm)를 적용하여 판정한다. 측정값이 불량 시 규정 차종에 맞는 피스톤 링으로 교체하거나 피스톤 링 엔드 갭을 규정값으로 수정(줄을 바이스에 물리고 피스톤 링 엔드 갭을 연삭)한다.

피스톤 링 이음 간극 규정값

차 종	규정값		한계값	비 고
EF 쏘나타(1.8, 2.0)	1번	0.20~0.35 mm	1.00 mm	1, 2번 링은 압축 링, 3번 링은 오일 링 피스톤 간극 측정 공구(텔레스코핑 게이지와 마이크로미터, 실린더 보어 게이지)
	2번	0.40~0.55 mm		
	오일 링	0.2~0.7 mm		
쏘나타 Ⅰ, Ⅱ, Ⅲ	1번	0.25~0.40 mm	0.80 mm	
	2번	0.35~0.5 mm		
	오일 링	0.2~0.7 mm		
아반떼(1.5D)	1번	0.20~0.35 mm	1.00 mm	
	2번	0.37~0.52 mm		
	오일 링	0.2~0.7 mm		

피스톤 링 이음 측정 시 주의 사항

❶ 측정 작업대 및 실린더 측정 면을 깨끗하게 닦는다. 측정은 실린더 마멸이 가장 적은 부분에서 한다.

❷ 피스톤 링이 실린더 하사점 부분 2/3 지점 또는 실린더 최상단부에 위치할 때 측정한다.

5 피스톤 링 사이드 간극 측정

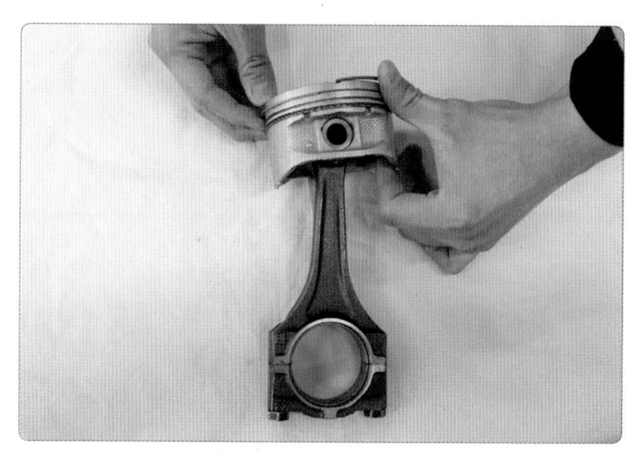

1. 피스톤 링을 탈거한다(피스톤을 깨끗이 닦는다).

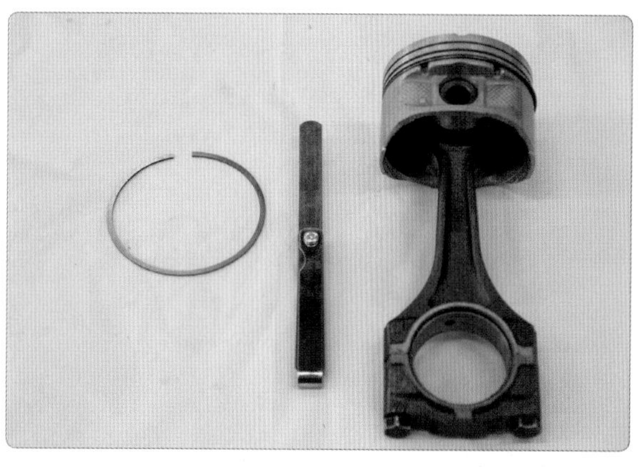

2. 측정할 피스톤 링과 피스톤, 디그니스 게이지를 준비한다.

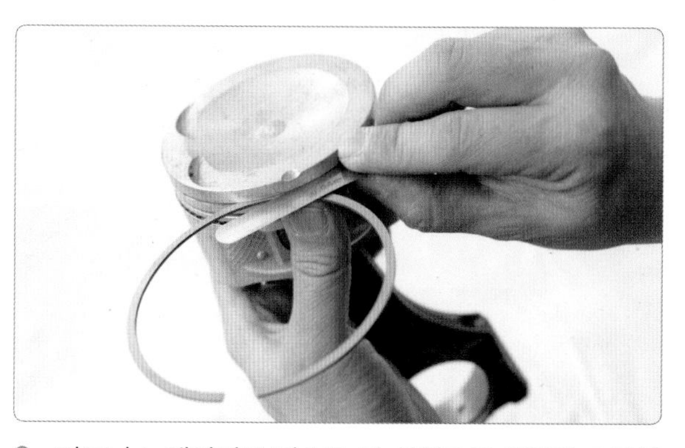

3. 디그니스 게이지를 피스톤 링 사이드에 삽입하고 간극을 측정한다(측정 부위 3~4군데 측정).

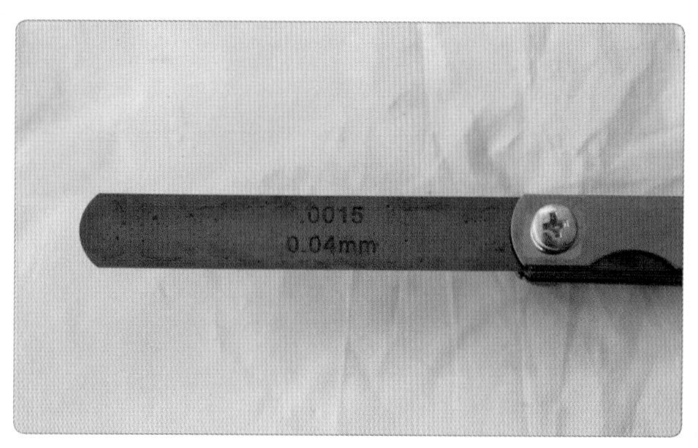

4. 측정값 중 제일 큰 값을 측정값으로 판정한다.

측정(점검) : 피스톤 링 사이드 간극을 측정한 값이 한계값을 벗어나면 링 홈에 새로운 링을 집어 넣은 후 사이드 간극을 재측정한다. 이때 간극이 한계를 벗어나면 피스톤과 링을 함께 교환한다. 사이드 간극이 한계값보다 작을 때는 피스톤 링만 교환한다.

피스톤 링 사이드 간극 규정(한계)값(그랜저 XG)			
1번	0.04~0.08(0.1 mm)	2번	0.03~0.07(0.1 mm)

5 크랭크축(crank shaft) 점검 정비

1 관련 지식

크랭크축은 각 실린더에서 발생된 동력을 커넥팅 로드를 통하여 회전 운동으로 바꾸어 주고, 기통수에 맞게 규칙적인 동력을 발생하고 전달할 수 있도록 평형을 유지하는 기능을 하며, 큰 하중을 받으면서 고속으로 회전해야 하기 때문에 강도나 강성이 커야 한다.

정적, 동적 균형이 잘 잡혀 크랭크축이 원활하게 회전되어야 하므로 크랭크축에는 이런 균형을 잡기 위해서 카운터 웨이트가 설치되어 있다. 또한 크랭크축 후단에는 플라이휠을 장착하여 크랭크축의 회전력을 증대시키고 회전 관성을 최대한 이용하여 엔진이 원활하게 회전하도록 설계되어 있다.

크랭크축

크랭크축 베어링

2 고장 진단 및 원인 분석

크랭크축 메인 저널과 핀 저널은 주행 중에 지속적인 하중을 받으면서 회전하며, 엔진 오일 속의 이물질에 의해 축 저널이 마모된다. 실금과 같이 홈이 생기거나, 타원 또는 테이퍼로 마모되거나 또는 평균적으로 마모되어 베어링과의 간극이 커지게 된다.

크랭크축 메인 저널과 크랭크 핀 저널이 타원 마모(편마모)가 생기는 것은 폭발 행정과 압축 행정의 순간에는 흡기나 배기 행정을 할 때보다 과도한 큰 하중을 받기 때문이며, 이것은 주기적이고 반복적인 기계적 운동이지만 핀 저널의 경우 메인 저널보다 지름이 작고 베어링 접촉 면도 좁기 때문에 편마모가 발생된다.

3 실습 준비 및 유의 사항

실습 준비(실습 장비 및 실습 재료)

1 실습 자료

- 고객동의서
- 작업공정도
- 점검정비내역서, 견적서
- 차종별 정비 지침서

2 실습 장비

- 에어공구 · 수공구
- 분해/조립을 위한 토크 렌치, 마이크로미터, 다이얼 게이지, 디그니스 게이지, 스크레이퍼, 플라스틱 게이지, 실납
- 안전보호장비
- 냉각수 회수 · 재생기
- 진단장비

3 실습 재료

- 교환 부품 : 냉각수(부동액), 엔진 오일
- 관련 소요 부품 : 엔진 올(ALL) 개스킷, 액상 개스킷, 피스톤 링, 메인 베어링, 핀 베어링

실습 시 유의 사항

- 작업 시 면장갑을 착용하고 점검할 크랭크축을 면걸레로 닦아낸 후 저널 마모 상태를 면밀하게 확인한다.
- 오일이 누유되었을 때 바닥이 미끄럽지 않도록, 도장면에 묻지 않도록 주의해야 한다.
- 분해된 메인 베어링 및 핀 베어링 상태를 확인한 후 저널 캡이 바뀌지 않도록 주의한다.

크랭크축 저널 수정 방법

❶ 크랭크축 저널 수정 : 실린더 폭발 행정 및 주행에 따른 다양한 충격과 열적 부하에 크랭크축 저널이 마모된다. 따라서 외경 마이크로미터를 통해 축방향 및 저널 방향으로 4군데를 측정(최소 측정값 : 최대 마모량)하여 규정에 따라 절삭하고 표준 베어링보다 두꺼운 언더사이즈 베어링으로 교환한다.

❷ 크랭크축 규정 및 마멸한계값

메인 저널 축의 지름	수정 한계값	언더사이즈 한계	차수 절삭	진원 절삭값
50 mm 이상	1.50 mm	mm(6차)	0.25 mm	0.2 mm
50 mm 이하	1.00 mm	mm(4차)		

❸ 크랭크축 마멸한계값

(가) 측정 : 메인 저널 4군데 측정(최솟값: 최대 마모량)

→ 신차 규정값 : 57 mm, 측정 최솟값 : 56.79 mm, 진원 절삭값 : 0.2 mm

(나) 크랭크축 메인 저널 수정값

최대축 마모 측정 : 56.79 mm − 0.2 mm(진원 절삭값) = 56.59 mm

수정값이 56.59 mm이며, 여기에 절삭할 수 있는 기준 베어링을 확인한다. 규정보다 두꺼운 언더사이즈 베어링이 준비되어 있으므로 크랭크축 메인베어링 수정은 56.50 mm로 수정하고, 규정보다 0.50 mm(2차) 두꺼운 베어링을 기준으로 절삭 수정한다.

4 크랭크축 축 저널 측정

(1) 측정 방법

1. 측정할 크랭크축 메인 저널을 확인한다(시험위원이 지정한 저널을 측정).

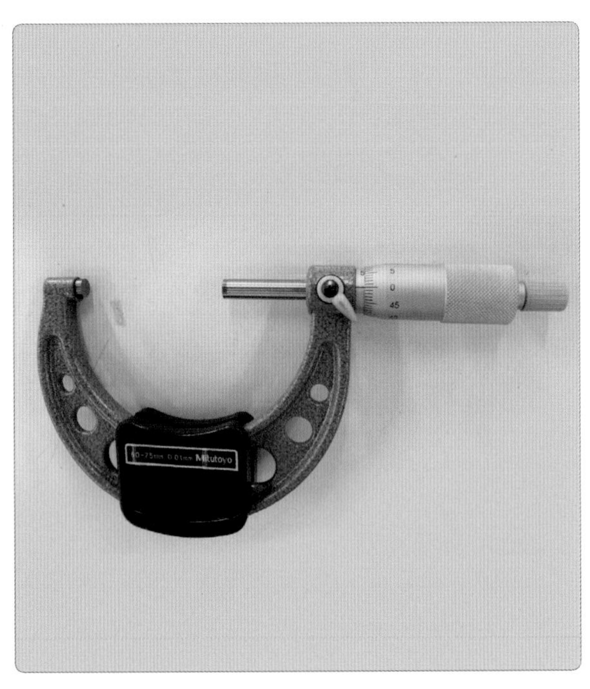

2. 마이크로미터 게이지가 0점이 맞는지 확인한다.

3. 크랭크축 메인 저널 외경을 측정한다(4군데 중 최솟값).

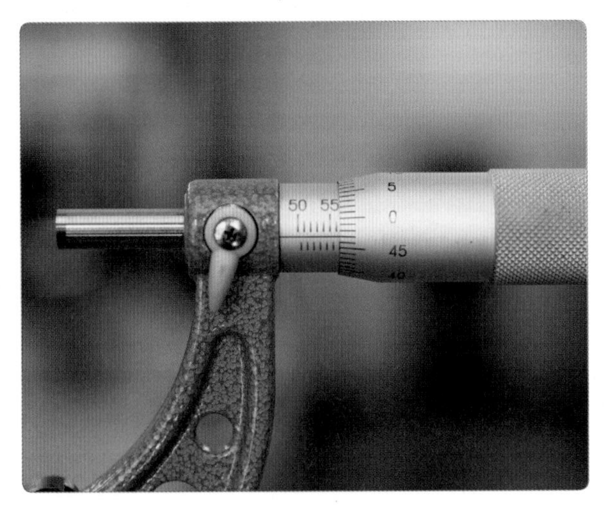

4. 마이크로미터 클램프를 앞으로 고정하고 측정값을 읽는다(56.97 mm).

(2) 결과 및 판정

측정(점검) : 크랭크축의 지름을 측정한 최솟값 56.97 mm를 측정값으로 하고 정비 지침서 규정(한계)값 57.00 mm(0.05 mm)를 적용하여 규정(한계)을 벗어나면 크랭크축을 교환한다.

크랭크축 규정값 및 마모한계값						
차 종	메인 저널 규정값 (mm)	한계값 (mm)	차 종		메인 저널 규정값 (mm)	한계값 (mm)
엑센트/아반떼	50	–	크레도스(FE DOHC)		59.937~59.955	0.05
쏘나타Ⅲ	56.980~57.000	0.05	옵티마 리갈	2.0 DOHC	56.982~57.000	–
엑셀	48.00	0.05		2.5 DOHC	61.982~62.000	–
세피아	49.938~49.956	0.05	아반떼	1.5 DOHC	50.00	–
그랜저(2.4)	56.980~56.995	–		1.8 DOHC	57.00	–

5 크랭크축 축방향 간극(유격) 측정

(1) 측정 방법

1. 측정할 크랭크축에 다이얼 게이지를 설치한다.

2. 크랭크축을 엔진 앞쪽으로 최대한 민다.

3. 다이얼 게이지를 0점 조정하고 앞쪽으로 최대한 밀고 눈금을 확인한다(0.03 mm).

4. 다시 반대로 최대한 크랭크축을 밀고 측정값을 확인한다(0.04 mm). 측정값 : 0.07 mm

(2) 결과 및 판정

크랭크축의 축방향 유격 측정값 0.07 mm를 규정값 0.05~0.18 mm(한계 0.25 mm)를 적용하여 판정한다. 이때 규정(한계)을 벗어나면 스러스트 베어링 또는 심을 교환한다.

축방향 유격 규정값			
차 종		규정값	한계값
EF 쏘나타		0.05~0.25 mm	–
포텐샤		0.08~0.18 mm	0.30 mm
쏘나타, 엑셀		0.05~0.18 mm	0.25 mm
세피아		0.08~0.28 mm	0.3 mm
아반떼	1.5DOHC	0.05~0.175 mm	–
	1.8DOHC	0.06~0.260 mm	–
그레이스	디젤(D4BB)	0.05~0.18 mm	0.25 mm
	LPG(L4CS)	0.05~0.18 mm	0.4 mm

실습 주요 point

간극이 클 때 수정 방법

① 스러스트 베어링을 사용하는 경우에는 스러스트 베어링을 교환한다.

② 스러스트 심을 사용하는 경우에는 심을 교환한다.

6 크랭크축 오일 간극 측정

(1) 텔레스코핑 게이지 측정

1. 측정용 엔진에서 크랭크축을 탈거하고 메인 저널 캡을 규정 토크로 조립한다(4.5~5.5 kgf-m).

2. 텔레스코핑 게이지로 크랭크축 메인 저널 내경을 오일 구멍을 피해서 90° 방향으로 측정한다.

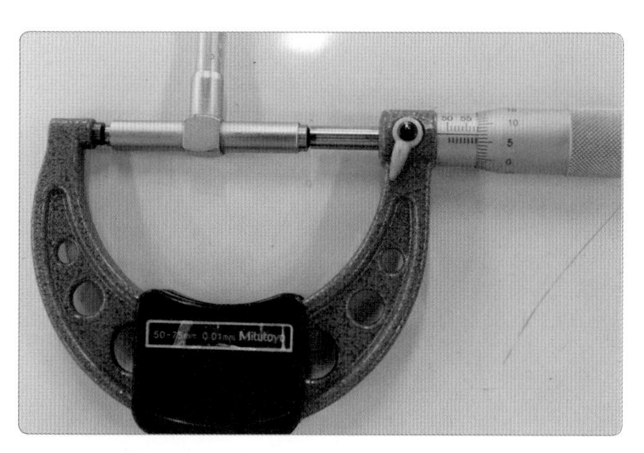

3. 측정된 텔레스코핑 게이지를 외경 마이크로미터로 측정한다.

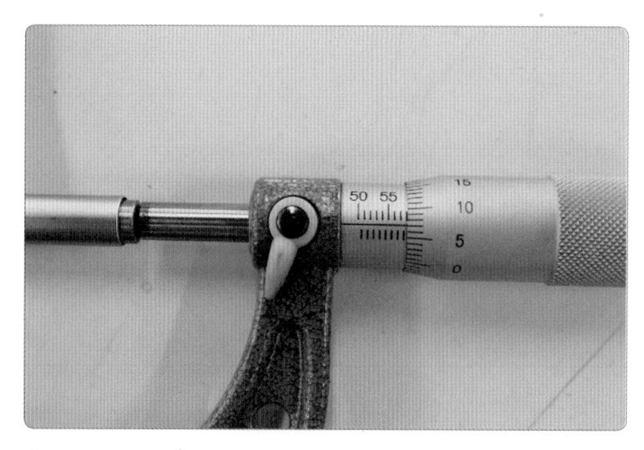

4. 크랭크축 메인 저널 내경 측정값을 확인한다. (58.08 mm)

5. 크랭크축 외경을 측정한다(핀 저널 방향과 직각 방향으로 외경 최댓값 측정).

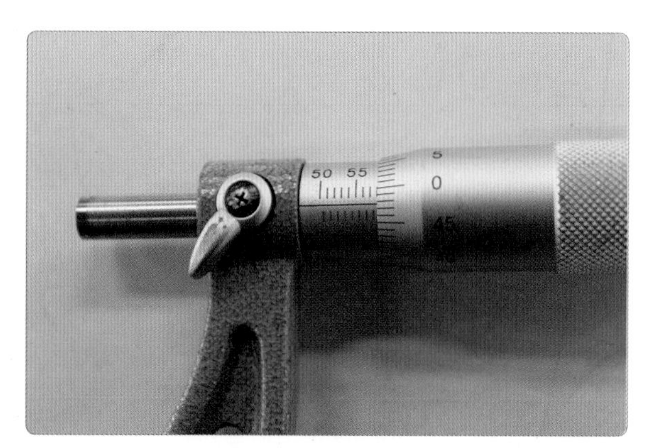

6. 측정된 마이크로미터값을 읽는다(57.98 mm).
   크랭크축 저널 내경 최솟값(58.08 mm)
   – 크랭크축 저널 외경 최댓값(57.98 mm)
   = 측정값(0.1 mm)

(2) 플라스틱 게이지 측정

1. 크랭크축을 깨끗이 닦아 실린더 블록에 크랭크축을 놓는다.

2. 크랭크축 메인 저널 위에 측정용 플라스틱 게이지를 저널 방향으로 올려놓는다.

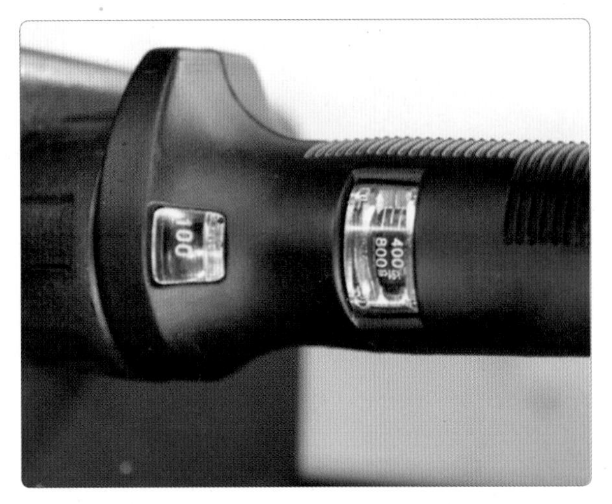

3. 토크 렌치를 규정 토크(4.5~5.5 kgf-m)로 세팅한다.

4. 메인 저널 캡 1~5번을 조립한다(스피드 핸들 사용).

5. 토크 렌치를 이용하여 안에서 밖으로 대각선 방향으로 조인다(4.5~5.5 kgf-m).

6. 메인 저널 캡 볼트를 밖에서 안으로 풀어준다.

7. 스피드 핸들을 이용하여 메인 저널 캡을 분해한다.

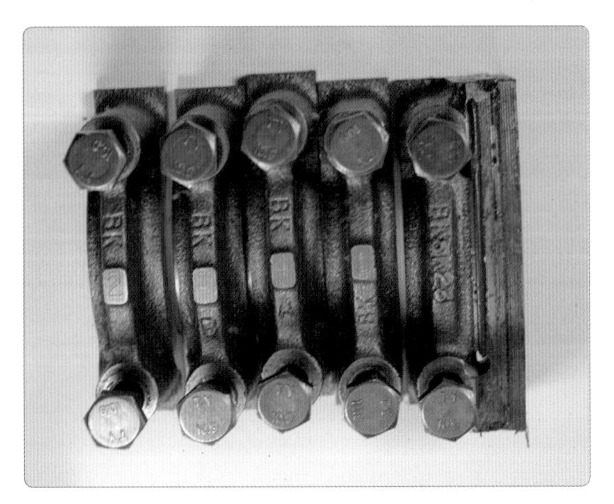

8. 메인 저널 캡을 탈거한다(분해 후 정렬).

9. 압착된 플라스틱 게이지를 확인한다.

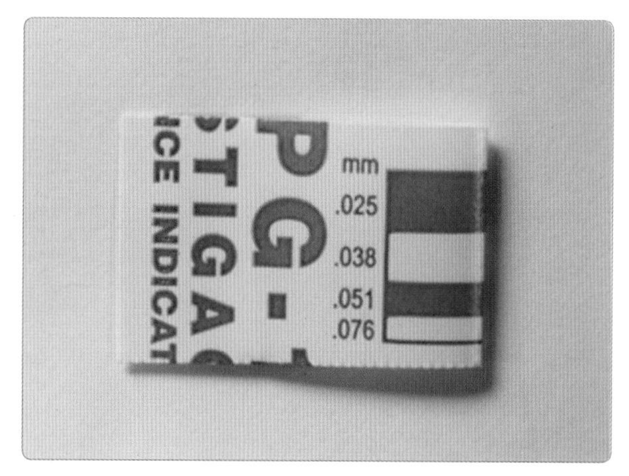

10. 플라스틱 게이지(1회 측정)를 준비한다.

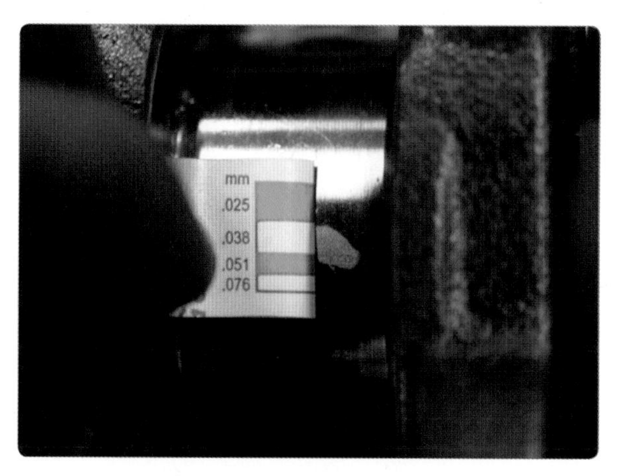

11. 크랭크축에 압착된 플라스틱 게이지를 가장 근접한 눈금에 맞춰 측정한다(0.038 mm).

12. 크랭크축 저널을 깨끗이 닦는다.

유막 간극과 베어링의 소손

엔진 오일 속에 포함되어 있는 마모성 물질 때문에 크랭크핀 및 베어링이 마모되며 이와 같은 입자나 이물질이 연한 베어링 메탈에 파고 들어가 긁히거나 주름이 생기게 되므로 엔진 분해 시 오버홀을 철저히 해야 한다. 윤활유는 마모 방지, 냉각 및 완충 기능을 하며 베어링에 충분한 윤활유가 공급되지 않을 때는 냉각이 되지 않기 때문에 베어링이 고착된다. 또한 유압이 낮을 때는 오일 펌프나 메인 베어링, 핀 베어링, 캠축 저널 등이 마모된다. 오일 공급이 단절되면 윤활 부위의 마모를 심각하게 손상시킬 수 있으며 엔진의 수명에도 지대한 영향을 주게 되므로 유압경고등이 점등될 때는 정기적인 오일 점검을 한다.

실습 주요 point

플라스틱 게이지로 유막 간극을 측정할 때는 반드시 규정 토크로 조여야 하며, 플라스틱 게이지는 크랭크축 메인 저널 위에 놓고 메인 저널 캡을 조립한 후 측정하도록 한다.

(3) 측정(점검)

크랭크축 오일 간극 측정값 0.038 mm를 정비 지침서 규정값 0.02~0.046 mm(한계 0.1 mm)를 적용하여 판정하며, 불량 시 베어링을 교체한다(현재 측정된 값 양호).

메인 저널 유막 간극 규정값					
차 종	규정값		차 종	규정값	
아반떼 XD(1.5D)	3번	0.028~0.046 mm	EF 쏘나타(2.0)	3번	0.024~0.042 mm
	그 외	0.022~0.040 mm	쏘나타 Ⅱ · Ⅲ	0.020~0.050 mm	
베르나(1.5)	3번	0.34~0.52 mm	레간자	0.015~0.040 mm	
	그 외	0.28~0.46 mm	아반떼 1.5D	0.028~0.046 mm	

7 크랭크축 휨 측정

(1) 측정 방법

크랭크축 휨 측정 시 다이얼 게이지를 오일 구멍을 피해 축의 중앙에 설치하고, 총 다이얼 게이지 측정값의 1/2을 측정값으로 기록한다.

준비된 크랭크축에 다이얼 게이지를 설치한다.

1. 다이얼 게이지를 크랭크축에 직각으로 설치하고 크랭크축을 1회전시킨다.

2. 측정된 크랭크축 다이얼 게이지 값을 확인한다(0.04 mm). 크랭크축 휨은 측정값의 1/2이므로 측정값은 0.02 mm이다.

(2) 결과 및 판정

측정값 0.02 mm를 규정(한계)값 0.03 mm를 적용하여 교환 여부를 판단한다. 규정한계값 범위 내에 있으므로 사용할 수 있다.

크랭크축 휨 규정값		
차 종	규정값	비고
아반떼, 엘란트라, 티뷰론	0.03 mm 이내	–
세피아, 프라이드	0.04 mm 이내	–

크랭크축의 구조

❶ 메인 저널 : 크랭크축의 하중 지지
❷ 핀 저널 : 커넥팅 로드 대단부 설치부
❸ 크랭크 암 : 크랭크핀과 핀의 연결부
❹ 밸런스 웨이트 : 크랭크축의 회전 평형 유지
❺ 오일 구멍 : 실린더벽과 크랭크핀 윤활 라인으로 실린더 헤드로 연결된다.
❻ 오일 실링거, 오일 실 : 오일 누출 방지
❼ 플랜지 : 플라이휠 설치부
❽ 앞 끝 : 타이밍 기어(크랭크축 스프로킷) 및 풀리 설치

8 크랭크축 핀 저널 오일(유막) 간극 측정

(1) 측정(플라스틱 게이지)

1. 실린더 블록 메인 베어링을 깨끗이 닦고 크랭크 축을 올려 놓는다.

2. 크랭크축 핀 저널 위에 측정용 플라스틱 게이지를 저널 방향으로 올려놓는다.

3. 크랭크축 핀 저널 캡 볼트를 스피드 핸들을 이용하여 조립한다.

4. 토크 렌치를 세팅한다.

5. 규정 토크로 조인다(2.5~4.0 kgf-m).

6. 크랭크축 핀 저널 캡 볼트를 분해한다.

7. 핀 저널 캡 볼트를 스피드 핸들을 이용하여 신속하게 분해한다.

8. 핀 저널 캡을 분해한다.

9. 측정용 플라스틱 게이지 외관에 표기된 게이지를 확인한다.

10. 크랭크축 핀 저널에 압착된 플라스틱 게이지를 측정한다(0.051 mm).

실습 주요 point

크랭크축 구비 조건 및 재질

크랭크축은 정적 및 동적 평형이 잡혀 있어야 하며 강도와 강성 내마모성이 요구된다. 재질로는 고탄소강, 크롬-몰리브덴강, 니켈-크롬강 등으로 단조하여 제작한다.

설계 시 크랭크축 점화 순서

❶ 인접한 실린더에 연이어서 폭발이 발생하지 않도록 한다.
❷ 동력이 같은 간격으로 발생하도록 한다.
❸ 혼합가스가 각 실린더에 동일하게 분배되게 한다.
❹ 크랭크축에 비틀림 진동이 발생하지 않도록 한다.

(2) 측정(텔레스코핑 게이지와 마이크로미터)

텔레스코핑 게이지와 마이크로미터에 의한 핀 저널 유막 간극 측정

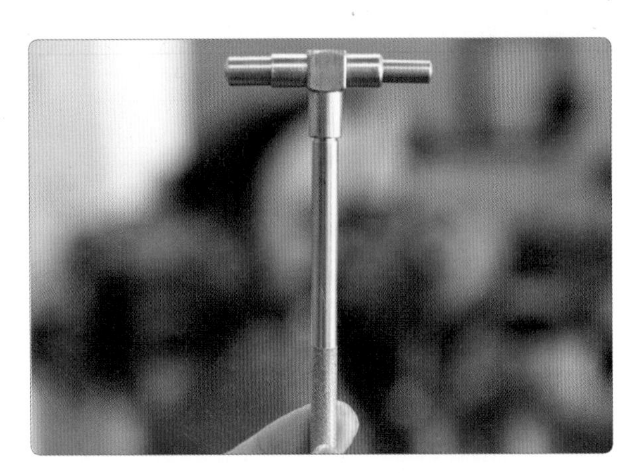

1. 내경에 맞는 텔레스코핑 게이지를 선정한다.

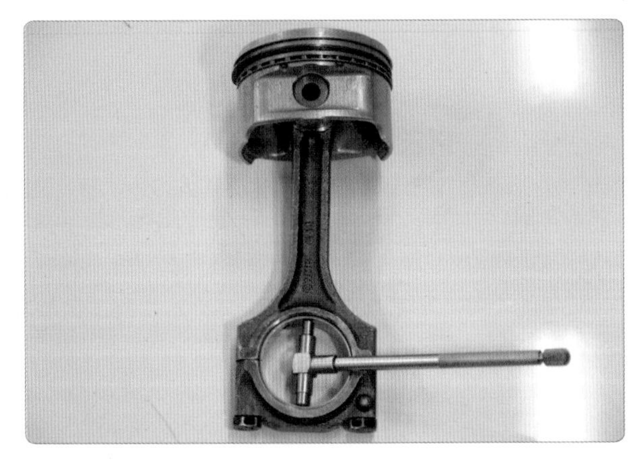

2. 피스톤 핀 저널 내경(최솟값)을 측정한다.

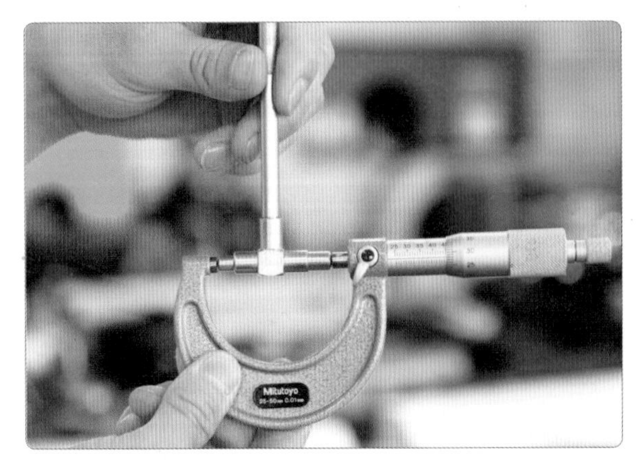

3. 측정된 텔레스코핑 게이지를 마이크로미터로 측정한다.

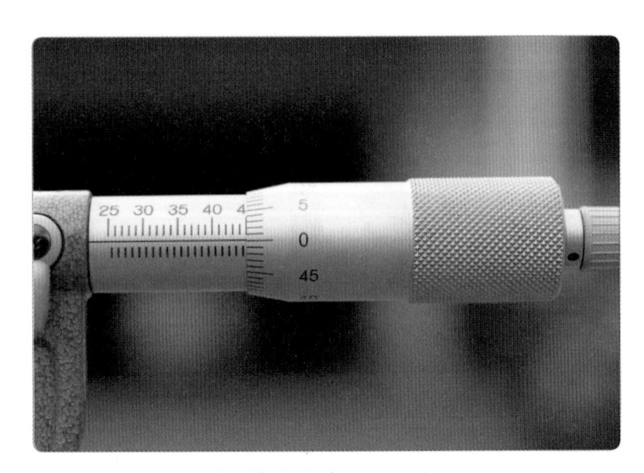

4. 핀 저널 내경 측정(최댓값) : 45.00 mm

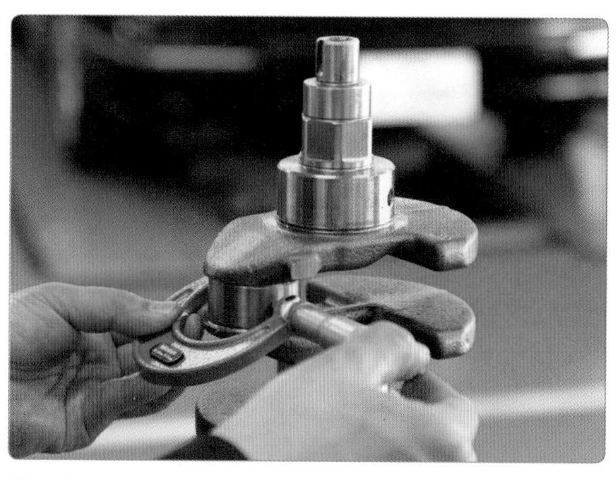

5. 핀 저널 외경을 측정한다.

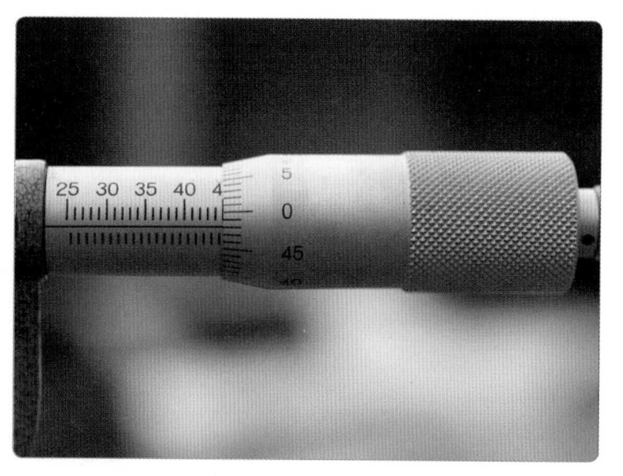

6. 핀 저널 외경 측정(최솟값) : 44.98 mm

(3) 측정(점검)

크랭크축 핀 저널 오일 간극 측정값 0.051 mm를 규정(한계값) 0.02~0.046 mm(0.1 mm)를 적용하여 판정한다. 측정값이 한계값 이내이므로 사용 가능하다.

실습 주요 point

플라스틱 게이지로 유막 간극을 측정한 경우

❶ 오일 간극(유막 간극) : 저널과 베어링의 최소 간극(플라스틱 게이지의 가장 넓은 폭의 수치)
❷ 언더사이즈(저널 외경) : 저널과 베어링의 최대 간극(가장 좁은 폭)

실납으로 유막 간극을 측정한 경우

❶ 오일 간극(유막 간극) : 가장 얇은 실납 두께(저널의 가장 큰 부위의 두께)
❷ 언더사이즈(저널 외경) : 가장 두꺼운 실납 두께(저널의 가장 좁은 쪽 부분의 두께)

6 플라이휠 런아웃

1 관련 지식

크랭크축은 폭발(연소) 시 피스톤에 큰 회전력을 주지만, 다른 행정에서는 회전력이 발생되지 못하며 반대로 회전을 정지하는 힘이 작용하기도 한다. 플라이휠은 맥동적인 출력을 원활히 하는 일을 하며, 운전 중 관성이 크고, 자체 무게는 가벼워야 하므로 중앙부는 두께가 얇고 주위는 두껍게 한 원판으로 되어 있다. 플라이휠의 무게는 회전속도와 실린더 수에 관계한다. 각 실린더로부터 크랭크축의 2회전에 1회씩 팽창력이 형성되어 샤프트를 회전시키지만, 그 외의 행정에서는 압축과 흡 · 배기 등 역방향의 힘이 필요하여 이때 플라이휠이 회전 관성에 의해 계속적으로 엔진이 회전할 수 있도록 한다.

2 플라이휠 런아웃 측정

측정할 플라이휠이 장착된 작업대 번호를 확인한다.

1. 다이얼 게이지 스핀들을 플라이휠에 설치하고 0점 조정한다.

2. 플라이휠을 1회전시켜 0을 기점으로 앞뒤(+, − 의 합) 총 움직인 값을 측정값으로 한다.

측정(점검) : 측정값 0.04 mm를 정비 지침서 규정(한계)값 0.13 mm를 적용하여 판정한다. 측정값이 규정(한계)값 이내이므로 플라이휠을 재사용한다.

7 밸브 장치(valve system) 점검 정비

1 관련 지식

(1) 밸브 장치

캠은 밸브 태핏과 접촉하고 있으므로 지속적인 기계적인 작동으로 마모될 수밖에 없다. 캠이 마모되면 캠높이가 낮아지므로 밸브 열림에 영향을 주게 된다. 따라서 엔진의 성능이 저하될 뿐만 아니라 표면 경화된 경화층까지 마모되고, 그 후에는 급격한 마모가 촉진되며 규정(한계)값을 넘게 되면 캠축을 교환한다.

캠은 균등하게 마모되는 일이 적고 단붙이 마모가 많이 발생되는데, 이것은 태핏을 밀어 올릴 때 하중이 항상 변화하며 또한 밸브 간극이 과다하면 캠에 충격적인 힘이 가해지기 때문이다.

캠축은 크랭크축의 1/2의 기어비로 회전되기 때문에 캠축 저널은 크랭크축 저널이나 베어링만큼 심한 마모는 생기지 않는다. 그러나 캠축 저널도 크랭크축의 저널과 같이 하중이 항상 변화하고 있기 때문에 저널이 편마모되며, 베어링과의 간극도 커져서 축이 놀게 되고 타음이 발생된다. 또한 마모가 촉진되며 밸브의 개폐 기능이 불완전하게 되어 오일 누출이 심해진다.

(2) 밸브 개폐 기구의 종류

① L 헤드 밸브 기구(L-head valve train) : 캠축, 밸브 리프트(태핏)와 밸브로 구성되어 캠축 → 밸브 리프터 → 밸브로 작동된다.

② OHV 기구(over head valve train) : 캠축이 실린더 블록에 설치되어 있어 캠축 → 밸브 리프터 → 푸시로드 → 로커암 어셈블리 → 밸브로 작동된다.

③ OHC 밸브 기구(over head camshaft valve train) : 캠축이 실린더 헤드에 설치되어 있어 밸브 개폐는 캠축 → 로커암 → 밸브로 작동된다.

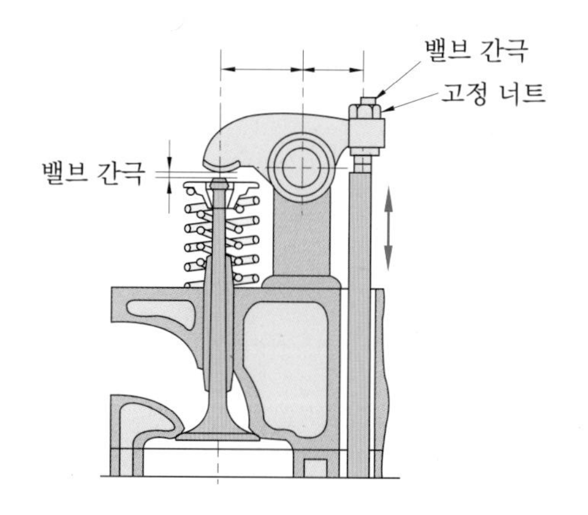

밸브의 설치 구조 및 작동

OHV형 밸브 개폐 기구

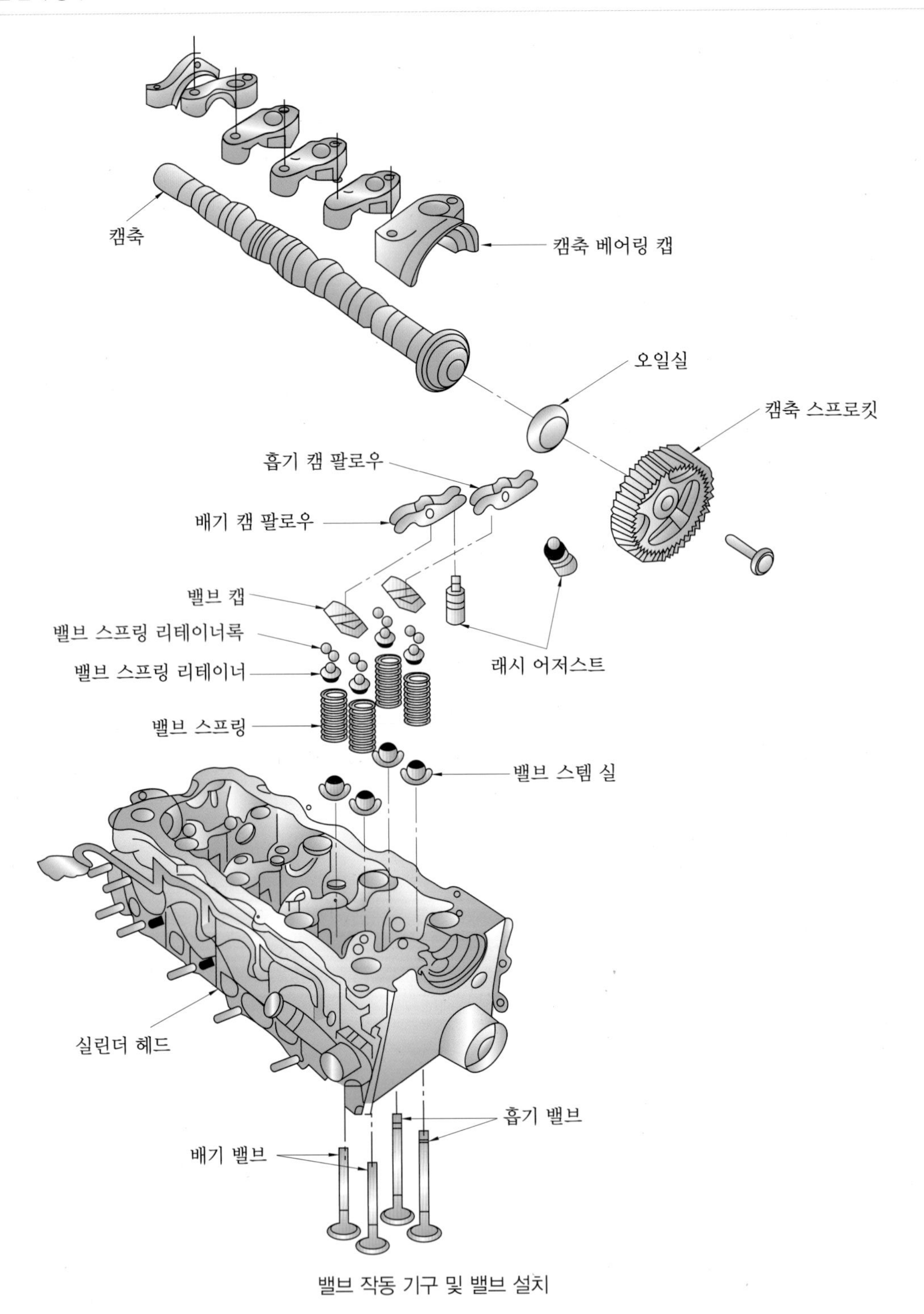

밸브 작동 기구 및 밸브 설치

밸브 서징(valve surging) 현상

서징은 파도가 치는 것을 의미하며, 밸브가 캠에 의하여 작동하는 것과는 관계없이 심하게 움직이는 현상이다. 밸브의 시간당 개폐 횟수가 밸브 스프링의 고유 진동수와 같거나 그 정수의 배가 되었을 때 스프링의 고유 진동과 밸브의 개폐 운동(진동)이 공진하여 일어나며, 심한 경우에는 관련 부품이 파손된다. 서징을 방지하기 위하여 고유 진동수가 다른 스프링을 합쳐 2중으로 하거나(이중 스프링), 부등 피치의 원추형 스프링(코니컬 스프링)을 쓰기도 한다.

(3) 밸브 주요부

① 캠축 스프로킷 및 캠축

밸브 구동 캠축 스프로킷 및 캠축

② 밸브 주요부

㈎ 밸브 헤드(valve head) : 연소실을 형성하며 고온(760~580 ℃)에 노출된다.

㈏ 마진(margin) : 0.8 mm 이상(밸브 재사용 여부 결정)

㈐ 밸브 면(valve face) : 밸브 시트에 밀착되어 기밀 유지 및 방열 작용을 하며 밸브 시트와 접촉 폭 1.5~2 mm이다.

③ 밸브 시트(valve seat) : 페이스와 접촉 기밀 유지하고 밸브 시트 각도는 30°, 45°, 60°를 사용한다. 밸브 시트는 커터로 연삭하고 리머로 고르게 래핑 작업한다. 작업 순서는 15°, 75°, 마지막 45°로 연삭한다.

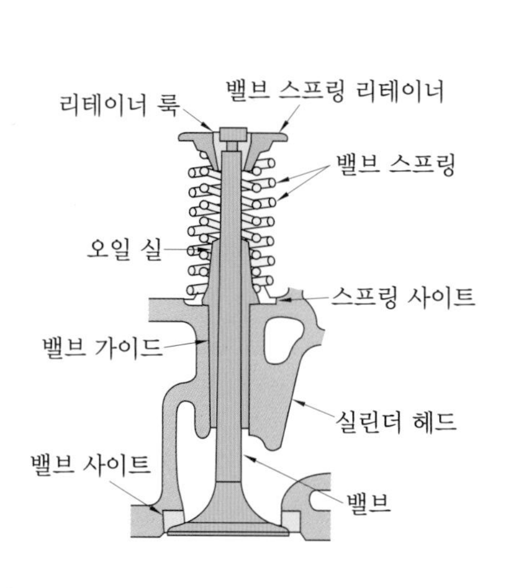

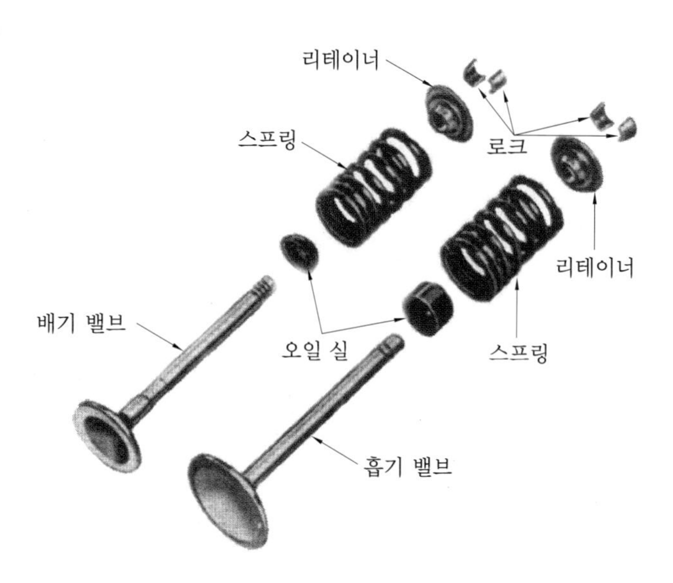

밸브 스프링의 구조

㈎ 밸브의 간섭각 : 밸브의 열팽창을 고려해서 밸브 시트와 페이스 사이에 1/4~1° 정도 차이를 둔 것
㈏ 밸브 시트 폭은 일반적으로 1.4~2.0 mm이고, 밸브 시트의 침하량이 1 mm인 경우 와셔로 조정하며, 2 mm인 경우 교환한다.

④ **밸브 오버랩(valve overlap)** : 피스톤 상사점 부근에서 흡기와 배기 밸브가 동시에 열려 있는 것을 밸브의 오버랩이라고 한다. 밸브의 오버랩을 두는 이유는 흡배기의 효율을 좋게 하기 위함이며, 가스의 흐름을 유효하게 이용하기 위해 흡기 행정 초 배기 행정 끝에서 적용시킨다.

⑤ **래시 어저스트의 작동** : 엔진 시동 → 엔진 오일(유압) → 로커암 → 밸브(스템엔드) → 밸브로 작동되며, 밸브 간극을 "0"으로 유지한다.

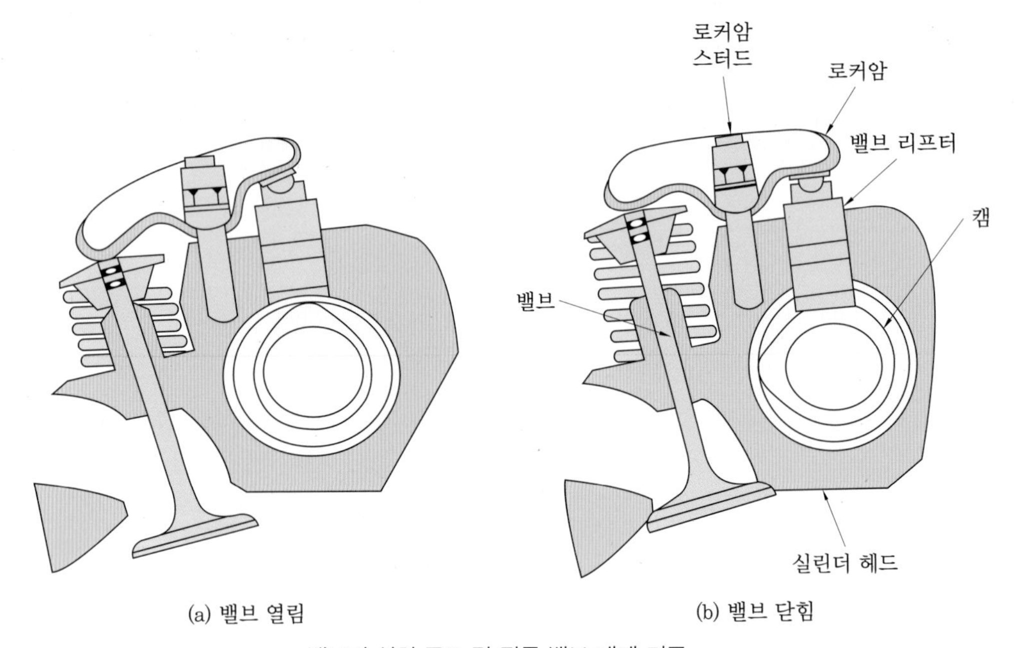

밸브의 설치 구조 및 작동 밸브 개폐 기구

2 정비 기술(원인 분석)

흡배기 밸브는 캠축의 작동에 따른 밸브 개폐 기구에 의해 작동이 이루어지며 밸브 스프링, 래시 어저스트, 엔진 오일 상태 및 유압에 따라 최적의 작동 상태를 유지할 수 있다. 따라서 엔진 오일 교환 시기를 소홀히 하면 엔진 내 슬러지나 윤활 불량 및 냉각 불량으로 래시 어저스트의 고장이나 캠축 윤활 불량, 밸브 윤활 불량의 고장이 발생된다. 특히 밸브 스템 윤활이 밸브 작동의 주요 부위이며 밸브 가이드 오일 실이 마모되어 엔진 연소 시에 엔진 오일이 실린더로 유입되어 연소된다면 카본 발생과 윤활 부족으로 엔진 내 마찰 부위에 제2의 고장을 유발할 수 있다.

따라서 오일 관리는 철저하게 이루어져야 하며, 위에서 언급한 오토래시의 불량으로 밸브 시트 및 페이스가 마모되어 밸브 헤드가 균열되거나 깨지는 상태도 발생된다. 밸브 작동 시 밸브 스프링은 엔진 진동 및 밸브 개폐 시기에 맞게 단속이 이루어질 수 있도록 스프링의 장력 유지가 중요하며 엔진의 부하에 따른 밸브 단속이 엔진의 성능을 유지하는 데 중요한 시스템이다.

3 실습 준비 및 유의사항

실습 준비(실습 장비 및 실습 재료)

1 실습 자료

- 고객동의서
- 작업공정도
- 점검정비, 내역서, 견적서
- 차종별 정비 지침서

2 실습 장비

- 에어공구 · 수공구
- 분해/조립을 위한 토크 렌치, 마이크로미터, 다이얼 게이지, 디그니스 게이지, 콤파운드
- 안전보호장비
- 냉각수 회수 · 재생기
- 진단장비

3 실습 재료

- 교환 부품 : 냉각수(부동액), 엔진오일
- 관련 소요 부품 : 엔진 올(ALL) 개스킷, 액상 개스킷
- 흡배기 밸브 세트
- 래시어저스트 세트

실습 시 유의 사항

- 작업 시 면장갑을 착용하고 점검할 캠축을 면걸레로 닦아내고 저널 마모 상태를 면밀하게 확인한다.
- 오일이 누유되었을 때 바닥이 미끄럽지 않도록, 도장면에 묻지 않도록 주의해야 한다.
- 분해된 흡배기 밸브, 밸브 스프링이 바뀌지 않도록 주의하며 밸브록이 분실되지 않도록 주의한다.

4 밸브 개폐기구 점검 정비

(1) 밸브 스프링 탈부착

1. 작업할 실린더 헤드를 확인하고 분해할 밸브를 확인한다.

2. 밸브 스프링 탈착기를 실린더 헤드에 설치한다.

3. 밸브 스프링 탈착기를 압축한다.

4. 밸브 스프링을 압축하여 밸브 고정키를 분리한다.

5. 밸브 스프링 압축기를 풀고 밸브 스프링 어셈블리를 분해한다.

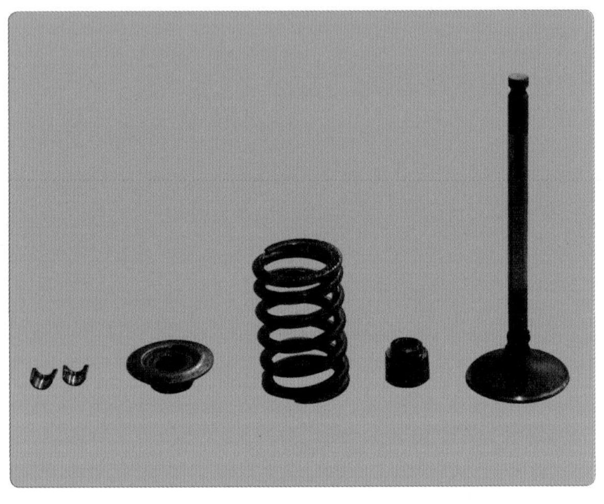

6. 밸브 스프링 어셈블리를 정리한 후 시험위원의 확인을 받는다.

7. 밸브 조립 위치를 확인한다.

8. 밸브를 조립하고 오일 실을 밸브 가이드에 조립한다.

9. 롱 복스 렌치를 이용하여 오일 실을 삽입한다.

10. 밸브 스프링과 리테이너를 정렬한다.

11. 밸브 스프링을 압축하여 밸브 리테이너 로크를 삽입한다.

12. 고무망치로 밸브 스프링을 가볍게 압축하고 조립된 상태를 시험위원에게 확인한다.

(2) 밸브 스프링 및 밸브 스템 실 교환 작업

1. 작업할 실린더 헤드를 확인하고 스파크 플러그를 탈거 한다.

2. 스파크 플러그를 탈거한 후 압축공기 어댑터를 설치한다.

3. 에어호스를 연결하고 특수공구를 호스 사이에 끼운다.

4. 특수공구 밸브 스프링 압착기를 실린더 헤드에 고정시킨다.

5. 밸브 스프링 압착기를 특수공구 홀더에 지지시킨다.

6. 밸브 스프링 압착기를 이용하여 밸브를 압축시킨다.

7. 밸브를 압축한 후 밸브 록을 탈거한다.

8. 압축된 밸브를 밸브 스프링 탈착기에서 제거한다.

9. 밸브 스프링 리테이너를 탈거한다.

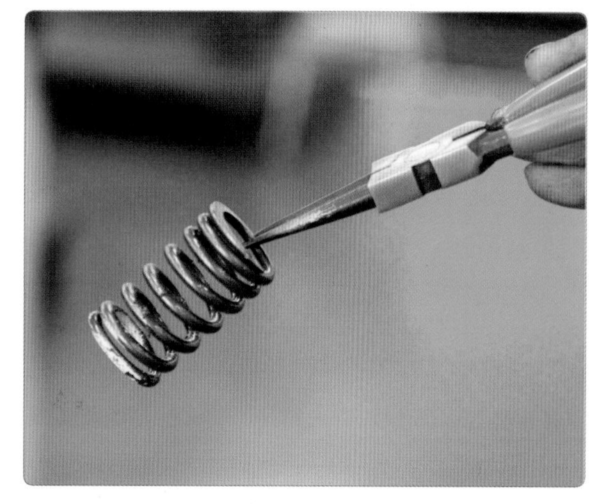

10. 밸브 스프링을 탈거한다.

11. 밸브 스템 실을 탈거한다.

12. 분해된 밸브 스프링과 록을 정리한다.

13. 밸브 스템 실을 조립한다.

14. 밸브 스프링과 리테이너를 조립한다.

15. 밸브 스프링을 압축한다.

16. 밸브 스프링을 압축하여 밸브 록을 조립한다.

17. 밸브 스프링 탈착기를 풀어준 후 특수공구를 제거한 다음 에어호스를 제거한다.

18. 공구를 정리하고 밸브 조립 상태를 확인한다.

실습 주요 point

밸브 간극(valve clearance)

작동 온도(75~85 ℃)에 달했을 때 열팽창 및 윤활 간극을 고려하여 냉각 시에 미리 간극을 둔다(일반적으로 흡입 밸브는 0.2~0.35 mm, 배기 밸브는 0.3~0.40 mm).

밸브 간극이 작을 경우	밸브 간극이 클 경우
• 밀봉 불량(blow-by) • 소결(stick)	• 흡배기 효율 불량 • 소음 발생

(3) 밸브 스프링 장력 점검

1. 밸브 스프링 장력을 측정할 때 스프링 압축 길이(자)의 눈금을 먼저 확인하고 저울을 확인한다.

2. 밸브 스프링 장력 테스터기에 스프링을 설치하고 밸브 스프링을 (1~2회) 지그시 완충시킨다.

3. 밸브 스프링 장력 테스터기를 규정값에 근접시킨다.

4. 밸브 스프링을 규정값 37.3 mm로 압축한다.

5. 장력이 27.95→23.75 kgf(15%) 이상이므로 양호하다.

측정(점검) : 밸브 스프링 장력 측정값 24.0 kgf/37.0 mm를 해당 차량 정비 지침서 제원을 기준으로 판정한다. 규정(한계)값 23.0 kgf/37.0 mm 이내이므로 정상(양호)이다.

밸브 스프링 장력 규정값			
차 종	자유 높이(한계값)	장력 규정값	장력 한계값
엑셀	23.5 mm	23.0 kgf/37.0 mm	규정 장력의 15% 이내
아반떼 XD	44.0 mm	21.6 kgf/35.0 mm	
베르나	42.03 mm	24.7 kgf/34.5 mm	
EF 소나타	45.82 mm	25.3 kgf/40.0 mm	

실습 주요 point

❶ 밸브 스프링 점검 사항
- 자유고 : 규정 높이의 3% 이상 감소 시 교환한다.
- 직각도 : 자유길이가 10 mm당 3 mm 이상 기울어지면 교환한다.
- 장력 : 규정 장력의 15% 이상 감소 시 교환한다.

❷ 밸브 스프링 장력을 측정 시 스프링 압축 기준 자를 규정값에 맞춘 후 장력(저울)을 보고 점검한다.

5 가변 밸브 타이밍(CVVT : continuously variable valve timing)

(1) 개요

CVVT(continuously variable valve timing)는 가변 밸브 타이밍 장치를 말하며, 엔진의 흡기 또는 배기

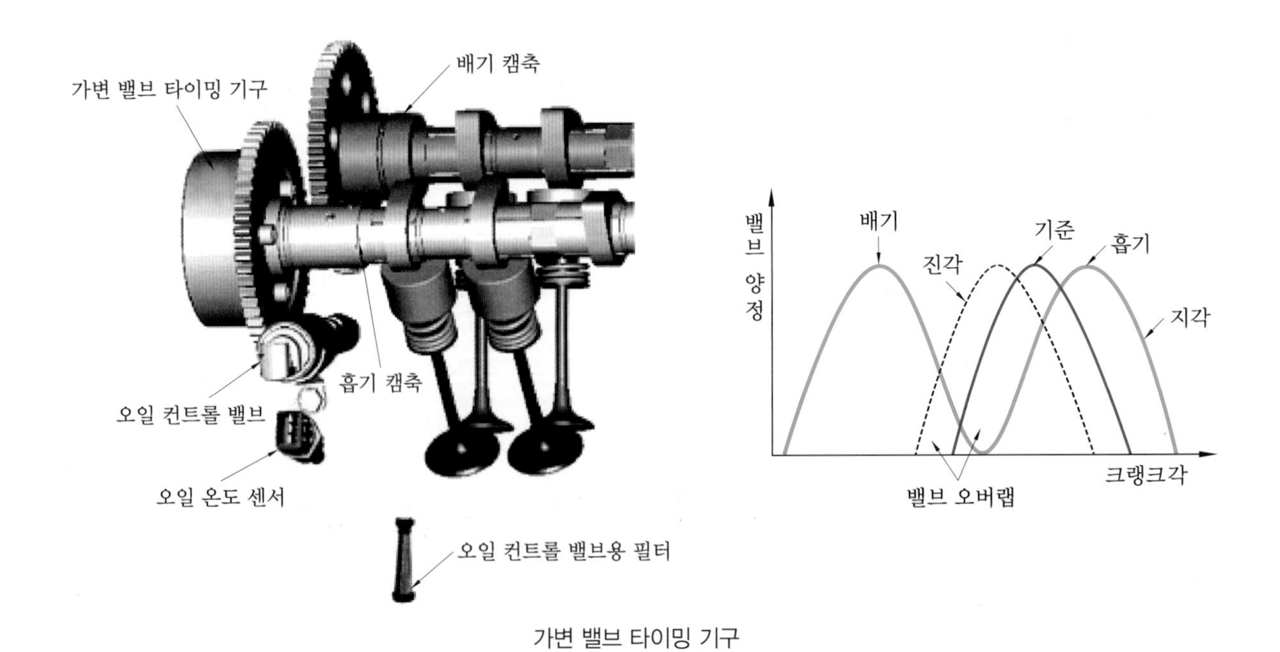

가변 밸브 타이밍 기구

밸브가 열리고 닫히는 시기를 엔진(부하) rpm 조건에 따라서 가변 제어(조정)하는 것으로 엔진 회전수가 낮을 때에는 흡기 밸브의 열림 시기를 늦춰 밸브 오버랩을 최소화시키고 중속 구간에서는 흡기 밸브의 열림 시기를 빠르게 하여 밸브 오버랩을 크게 할 수 있도록 제어한다. 또한 더블 CVVT 시스템은 기존 흡기 밸브의 타이밍을 가변함과 동시에 배기 밸브의 개폐 시기도 가변 제어함으로써 엔진 저 · 고속 출력을 향상시키고 연비와 배출가스량을 저감시켜 준다.

(2) CVVT 엔진의 흡기 밸브 제어 기능

CVVT 엔진은 흡기 밸브 제어 각을 45°의 범위로 제어할 수 있다.

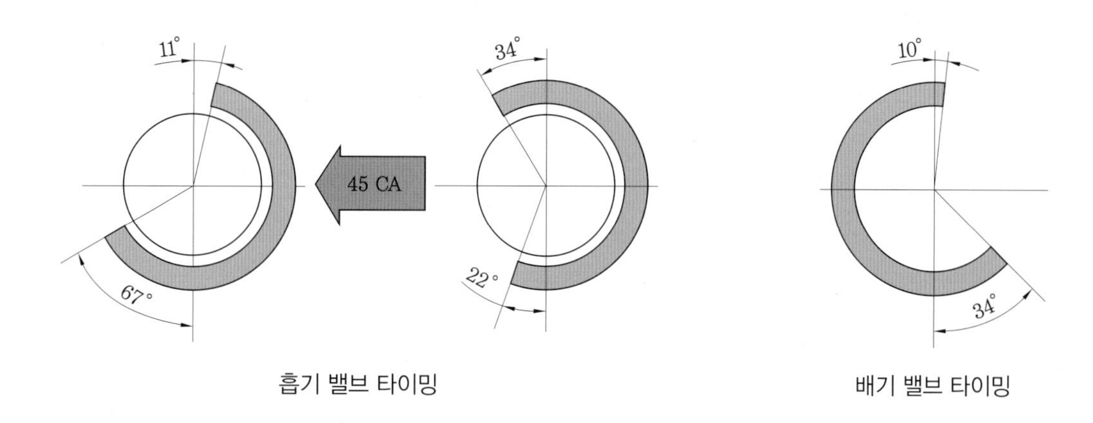

흡기 밸브 타이밍 배기 밸브 타이밍

(3) 엔진 부하에 따른 CVVT 흡기 밸브 개폐 시기

CVVT 유닛은 캠축을 가변하도록 만들어주는 구동 장치로써 캠축 스프로킷 위에 조립되며, 캠축과 함께 볼트로 체결되어 있다. 내부에는 엔진 오일이 유입되는 공간이 있으며 오일의 경로에 따라 캠축이 회전한다. 실제로 가변이 되는 부품은 엔진 종류에 따라 차이가 좀 있으나 CVVT 유닛(unit)은 스프로킷 하우징에 고정되고 타이밍 체인과 함께 회전하면 내부의 로터 베인은 캠축에 고정되어 오일 제어 밸브에서 공급되는 오일의 경로에 따라 캠축의 회전각을 원래 작동 상태보다 빠르게 하거나 늦추는 방향으로 캠축 회전의 회전각을 제어하게 된다.

엔진 부하 상태	공회전(idle)	중속(part load)	고부하(WOT)
밸브 개폐 시기	지각	진각	최고 낮은 지각
제어 효과	① 밸브 오버랩을 최소화시킴으로 폭발압력을 높여 연소 상태를 향상시킨다. ② 효율적으로 배기가스를 제어할수 있으며 흡기의 역류를 방지하여 엔진회전수를 안정화시킨다.	① 연소 온도를 낮춰줌으로 NOx 발생을 저감시킨다. ② 흡배기 저항을 줄여줌으로써 연비를 향상시킨다. ③ 내부 EGR 잔류 가스 양의 증가로 펌핑일이 감소된다.	흡기 밸브가 열리는 시점을 늦춰 줌으로 공기 관성을 이용한 체적 효율을 향상시켜 출력이 증대된다(저속 고부하 시에는 피스톤 상승에 따른 혼합기의 역류로 인한 토크 저하로 엔진 rpm이 불안정해질 수 있다).

(4) CVVT 시스템의 효과

① **유해 배기가스 저감** : 중부하 영역에서 밸브 오버랩을 크게 하여 질소산화물(NOx)과 탄화수소(HC)를 저감시킨다.

② **연비 향상** : 중부하 영역에서 밸브 오버랩을 크게 하여 다기관 부압을 저하시켜 펌핑 로스를 적게 할 수 있어 연비가 향상된다.

③ **엔진 성능 향상** : 고부하 중, 저속 회전 영역에서 흡기 밸브 닫힘을 빠르게 하여 체적 효율을 향상시키며, 오버랩을 최대로 시키게 된다.

④ **엔진 부하에 따른 공회전 상태의 안정화** : 공회전 영역에서 밸브 오버랩을 최소로 하여 역류를 방지하며 안정된 연소 상태를 유지시킨다. 또한 흡입되는 공기량을 줄여 연비와 시동성을 향상시킨다.

(5) 가변 밸브 타이밍(CVVT) 장치 구성 요소

① **오일 컨트롤 밸브(OCV : oil control valve)** : CVVT 시스템의 주요 부품으로 ECU의 제어에 따라 CVVT로 공급되는 오일의 통로를 제어하여 밸브 개폐 시기를 조절한다. 캠축과 CVVT 유닛은 오일 컨트롤 밸브에서 제어되는 엔진 오일 공급에 따라 작동되는 액추에이터이다. 오일 컨트롤 밸브는 CVVT 유닛 내부로 연결된 유로를 통해 제어되며 내부에는 스풀 밸브가 있어 이 밸브가 이동하는 경로에 따라 흡기 캠을 지각이나 진각이 될 수 있도록 제어한다.

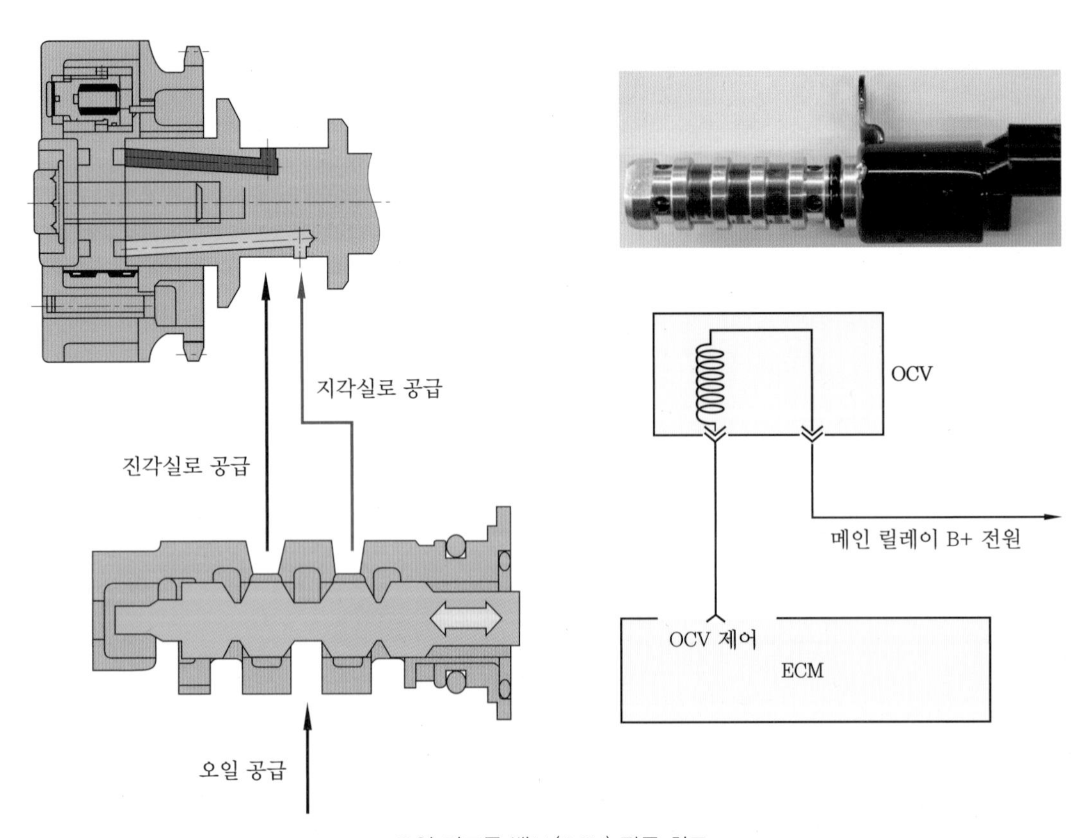

오일 컨트롤 밸브(OCV) 작동 회로

② CVVT 시스템의 캠축

③ OTS(oil temperature sensor) : 엔진 오일에 의해 공급되는 CVVT는 엔진 온도에 따라서 밀도에 변화가 있으며 이 온도 변화를 보정하기 위하여 OTS를 적용한다.

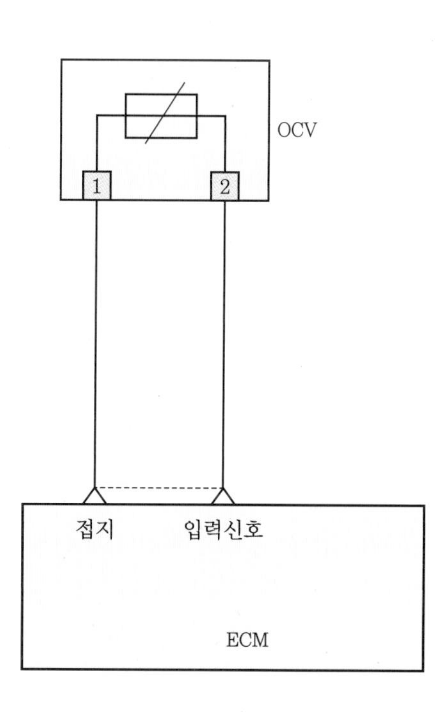

(6) CVVT 듀티 제어

① 공회전 상태에서는 OCV(오일 컨트롤 밸브)의 듀티는 0%가 출력되며 CVVT는 최지각 상태로 유지된다. 이때 오일은 지각실에만 공급된다.

② 운전 조건에 따라 흡기 밸브를 현재보다 빨리 진각을 시키고자 하면 OCV(오일 컨트롤 밸브)에 듀티 100%가 출력되어 CVVT의 진각실로 오일이 공급되고 지각실의 오일이 출력되며 CVVT의 하우징의 로터 베인보다 빠르게 회전된다(목표 위치에 도달하면 OCV(오일 컨트롤 밸브)는 50% 듀티가 나온 그 위치를 유지시키게 된다).

③ 운전 조건에 따라 흡기 밸브를 현재보다 늦게 열고자 하면 OCV에 0%의 듀티가 출력되어 CVVT의 지각실에 오일이 공급되고 진각실의 오일이 출력되며 CVVT의 하우징이 로터 베인보다 늦어지게 된다.

④ 단, 목표 위치가 최지각 상태이면 유지할 때 듀티 0%, 목표 위치가 최진각 상태이면 유지할 때 듀티 100%가 된다.

(7) CVVT 정비 시 주의 사항

① CVVT와 캠축 체결 시 유의 사항

㈎ CVVT 타이밍 마크를 확인하고 캠축의 핀이 같은 방향에 오도록 맞춘 후 자연스럽게 삽입한다(로터 베인의 홀에 캠축의 핀이 정확하게 삽입될 것).

㈏ 핀이 로터면에 닿아 있을 때 강하게 누른 상태로 회전하지 말 것

㈐ CVVT 볼트에 오일을 도포한 후 체결할 것(5.5~6.5 kgf-m).

㈑ CVVT 볼트 체결 시 반드시 캠축을 구속하고 CVVT를 구속하지 않을 것

② CVVT 부품 취급 시 주의 사항

㈎ 분해 시나 조립 시 외부 충격이 가해진 부품은 변형이 발생될 수 있고 작동되지 않는 오류가 발생될 수 있으므로 사용하지 말 것

㈏ CVVT 볼트 체결 시 5.5~6.5 kgf-m를 준수할 것

㈐ CVVT 단품 문제로 판단되더라도 절대 CVVT를 분해하지 말 것

㈑ CVVT로 통하는 헤드, 블록, 캠축의 유로 및 CVVT 단품의 청정도에 주의할 것

㈒ CVVT를 캠축에 삽입 시 로터 베인에 흠이 발생하지 않도록 주의할 것

㈓ CVVT 볼트 체결 시 반드시 캠축을 구속하고 CVVT를 가체결한 상태로 헤드에 장착 후 캠캡을 조립하고 캠축의 회전을 구속한 상태에서 CVVT 볼트에 토크로 조여줄 것

③ CVVT 단품 불량 확인 방법

㈎ 캠축을 바이스에 고정한다(캠과 저널이 손상되지 않도록 주의할 것).

㈏ CVVT가 회전하지 않는지 확인한다(회전되지 않아야 정상).

㈐ 한 개의 홀(CVVT에 가까운 쪽)을 제외한 나머지 홀들은 비닐 테이프로 모두 막는다.

㈑ 에어건을 이용하여 ㈐에서 개방시킨 홀에 약 100 kPa의 공압을 가한다.

- 이것은 회전 방지용 로크 핀(lock pin)을 해제하기 위한 작업이다.

• 가해진 압에 따라 손으로 돌리지 않아도 CVVT가 돌아갈 수 있다.
• 공기를 공급할 때 누출(leak)이 많으면 로크 핀이 해제되지 않을 경우도 있다(핀 해제압에 미달).

(마) (라)의 조건하에서 CVVT를 손으로 잡고 진각 방향(그림의 빨간색 화살표 방향)으로 회전시킨다(단, 공압을 해제하고 최초의 최저각 위치로 복귀했을 때 로크 핀이 다시 걸리면 움직이지 않는다).
• 최저각 위치에서 최진각 위치까지 약 20° 정도 움직인다.

(바) 문제가 있으면 신품으로 교환하고 없으면 CVVT를 최지각 상태로 회전시켜 로크 핀이 잠기도록 한다.

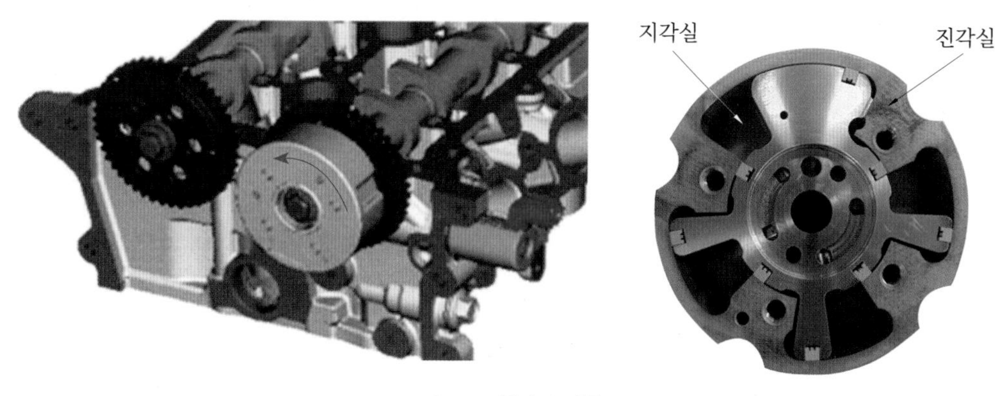

CVVT 유닛과 캠축

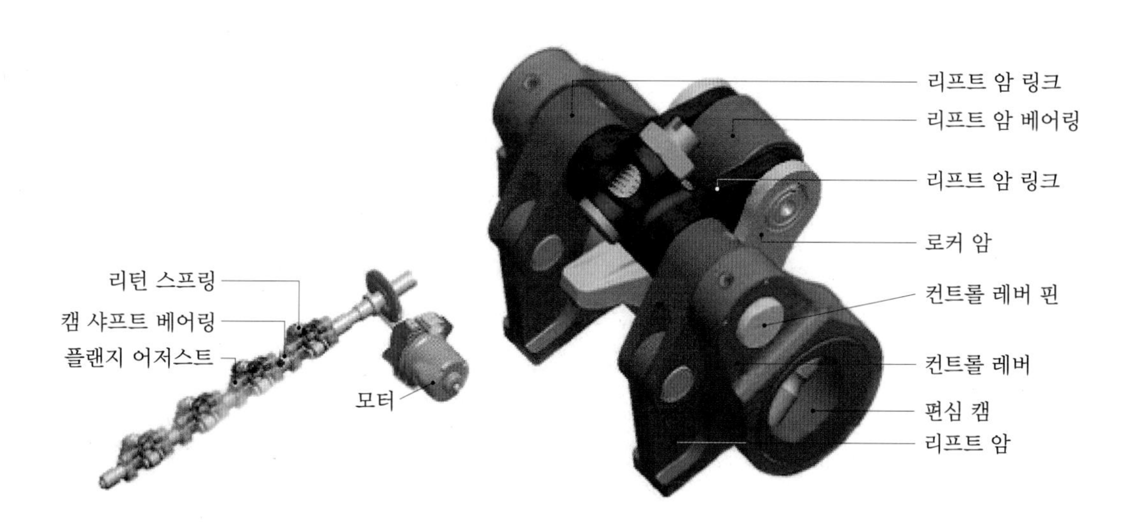

CVVT 구성 부품

CVVT 유닛

캠축을 가변시키는 CVVT 유닛은 스프로킷 앞에 캠축과 함께 볼트로 고정되어 있으며, 내부에는 엔진 오일이 유입되는 오일 경로에 따라 캠축이 회전한다. 스프로킷과 하우징이 고정되어 있어 타이밍 체인과 함께 회전하고, 내부의 로터 베인은 캠축에 고정되어 있어 오일 컨트롤 밸브에서 공급되는 오일의 경로에 따라 별개로 작동된다.

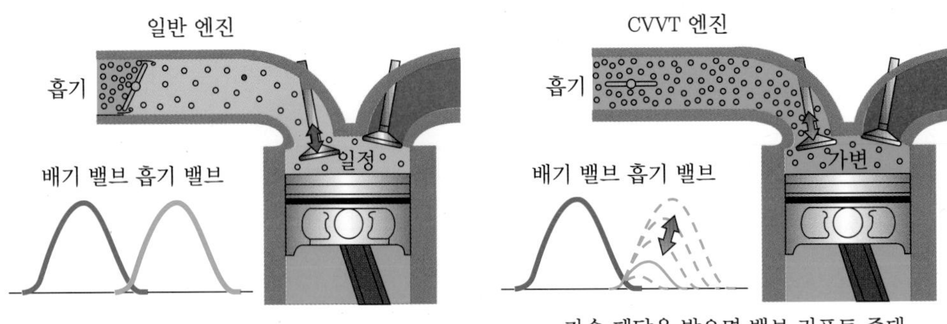

일반 엔진과 CVVT 엔진의 밸브 열림

8 가변 흡기(VICS) 제어장치

엔진 회전수와 부하에 따라 흡기 다기관의 길이를 변화시켜 엔진 전 영역에서 엔진 성능을 향상시키는 시스템이다. 엔진 회전수에 따른 부하는 서로 상반되는 특성을 가지고 있으며 엔진 중 · 저속 영역에서 회전력이 작아지는 특성을 가지고 있다. 자동차는 시내 주행이나 일반 도로에서는 중 · 저속 영역의 출력으로 고속 도로나 부하가 큰 출력을 요구하는 조건에서 높은 출력이 표출될 수 있는 엔진 성능 향상 장치이다. 저속 시에는 긴 다기관으로, 고속 시에는 짧은 다기관으로 공기가 흡입되도록 하여 엔진 토크를 향상시키는 장치이다(저부하 시 : CO, HC 감소 및 연비 향상, 고부하 시 : 엔진 출력 향상).

1 저속 주행 시 작동

저속에서는 와류를 일으키는 긴 흡기 통로를 통해서 고속에서는 흡기 부압이 걸리지 않도록 짧은 흡입 통로를 통하여 흡입 공기가 유입되도록 한다.

2 고속 고부하 주행 시 작동

고속에서는 흡기 부압이 걸리지 않도록 짧은 흡입 통로를 통하여 흡입 공기가 유입하도록 한다.

(1) 가변 흡기 솔레노이드 밸브

엔진 ECU에서 엔진 rpm, 엔진 부하를 감지하여 솔레노이드 밸브를 작동(ON)시켜 흡기 매니폴드의 진공이 진공작동기로 작동하면 짧은 다기관으로 연결되는 통로 쪽으로 조절 밸브가 열린다.

(2) 가변 흡기 제어 서보(위치 센서＋DC 모터)

시동키를 ON으로 놓으면 ECU SMS DC 모터를 구동하여 스톱퍼까지 밸브를 열고 닫는다.

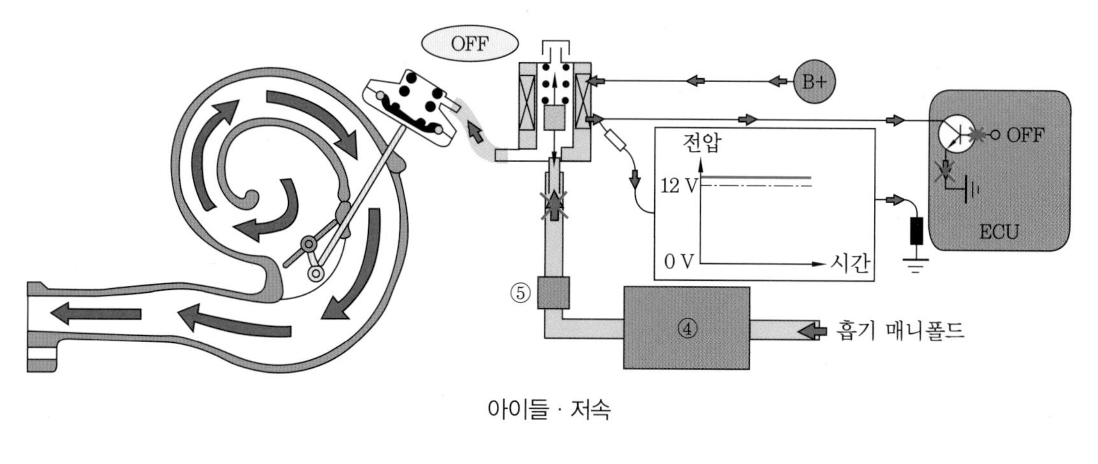

아이들 · 저속

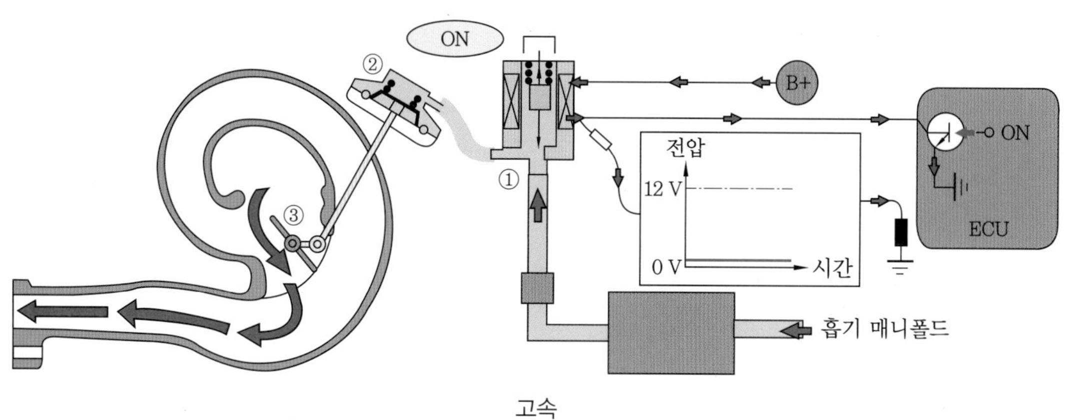

고속

※ 가변 흡기 장치에 고장이 발생되면 차량 운행 중 가속 시 엔진의 불규칙한 진동이 발생되거나 엔진 출력이 저하된다.

가변 흡기장치(SCV : swirl control valve)의 구조

❶ 흡입 공기에 스월을 일으켜 저속 시 흡입 효율을 증대시킨다.
❷ 흡기 포트를 둘로 나눠 저속 시에만 한 개의 포트를 닫는다.
❸ ECU의 제어에 따라 90° 각도로 열린다.

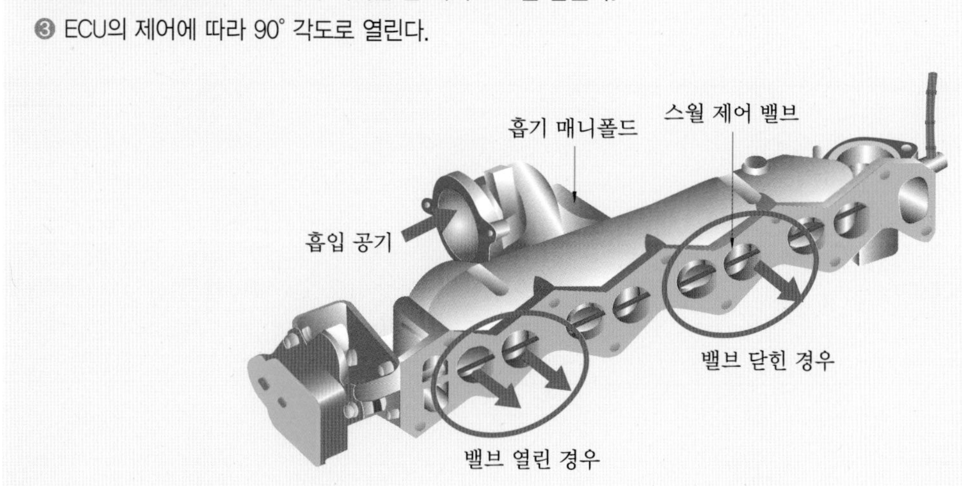

타이밍 벨트 점검 정비

1. 관련 지식
2. 승용자동차(DOHC) 타이밍 벨트 교환
3. 커먼레일 디젤 엔진 타이밍 벨트 교환 작업
4. 커먼레일 디젤 엔진 타이밍 체인식 교환 작업
5. 디젤 엔진 타이밍 기어 탈부착

4 타이밍 벨트 점검 정비

실습목표 (수행준거)	1. 엔진 종류에 따라 적절한 점검 방법에 맞추어 타이밍 벨트를 교환할 수 있다. 2. 정비 지침서에 따른 관련 부품을 분해 · 조립 순서에 맞게 교환할 수 있다. 3. 정비 지침서에 따른 엔진 타이밍 벨트 세트를 점검 · 진단 결과에 따라 교환할 수 있다. 4. 분해 · 조립 절차 계획을 수립하고 관련된 지식을 바탕으로 타이밍 벨트를 점검 · 확인할 수 있다.

1 관련 지식

1 타이밍 벨트의 역할

엔진에서 가장 중요한 부품 가운데 하나로, 크랭크축 기어와 캠축 기어(캠축 스프로킷)를 연결해 주는 벨트이다. 엔진에 흡입되는 공기와 연료의 혼합기가 연소할 때 배기가스의 흡입 · 배기가 제대로 이루어지도록 크랭크축의 회전에 따라 일정한 각도를 유지하고, 밸브의 열림과 닫힘을 가능하게 하는 캠축을 회전시키며 오일 펌프와 물 펌프를 구동시킨다.

2 타이밍 벨트의 종류

고무 벨트가 가장 많고, 쇠로 만든 체인 · 기어 형식도 있다. 고무로 만든 타이밍 벨트는 거의 모든 일반 승용차량에 적용되고 있으며, 체인 형식과 기어 형식은 일부 차량에 적용되고 있다.

3 타이밍 벨트 점검 및 교환 시기

타이밍 벨트는 엔진의 일부 부품을 탈거해야만 확인할 수 있고 벨트의 갈라짐이나 장력 상태를 직접 점검해야 하며 차량마다 교환 시기가 차이가 있으나 일반적으로 타이밍 벨트 교환 주기는 8~12만 km 내외로 점검하며 예방 차원의 교환을 해야 하는 것이 이상적인 정비 방법이다(타이밍 체인식은 무교환식으로 특이사항 시에만 교환한다).

4 고장 현상

고장 현상이 나타나기 전 특별한 이상 현상이 없다는 것이 타이밍 벨트의 특징이며 평상시 정상적으로 운행하다 갑자기 끊어지는 경우가 발생된다. 특별한 경우 베어링의 유격으로 인해 작동음이 발생되며 벨트 장력 및 경화 현상을 확인하기 위해 커버를 탈거하고 육안으로 체크 가능하나 일정 거리 주행 후 교환해 주는 것이 가장 바람직한 방법이다.

타이밍 벨트가 끊어지면 엔진에 큰 손상을 입힐 수 있으며 실린더 헤드의 손상이 심각하게 발생된다. 밸브의 열림과 닫힘의 구동이 멈추게 되고 피스톤과 밸브가 부딛히게 되어 실린더 헤드, 피스톤의 변형 또는 파손이 발생된다.

따라서 타이밍 벨트는 엔진 밸브의 열림과 닫힘을 제어하는 역할로써 기능이 상실될 경우 엔진 구동의 마비와 더불어 손상까지 발생될 수 있다.

5 타이밍 벨트 교환 부품(타이밍 벨트 세트)

아이들 베어링, 타이밍 텐션 베어링, 오토 텐셔너, 오토 텐션 베어링, 물 펌프, 물 펌프 개스킷, 외부 벨트류, 부동액을 타이밍 벨트 교환 작업 시 세트로 교환한다.

2 승용자동차(DOHC) 타이밍 벨트 교환

1 타이밍 벨트 탈착

실습용 엔진을 준비한다.

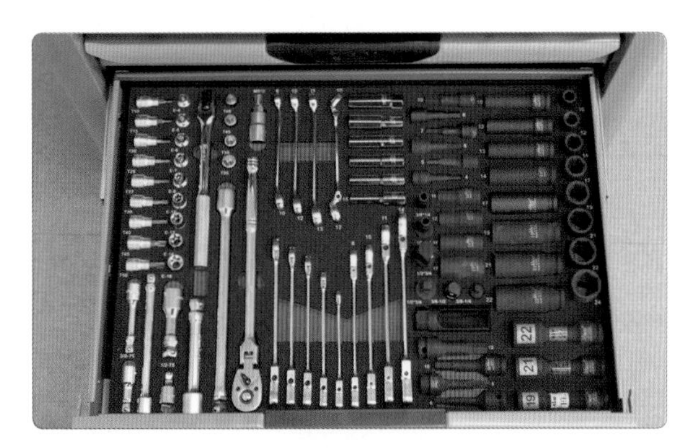

1. 분해 조립용 공구를 정렬한다.

2. 팬벨트를 탈거한다.

3. 로커암 커버와 타이밍 커버를 탈거한다.

4. 캠축 스프로킷 다월핀이 12시 방향에 위치하도록 타이밍 마크를 맞춘다.

5. 발전기, 크랭크축 풀리, 물 펌프 풀리를 탈거한다.

6. 카운터 밸런스 기어 마크와 오일 펌프 스프로킷 마크를 확인한다.

7. 오토 텐셔너와 텐션 베어링을 탈거한다.

8. 탈거된 타이밍 벨트의 마모 상태를 확인하고 재사용 시 회전 방향 표시를 확인한다.

9. 크랭크 포지션 센서를 탈거한다.

10. 오일 펌프 스프로킷 너트를 분해할 때 실린더 블록 볼트를 탈거하고 밸런스 축이 돌지 않도록 스크루 드라이버를 고정시킨다(8 mm).

11. 오일 펌프 구동 벨트 텐셔너를 풀어 벨트(B) 장력을 이완시킨다.

12. 벨트(B)를 탈거한다.

13. 교환 부품을 확인하고 주변을 정리한다.

14. 캠축 기어 흡배기 스프로킷 특수 공구를 사용하여 흡배기 스프로킷을 고정시킨다.

15. 엔진 타이밍 마크를 확인한다.

16. 카운터 기어 마크를 확인한다.

17. 벨트 B 오일 펌프 구동 벨트 텐셔너 고정 볼트를 조여 장력을 조정한다.

18. 크랭크각 센서를 조립한다.

19. 특수 공구를 이용하여 오토 텐셔너, 유압 피스톤을 압축하여 핀 홀에 고정시킨다.

2 타이밍 벨트 조립

1. 특수공구를 분리하고 오토 텐셔너를 정렬한다.

2. 오토 텐셔너를 조립한다.

3. 밸런스 카운터 기어축 고정 핀을 제거한다(8 mm).

4. 캠축 스프로킷 마크를 흡배기캠 12시 방향에 위치하도록 타이밍 마크를 맞춘다(캠축 스프로킷 고정 특수 공구를 제거한다).

5. 타이밍 벨트를 장착하고 장력을 확인한다(오토 텐셔너 피스톤 고정 핀을 제거한다).

6. 크랭크축 풀리를 2~3바퀴 돌려 타이밍 마크와 장력 상태를 확인한다.

7. 타이밍 커버를 조립하고 크랭크축 풀리, 물 펌프 풀리를 조립한다.

8. 로커암 커버를 조립하고 팬벨트를 조립한다.

3 커먼레일 디젤 엔진 타이밍 벨트 교환 작업

1 타이밍 벨트 탈거

1. 타이밍 벨트를 교환하기 위해 듀티 커버, 인터쿨러 호스, 에어클리너 어셈블리를 탈거한다.

2. 엔진 어셈블리 서포트를 설치한다.

3. 엔진 어셈블리 서포트 엔진을 고정시킨다.

4. 엔진 마운틴(고정 브래킷, 고정 볼트)을 탈거한다.

5. 원 벨트를 탈거한다.

6. 원 벨트 아이들러를 탈거한다.

7. 원 벨트 아이들러를 이완시킨다.

8. 원 벨트 텐셔너를 탈거한다.

9. 크랭크축 풀리를 탈거한다.

10. 타이밍 벨트 상부 커버를 탈거한다.

11. 타이밍 벨트 하부 커버를 탈거한다.

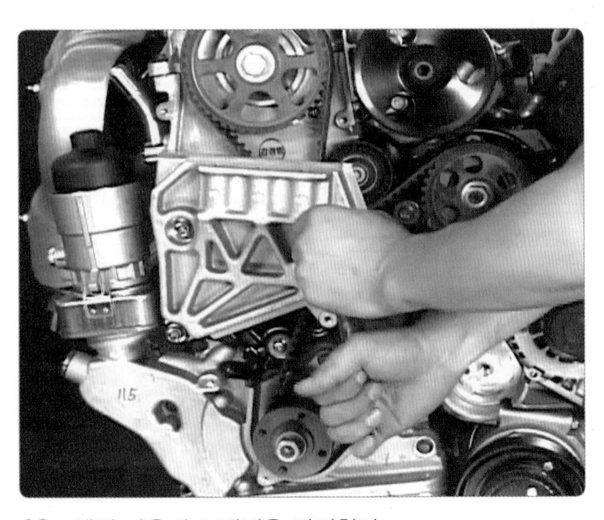

12. 엔진 마운틴 브래킷을 탈거한다.

13. 크랭크축을 12시 방향으로 돌린다.

14. 크랭크축 스프로킷과 마크를 일치시킨다.

15. 타이밍 벨트 텐션 베어링 고정 볼트를 가볍게 푼다.

16. 텐션 베어링을 시계 방향으로 돌려 벨트 장력을 느슨하게 한다.

17. 텐셔너를 탈거하고 타이밍 벨트를 교환한다.

18. 진공 펌프를 탈거한다.

2 타이밍 벨트 조립

1. 캠축을 돌려 홀 방향을 12시 방향으로 조정한다.

2. 특수 공구(캠축 고정 공구)를 장착한다.

3. 캠축 스프로킷 고정 볼트를 느슨하게 풀어준다.

4. 크랭크축 스프로킷 마킹이 일치되었는지 확인하여 크랭크축 홀 캡 볼트를 탈거한다.

5. 크랭크축 홀더를 삽입한다(크랭크축을 약간씩 돌리면서 삽입한다).

6. 고압 펌프 타이밍을 맞춘다.

7. 크랭크축 스프로킷→물 펌프→고압 펌프→캠축 스프로킷→오토 텐셔너 순으로 벨트를 조립한다.

8. 키를 반시계 방향으로 돌려 노치가 중앙에 오도록 맞춘다.

9. 텐셔너 고정 볼트를 규정 토크로 조인다.

10. 캠축 고정 볼트를 규정 토크로 조인다.

11. 특수 공구(캠축 고정 공구)를 탈거한다(크랭크축 홀더 포함).

12. 크랭크축을 시계 방향으로 2바퀴 돌린다.

13. 크랭크축 스프로킷의 마크를 확인한다.

14. 캠축 홀이 12시 방향인지 확인한다.

15. 타이밍 벨트 하부 커버를 조립한다.

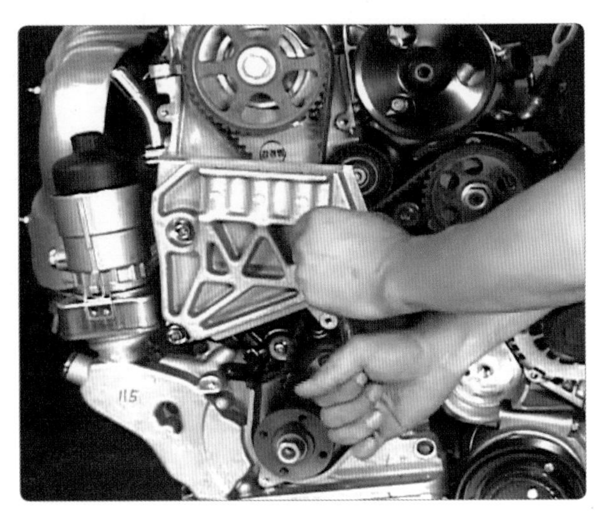

16. 엔진 마운트 브래킷을 조립한다.

17. 크랭크축 풀리와 타이밍 벨트 상부 커버를 조립한다.

18. 원 벨트 아이들러를 조립한다.

4 커먼레일 디젤 엔진 타이밍 체인식 교환 작업

1 타이밍 체인 탈거

1. 실습용 엔진과 공구를 확인한다.

2. 팬벨트 장력을 이완시킨다.

3. 팬벨트를 탈거한다(회전 방향→표시).

4. 전기장치(발전기, 기동 전동기, 에어컨 컴프레서)를 탈거한다.

5. 크랭크축 풀리를 분해한다.

6. 크랭크축 풀리를 정리한다.

7. 타이밍 체인 커버 고정 볼트를 분해한다.

8. 타이밍 체인 커버를 정렬한다.

9. 크랭크축 체인 스프로킷 타이밍 마크를 맞춘다.

10. 캠축 흡배기 스프로킷 타이밍 마크를 확인한다.

11. 캠축 흡배기 스프로킷 타이밍 마크를 확인하고 마킹한다.

12. 고압 펌프와 진공 펌프 캠축 기어 구동 캠축 체결 위치를 확인한다.

2 타이밍 체인 체결

1. 크랭크축 타이밍 마크와 흡배기 캠축 스프로킷의 타이밍 마크를 확인한다.

2. 배기 캠축 스프로킷 홀에 고정 볼트를 삽입한 후 텐셔너와 체인 가이드를 탈거한다.

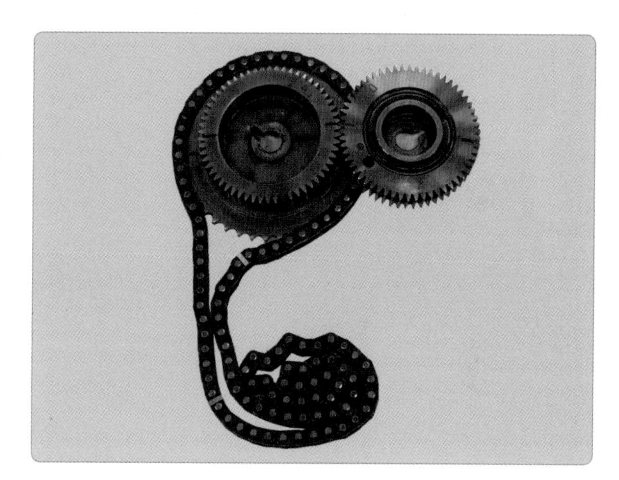

3. 캠축 스프로킷과 체인을 정렬한다.

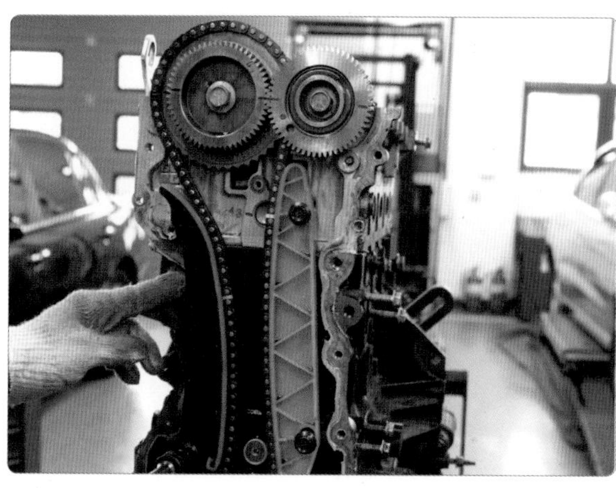

4. 타이밍 체인 및 가이드를 조립한다.

5. 캠축 흡배기 스프로킷 타이밍 마크를 확인한다.

6. 크랭크축 타이밍 마크와 흡배기 캠축 스프로킷의 타이밍 마크를 확인한다.

7. 크랭크축 타이밍 마크를 확인한다.

8. 타이밍 커버를 조립하고 크랭크축 풀리를 조립한다.

9. 전기장치(발전기, 기동 전동기, 에어컨 컴프레서)를 조립하고 텐셔너를 조립한다.

10. 팬벨트를 조립하고 장력을 조정한다.

5 디젤 엔진 타이밍 기어 탈부착

1 타이밍 기어 탈거

1. 타이밍 기어 케이스를 탈거한다.

2. 캠축 기어, 마찰 기어 및 아이들링 기어를 확인한다.

3. 커플링 홀더를 캠축 풀리의 회전을 방지하도록 고정시킨다.

4. 분사 펌프 기어 고정 너트를 분해한다.

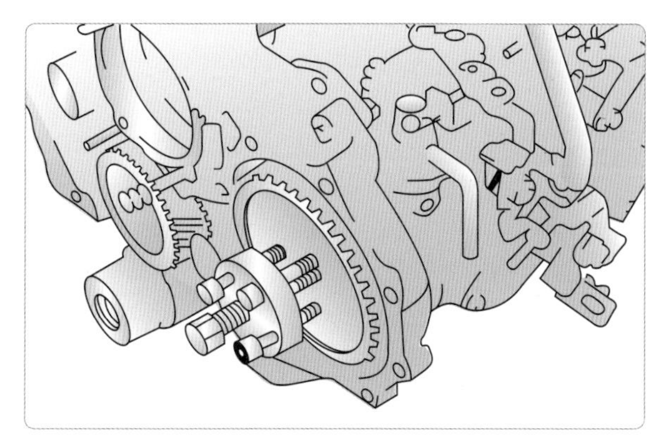

5. 분사 펌프 기어를 전용 공구를 사용하여 분리한다.

6. 크랭크축 기어를 돌려 타이밍 마크가 맞는지 확인한다.

7. 마찰 기어 및 아이들링 기어를 분해한다.

8. 캠축 기어, 마찰 기어 및 아이들링 기어, 분사 펌프 기어를 정렬한다.

2 타이밍 기어 조립

1. 교환 부품을 확인한다(마찰 기어 및 오일 실).

2. 마찰 기어와 크랭크축 기어를 조립한다.

3. 마찰 기어와 아이들링 기어를 조립한다.

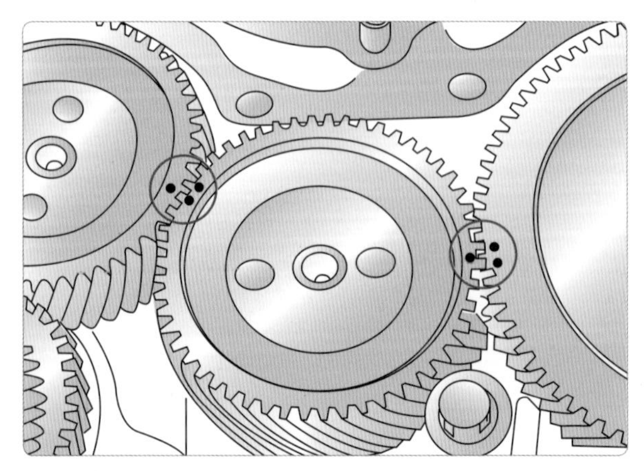

4. 캠축 기어와 분사 펌프 기어의 타이밍 기어 마크를 확인한다.

5. 아이들 기어와 분사 펌프 기어를 조립한다.

6. 캠축 기어와 마찰 기어를 조립한다.

7. 캠축 마찰 기어를 조립하고 고정 너트를 가조립한다.

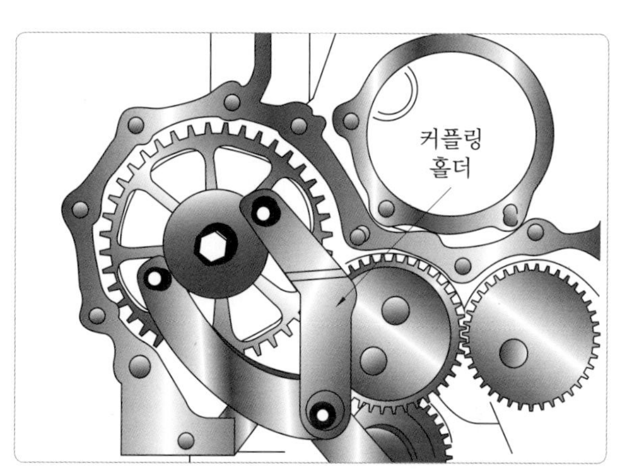

8. 커플링 홀더를 캠축 풀리 회전을 방지하도록 고정시킨다.

9. 캠축 기어 고정 너트를 조립한다.

10. 타이밍 기어 케이스를 조립한다.

윤활장치 점검 정비

5 윤활장치(lubricating system) 점검 정비

실습목표 (수행준거)	
	1. 윤활장치의 점검 시 안전 작업 절차에 따라 수행할 수 있다 2. 차종별 윤활장치의 구조 · 특징에 따라 고장 원인을 파악할 수 있다. 3. 정비 지침서에 따라 차종별 관련 부품을 규정값에 맞게 점검할 수 있다. 4. 정비 지침서에 따라 진단장비를 활용하여 이상 유무를 판독할 수 있다. 5. 작업 순서에 따라 윤활장치의 세부 점검 목록을 확인하여 고장 원인을 파악할 수 있다.

1 관련 지식

1 윤활장치의 작용

감마 작용, 밀봉 작용, 냉각 작용, 세척 작용, 응력 분산 작용, 방청 작용, 소음 완화 작용을 하게 되며 윤활유가 응력을 집중시키게 되면 부품의 마찰(섭동하는 두 물체 간에 작용하는 저항)이 더욱 커지게 된다.

① 고체 마찰(dry friction) : 상대운동을 하는 고체 사이의 마찰 저항

② 경계 마찰(greasy friction) : 얇은 유막으로 씌워진 두 물체 간의 마찰 저항

③ 유체 마찰(fluid friction) : 상대운동을 하는 고체 사이에 충분한 오일량이 존재할 때 점성에 기인하는 저항

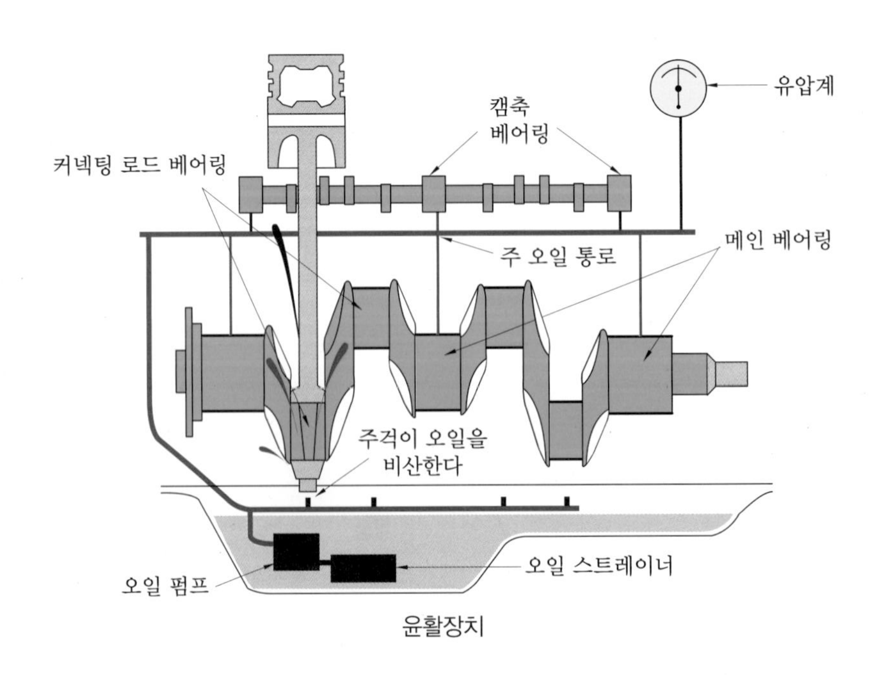

윤활장치

윤활 경로

오일팬 → 오일 스트레이너 → 오일 펌프 → 오일 필터 → 오일 통로 → 실린더 헤드/피스톤 → 크랭크축 베어링

2 윤활유의 구비 조건

① 강인한 유막을 형성하고 응고점이 낮을 것
② 인화점 및 자연 발화점이 높을 것
③ 카본 생성의 저항력이 크고 기포 발생이 적을 것
④ 비중과 점도가 적당할 것
⑤ 점도지수가 커 온도와 점도와의 관계가 적당할 것

3 윤활유 여과 방식

① 분류식 : 펌프로부터 나오는 일부 오일은 직접 윤활부로, 나머지는 여과기로 가는 방식
② 전류식 : 윤활유가 모두 여과기를 통과하는 방식
③ 복합식(션트식) : 오일 펌프로부터 출력된 오일이 일부 오일을 여과하는 방식

2 윤활장치 정비 기술(고장 원인)

윤활장치에서 고장이 발생되면 기계적 마찰과 열에 노출되어 엔진에 핵심적인 영향을 미치게 된다. 예를 들어 엔진 오일량이 눈에 띄게 줄어드는 경우(엔진 연소나 오일 회로에서의 누출)와 오일이 냉각수에 희석되어 오염되는 경우 엔진의 기계적 체결 부위의 개스킷이나 오일 필터가 막히거나 터져 오일이 부족하게 되는 경우가 있다.

1 엔진 오일의 연소 원인과 분석

엔진 작동 시 실린더와 피스톤에 오일이 비산되어 윤활되기 시작한다. 또한 폭발(동력) 행정 시 압력과 온도의 상승으로 윤활유가 증발되면 실린더와 피스톤의 기계적인 마찰 작용으로 마모가 이루어져 오일이 연소실로 유입된다.

오일은 폭발 행정에서 연료와 함께 연소되므로 오일의 미세량이 조금씩 줄어들 수 있으며 엔진이 노후되면 피스톤 간극의 불량으로 블로바이 가스와 함께 연소되는 오일량도 늘어난다고 볼 수 있다.

엔진 오일은 실린더 헤드 캠축을 윤활하고 흡기 밸브와 배기 밸브의 가이드와 스템을 윤활시킨다. 흡기 밸브의 가이드와 스템을 윤활시키는 오일은 연소실로 흘러 들어가 공기와 연료의 혼합기와 함께 연소실에서 연소하게 되고 배기 밸브 스템과 가이드를 윤활시키는 오일은 고온의 배기가스에 의해 증발된다.

이렇게 정상적인 운전 조건에서 발생하는 오일의 소모는 주행거리와 엔진 작동 시간에 따라 당연한 것이나 약 5,000~10,000 km를 주행했을 때 오일 게이지에 오일이 찍히지 않을 정도면 오일 소모가 과다하다 할 수 있다.

일반적으로 FULL 선에서 1 cm 가량 내려오는 양으로 일반 승용차량 같은 경우 배기량에 따라 오일량에도 급유량의 차이는 있으나 승용차량 기준으로 4L의 급유된 오일이라면 위에서의 주행거리 시에 0.5~1 L가 줄어드는 것은 정상이라 볼 수 있다.

2 윤활 회로 압력 점검

엔진을 시동하고 공회전 또는 가속 상태에서 오일 회로(통로)의 압력과 오일 경고등의 전기 회로를 점검한다. 일반적으로 엔진이 정상 온도 80℃, 엔진 회전수 2,000 rpm 정도에서 최소 2 kgf/cm^2 정도의 압력이 유지되어야 한다. 또한 점화스위치가 시동 전 IG ON와 시동 후 시동 전 IG ON 시에도 오일 경고등이 점등(유온 스위치 ON)되어야 한다. 엔진 시동을 걸어 오일 압력이 0.3~1.6 kgf/cm^{2}에서 경고등은 소등(유온 스위치 OFF)되며 공회전 상태에서 0.3 kgf/cm^2 이하가 되면 오일 경고등이 계속 점등되는데, 그 이유로는 오일량의 부족, 유온 스위치 고장, 오일 스트레이너의 막힘, 오일 필터의 막힘 등 베어링 각부의 마멸과 오일 펌프의 마모 등이 있다.

유압 조절 밸브(oil pressure relief valve)는 유압 회로 내 오일 압력이 과도하게 상승하는 것을 방지하여 유압이 일정하게 유지되도록 제어한다.

유압이 높아지는 이유	유압이 낮아지는 이유
① 윤활 회로의 일부가 막혔다(유압 상승). ② 유압 조절 밸브 스프링의 장력이 과다하다. ③ 엔진의 온도가 낮아 오일의 점도가 높다.	① 오일 펌프가 마모되거나 윤활계통 오일이 누출된다. ② 유압 조절 밸브 스프링 장력이 약해졌을 때 ③ 크랭크축 베어링의 과다 마멸로 오일 간극이 커졌다. ④ 오일량이 규정보다 현저하게 부족하다.

3 엔진 오일 소모량 증가 원인

(1) 엔진 오일 소모의 3가지 경로

① 오일 업(oil-up) : 피스톤 링과 실린더 보어 사이로 오일 누유(70~90%)

② 오일 다운(oil-down) : 밸브 스템 실과 밸브 가이드 사이로 오일 누유(10% 이내)

③ 오일 아웃(oil-out) : 헤드 커버 환기장치를 통한 오일 누유(5% 이내)

(2) 엔진 오일이 줄어드는(소비되는) 원인

① 엔진 작동 시 동력 행정에서 연소와 연소 시 발생되는 높은 온도에 의해 증발된다.

② 오일 리테이너 및 실린더 헤드 개스킷, 오일팬 개스킷에서 누설된다.

4 엔진 오일 교환 주기

① 엔진 오일 교환 시기는 엔진의 주변 환경 조건에 따라 차이가 있을 수 있으나 엔진의 효율적인 관리를 위해 주기적으로 5,000~10,000 km에서 교환하도록 한다.
② 엔진 오일이 소모되는 주원인은 연소와 누설이다.
③ 엔진 오일 교환 시 드레인 볼트를 규정 토크로 조인다.
④ 운행 조건 및 엔진 종류에 맞는 오일로 교환한다.
⑤ 재생 오일은 사용하지 않도록 한다.
⑥ 점도가 서로 다른 오일을 혼합하여 사용하지 않는다.
⑦ 오일 보충 및 교환 시 적정량을 확인하고 주입한다(유면 표시기의 F선까지 넣는다).
⑧ 주입할 때 불순물이 유입되지 않도록 주의한다.

3 실습 준비 및 유의 사항

실습 준비(실습 장비 및 실습 재료)

1 실습 자료

- 고객동의서
- 작업공정도
- 점검정비내역서, 견적서
- 차종별 정비 지침서

2 실습 장비

- 에어공구 · 수공구, 오일 필터 렌치, 유압계
- 분해/조립을 위한 토크 렌치
- 안전보호장비
- 오일주유기
- 차량 리프트

3 실습 재료

- 교환 부품 : 냉각수, 엔진 오일, 필터, 에어클리너
- 관련 소요 부품 : 실린더 헤드 개스킷, 액상 개스킷

실습 시 유의 사항

- 오일 작업 시 안전을 고려하여 보안경 및 면장갑을 구비한다.
- 오일이 누유되었을때 바닥이 미끄럽지 않도록, 도장면에 묻지 않도록 주의해야 한다.
- 드레인 플러그는 규정 토크로 조이거나 새것으로 교환하여 나사산이 마모되지 않도록 한다.
- 환경폐기물 처리 규정에 의거하여 폐유 관련 부품을 처리해야 한다.

4 윤활장치 점검 정비

1 오일 교환

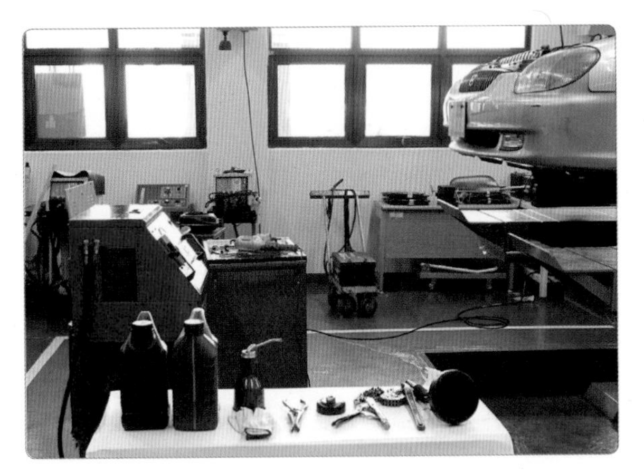

1. 엔진을 워밍업시킨 후 시동을 OFF시킨다.

2. 엔진 오일 드레인 플러그를 제거한다.

3. 엔진 오일을 드레인시킨다.

4. 엔진 오일 필터를 제거한다.

5. 필러 캡을 제거한다.

6. 필러 주입구에 새 엔진 오일을 유입한다.

7. 주유된 엔진 오일을 확인한다.

8. 에어 필러 캡을 열고 에어클리너를 탈거한다.

9. 준비된 신품 에어클리너와 오일 필터를 확인한다.

10. 오일 필터 실에 엔진 오일을 손으로 묻혀 도포한다.

11. 오일 필터를 조립한다(손으로 힘껏 조인다).

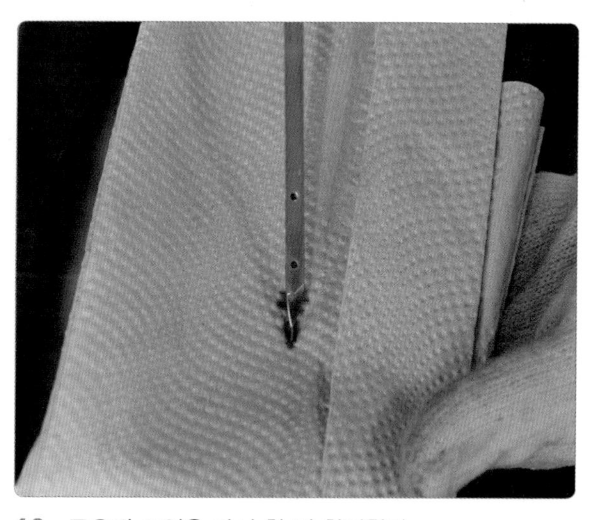

12. 주유된 오일을 다시 한 번 확인한다.

2 오일 펌프 점검

(1) 점검 방법 및 점검개소

① 팁 간극 : 구동 및 피동 기어의 이 끝과 펌프 몸체와의 간극

② 사이드 간극 : 기어 측면과 커버와의 간극

③ 보디 간극 : 기어 구동 축과 부시와의 간극

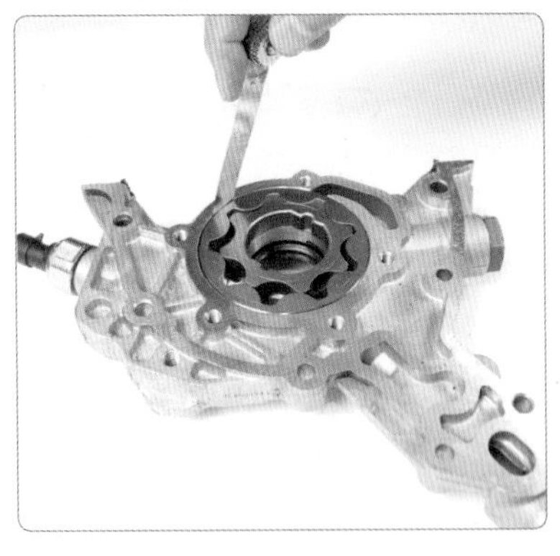

보디 간극

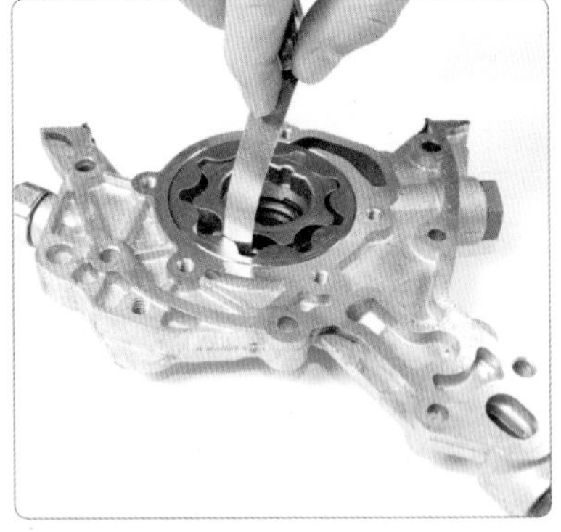

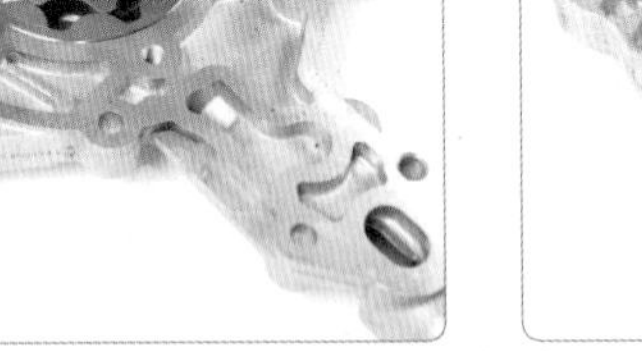

팁 간극

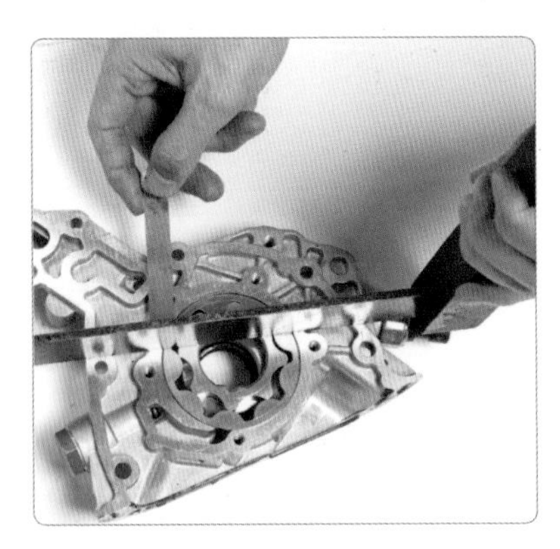

사이드 간극

(2) 사이드 간극 측정 방법

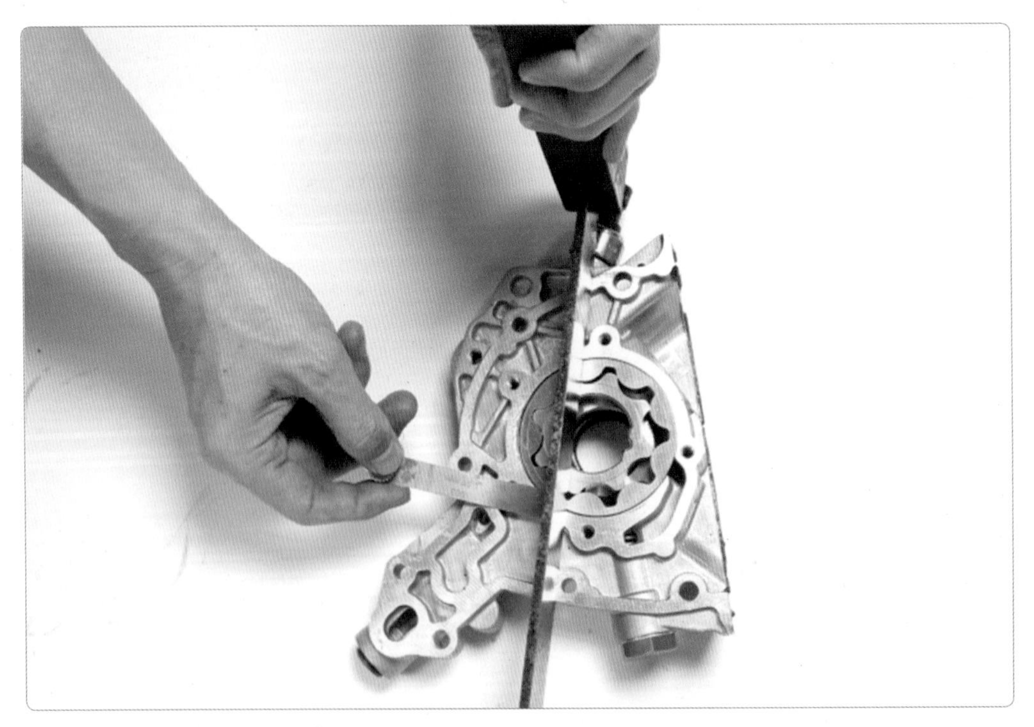

오일 펌프 사이드 간극 측정

1. 오일 펌프 측정 부위를 확인한다.

2. 직각자를 오일 펌프에 밀착하고 사이드 간극을 측정한다(0.04 mm).

(3) 측정(점검)

오일 펌프 사이드 간극 측정값 0.04 mm를 정비 지침서 규정(한계)값 0.04~0.085 mm(0.10 mm)를 적용하여 판정한다. 판정이 불량일 때는 오일 펌프를 교환한다.

<table>
<tr><th colspan="5">오일 펌프 사이드 간극 규정값</th></tr>
<tr><th colspan="2" rowspan="2">차 종</th><th colspan="3">사이드 간극</th></tr>
<tr><th colspan="2">규정값</th><th>한계값</th></tr>
<tr><td rowspan="2">쏘나타</td><td>구동</td><td colspan="2">0.08~0.14 mm</td><td rowspan="2">0.25 mm</td></tr>
<tr><td>피동</td><td colspan="2">0.06~0.12 mm</td></tr>
<tr><td colspan="2" rowspan="2">아반떼XD/베르나
(DOHC/SOHC)</td><td>외측</td><td>0.06~0.11 mm</td><td rowspan="2">1.0 mm</td></tr>
<tr><td>내측</td><td>0.04~0.085 mm</td></tr>
<tr><td colspan="2" rowspan="2">EF 쏘나타(1.8/2.0)</td><td>구동</td><td>0.08~0.14 mm</td><td>0.25 mm</td></tr>
<tr><td>피동</td><td>0.06~0.12 mm</td><td>0.25 mm</td></tr>
<tr><td colspan="2">그랜저 XG(2.0/2.5/3.0)</td><td colspan="2">0.040~0.095 mm</td><td>–</td></tr>
</table>

실습 주요 point

안전 및 유의 사항

❶ 실습 시작 전에 실습 순서를 정하고 실습 장비 및 공구와 정비 지침서, 재료 등을 충분히 검토한 후 실습에 임한다(엔진 오일 교환 방법 등).

❷ 정비 지침서를 바탕으로 엔진 본체 정비와 관련된 고장을 진단하고 작업 순서에 의해 부품을 정비한다.

❸ 계측기(디그니스 게이지 및 오일 압력계) 사용법을 정비 지침서 내용에 따라 이해하고 숙련한다.

❹ 실습이 끝나면 실습장 및 작업대 및 실습 차량을 정리하고 교환된 엔진 오일은 폐유 관리통에 주입한다(실습장 바닥 오일 누유 상태 등).

3 오일 압력 스위치 점검

(1) 점검 시기

엔진 점화 스위치 ON 상태에서는 오일 경고등이 점등되고 엔진이 시동되었을 때는 오일 경고등이 OFF 되어야 한다. 하지만 엔진 시동 후 오일 경고등이 지속적으로 점등되고 있다면 엔진 오일이 부족하거나 오일 압력 스위치 불량으로 점등되고 있는 것이므로 엔진 시동을 OFF시킨 후 차량이 수평된 위치에서 오일량을 점검한다(오일 교환 시기 5000~10,000 km). 이때 오일량이 정상이면 오일 압력 스위치를 점검한다.

(2) 오일 압력 규정값

① 가솔린 엔진 규정 압력 : 2~3 kgf/cm^2

② 디젤 엔진 규정 압력 : 3~4 kgf/cm^2

1. 저항계로 오일 압력 스위치를 점검한다(저항계 Ω×1에 놓고 도통 상태를 확인한다).

2. 유압 스위치 커넥터를 탈거한다.

3. 유온 스위치를 탈거한다.

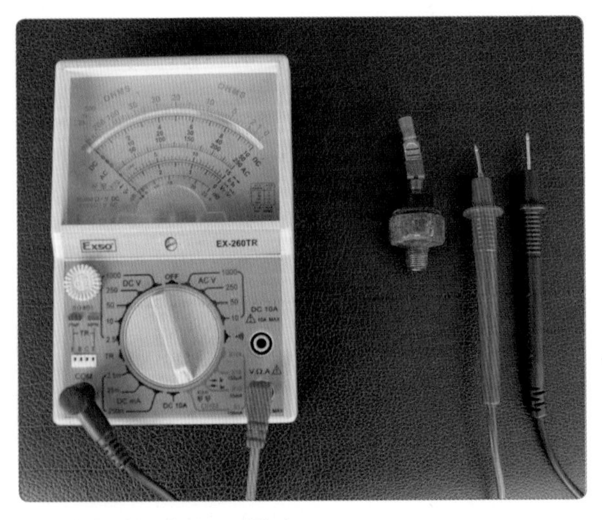

4. 멀티 테스터를 준비한다.

5. 멀티 테스터 저항에 놓고 유압 스위치 통전 시험을 한다(도통 시 양호).

6. 유압 스위치를 뾰족한 키로 눌렀을 때 스위치 OFF를 확인한다.

4 엔진 오일 압력 측정

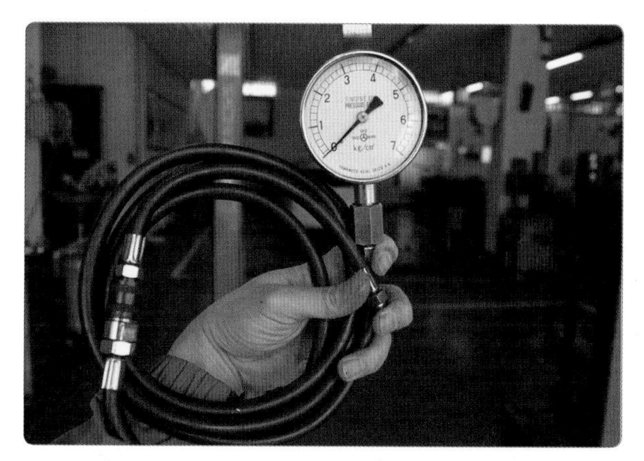

1. 압력 게이지를 준비한다.

2. 유온 스위치를 탈거한다.

3. 유압계 어댑터를 설치하여 압력계를 설치한다.

4. 엔진을 시동하고 유압을 점검한다(가솔린 엔진 규정 압력 2~3 kgf/cm^2).

냉각장치 점검 정비

1. 관련 지식
2. 정비 기술(고장 원인)
3. 실습 준비 및 유의 사항
4. 냉각장치 점검 및 정비

6 냉각장치(cooling system) 점검 정비

실습목표 (수행준거)	1. 차종에 따른 냉각계통의 구조 · 특징을 파악할 수 있다. 2. 냉각장치 세부 점검 목록을 확인하여 고장 원인을 파악할 수 있다. 3. 정비 지침서를 참고하여 냉각계통의 고장 원인을 분석할 수 있다. 4. 냉각장치의 점검 시 안전 작업 절차에 따라 정비 작업을 수행할 수 있다.

1 관련 지식

냉각장치는 엔진 작동에 의해 발생되는 연소 온도(1500~2000 ℃)와 내부 마찰열 등으로 인한 과열을 방지하여 정상 온도(80~90 ℃)로 유지하는 장치를 말한다. 현재 주로 사용하는 냉각 방식은 수랭식 냉각 방식으로 냉각수를 실린더 블록 및 헤드의 물 통로를 통하여 순환시켜 냉각시킨다.

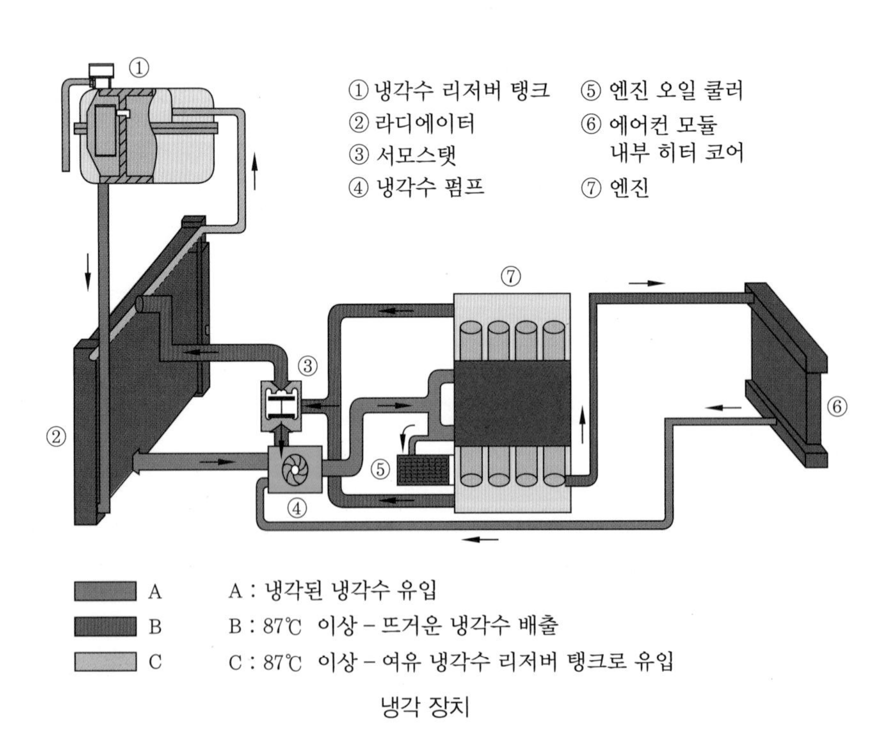

냉각 장치

이것은 물 펌프를 이용하여 냉각수를 강제 순환하는 방식으로 수온조절기의 제어에 의해 방열기(라디에이터)를 이용하여 냉각수(부동액)를 냉각시키게 된다.

1 냉각 방식

(1) 공랭식(air cooling type)

① 자연통풍식(natural air cooling type)

② 강제통풍식(forced air cooling type)

(2) 수랭식(water cooling type)

① **자연순환식**(natural water circulation system) : 냉각수의 대류 이용

② **강제순환식**(forced water circulation system) : 물 펌프를 이용하여 방열기와 실린더 사이에 냉각수를 강제순환시켜 냉각

(3) 압력 순환식(pressure water circulation system)

압력 캡을 사용하여 비등에 의한 손실을 적게 한 형식

① 방열기(radiator)를 적게 할 수 있다.

② 엔진 열효율 증대

③ 냉각수 보충 횟수를 줄인다.

(4) 밀봉 압력식

캡을 밀봉하고 냉각수 팽창을 고려하여 저장 탱크를 별도로 설치한 형식으로 과열(over heat) 시 엔진에 영향을 끼친다.

① 각 부품의 변형

② 윤활유 유막의 파괴로 인한 소결 방지

③ 윤활 공급 불량

④ 엔진의 출력 저하

과랭(over cooling) 시 엔진에 끼치는 영향

❶ 엔진의 출력 저하

❷ 연료 소비 증대

❸ 오일 희석 및 베어링부 마멸 촉진

❹ 블로바이 발생

❺ 윤활유 점도가 높아 엔진 기동 시 회전 저항 증가

2 냉각장치의 구성 부품

① 물 통로(water jacket) : 실린더 블록과 헤드에 설치된 냉각수 통로이며, 실린더벽, 밸브 시트, 밸브 가이드, 연소실 등과 접촉되어 있다.

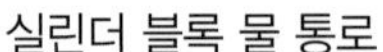

실린더 블록 물 통로

물 펌프

실린더 헤드 개스킷(물 재킷)

② 물 펌프(water pump)

(가) 원심력 펌프의 원리를 이용하며 부품은 펌프 하우징, 임펠러, 펌프 축 및 베어링, 실, 풀리로 구성되어 있다.

(나) 펌프의 효율 : 냉각수 온도에 반비례하고 냉각수 압력에 비례하며 엔진 회전수의 1.2~1.6배로 회전한다.

③ 구동 벨트(belt)

(가) 크랭크축, 발전기, 물 펌프의 풀리와 연결되어 있으며 구동 장력은 10 kgf의 힘을 가해서 13~20 mm의 눌림 양으로 조정되어야 한다(장력 조정 : 보통 발전기 설치 위치를 이동시켜 조정).

장력이 클 때	장력이 작을 때
• 벨트 조기 마모 • 베어링 손상 • 소음 발생	• 벨트 조기 마모 • 충전 불충분 • 엔진 과열(손상)

(나) 벨트 크기의 표시법

형 식	M	A	B	C	D	E
폭(mm)	10	13	17	23	32	38
두께(mm)	6	9	11	15	20	24

④ 냉각 팬(cooling fan) : 라디에이터의 냉각 효과를 증대시키며 배기 다기관의 과열도 방지한다. 보통 4~6개의 날개로 구성되어 있고 팬의 비틀림 각도 20~30°, 팬의 지름은 30 cm 정도이다.

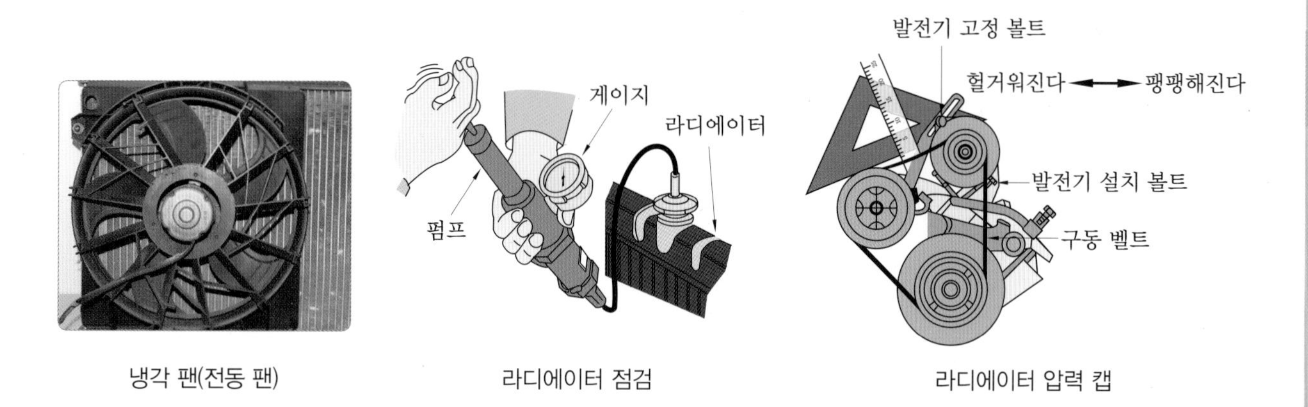

냉각 팬(전동 팬) 라디에이터 점검 라디에이터 압력 캡

⑤ 시라우드(shroud) : 라디에이터와 팬을 감싸고 있는 판이며 코어의 공기 흐름을 도와 냉각 효과를 증대시킨다.

⑥ 방열기(radiator) : 엔진에서 열을 흡수한 냉각수를 주행저항 및 냉각 팬을 이용하여 냉각시킨다.

$$\text{라디에이터 코어 막힘률}(\%) = \frac{\text{신품 주수량} - \text{구품 주수량}}{\text{신품 주수량}} \times 100(\%)$$

㈎ 라디에이터 코어 막힘 20% 이상일 때 교환

㈏ 라디에이터 압축 공기 시험 : 0.5~2 kgf/cm^2(이상 시 파손)

2분 정도 그 상태를 유지하면서 방열기, 호스, 연결부에서의 누출 점검

㈐ 라디에이터 세척은 하부에서 상부로, 압축공기로 청소 시엔 엔진 안쪽에서 밖으로 불어낸다.

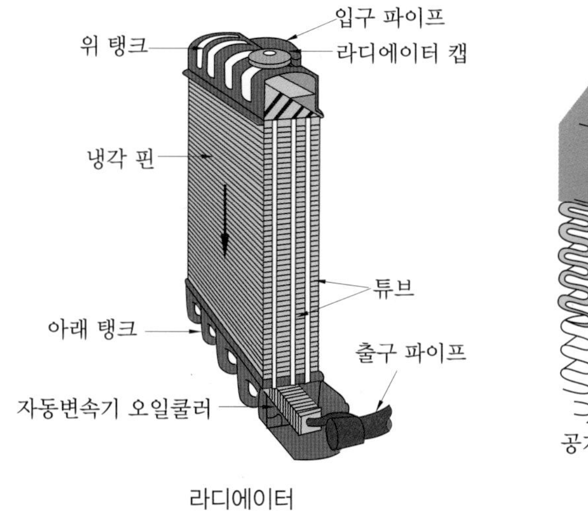

라디에이터

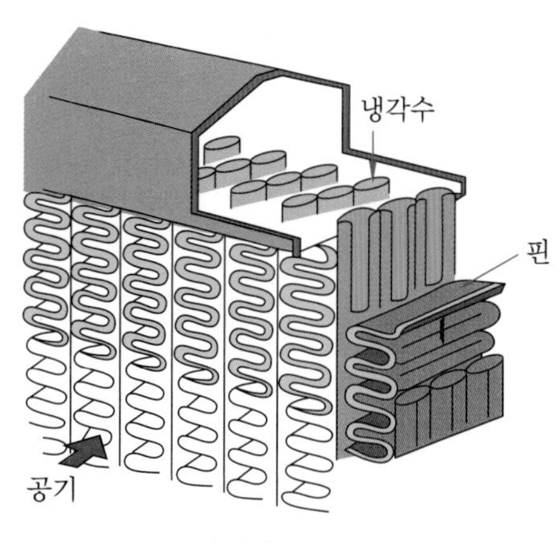

라디에이터 코어

⑦ 라디에이터 캡(cap) : 압력식 냉각수의 비점(112 ℃)을 높이기 위해 사용하며, 냉각장치 내 압력을 0.3~0.7 kgf/cm²로 올려준다.

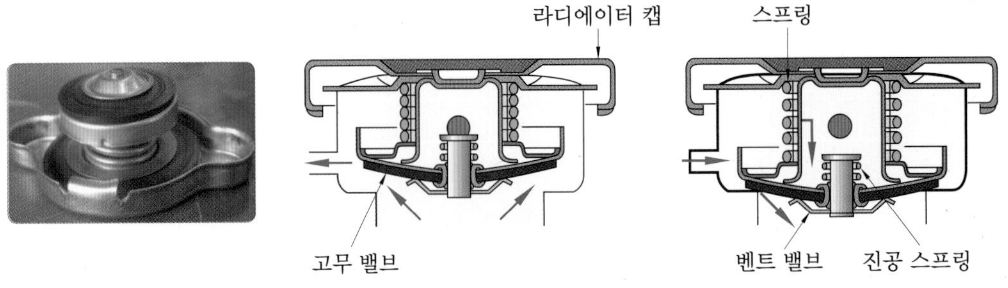

라디에이터 캡

⑧ 수온조절기(thermostat) : 냉각수 통로를 개폐하여 냉각수 온도를 알맞게 조절하며, 65 ℃에서 열리기 시작하여 85 ℃에서 완전 열린다. 종류에는 벨로스형과 펠릿형이 있는데, 벨로스형은 에테르나 알코올이 벨로스 내에 봉입되어 휘발성이 크고 팽창력이 작다. 펠릿형은 왁스와 합성고무(스프링과 같이 작용)가 봉입되어 있는데, 왁스가 팽창하면 합성고무를 수축시키며(이때 실린더가 스프링을 누르고 밸브가 열림) 내구성이 우수하고 압력에 의한 영향이 적다.

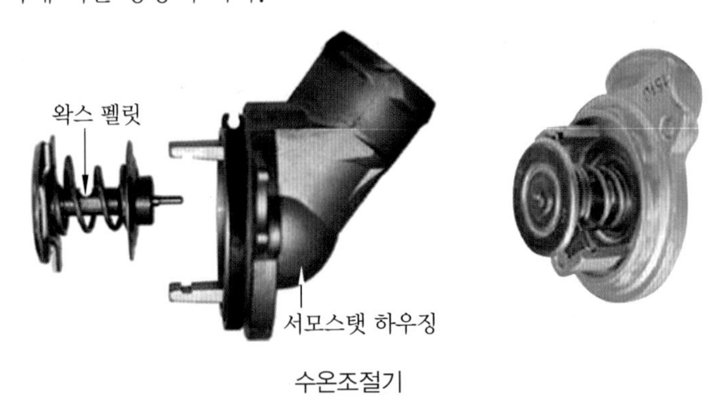

수온조절기

⑨ 수온계 : 냉각수 온도 표시 엔진 유닛과 계기부에 설치되고, 전기식이 주로 사용되며, 밸런싱 코일식, 서모스탯 바이메탈식, 바이메탈 저항식이 있다.

3 부동액(anti-freezer)

냉각수의 동결을 방지하기 위해 냉각수에 혼입되는 냉각액(응고점을 낮추어 동파 방지)으로 영구 부동액과 반영구 부동액으로 분류한다.

- 영구 부동액 : 주성분 에틸렌글리콜, 보충 시 물만 보충
- 반영구 부동액 : 주성분 메탄올, 보충 시 혼합액 보충

(1) 부동액의 종류

① 에틸렌 글리콜 : 영구 부동액이며, 응고점 －50 ℃이다.
② 글리세린 : 산이 포함되면 금속을 부식시킨다.
③ 메탄올 : 비등점이 82 ℃로 낮은 온도에 견딜수 있다.

(2) 부동액의 구비 조건

① 비점이 높고 응고점이 낮을 것
② 내식성이 크고 팽창계수가 작을 것
③ 휘발성이 없고 유동성일 것

2 정비 기술(고장 원인)

1 엔진 과열의 원인

① 라디에이터에 스케일이 쌓이거나 냉각수가 부족한 경우
② 팬벨트 장력이 느슨하거나 경화로 인해 벨트가 미끄러지는(마찰 효율 저하) 경우
③ 수온조절기 고장으로 열림이 늦어질 때
④ 전동 팬 모터가 작동하지 않는(전원공급이 안 될 때, 퓨즈, 릴레이 모터 고장) 경우
⑤ 물 펌프의 작동이 불량하거나 냉각수가 누유될 때
⑥ 엔진 오일이 부족하거나 불량으로 마찰열이 증대될 때

2 엔진 과열 시 조치 사항

① 공회전 상태를 유지하고 엔진이 정상 온도가 될 때까지 기다린다.
② 엔진이 정상 온도가 되면 냉각수 양을 확인하여 냉각수가 부족하면 보충하고 냉각계통의 누유를 확인한다.
③ 팬벨트가 단선되었거나 경화되고 늘어난 상태이면 벨트를 교환하고 장력을 조정한다.
④ 보조 물탱크 양을 확인하였을 때 정상이면 라디에이터 캡을 열고 냉각수 양을 확인하였을 때 부족하면 라디에이터 캡 불량이다(단, 냉각계통이 누유가 없을 때).

엔진 과열 시 주의 사항

엔진 과열 시 라디에이터 캡이나 보조 물탱크 캡을 갑자기 열게 되면 내부 압력에 의해 뜨거운 냉각수가 분출되어 화상을 입을 수 있으므로 주의한다.

3 실습 준비 및 유의 사항

실습 준비(실습 장비 및 실습 재료)

1 실습 자료

- 고객동의서
- 작업공정도
- 점검정비내역서, 견적서
- 차종별 정비 지침서

2 실습 장비

- 에어공구 · 수공구
- 분해/조립을 위한 토크 렌치, 라디에이터, 압력 게이지, 비중계(라디에이터 부동액 측정)
- 냉각수 회수 · 재생기
- 진단장비

3 실습 재료

- 교환 부품 : 냉각수(부동액), 엔진 오일, 팬벨트(타이밍 벨트)
- 관련 소요 부품 : 엔진 개스킷(ALL), 액상 개스킷
- 흡배기 밸브 세트

실습 시 유의 사항

- 냉각계통 부품 교환 시 냉각수를 교환한다(부동액 비중을 확인한다). 냉각수 교환 작업 시 반드시 냉각계통 공기 빼기 작업을 실시한다.
- 재사용되는 벨트는 회전 방향을 반드시 표시하여 조립 시 바뀌지 않도록 한다.
- 냉각수가 누수되었을 때 차체 외상에 묻지 않도록 주의한다(접촉 시 바로 물로 닦아낼 것).
- 환경폐기물 처리 규정에 의거하여 폐유 관련 부품을 처리해야 한다.

4 냉각장치 점검 및 정비

1 라디에이터 압력식 캡 시험

1. 라디에이터에서 압력식 캡을 탈거한다.

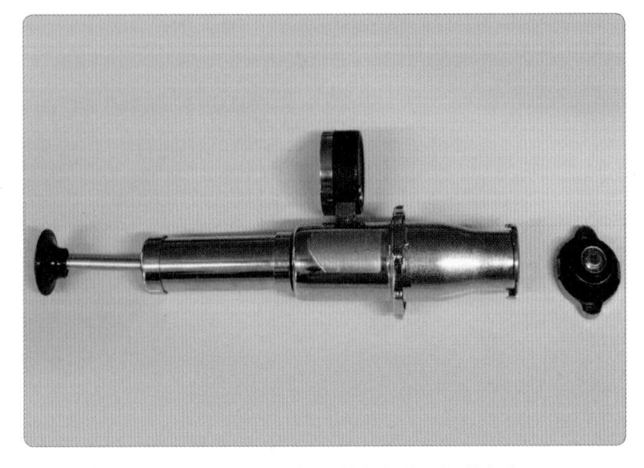

2. 라디에이터 압력식 캡을 시험기에 설치한다.

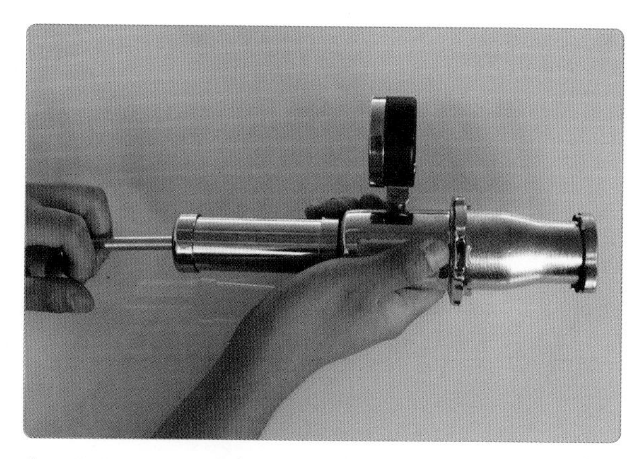

3. 라디에이터 압력식 캡 시험기를 규정값(0.83~1.10kgf/cm²)까지 압축한다.

4. 압축된 라디에이터 압력식 캡 압력이 10초간 유지되는지 확인한다.

5. 라디에이터에서 압력식 캡 압력을 측정한다. (0.89kgf/cm², 10초간 유지함)

6. 라디에이터에서 압력식 캡을 조립한다.

측정(점검) : 라디에이터 캡 압력 측정값 0.89 kgf/cm²를 기록한 후 규정(한계)값을 정비 지침서를 보고 확인한다.

라디에이터 압력식 캡	라디에이터 압력	비 고
고압 밸브 개방 압력	규정값(kgf/cm²)	
0.83 kgf/cm² 10초간 유지 (0.83~1.10 kgf/cm²)	1.53 kgf/cm² 2분간 유지	아반떼, 쏘나타 Ⅱ, Ⅲ, 그랜저

실습 주요 point

❶ 라디에이터 압력 캡 시험 시 주어진 시간을 정확하게 확인한다.
❷ 라디에이터 압력과 라디에이터 캡 압력을 혼동하지 않는다.

2 라디에이터 및 전동 팬 탈부착

라디에이터 탈착 시에는 부동액을 배출한 후 라디에이터를 탈거한다.

1. 작업차량 냉각장치를 확인한다.

2. 라디에이터 전동 팬 배선을 분리한다.

3. 라디에이터 상부 호스를 탈거한다.

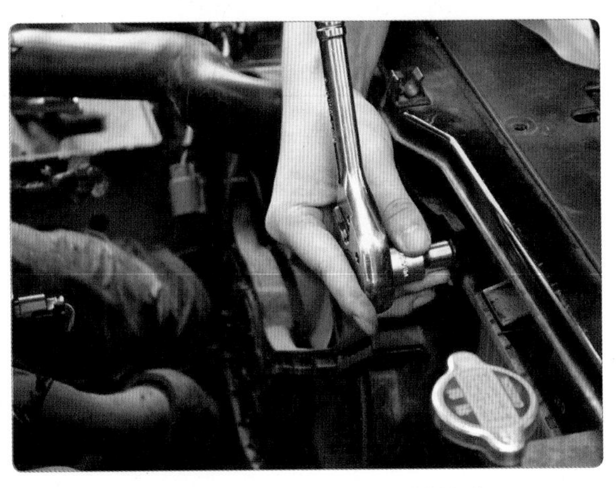

4. 라디에이터 전동 팬 고정 볼트를 탈거한다.

5. 라디에이터에서 전동 팬을 분해한다.

6. 라디에이터 전동 팬을 정렬한다.

7. 라디에이터 전동 팬을 장착하고 고정 볼트를 조립한다.

8. 라디에이터 하부 호스를 체결한다.

9. 라이에이터 상부 호스를 체결한다.

10. 라디에이터 전동 팬 커넥터를 장착한다.

11. 부동액을 라디에이터에 적정량(50 : 50) 유입시킨다.

12. 엔진을 시동한다.

13. 엔진을 가속시키면서 냉각수가 원활하게 순환되는지 확인한다(전동 팬이 작동될 때까지 확인).

14. 냉각 회로 내 부동액량을 보충한다.

15. 냉각 회로에 공기가 빠지는 상태를 확인하고 공기가 다 빠질 때까지 반복하여 상부 라디에이터 호스를 손으로 압축과 수축을 반복시킨다.

16. 공기빼기 플러그를 탈거하고 라디에이터 캡을 조립한다.

실습 주요 point

안전 및 유의 사항

1. 실습 시작 전 실습 순서를 정하고 실습기기 및 공구와 정비 지침서, 재료 등을 충분히 검토한다.
2. 실습 시작 전 안전 교육을 실시하고 소화기를 비치하여 화재 사고에 대비하고 화재 위험 방지를 위하여 유류 등의 인화성 물질은 별도 안전한 곳에 보관한다.
3. 실습 시작 전 실습장 주위의 정리정돈을 깨끗이 하고 실습에 임한다.
4. 실습을 하는 동안은 적절한 공구를 사용하고 실습 중 안전과 화재에 주의한다.
5. 볼트 · 너트 체결 시, 무리한 힘을 가하지 말고 규정된 토크로 조여 고정시킨다.
6. 모든 부품은 분해, 조립 순서에 준하여 작업을 실시하고 분해된 부품은 순서에 따라 작업대에 정리정돈을 한다.
7. 실습 종료 후 실습장 주위의 정리정돈을 깨끗이 한다.

3 냉각 팬 회로 점검

(1) 전동 팬 회로

① 전동 팬 회로-1

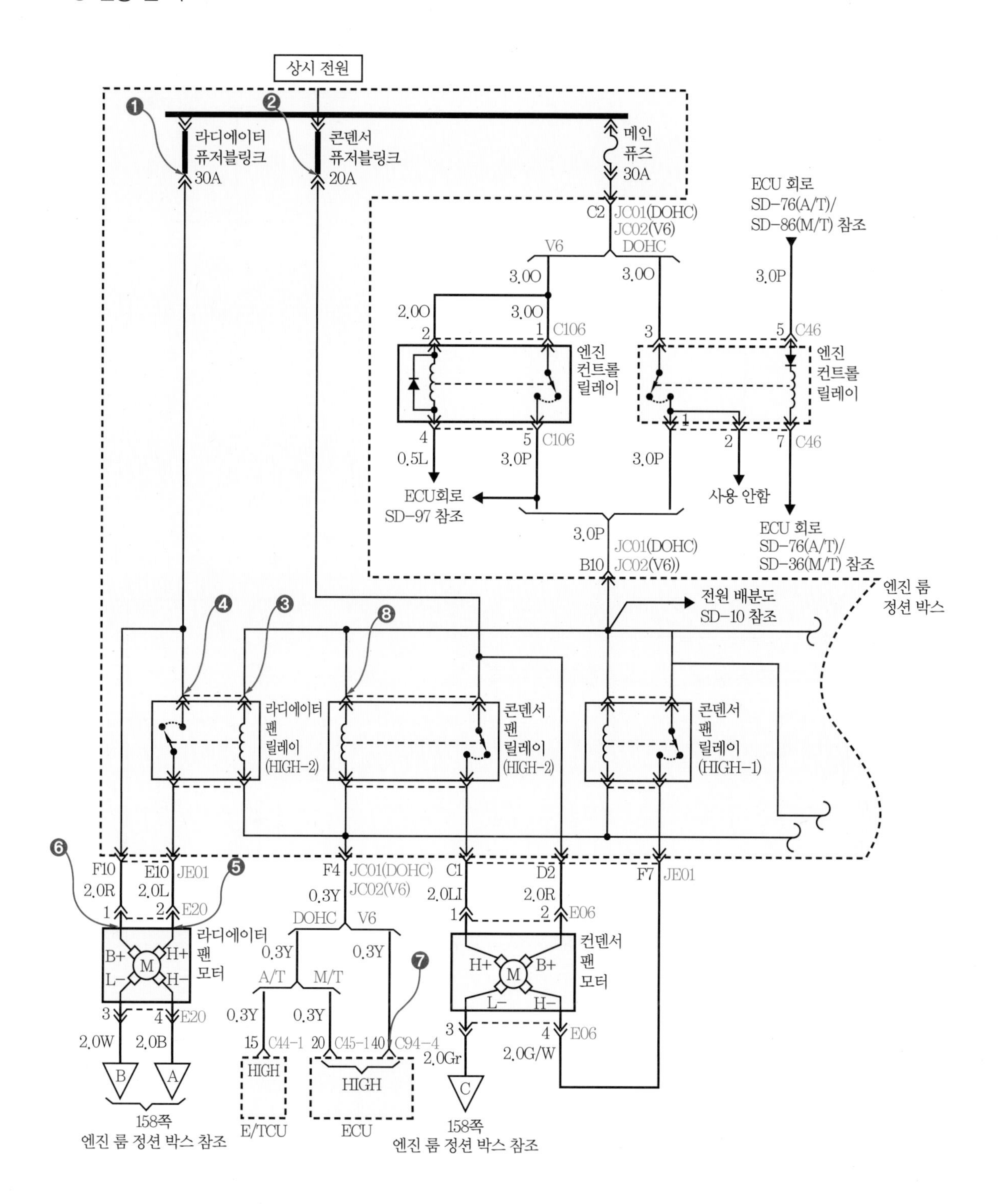

② 전동 팬 회로-2

냉각 팬 상태표

ECU		에어컨	팬	
LOW	HIGH		라디에이터	콘덴서
OFF	OFF	ON/OFF	OFF	OFF
ON	OFF	OFF	LOW	OFF
ON	OFF	ON	LOW	LOW
OFF	ON	ON/OFF	MID	MID
ON	ON	OFF	HIGH	MID
ON	ON	ON	HIGH	HIGH

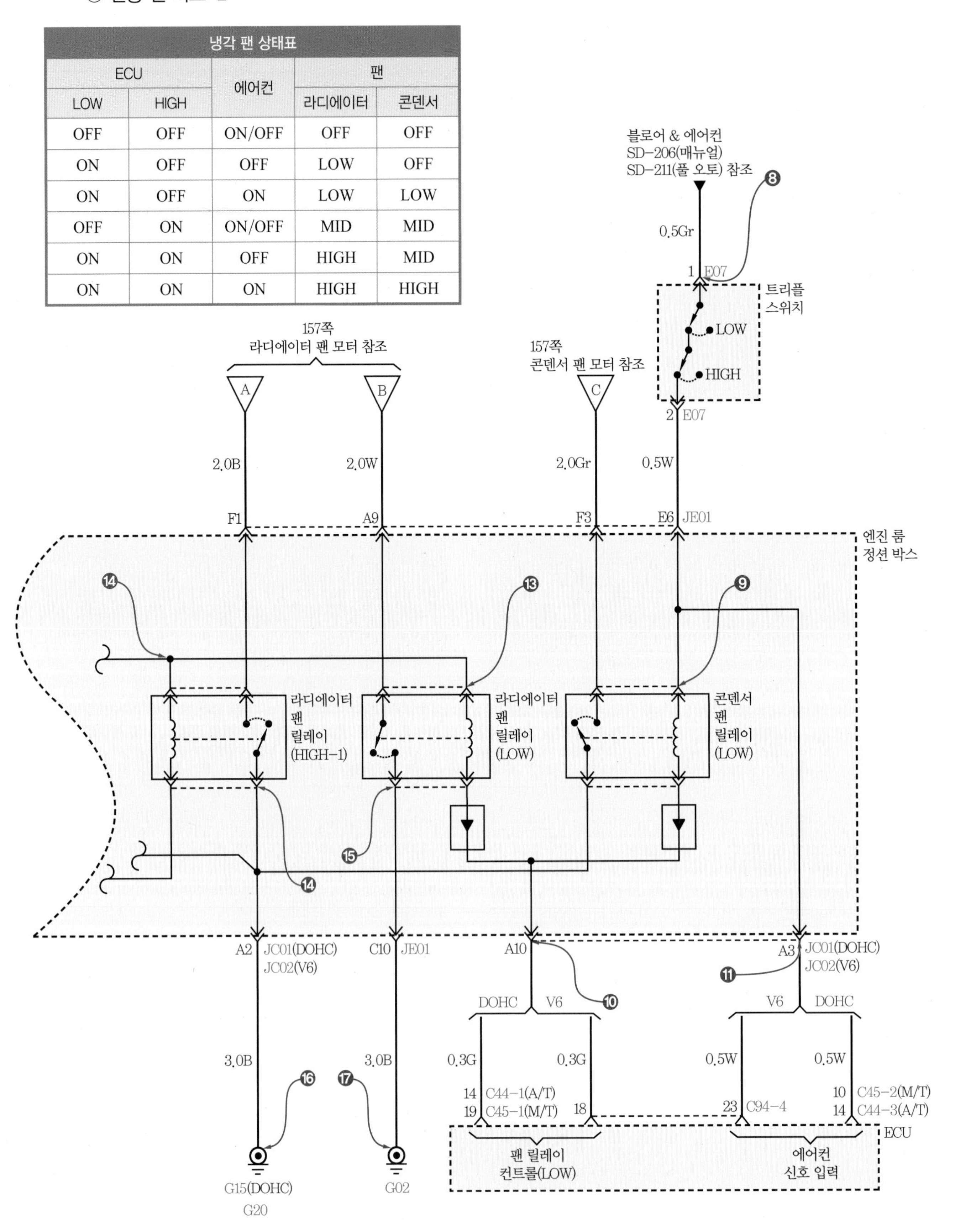

(2) 냉각 팬 회로점검

전동 팬 회로 점검 준비

1. 배터리 전압을 측정 확인한다(12.75 V).

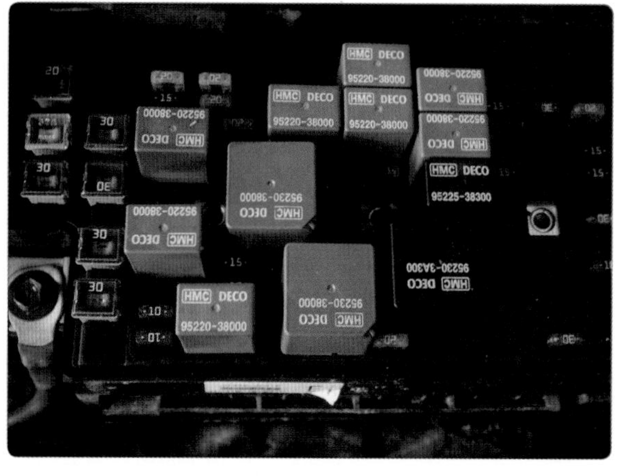

2. 엔진 룸 정션 박스 내 전동(냉각 회로) 팬 회로 릴레이 및 퓨즈를 확인한다.

3. 라디에이터 팬 모터 커넥터 체결 상태를 확인한다.

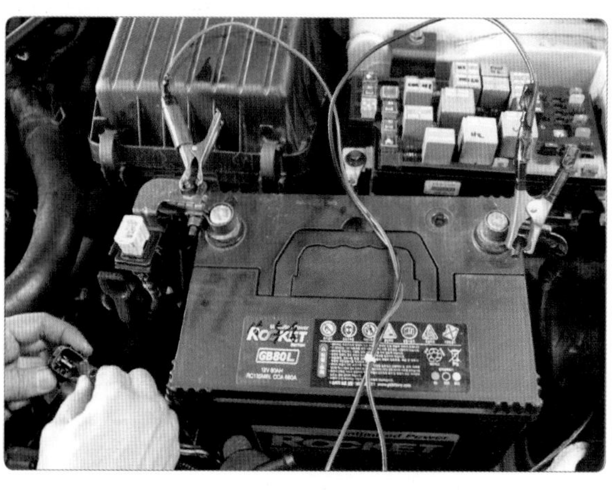

4. 라디에이터 팬 모터의 작동유를 확인하기 위해 전원단자(배터리 (+), (−))를 확인하고 연결한다.

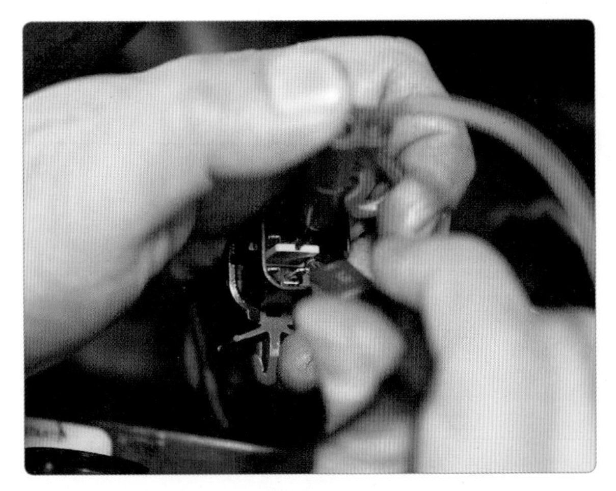

5. 전동 팬 모터에 전원을 공급하여 작동 상태를 확인한다.

6. 라디에이터 팬 릴레이(HI)를 탈거한다.

7. 멀티 테스터 전압계로 선택하고 라디에이터 팬 릴레이(HI) 공급 전원을 확인한다(12.51 V).

8. 멀티 테스터 저항으로 선택하고 라디에이터 팬 릴레이(HI) 접지를 확인한다(1.8 Ω).

9. 라디에이터 팬 릴레이 여자 코일 저항(단선)을 점검한다(7.3 Ω).

10. 라디에이터 팬 릴레이 여자 코일을 자화시켜 릴레이 접점 상태를 확인한다.

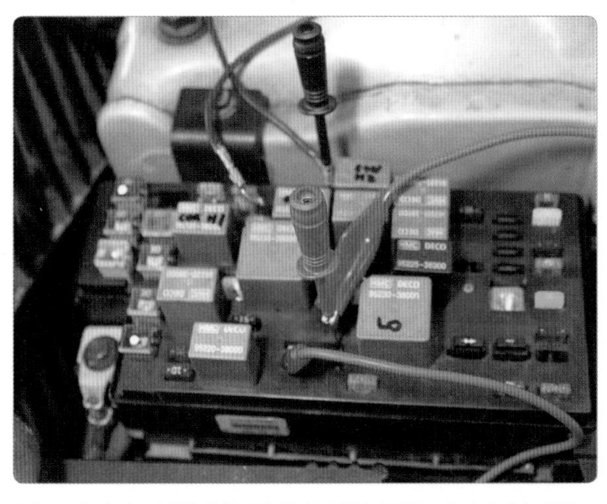

11. 배터리 전원(+)을 릴레이 전원 공급 단자에 연결하고 배터리 (–)단자에 릴레이 접지 단자를 연결하여 전동 팬 작동 상태를 확인한다.

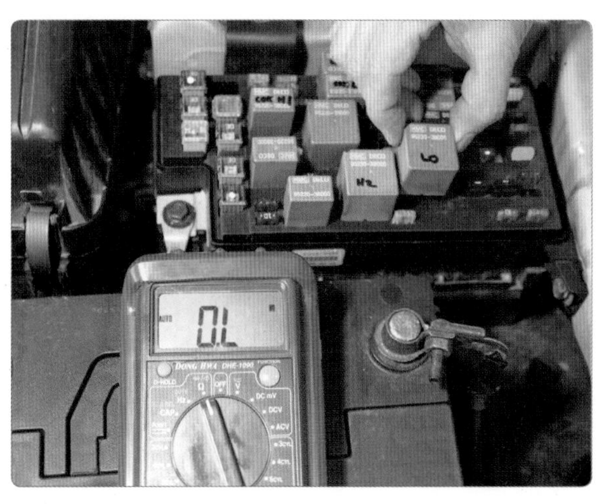

12. 라디에이터 팬 릴레이 여자 코일 저항(단선)도 동일한 방법으로 점검한다.

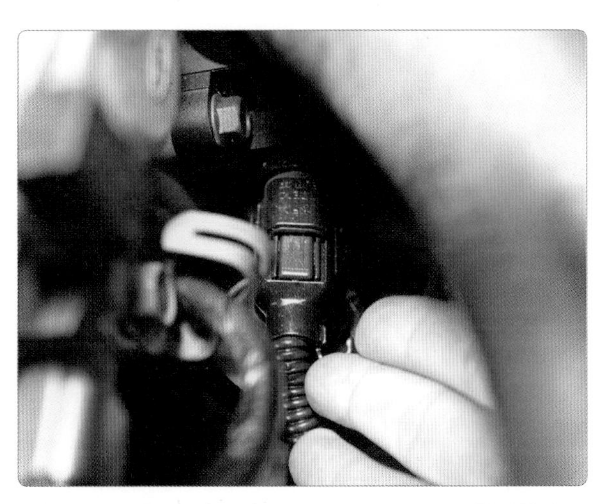

13. 냉각수온센서(WTS) 커넥터 체결 상태를 확인한다.

14. 스캐너를 활용하여 엔진 냉각수온센서 온도 변화에 따른 라디에이터 전동 팬 작동 상태를 확인한다.

실습 주요 point

전동 팬(냉각 회로) 점검

① 회로 내의 이상 여부를 판단하기 가장 빠른 부분은 릴레이이다. 릴레이를 분리시킨 다음 램프 테스터로 B단자와 S1단자에 배터리 (+) 전원이 공급되는지를 확인한다(점화 SW가 ON되어야 전원이 공급되는 차량도 있다).

② L단자에 (–) 전원이 공급되는지 확인한다.

③ S2 단자에는 냉각수 온도가 87~90℃ 정도 되었을 때 (–) 전원이 공급되는지 확인한다.

④ ①~③이 모두 이상이 없으면 릴레이를 점검하고 교환한다.

전동 팬이 작동하지 않는 원인

❶ 배터리 터미널 연결 상태 불량
❷ 전동 팬 퓨즈의 탈거
❸ 전동 팬 퓨즈의 단선
❹ 전동 팬 릴레이 탈거
❺ 전동 팬 릴레이 핀 부러짐
❻ 전동 팬 모터 커넥터 탈거
❼ 전동 팬 모터 커넥터 불량
❽ 전동 팬 모터 불량
❾ 서모 스위치 불량
❿ 전동 팬 모터 라인 단선
⓫ 서모 스위치 커넥터 탈거
⓬ 서모 스위치 커넥터 불량

4 수온조절기 점검

1. 물을 끓여 수온을 높인다.

2. 온도계와 자를 준비한다.

3. 점검할 수온조절기를 확인하고 수온통에 넣는다.

4. 수온조절기가 작동하는 온도(65 ℃)에서 최대 온도를 확인한다.

5. 수온조절기를 꺼내서 작동 상태(열림)를 확인한다.

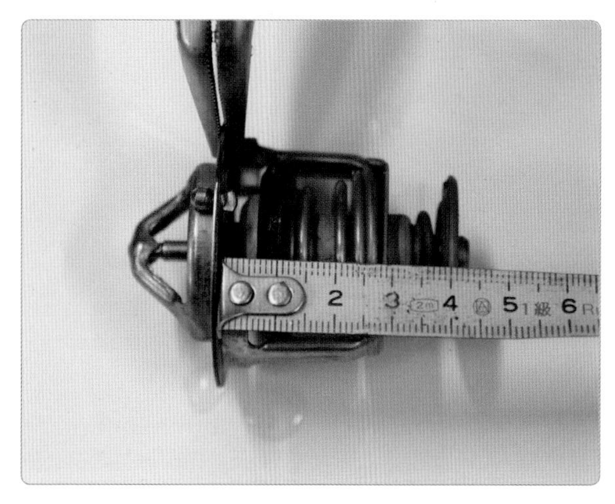

6. 수온조절기 작동 상태(열림)를 확인한다.

5 부동액 교환

1. 라디에이터 캡을 탈거한다.

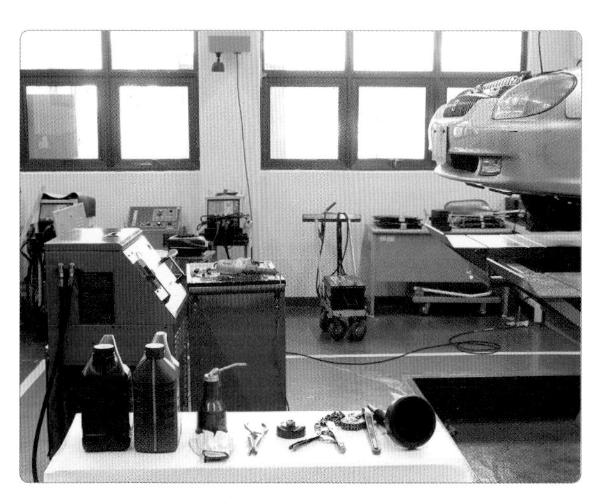
2. 부동액을 준비하고 차량을 리프트업시킨다.

3. 라디에이터 하부 드레인 플러그를 탈거한다.

4. 부동액을 배출시킨다.

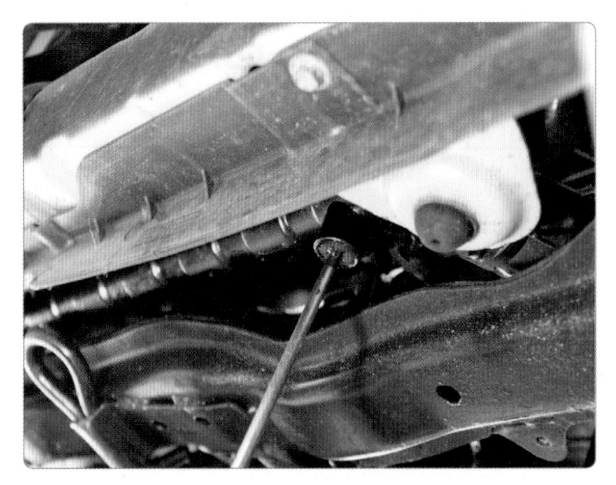

5. 라디에이터 하부 드레인 플러그를 조립한다.

6. 차량을 정위치한 후 냉각수 공기빼기 플러그를 조립한다.

7. 부동액을 주유하고 냉각수 라인에 공급되는 상태를 보며 적정량을 유입시킨다.

8. 엔진을 시동한다.

9. 스캐너를 설치하고 온도 및 rpm을 확인하면서 가동시켜 정상 온도 상태를 유지한다.

10. 엔진을 가속시키면서 냉각수가 원활하게 순환되는지 확인한다(전동 팬이 작동될 때까지 확인).

11. 냉각 회로 내 부동액량을 보충한다.

12. 냉각 회로에 공기가 빠지는 상태를 확인하고 공기가 다 빠질 때까지 반복하여 상부 라디에이터 호스를 손으로 압축과 수축을 반복시킨다.

13. 공기빼기 플러그를 탈거하고 라디에이터 캡을 조립한다.

14. 엔진 시동 상태(고온)로 30~40분을 유지시키고 냉각수가 누유되는 부분이 있는지 확인한 후 엔진 시동을 OFF시킨다.

실습 주요 point

부동액 교환 시 주의 사항

부동액 교환 시 냉각수 보조 탱크를 분리하여 냉각수를 빼내고 물과 부동액을 50 : 50 비율로 주입한 후 보조 물탱크의 MAX 눈금 절반까지 주입한다. 냉각수를 라디에이터 필러 상부까지 주입하고 엔진을 시동하여 라디에이터 전동 팬이 회전할 때까지 엔진을 워밍업시킨다.

전동 팬이 회전하기 시작하면 상부 호스를 손으로 압축과 수축시켜 냉각계통 내 공기를 빼 준 후 냉각수량을 확인하고 부족 시에 보충하며 라디에이터 캡을 닫고 엔진 시동 상태에서 누유되는 부위가 없는지 확인한다.

부동액 농도와 비중							
냉각수온 ℃(℉) 및 비중					빙점 ℃(℉)	안전 작동 온도 ℃(℉)	부동액 농도
10(50)	20(68)	30(86)	40(104)	50(122)			
1.037	1.034	1.031	1.027	1.023	−9(15.8)	−4(24.8)	20%
1.045	1.042	1.038	1.034	1.029	−12(10.4)	−7(19.4)	25%
1.054	1.050	1.046	1.042	1.036	−16(3.2)	−11(12.2)	30%
1.063	1.058	1.054	1.049	1.044	−20(−4)	−15(5)	35%
1.071	1.067	1.062	1.057	1.052	−25(−13)	−20(−4)	40%
1.079	1.074	1.069	1.064	1.058	−30(−22)	−25(−13)	45%
1.087	1.082	1.076	1.070	1.064	−36(−32.8)	−31(−32.8)	50%
1.095	1.090	1.084	1.077	1.070	−	−	55%

실습 주요 point

안전 및 유의 사항

❶ 실습 시작 전 실습 순서를 정하고 장비 및 공구와 정비 지침서, 재료 등을 충분히 검토한 후 실습에 임한다(부동액 교환 방법 등).

❷ 정비 지침서를 바탕으로 엔진 본체 정비와 관련된 고장을 진단하고 작업 순서에 의해 교체 부품을 정비한다.

❸ 계측기(라디에이터 캡 시험기 및 멀티테스터 등) 사용법을 정비 지침서 내용에 따라 이해하고 숙련한 후 실습에 임한다.

❹ 실습 시작 전에 안전 교육을 실시하고 소화기를 비치하여 화재 사고에 대비하고, 화재 위험 방지를 위하여 유류 등의 인화성 물질은 별도의 안전한 곳에 보관한다.

❺ 실습이 끝나면 실습장 및 작업대 및 실습 차량을 정리하고 교환된 부동액은 폐유 관리통에 주입한다(실습장 바닥 냉각수 누유 확인 등).

6 물 펌프 정비

(1) 물 펌프 정비 방법

① 냉각수를 배출시킨 후 구동 벨트와 타이밍 커버를 탈거한다.

② 타이밍 벨트 텐셔너(체인 가이드)를 분리하고 발전기 브래킷을 분리한 후 물 펌프를 탈거한다.

③ 베어링 마모 상태를 확인한다. 물 펌프 풀리(축)를 회전시키고 축방향으로 움직여 유격 상태와 회전 시 걸림 상태를 확인한다.

④ 베어링 마모 시 소음이 발생하며 함께 작동되는 부품도 손상을 줄 수 있으므로 고장으로 판단될 때 교체하도록 한다.

(2) 물 펌프 정비 점검

1. 팬벨트 장력을 이완시킨다.

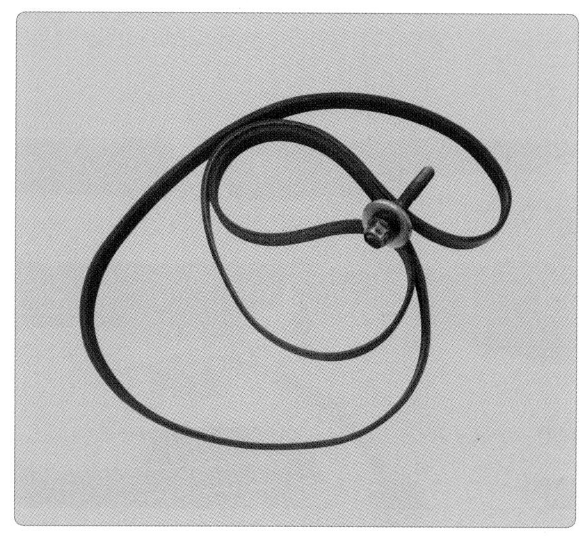

2. 팬벨트를 탈거한다(회전 방향→표시).

3. 물 펌프 고정 볼트를 풀고 시계 방향으로 돌려 타이밍 벨트 장력을 이완시킨다.

4. 텐셔너와 물 펌프를 탈거한 후 베어링 상태를 점검한다(유격 및 걸림 상태 점검).

물 펌프(water pump : wasserpumpe)

엔진 작동으로 물 펌프 축이 회전하면 축에 고정된 임펠러(impeller)가 회전하면서 냉각수(부동액)를 순환시킨다. 냉각된 냉각수는 항상 임펠러에 의해 압력을 받으며 실린더 블록과 실린더 헤드로 순환된다. 물 펌프 구동 방식은 벨트식이 대부분이지만 전기 모터 또는 크랭크축에 의해서도 구동된다. 물 펌프 고장의 원인으로는 자체 베어링 불량, 임펠러(날개) 파손, 물 펌프 개스킷 누유 등이 있다.

엔진 고장 진단 점검 정비

7 엔진 고장 진단 점검 정비

실습목표 (수행준거)	1. 엔진의 고장 진단 능력을 점검하기 위한 방법으로 엔진의 3요소(점화, 연료, 기계적 요인)를 비롯한 전자 제어 시스템의 이론적 특성을 이해한다. 2. 엔진의 이상 고장 현상을 시스템별로 분석하여 진단 능력을 배양한다. 3. 종합 테스터기 및 스캔툴 진단 장비를 활용하여 고장 진단 능력을 향상시킨다. 4. 정비 지침서 작업 순서에 따라 고장 부품의 교환 작업을 수행할 수 있다. 5. 압축 압력 및 진공 시험으로 엔진의 기계적 결함 요인을 분석할 수 있다.

1 고장 차량 입고 시 고장 진단 절차와 작업 순서

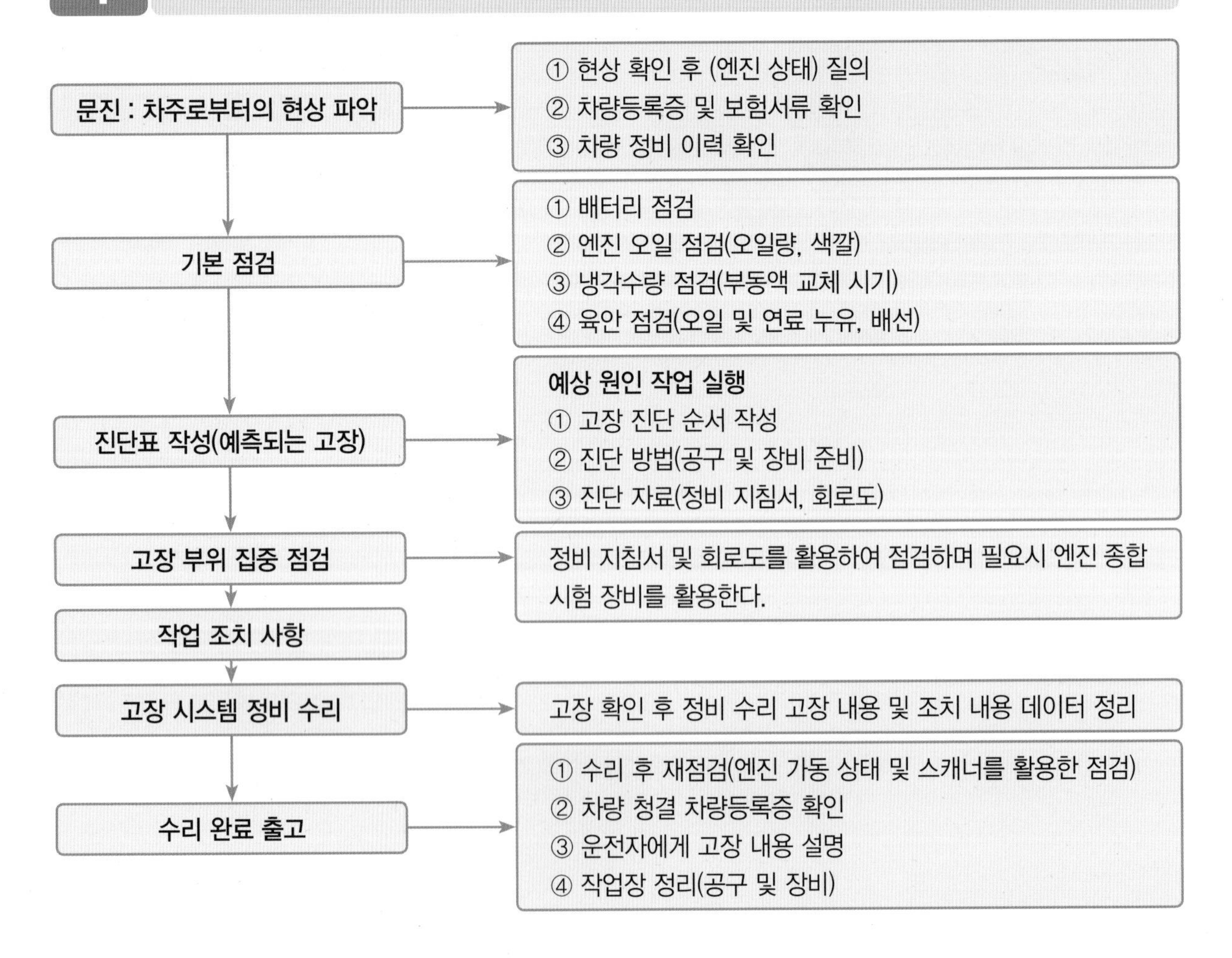

2 엔진 장치별 진단 방법

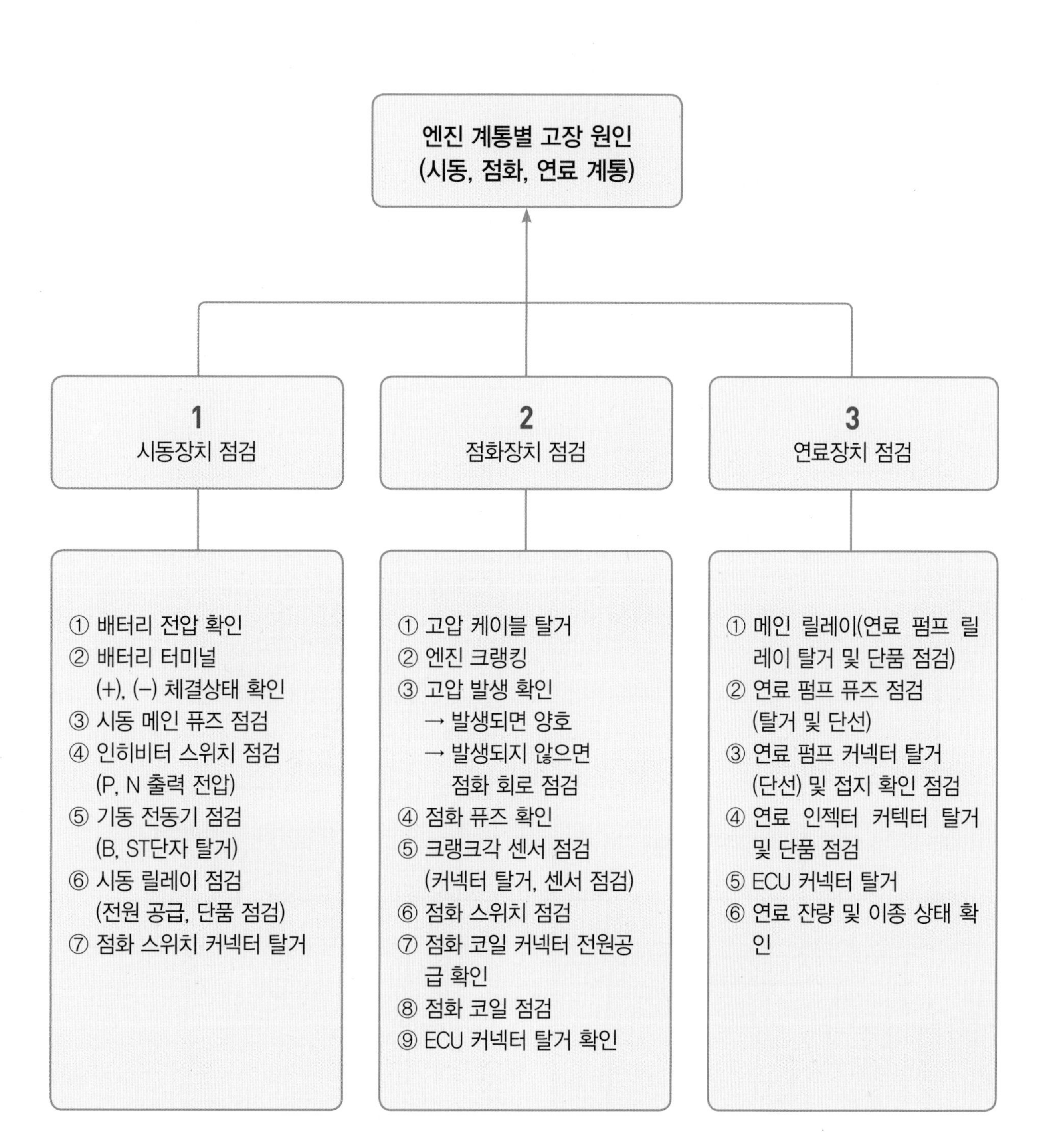
엔진 계통별 고장 원인
(시동, 점화, 연료 계통)
1
시동장치 점검
2
점화장치 점검
3
연료장치 점검
① 배터리 전압 확인
② 배터리 터미널
(+), (–) 체결상태 확인
③ 시동 메인 퓨즈 점검
④ 인히비터 스위치 점검
(P, N 출력 전압)
⑤ 기동 전동기 점검
(B, ST단자 탈거)
⑥ 시동 릴레이 점검
(전원 공급, 단품 점검)
⑦ 점화 스위치 커넥터 탈거
① 고압 케이블 탈거
② 엔진 크랭킹
③ 고압 발생 확인
→ 발생되면 양호
→ 발생되지 않으면
점화 회로 점검
④ 점화 퓨즈 확인
⑤ 크랭크각 센서 점검
(커넥터 탈거, 센서 점검)
⑥ 점화 스위치 점검
⑦ 점화 코일 커넥터 전원공
급 확인
⑧ 점화 코일 점검
⑨ ECU 커넥터 탈거 확인
① 메인 릴레이(연료 펌프 릴
레이 탈거 및 단품 점검)
② 연료 펌프 퓨즈 점검
(탈거 및 단선)
③ 연료 펌프 커넥터 탈거
(단선) 및 접지 확인 점검
④ 연료 인젝터 커텍터 탈거
및 단품 점검
⑤ ECU 커넥터 탈거
⑥ 연료 잔량 및 이종 상태 확
인

3 시동장치 점검

1 시동회로도

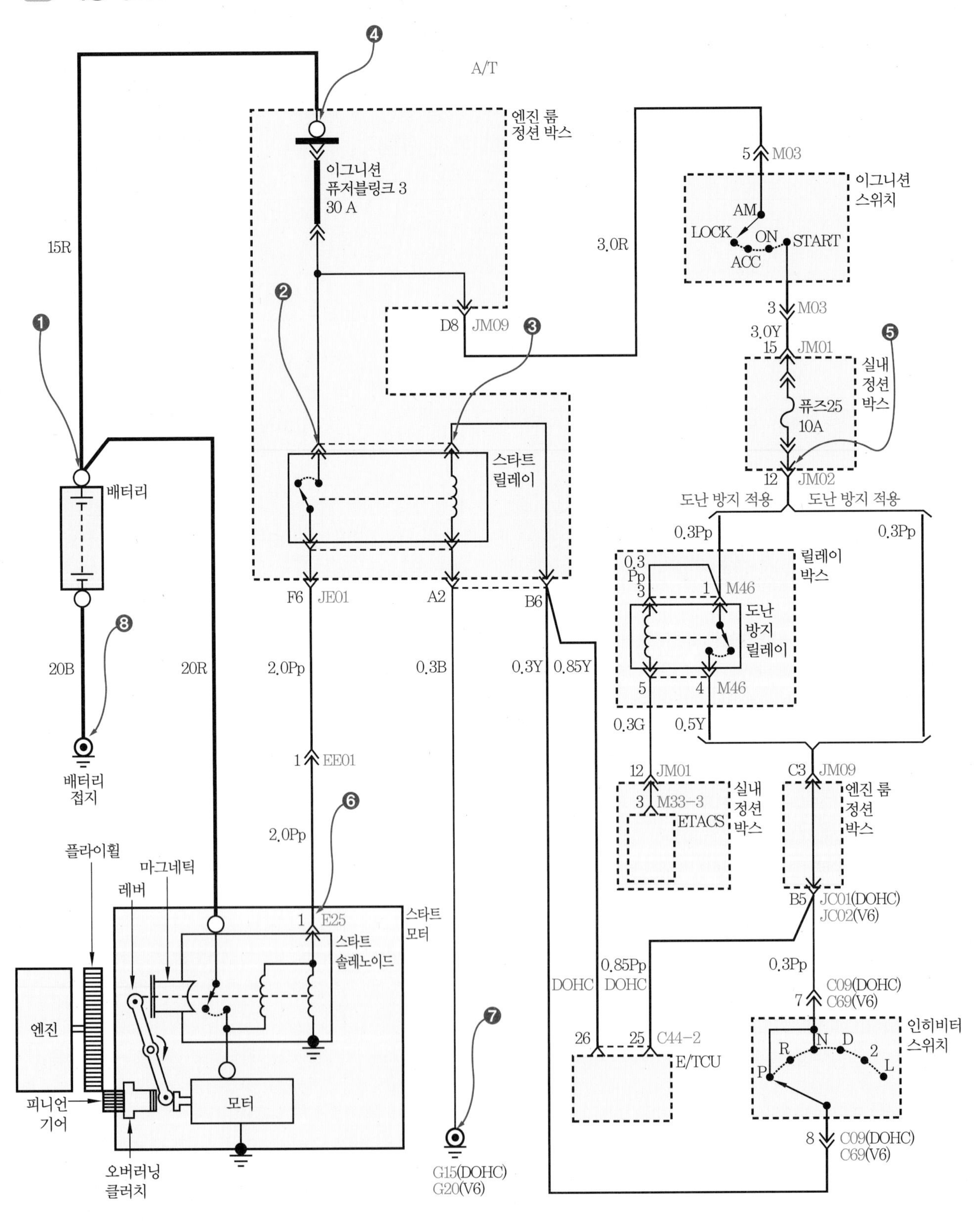

2 시동회로 점검

1. 배터리 단자 접촉 상태를 확인한다.

2. 배터리 단자 전압을 확인한다.

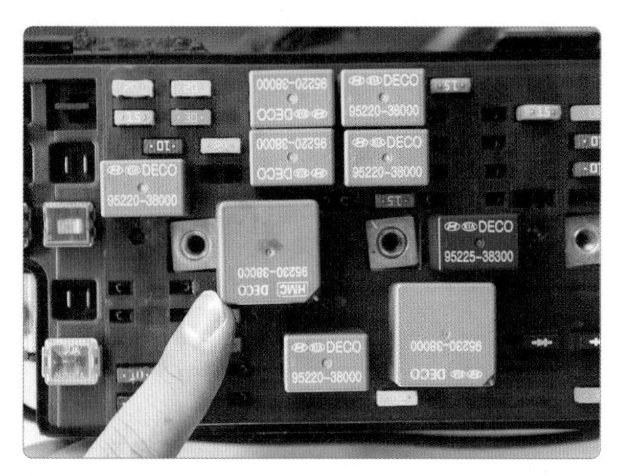

3. 이그니션 퓨즈 및 스타트 릴레이 단자 전압을 확인한다.

4. 스타트 릴레이 코일 저항 및 접점 상태를 확인한다.

5. 실내 정션 박스 시동 공급 전원 퓨즈 단선 유무를 확인한다.

6. 기동 전동기 ST단자 접촉 상태 및 공급 전원을 확인한다.

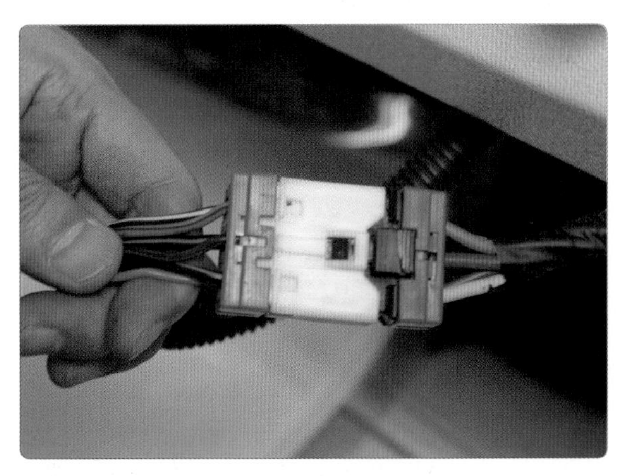

7. 점화 스위치 체결 상태를 확인한다.

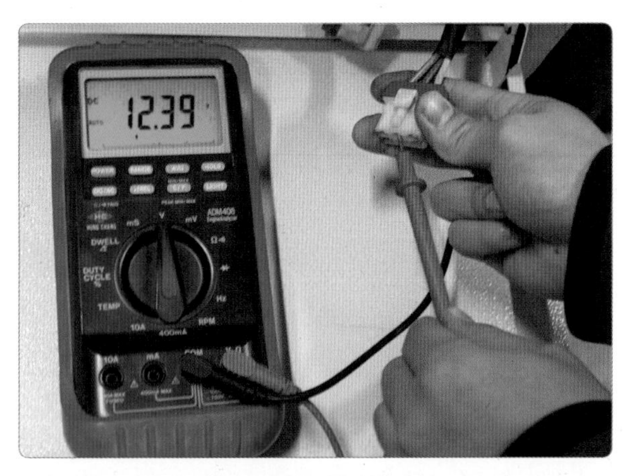

8. 점화 스위치 공급 전압을 확인한다(12.39 V).

9. 변속 선택 레버를 P, N 위치에 놓는다.

10. 인히비터 스위치 전원 공급 및 접점 상태를 확인한다(P, N 상태).

점화 스위치(ignition switch)

시동 스위치와 겸하고 있으며, 1단 약한 전기 부하, 2단 점화 스위치 ON 시 주요 전원 공급, 3단 시동 스위치(ST)가 작동하며 엔진 시동이 걸리게 된다(자동차 주행에 따른 장치별 전원 공급).

전원 단자	사용 단자	전원 내용	장 치
B+	battery plus	IG/key 전원 공급 없는 상시 전원	비상등, 제동등, 실내등, 혼, 안개등 등
ACC	accessory	IG/key 1단 전원 공급	약한 전기 부하 오디오 및 미등
IG 1	ignition 1 (ON 단자)	IG/key 2단 전원 공급 (accessory 포함)	(엔진 시동 중 전원 ON) 클러스터, 엔진 센서, 에어백, 방향지시등, 후진등 등
IG 2	ignition 2 (ON 단자)	IG/key start 시 전원 공급 OFF	전조등, 와이퍼, 히터, 파워윈도우등 각종 유닛류 전원 공급
ST	start	IG/key ST에 흐르는 전원	기동 전동기

4 점화장치 점검

1 점화장치 회로도

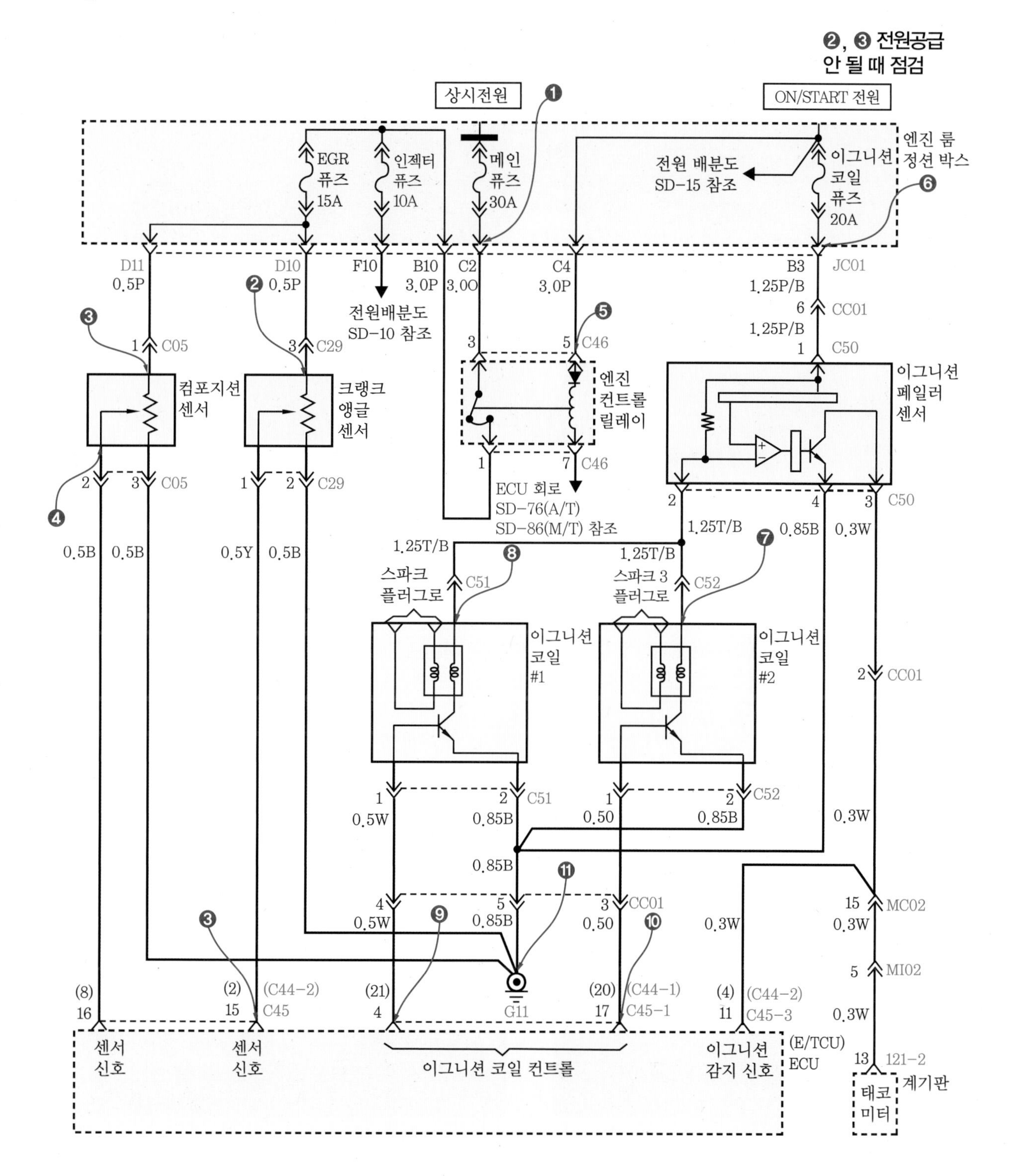

2 점화회로 점검

점화회로 점검

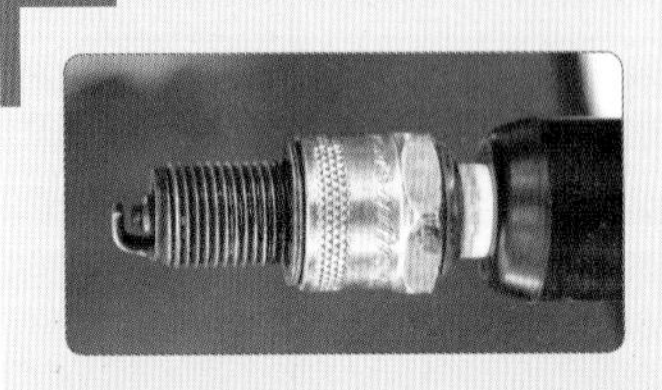

점화플러그(spark plug)

중심 전극과 접지 전극으로 0.8∼1.1 mm 간극이 있으며, 간극 조정은 와이어 게이지나 디그니스 게이지로 점검한다. 간극이 크거나 작으면 점화 전압의 저하로 엔진의 출력이 저하된다.

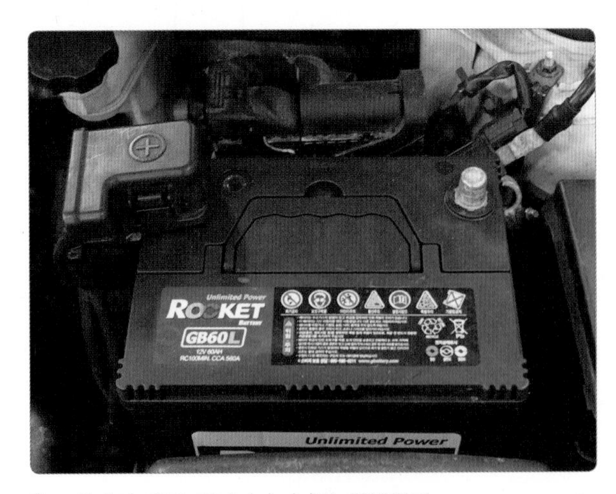

1. 배터리 체결 상태 (+), (–)를 확인한다.

2. 엔진 룸 정션 박스의 시동 릴레이 체결 및 작동 상태를 점검한다.

3. 점화 코일 커넥터 체결 상태 및 고압 케이블 체결 상태 (점화 순서)를 확인한다.

4. 점화 코일을 점검한다(저항 및 단선 유무).

5. 점화 플러그 중심 전극 및 접지 전극을 점검한다.

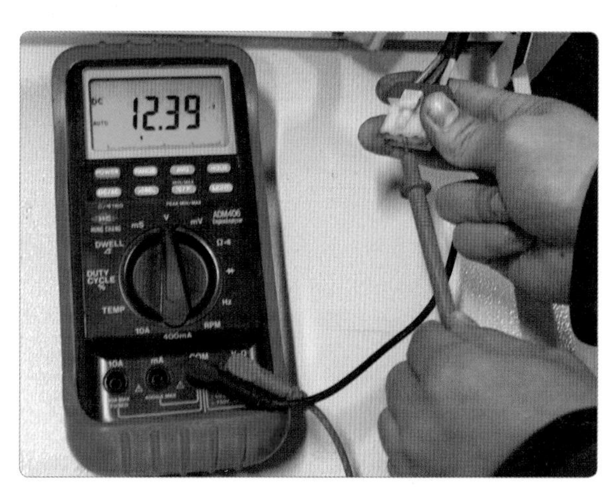

6. 점화 스위치 및 커넥터 체결 상태 및 단자 전압을 확인한다.

7. 크랭크각 센서 커넥터 탈거 및 접속 상태 공급 전원을 확인한다.

8. 점화 코일 보호 커버를 조립한다.

5 연료계통 점검

1 연료장치 회로도

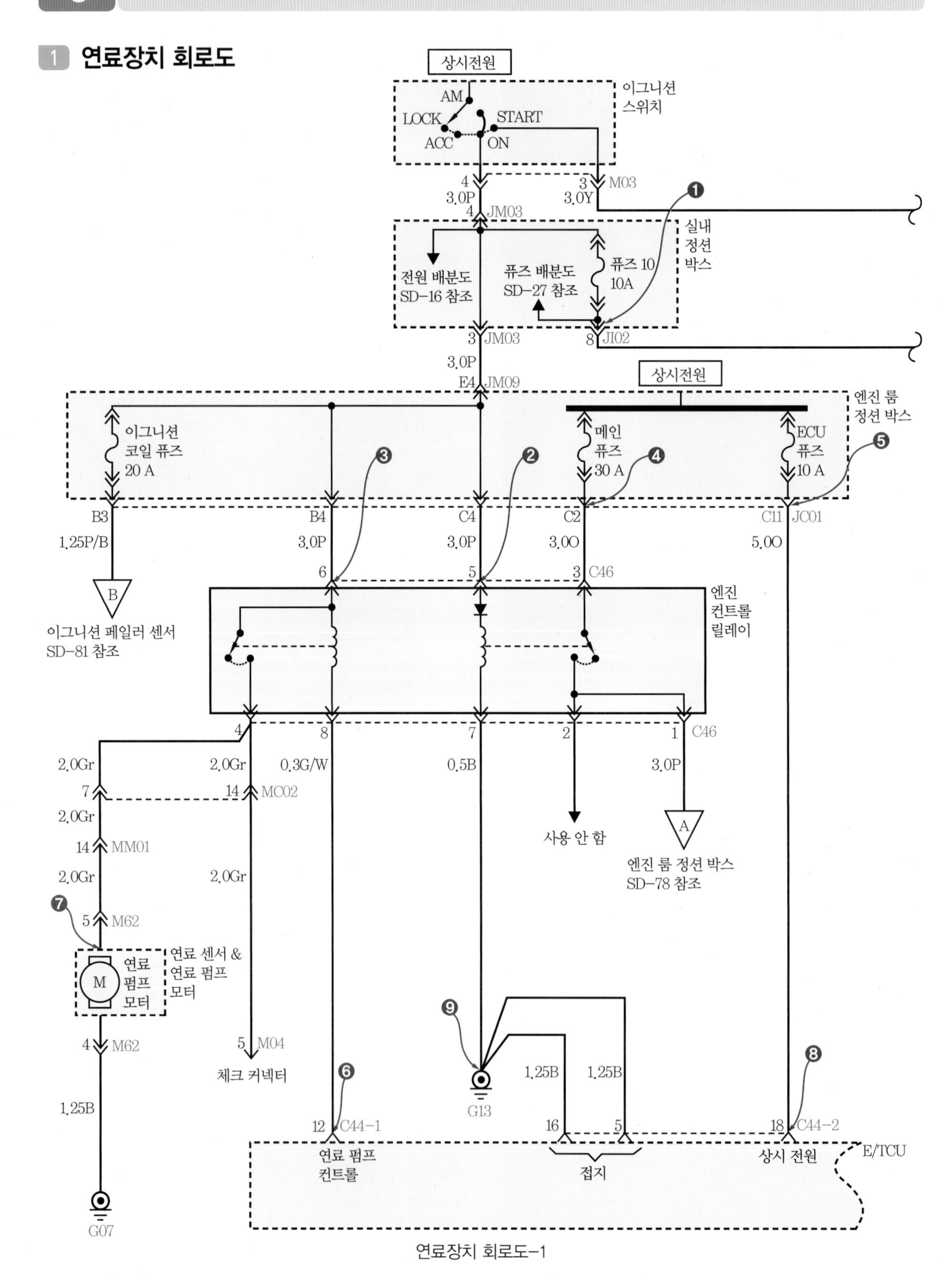

연료장치 회로도-1

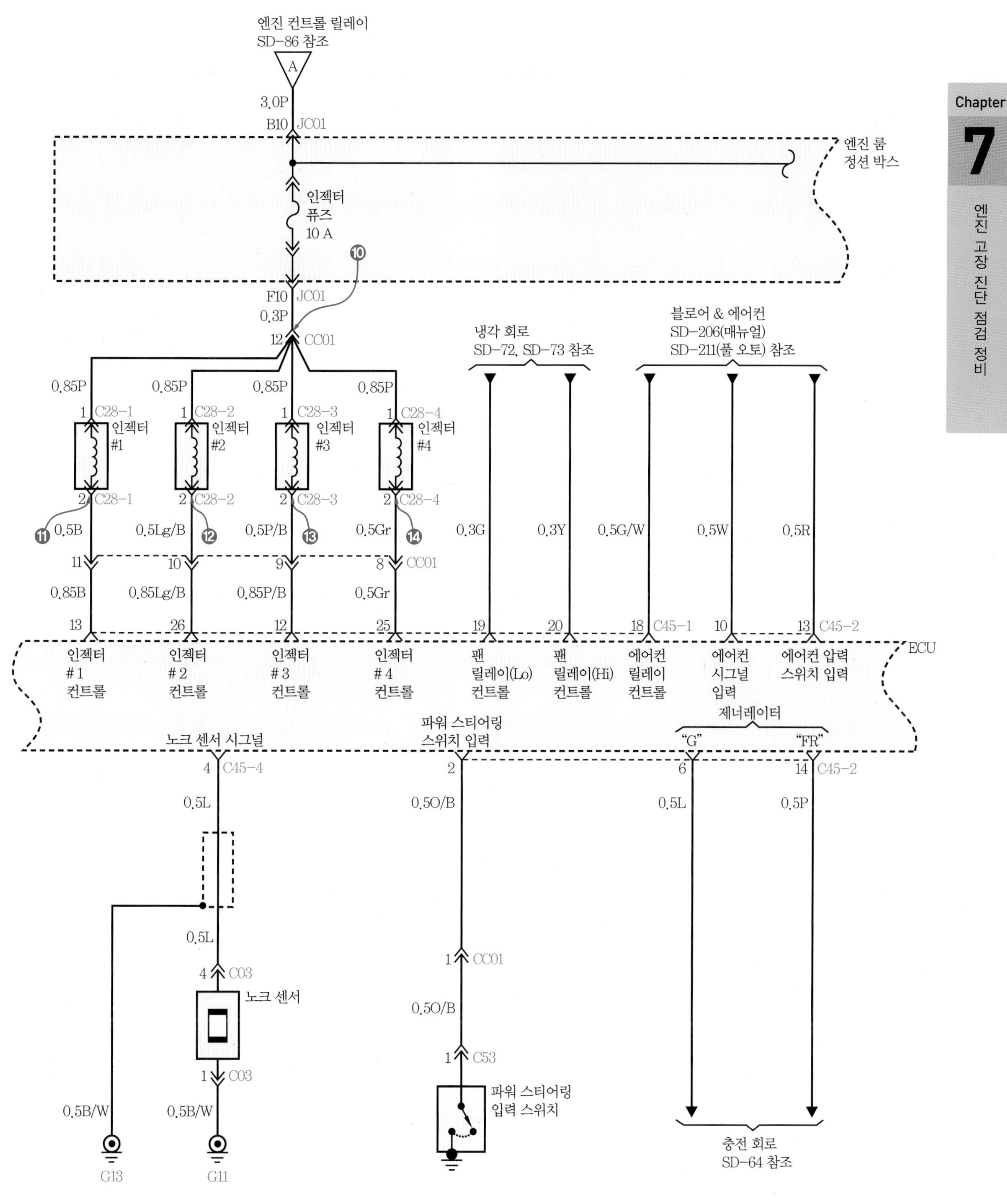
엔진 컨트롤 릴레이
SD-86 참조
A
3.0P
B10 JC01
엔진 룸
정션 박스
인젝터
퓨즈
10 A
F10 JC01
0.3P
12 CC01
냉각 회로
SD-72, SD-73 참조
블로어 & 에어컨
SD-206(매뉴얼)
SD-211(풀 오토) 참조
0.85P
1 C28-1
인젝터
#1
1 C28-2
인젝터
#2
1 C28-3
인젝터
#3
1 C28-4
인젝터
#4
2 C28-1
2 C28-2
2 C28-3
2 C28-4
0.5B
0.5Lg/B
0.5P/B
0.5Gr
0.3G
0.3Y
0.5G/W
0.5W
0.5R
11 10 9 8 CC01
0.85B
0.85Lg/B
0.85P/B
0.5Gr
13 26 12 25 19 20 18 C45-1 10 13 C45-2
ECU
인젝터
#1
컨트롤
인젝터
#2
컨트롤
인젝터
#3
컨트롤
인젝터
#4
컨트롤
팬
릴레이(Lo)
컨트롤
팬
릴레이(Hi)
컨트롤
에어컨
릴레이
컨트롤
에어컨
시그널
입력
에어컨 압력
스위치 입력
제너레이터
노크 센서 시그널
파워 스티어링
스위치 입력
"G"
"FR"
4 C45-4
2
6
14 C45-2
0.5L
0.5O/B
0.5L
0.5P
0.5L
4 C03
노크 센서
1 C03
1 CC01
0.5O/B
1 C53
파워 스티어링
입력 스위치
0.5B/W
0.5B/W
G13
G11
충전 회로
SD-64 참조

연료장치 회로도-2

2 연료장치 점검

1. 배터리 전원 및 단자 체결 상태를 확인한다.

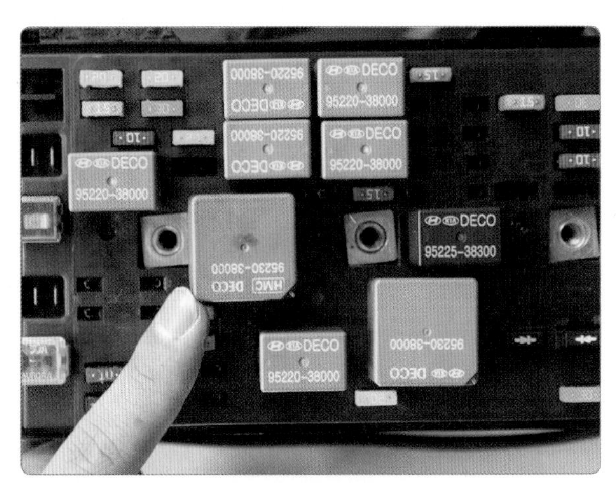

2. 스타터 릴레이 및 메인 퓨즈를 점검한다.

3. 연료장치 메인 릴레이 커넥터 체결 상태 및 전원 공급 상태를 확인한다.

4. 연료 펌프 커넥터 체결 상태 및 전원 공급 상태를 확인한다.

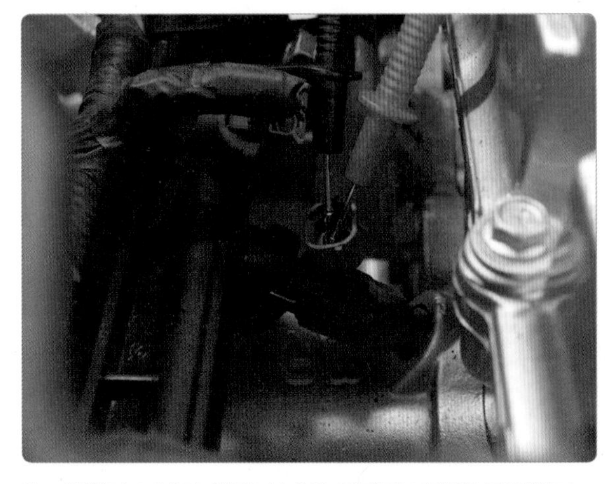

5. 인젝터 커넥터 체결 상태와 인젝터 저항을 점검한다.

6. 크랭크각 센서 커넥터 체결 및 센서를 점검한다.

7. ECU 체결 상태를 확인한다.

8. 연료 펌프의 접지 상태와 연료 잔량을 확인한다.

6 전자 제어 연료분사장치 점검 사항

전자 제어 엔진의 고장 진단은 스캐너에 의한 자기 진단 및 센서 출력(서비스 데이터)의 확인을 통해 이루어지며, 필요에 따른 액추에이터 시험과 파형 분석을 통해 센서 작동을 확인하고 단품 점검을 실시하여 고장 진단을 수행한다.

① 스캔 툴 장비를 활용한 자기 진단 점검을 수행하여 출력된 센서를 확인한다.

② 센서 출력 데이터를 확인하여 정상 센서 작동이 수행되고 있는지 확인한다.

③ 입출력 센서 중 비중 있는 센서인 흡입 공기량 센서(AFS)와 크랭크각 센서(CAS), TPS 등 주요 센서의 공급 전원 및 시그널 전압을 확인한다.

④ 공회전 부조 시 스텝 모터를 점검하여 듀티율 및 파형을 분석하여 이상 유무를 확인한다.

⑤ 엔진 ECU 접지 배선의 포인트를 확인하여 접속 상태를 확인하고 접지를 강화시킨다.

⑥ 종합 릴레이 공급 전원 및 출력 전원(센서 공급 전원 및 연료 펌프, 인젝터 공급 전원)을 점검한다.

⑦ 전자 제어 시스템 센서 및 부품에 이상이 발생하여 부품 교환 및 수리를 수행했을 때에는 반드시 ECU 기억 소거 후 스캐너를 이용, 재점검을 수행하여 수리 여부를 확인한다.

전자 제어 분사 방법의 장점

❶ 엔진의 운전 조건에 적합한 연료량의 분사 가능
❷ 열효율의 증대
❸ 엔진의 운전성 향상
❹ 저온 시동성 증가
❺ 고속 영역에서의 실화 방지
❻ 유해 배기가스의 배출량 저감
❼ 희박연소의 적용 가능성 제시
❽ 연료소비율의 저감

7 엔진 압축 압력 시험 및 진공도 시험

1 목적

엔진의 출력이 저하되어 성능이 현저하게 저하되었을 때 엔진 출력에 영향을 줄 수 있는 기계적 결함 요인을 확인하고 엔진 분해 정비 상태를 결정하기 위해 압축 압력 시험을 실시하게 된다.

엔진 압축 압력 시험은 엔진 시동이 걸리지 않도록 조치하고 엔진을 크랭킹(cranking)하여 실린더 내의 압축되는 압력을 측정하는 것으로 피스톤 링과 실린더 마모, 밸브의 기밀 상태, 헤드 개스킷 마모, 연소실 카본 퇴적 등의 상태를 점검할 수 있다.

2 압축 압력 시험 측정 전 준비 사항

① 엔진 오일, 시동 모터 상태 및 배터리를 점검한다(12.6~13.8 V).

② 엔진을 충분하게 워밍업시킨다(냉각수 온도가 85~95 ℃ 정도가 될 때까지 엔진을 가동시킨다).

③ 시동을 OFF한 후 에어클리너 및 스파크 플러그를 탈거한다.

④ 크랭크각 센서 커넥터 및 연료 펌프 퓨즈나 릴레이를 탈거한다(엔진 시동이 걸리지 않도록 조치).

⑤ 스로틀 밸브를 완전히 개방하고 엔진 흡입 저항이 최소가 되도록 한다.

※ 각 기통별 실린더 스파크 플러그 전체를 탈거하여 피스톤 압축 시 압력이 근접한 실린더에 전달되지 않도록 한다.

3 압축 압력 시험

(1) 측정 방법

1. 흡입덕트 고정클립 볼트를 풀고 흡입덕트를 엔진에서 분리한다.

2. 점화 코일 커넥터를 분리한다.

3. 점화 코일을 실린더 헤드에서 분리한다.

4. 스파크 플러그 렌치를 이용하여 스파크 플러그를 분해한다.

5. 연결대를 이용하여 점화 플러그를 탈거한다.

6. 지정된 실린더에 압축 압력계를 설치한다.

7. 크랭크각 센서 커넥터를 분리한다.

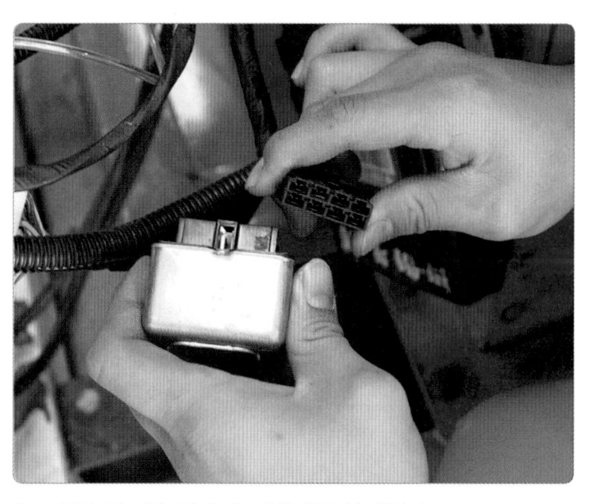

8. 메인 컨트롤 릴레이 커넥터를 분리한다.

9. 스로틀 밸브를 최대한 오픈한 뒤 크랭킹(300~350 rpm) 하면서 압축 압력을 측정한다.

10. 측정된 압축 압력을 답안지에 기재한다. (15.5 kgf/cm²)

(2) 측정(점검)

압축 압력 측정값 15.5 kgf/cm²를 정비 지침서 규정(한계)값 16.5 kgf/cm²를 적용하여 판정한다.

압축 압력 기준값			
차 종		규정값	한계값
아반떼	1.5D	16.5(kgf/cm²)	–
	1.8D	15.0(kgf/cm²)	–
EF 쏘나타	1.8D	12.5(kgf/cm²)	11.5(kgf/cm²)
	2.0D	12.5(kgf/cm²)	11.5(kgf/cm²)

실습 주요 point

압축 압력의 판정

양부 판정은 규정 압축 압력의 90% 이상 110% 미만이 양호이다. 판정이 불량일 때 정비 및 조치할 사항은 실린더의 마모, 밸브 시트의 접촉 불량, 실린더 헤드 개스킷 불량 가능성으로 기재하며, 규정 압축 압력보다 높게 측정될 경우는 연소실 카본 퇴적으로 인한 압축 압력 증가로 볼 수 있다.

① **건식 압축 압력 시험** : 최초 측정된 압축 압력이며, 압축 시 최초 압력과 나중 압력을 측정한다. 규정 압력의 70~90%일 때 습식 시험을 실행한다(구체적인 결함을 확인하기 위한 작업).

② **습식 압축 압력 시험** : 스파크 플러그를 탈거한 홀에 엔진 오일을 10~20 cc 정도를 투입한 후 1~2분 경과한 다음 압축 압력을 측정한다.

(가) 건식 때보다 상승 시 → 실린더 및 피스톤 링의 마모로 판정한다.

(나) 건식 때보다 상승 압력이 차이가 나지 않을 때 → 밸브 기밀 불량으로 판단한다.

(다) 근접한 실린더의 압축 압력이 비슷하게 낮으며 습식 시험 시에도 압력이 상승하지 않을 때 → 실린더 헤드 개스킷 불량이거나 실린더 헤드의 불량이다.

③ 연소실의 카본 퇴적으로 이 경우는 압축 압력이 증가하는 경우에 해당한다.

피스톤 간극

피스톤은 엔진이 작동할 때 연소 시 발생하는 고온으로 열팽창을 하므로 이를 위해 상온에서 실린더와의 사이에 간극을 유지시키는데, 이것을 피스톤 간극 또는 실린더 간극이라 한다. 피스톤 간극은 실린더 안지름과 피스톤 최대 바깥지름(스커트 지름)으로 표시하며, 간극이 너무 크거나 작으면 다음과 같은 영향을 준다.

(1) 피스톤 간극이 클 때

❶ 블로바이가 발생하여 압축 압력이 저하한다.
❷ 연소실에 윤활유가 올라와 연소된다.
❸ 피스톤 슬랩이 발생한다.
❹ 윤활유와 연료가 희석된다.
❺ 엔진의 시동이 어려워진다.
❻ 엔진의 출력이 저하한다.

(2) 피스톤 간극이 작을 때 : 피스톤 실린더 벽 사이의 간극이 너무 작으면 실린더와 피스톤 사이의 고온과 마찰열에 의해 피스톤 링이 고착된다.

엔진 압축 압력 시험의 목적

내연엔진(디젤 엔진, 가솔린 엔진, LPG 엔진)은 흡입, 압축, 폭발, 배기로 연소의 단계가 구성되는데, 전 과정에 걸쳐 연소실 기밀 유지는 매우 중요한 요소가 된다. 기밀 유지와 관련하여 피스톤 링과 밸브, 그 밸브를 지지하는 가이드 실(guide seal), 실린더 블록과 실린더 헤드 사이 기밀을 유지하기 위한 실린더 헤드 개스킷이 설치된다.
자동차가 노후되면 이와 같은 부품이 마모되거나 관리 소홀로 부품들이 훼손되고 변형된다. 피스톤의 압축 압력이 규정값 이하로 떨어지고 공기를 흡입할 수 있는 능력도 저하되며 그 결과 엔진 작동 시 엔진 출력도 떨어지고 동시에 엔진 오일이 연료에 희석되거나 연소실 안으로 들어가 연소되는 문제가 발생된다. 따라서 이와 같은 원인을 분석 확인하여 효율적인 정비를 위해 압축 압력 시험을 통해 엔진을 진단하게 된다.

8 엔진 작동 시 흡기 다기관의 진공도와 엔진의 상태 점검

(1) 진공도 측정

엔진 시동 상태에서 엔진 흡기 다기관 내의 진공도를 측정하여 진공 게이지에 나오는 수치(압력)로 점화시기, 밸브 작동 불량, 배기 장치의 막힘, 실린더 압축 압력의 누출 등 엔진 작동 상태의 이상 유무를 판단할 수 있다. 진공도 측정 방법은 다음과 같다.

① 엔진을 가동하여 정상 운전 온도(70~90 ℃)로 한다.
② 엔진의 작동을 정지한 후 흡기 다기관의 진공 어댑터에 진공 게이지 호스를 연결한다(또는 스로틀 보디 진공 호스 병렬 연결).
③ 엔진을 공전 상태로 운전하면서 진공 게이지의 눈금을 판독한다.

압력에는 대기압(760 mmHg)이 있으며 대기압보다 높은 압력을 정압, 대기압보다 낮은 압력을 부압(진공)이라 한다. 자동차 엔진이 작동된 상태에서 흡입되는 정상 진공 압력은 430~560 mmHg이다.

(2) 엔진 작동이 정상적일 때

흡기 다기관의 진공도는 엔진의 작동이 정상일 때는 43~56 cmHg 정도이며, 공전 상태에서 스로틀 밸브를 급격히 여닫으면 12.5 cmHg 정도까지 내려갔다가 다시 60~65 cmHg 올라간 다음, 정상 상태의 진공도를 유지한다.

(3) 흡기 다기관 및 스로틀 보디에서 공기가 누설되고 있을 때

① 흡기 다기관 및 스로틀 보디에서 누설이 있을 때에는 공전 상태에서 진공계의 지침이 매우 낮은 값을 가리키면서 멈추게 된다.

② 진공계의 지시값이 낮아지는 경향은 엔진의 온도가 낮아짐에 따라 더욱 증가하며, 누출이 많을 때에는 더 낮은 위치에서 지침이 흔들린다.

③ 정상 작동 온도가 된 엔진을 정지시키고, 기동 전동기로 크랭킹시켰을 때 진공계의 지침이 12.5 cmHg 정도이면 누출이 없는 것으로 볼 수 있다.

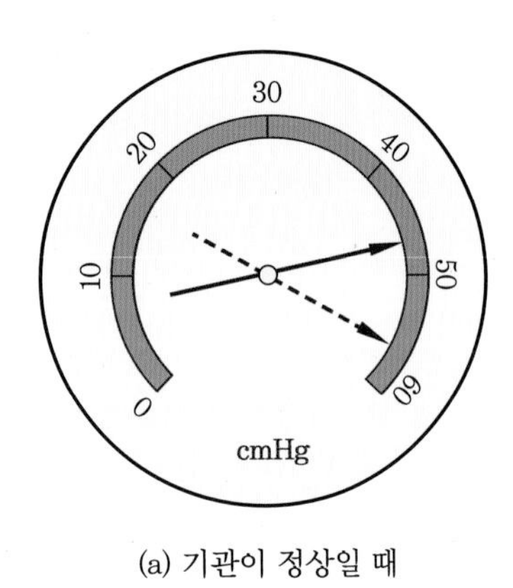

(a) 기관이 정상일 때

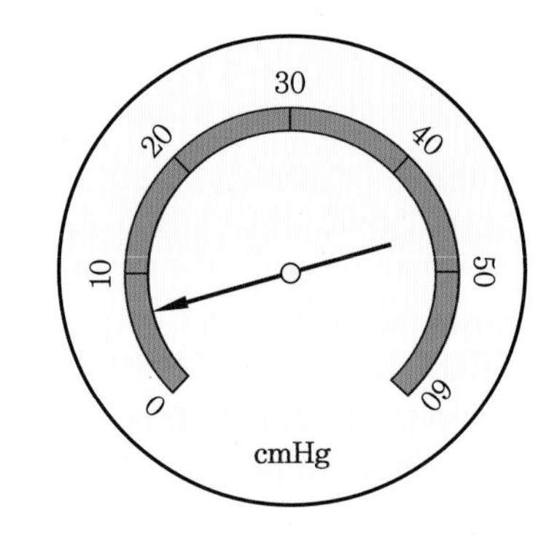

(b) 흡기 다기관 및 스로틀 보디에 누설이 있을 때

(3) 밸브 기밀 불량으로 가스의 누출이 있을 때

① 밸브에서 가스 누출이 있을 때에는 진공계의 지침은 정상의 경우보다 2.5~4.0 cmHg 정도 낮게 규칙적으로 움직이게 된다.

② 밸브 1개가 밀착 불량일 때에는 지침의 하강이 일정한 주기로 일어나지만 2개 이상의 경우에는 주기는 짧고 횟수는 많아진다.

(4) 밸브 스템이 교착되어 완전히 닫히지 않을 때

① 밸브 스템에 카본이 퇴적되어 밸브가 완전히 닫히지 않으면 진공계의 지침은 정상의 위치보다 낮은 32.5~45.0 cmHg 정도에서 흔들린다. 밸브에서 가스 누출이 있을 때는 지침이 규칙적으로 내려가 밸브축이 교착되었을 경우와 구별된다.

② 밸브 스템이 교착된 경우 밸브 가이드에 윤활유를 주입하고 시험하면 다시 회복되는 경우도 있다.

(5) 밸브 스프링이 약화되거나 파손되었을 때

엔진 속도의 증가에 따라 진공계 눈금이 25.4~56 cmHg 정도 사이에서 급격하게 흔들린다.

(6) 배기 다기관 및 머플러가 막혔을 때

엔진의 회전 속도를 3000 rpm까지 증가시켰을 때 처음에는 지침이 정상으로 지시하나 잠시 후 0까지 떨어지고 점차 다시 회복하여 40~46 cmHg로 유지하게 된다.

(7) 점화 시기 및 밸브 타이밍이 늦을 때 또는 피스톤 링에 누설이 있을 때

① 점화 시기 또는 밸브 개폐 시기가 늦으면 공전 상태에서 진공계의 지시값은 30.5~40.6 cmHg 정도에서 멈추며, 지침이 크게 흔들리지 않는다.

② 실린더 압축 압력이 정상인 경우 점화 시기를 조정하였을 때 지침의 움직임이 정상으로 돌아오면 점화 시기에 결함이 있는 것이다.

③ 윤활유가 묽을 때에는 눈금이 정상보다 낮아지므로 윤활유를 교환하여 시험해도 진공도가 정상으로 되지 않으면 피스톤 링, 실린더 벽의 마멸이 발생된 것이다.

(8) 실린더 헤드 개스킷의 마모로 압축 가스가 누출될 때

실린더 헤드 개스킷에서 압력이 누출될 때 공전 상태에서 진공계의 지침이 약 13~41 cmHg 정도의 범위에서 규칙적으로 심하게 흔들린다.

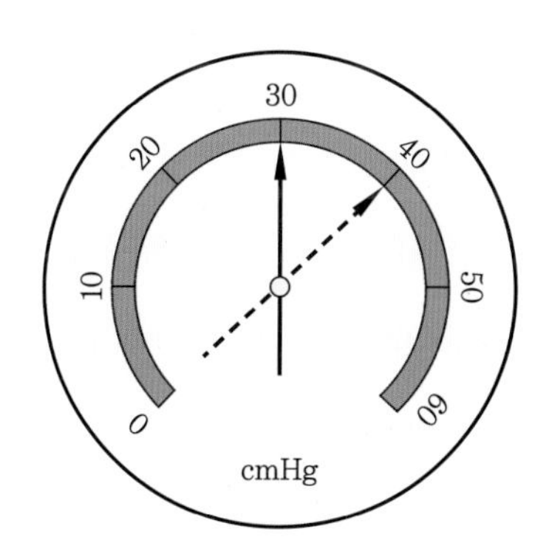

(a) 점화 시기 또는 밸브 개폐 시기가 늦을 때

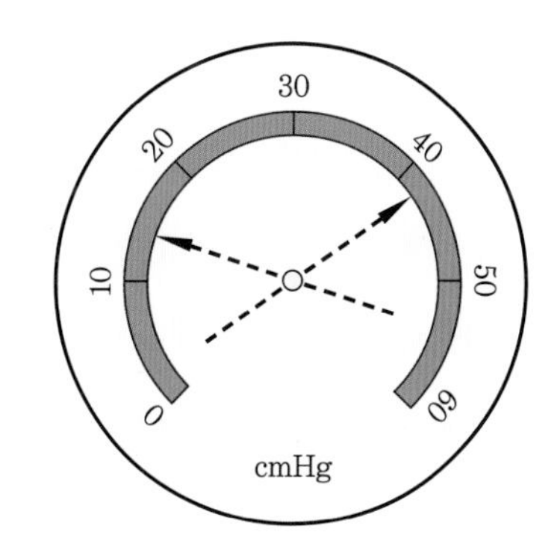

(b) 실린더 헤드 개스킷에서 가스 누출이 있을 때

밸브 래핑(lapping) 작업

밸브 면과 시트의 접촉 불량 시 밸브나 시트를 교환하였을 때 랩제를 사용하여 정밀 · 연마하는 작업이다. 밸브 면(valve face)은 시트(seat)에 밀착되어 연소실 내의 기밀 유지 작용을 한다. 이에 따라 밸브 면의 양부는 실린더 내의 압축 압력과 밀접한 관계가 있으며 엔진의 출력에 큰 영향을 미친다. 밸브 면은 엔진 작동 중 고온 · 고압하에서 시트와 충격적으로 접촉하고 이 접촉에서 밸브 헤드의 열을 시트로 전달한다.

가솔린 전자 제어장치 점검 정비

1. 관련 지식
2. 가솔린 전자 제어 입력 센서
3. 가솔린 연료장치(gasoline fuel system)
4. 제어 계통
5. 실습 준비 및 유의 사항
6. 전자 제어 엔진 점검 및 정비

8 가솔린 전자 제어장치 점검 정비

실습목표 (수행준거)	1. 가솔린 차종에 따른 전자 제어장치를 이해하고 작동 상태를 파악할 수 있다. 2. 가솔린 전자 제어장치 세부 점검 항목을 확인하여 점검할 수 있다. 3. 정비 지침서에 따라 가솔린 전자 제어장치 관련 부품을 교환할 수 있다. 4. 고장 진단 장비를 사용하여 전자 제어장치의 고장 원인을 분석할 수 있다.

1 관련 지식

전자 제어 연료 분사장치는 흡입 계통, 연료 계통, 제어 계통으로 구성되어 있다.

① 흡입 계통 : 공기청정기, 에어 플로 센서, 스로틀 보디, 서지 탱크, 흡기 다기관 등

② 연료 계통 : 연료탱크, 연료 펌프, 연료여과기, 분배파이프, 연료압력 조절기, 인젝터 등

③ 제어 계통 : 컴퓨터, 컨트롤 릴레이, 수온 센서, 흡기 온도 센서, 스로틀 위치 센서, 공전속도 조절장치(ISC-servo), 제1번 실린더 상사점 센서, 크랭크각 센서, 노크 센서 등

2 가솔린 전자 제어 입력 센서

1 에어 플로 센서(AFS) 및 흡기 온도 센서(ATS)

흡입 공기량 검출-EGR 피드백 제어용으로 사용하며, 급가속 및 감속 시 연료량을 보정한다.

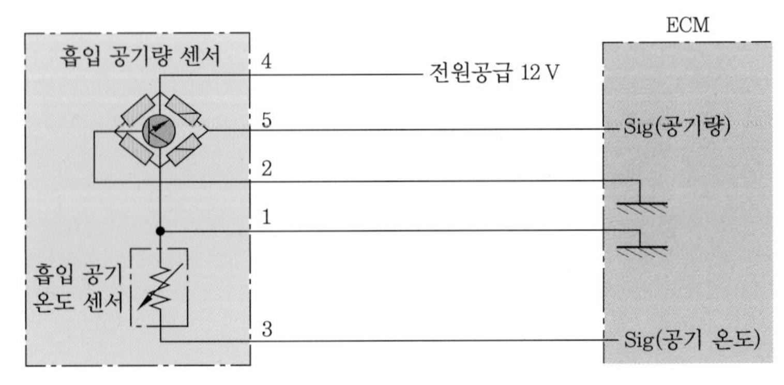

에어 플로 센서

흡입 공기량 센서의 종류와 계측방식

종류 \ 특성	계측 방식	출력 방식		특 성
		출력 신호	형 식	
칼만와류식(karman vortex)	직접 계측	디지털	흡기 체적에 비례하는 주파수	• 정밀성이 우수하고 신호 처리가 좋다. • 대기압 보정이 필요하다.
핫필름식(hot film)	직접 계측	아날로그	흡기 질량에 비례하는 전압	• 질량유량 검출로 신뢰성이 좋다. • 오염에 의한 측정오차가 크다. • 설치 시 제약이 따른다.
핫와이어식(hot wire)	직접 계측			
맵 센서식(MAP sensor)	직접 계측		흡기관 압력에 비례하는 전압	• 소형 저가이며 정착성이 양호하다. • 엔진 특성 변화에 대응 곤란
베인식(vane)	직접 계측		흡기 체적에 비례하는 전압	• 사용이 많으나 고장률이 높다. • 대기압 보정이 필요하다.

2 크랭크 위치 센서(CKP) 및 캠 위치 센서(CMP)

크랭크축 위치 센서와 캠축 위치 센서는 ECU에서 피스톤의 위치와 캠축의 위치를 알아내 정확한 점화 시기, 분사 시기를 제어하는 주요 센서이다. 크랭크 포지션 센서는 내부적으로 엔진의 회전수를 감지하는 기능이 있어 계기의 태코미터 게이지에 출력되며 2개 센서 중 1개가 고장이면 ECU에 하나의 정보 연산으로 점화 시기와 분사 시기가 가능하나 2개 센서 모두 고장일 경우에는 크랭크축, 캠축의 위치 정보를 얻지 못해 엔진 시동이 어렵게 된다.

크랭크 포지션 센서(CKP)

CKP 센서는 크랭크축에 장착된 톤 휠에 여러 개의 돌기(일반적으로 6° 간격으로 설치한 60개의 돌기가 일정하게 배치되어 있으며, 그 중 2개가 빠져 참조점으로 사용함)를 설치하고 돌기 가까이 센서를 장착한다. CKP 센서에서는 엔진이 회전함에 따라 크랭크축에 장착된 톤 휠이 회전하고, 이에 따라 센서 내의 자속의 변화로 전압이 발생한다. 이러한 전자유도식 센서를 마그네틱 인덕티브 방식이라고 하는데, 센서의 출력은 아날로그 신호로 발생한다.

크랭크각 센서 측정	
항 목	규정값
에어갭 간극	0.1~1.5 mm
출력 전압	4.5~5 V

캠 포지션 센서(CMP)는 모두 홀 센서를 사용하고 있는데 크랭크 포지션 센서(CKP)와 마찬가지로 캠축에 설치된 타깃휠이 캠축의 회전에 따라 센서에 자력이 가해지면 시그널 전압이 변화가 생기게 되며, 이와 같은 전압값을 바탕으로 캠축의 위치를 감지하여 연료 분사 시기 등을 제어하게 된다.

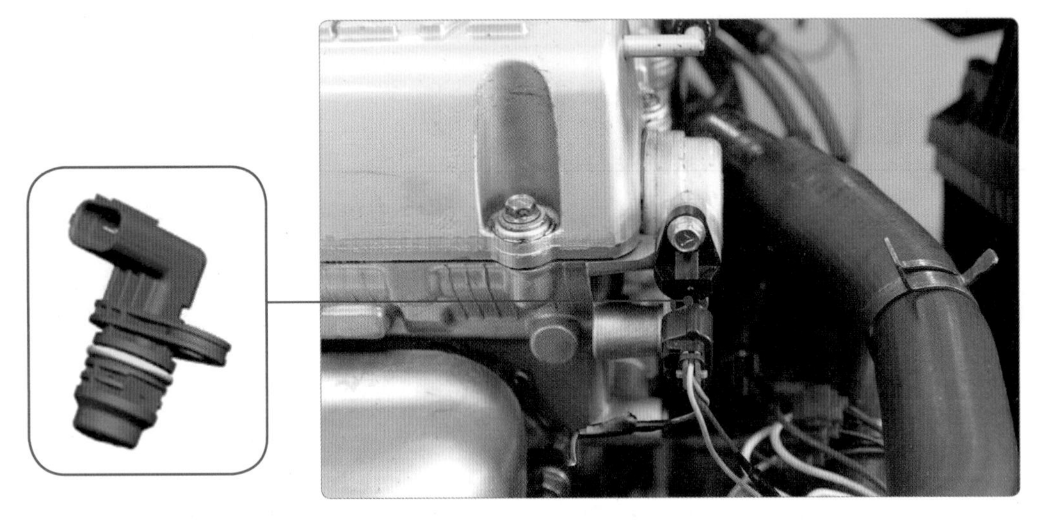

캠 포지션 센서(CMP)

CKP 센서나 CMP 센서는 파형을 측정해야 가장 정확한 진단을 할 수 있다. 또한 기본적 점검 사항으로는 센서의 입출력 전원, 에어캡, 톤 휠 상태 등이 있다.

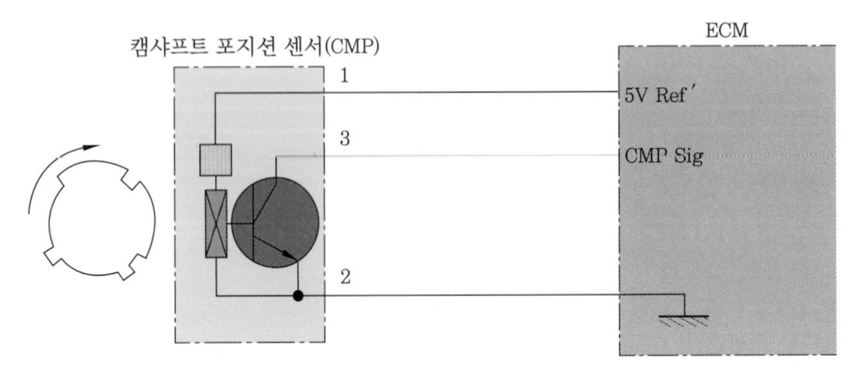

CMP 센서 회로

3 엔진 냉각수 온도 센서(WTS)

엔진 냉각수 온도 센서는 냉각수 통로에 설치되어 있으며 부특성(NTC) 저항으로 되어 있다. 엔진 ECU는 공급 전압(5 V)을 공급하고 엔진의 온도에 따라 시그널 전압을 감지한다. 엔진의 온도가 저온일 때는 센서 저항값이 커져 ECU는 높은 시그널 전압을 감지하고, 엔진이 워밍업 됨에 따라 엔진 온도가 상승하면 WTS는 저항값은 감소되고 낮은 시그널 전압을 감지하게 된다. 엔진 ECU는 냉각 수온의 출력 전압으로 연료 분사량, 공회전속도, 예열 릴레이, 전동 팬, 에어컨 컴프레서를 제어하며 계기온도 미터도 제어한다.

냉각수 온도 센서

냉각수 온도 센서의 온도와 저항값			
온 도	저항값	온 도	저항값
100 ℃	180～192 Ω	20 ℃	2402～2619 Ω
90 ℃	238～254 Ω	10 ℃	3619～3964 Ω
80 ℃	319～340 Ω	0 ℃	5605～6168 Ω
60 ℃	590～634 Ω	−10 ℃	8951～9901 Ω
40 ℃	1152～1247 Ω	−40 ℃	45301～51006 Ω

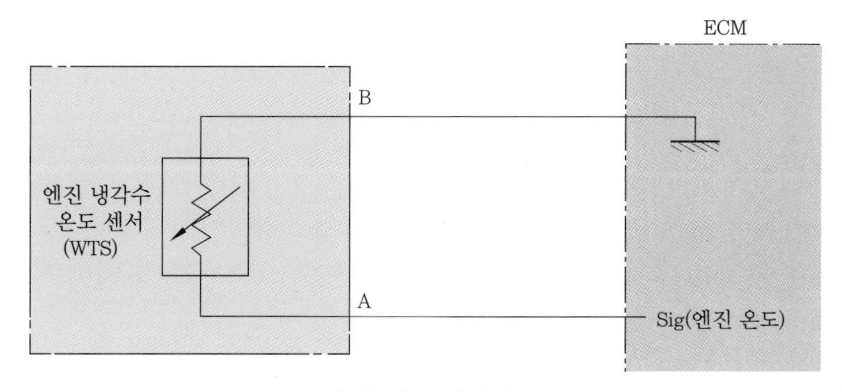

냉각수 온도 센서 회로

※ 냉각수 온도 센서 시그널 전압은 80～95 ℃일 때 약 1.8～2.5 V 정도가 된다.

4 노크 센서

엔진의 실린더 블록에 설치되며 이상 연소 발생으로 엔진 실린더 블록에 노크가 감지된다. 실린더 블록 노크 센서는 피에조 압전소자를 이용하여 블록 노크를 감지하고 공회전 시 엔진 부조 현상과 인젝터 손상 여부를 파악하여 계기판 파워트레인 경고등을 점등시킨다. 냉간 시에는 연료 분사를 많이 하여 블록 노크량이 크므로 출력값이 높고, 웜업이 되면 출력 전압값은 낮아진다.

노크 센서

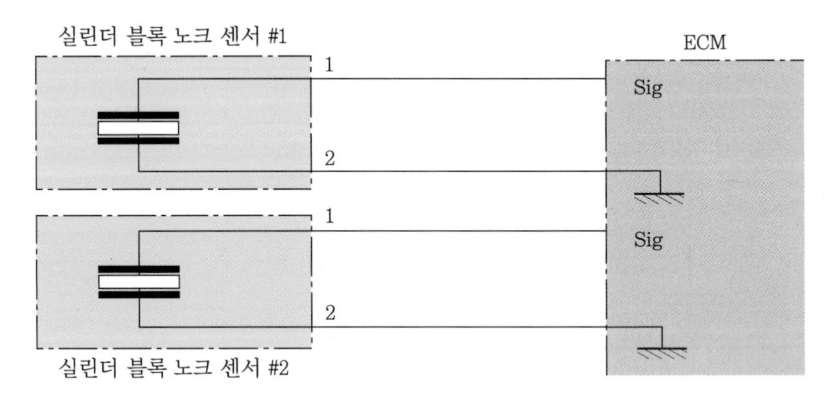

노크 센서 회로

노크 센서 출력 신호

❶ 노킹 발생 시 Fast 보정 : 노킹 발생 시 점화 시기를 5° 지각시킨 후 매 0.5 초마다 점화 시기를 1° 씩 진각

❷ 노킹 발생 시 Slow 보정 : 노킹 발생 시 점화 시기를 8° 지각시킨 후 매 1초마다 점화 시기를 1° 씩 진각

3 가솔린 연료장치(gasoline fuel system)

1 연료 압력 제어(조절) 방식

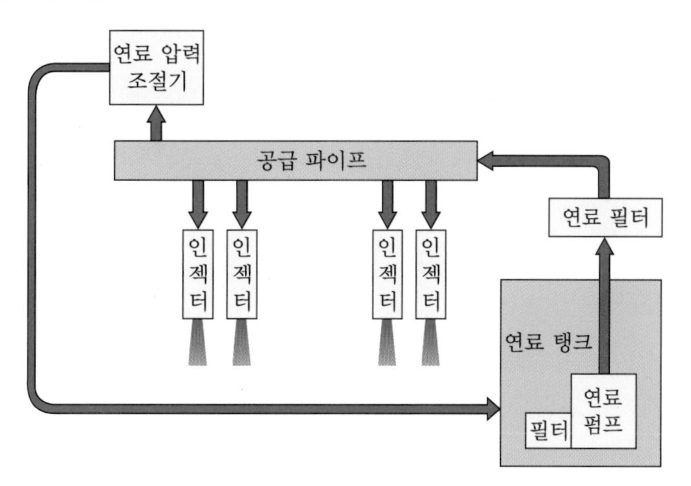

출구 제어식 연료 압력 제어

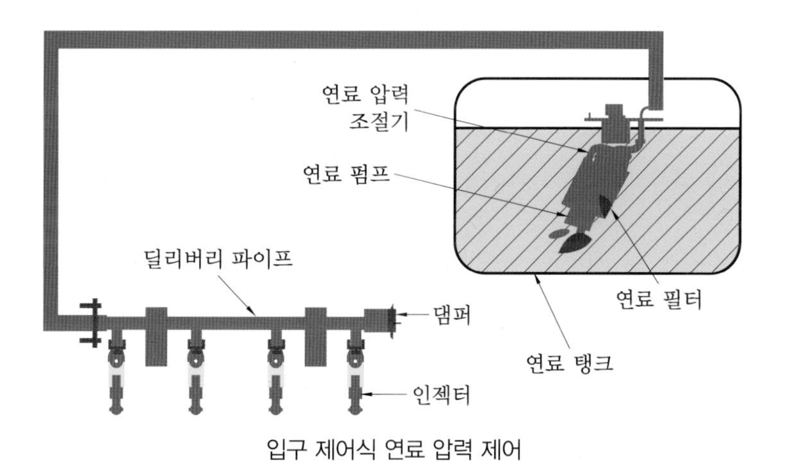

입구 제어식 연료 압력 제어

2 연료 계통 구성 부품

① 연료 펌프 : 직류(DC) 모터에 의해 구동, 로터리 펌프 사용 모터는 연료에 잠긴 상태에서 작동(연료 탱크 내장형과 외장형), 펌프 작동 압력 4.5~6 kgf/cm^2, 송출 압력 3.5~5 kgf/cm^2

㈎ 체크 밸브(check valve) : 연료 펌프의 연료 압송 정지 시 닫힘, 잔압 유지, 고온 시 베이퍼로크 방지, 재시동 성능 향상 및 연료 누설 방지

연료 펌프

(나) 릴리프 밸브(relief valve) : 펌프 내 압력 과대 시 밸브가 작동하여 상승 압력에 의한 연료 누설 및 파손 방지

② 인젝터(injector) : 각 실린더의 흡입 밸브 앞쪽(흡기 다기관)에 1개씩 설치되어 각 실린더에 연료를 분사시켜 주는 솔레노이드이다. 인젝터는 엔진 ECU로부터의 전기적 신호에 의해 작동하며, 그 구조는 밸브 보디와 플런저(plunger)가 설치된 니들 밸브로 되어 있다.

(가) 전압 제어 방식의 인젝터의 작동 : 인젝터는 직렬로 외부 저항을 설치하여 솔레노이드 코일의 권수를 줄일 수 있어 인젝터 응답성을 개선할 수 있다. 회로 구성은 간단하지만 외부 저항을 이용하므로 회로 임피던스가 증가하고 인젝터로 흐르는 전류가 감소하며 인젝터에 발생하는 흡입력이 감소하여 동적 특성 범위 면에서 불리하다.

※ 임피던스(impedance) : 직류 회로에서 저항에 상당하는 교류 회로의 저항

(나) 전류 제어 방식의 인젝터의 작동 : 인젝터에 외부 저항을 사용하지 않으며 회로 구성은 복잡하나 임피던스가 낮고, 인젝터에 전류가 흐르면 바로 니들 밸브가 작동될 수 있어 인젝터의 동적 특성에 유리하다. 또한 니들 밸브가 완전히 열린 후에는 전류 제어 회로를 가동하여 솔레노이드 코일의 발열을 방지한다.

※ 인젝터 점검 사항으로 작동음, 분사량, 저항, 전원 공급 및 전류 등이 있다.

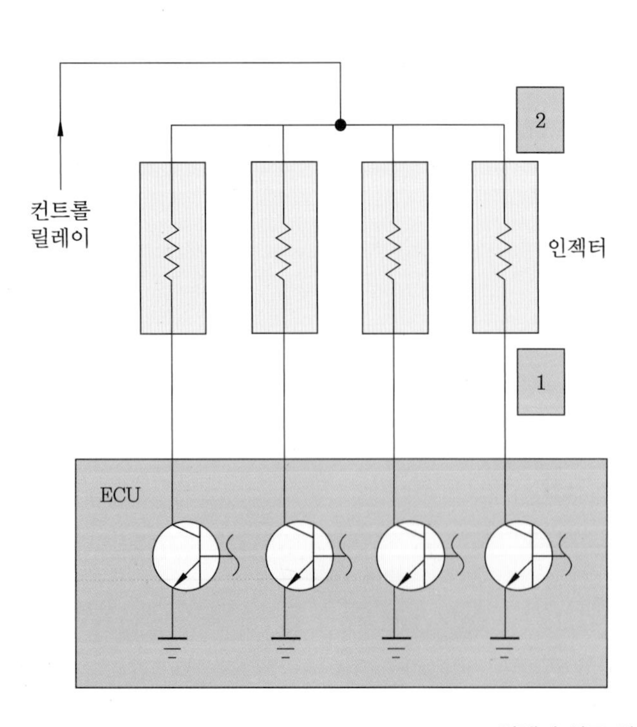

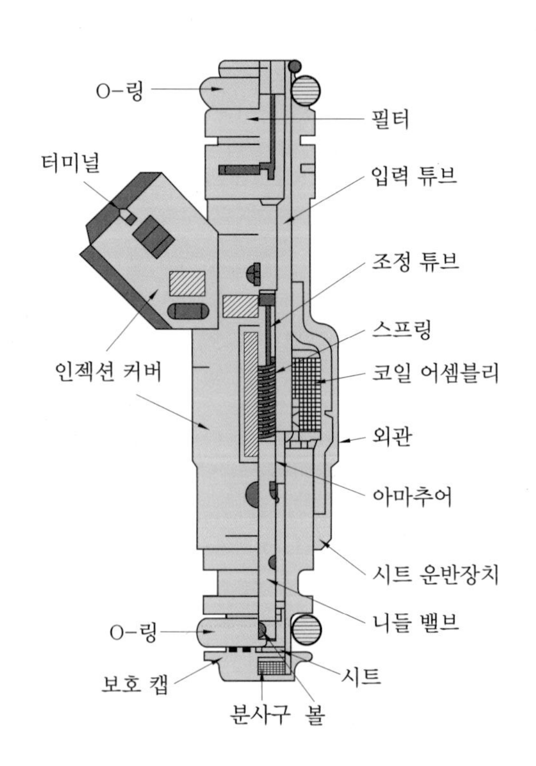

인젝터 회로 및 구조

③ **연료 탱크** : 연료 탱크 용량은 70~90 L이며 연료 필러 캡, 연료 센서, 연료 펌프, 캐니스터로 구성된다.

㈎ 연료 필러 캡 : 연료 탱크 내에 증발 가스가 발생되어 압력이 형성되면 밸브가 닫혀 다시 대기 중으로 방출되는 것을 방지한다.

㈏ 연료 센서 및 연료 펌프 : 연료 탱크 내의 연료량을 계측하기 위한 센서와 연료 펌프가 탱크 내에 장착된다.

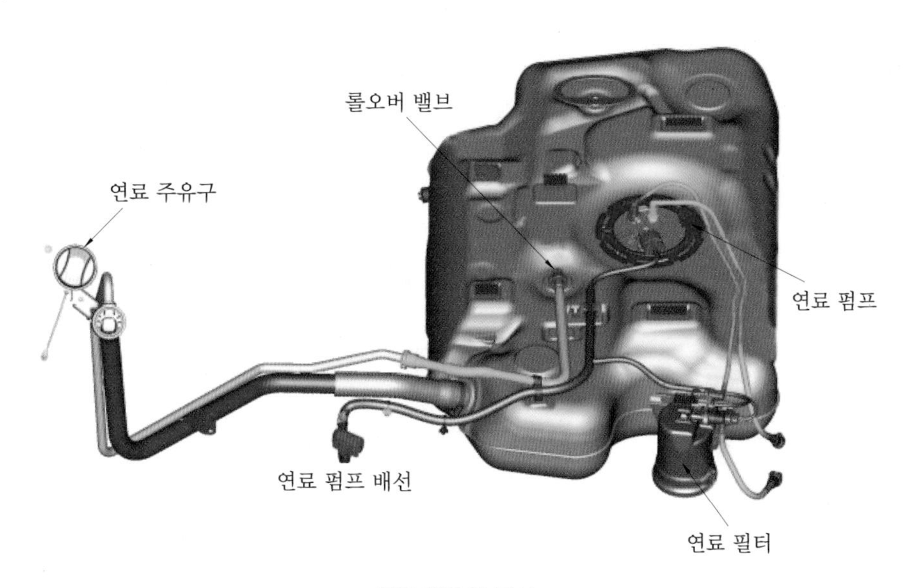

연료 탱크의 구성

④ **연료 필터** : 연료 여과기는 연료의 불순물을 제거하며 연료 속 수분을 침전시켜 걸러주는 역할을 한다. 연료 필터의 일반적인 교환 주기는 보통 40000~50000 km이나 겨울철 운행이 많은 경우 3년 이내 교체해 주어야 한다. 연료 필터는 필터 내부가 필터링을 하면서 오염이 되기도 하지만 외부에 노출된 필터의 경우 연결 부위에 부식이 발생되면 교체해 주어야 한다. 일반적인 경우 외에 연료 필터의 교환 주기는 자동차를 운행하는 환경에 따라 달라진다고 볼 수 있다.

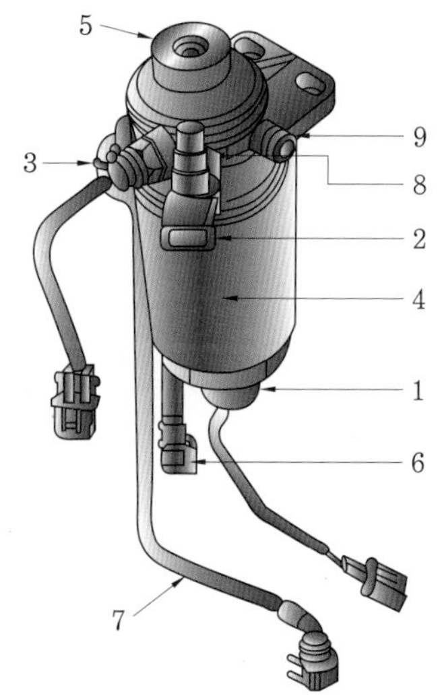

1. 연료 수분 센서
2. 히터
3. 서머 스위치
4. 연료 필터 여과지
5. 수동 펌프
6. 인렛(inlet) 호스
7. 아웃렛(outlet) 호스
8. 에어 플러그(공장용)
9. 에어 플러그(서비스용)

연료 필터(여과기)

⑤ **컨트롤 릴레이(control relay)** : 엔진 ECU를 비롯하여 연료 펌프, 인젝터, AFS 등 전자 제어장치에 전원을 공급한다.

⑥ **연료 압력 조정기** : 흡기관 내 압력 변화에 대응하여 인젝터에 가하는 압력을 일정하게 유지하며 연료 압력을 흡기관의 압력보다 2.55 kgf/cm^2 정도 높게 조정한다.

컨트롤 릴레이

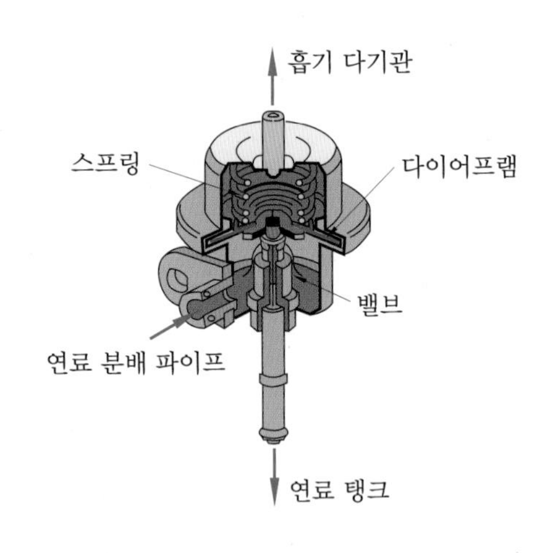

연료 압력 조절기

⑦ **캐니스터** : 엔진이 작동하지 않을 때 연료 탱크에서 증발된 가스를 활성탄에 흡착 저장하였다가 엔진 회전수가 상승하면서 퍼지 컨드롤 솔레노이드 밸브의 오리피스를 통하여 서지 탱크로 유입된다.

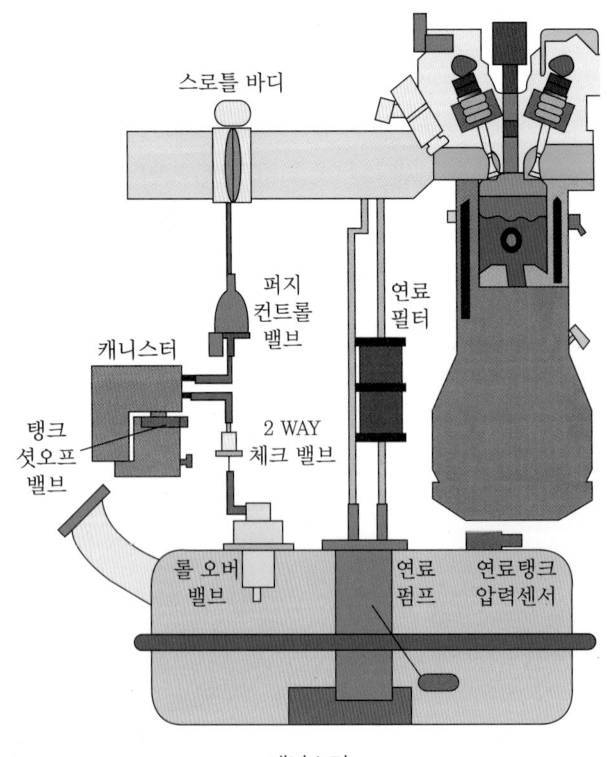

캐니스터

4 제어 계통

컴퓨터에 의한 제어는 분사 시기 제어와 분사량 제어로 나누어진다. 분사 시기 제어는 점화 코일의 점화 신호(또는 크랭크각 센서의 신호)와 흡입 공기량 신호를 기초로 기본 분사 시간을 만들고 동시에 각종 센서로부터의 신호를 자료로 분사 시간을 보정하여 인젝터를 작동시키는 최종적인 분사 시간을 결정한다.

1 입 · 출력장치

입력장치는 각종 센서들로부터 검출된 신호를 받아들이는 부분이며, 센서의 신호를 처리하여 컴퓨터로 입력시킨다. 또 출력장치는 산술 및 논리 연산된 데이터를 액추에이터(ISC–서보, 인젝터, 에어컨 릴레이 등)에 제어신호를 보내는 장치이다.

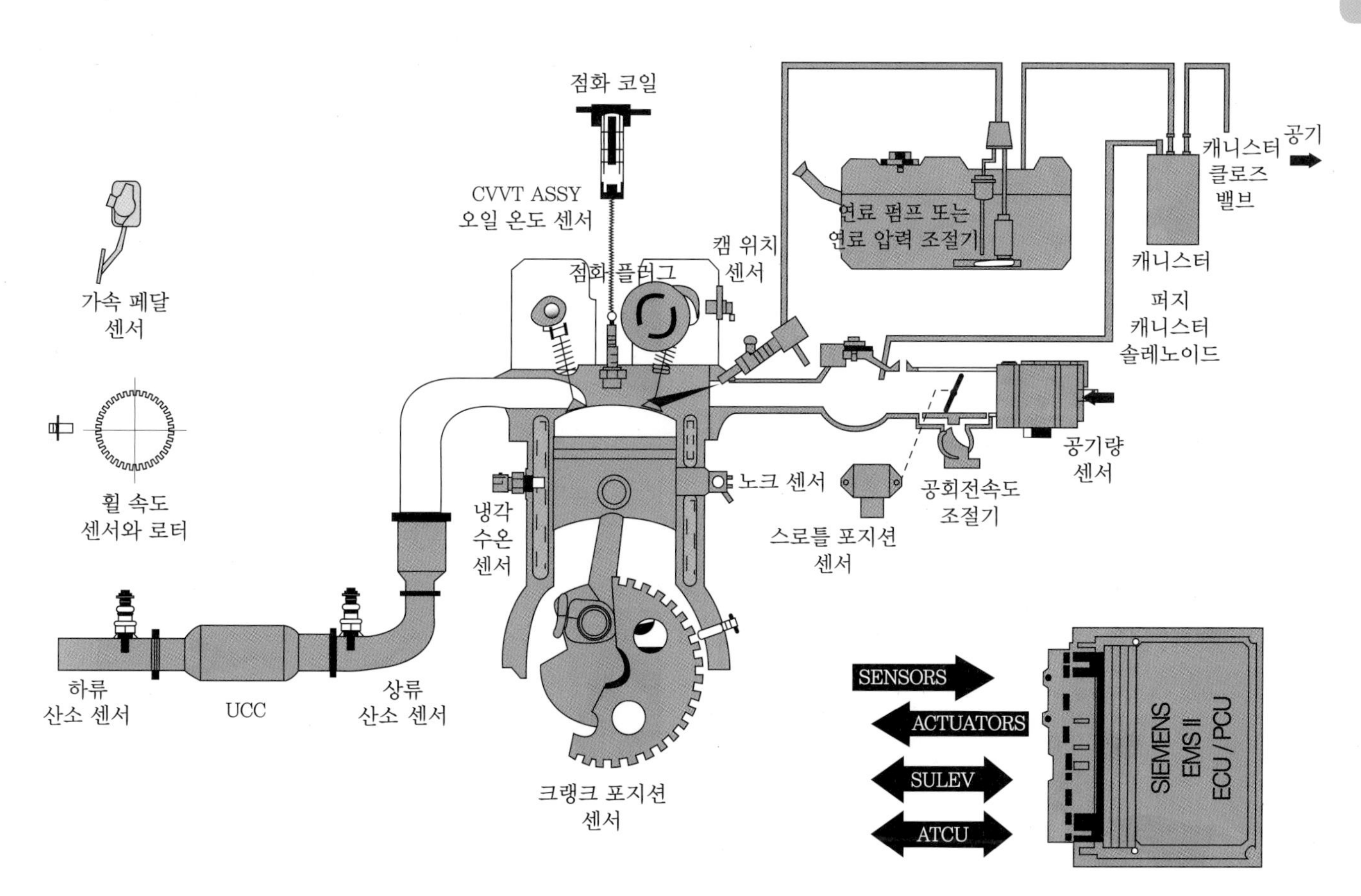

제어 계통 입 · 출력장치

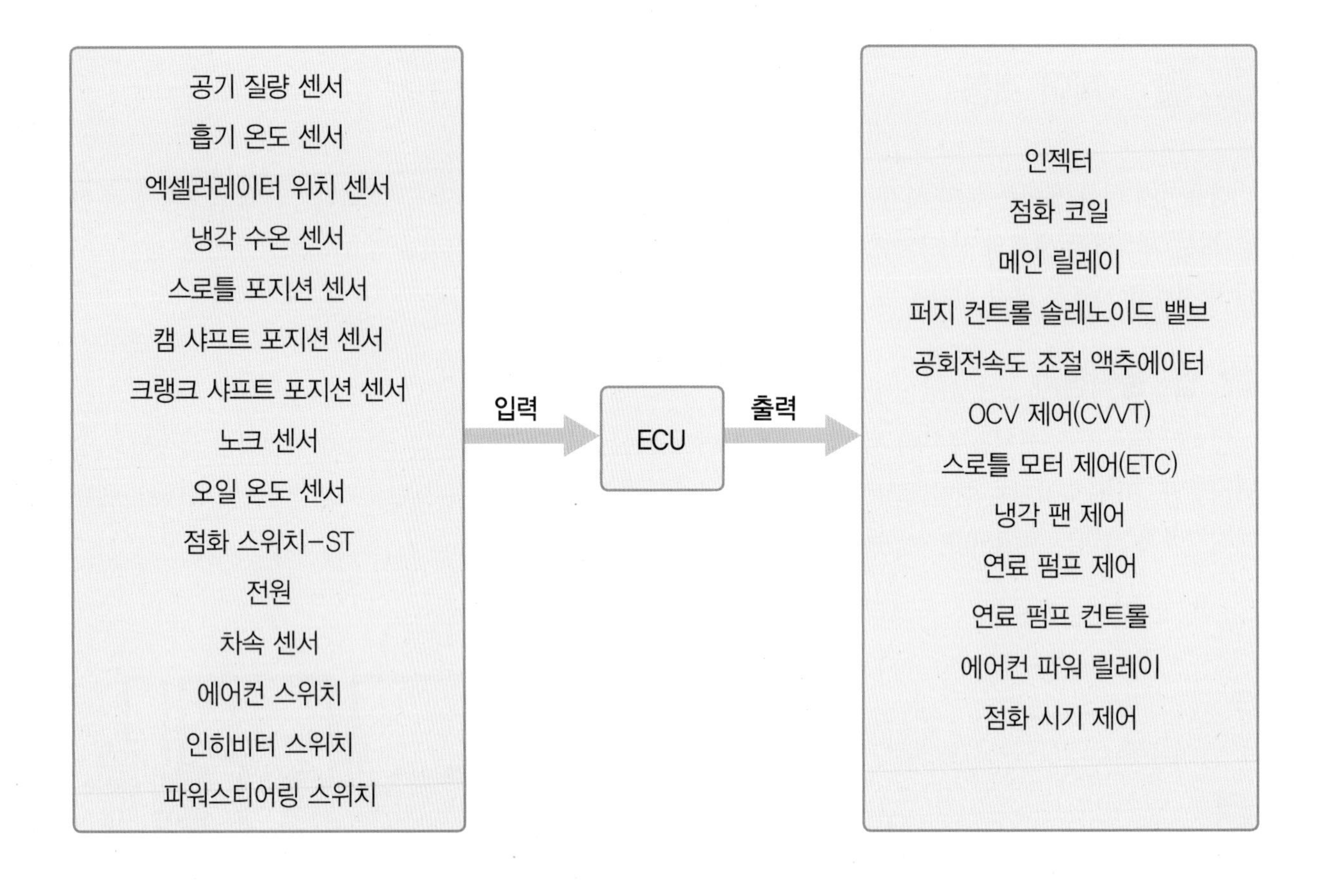

2 분사량 제어

분사량 제어는 점화 코일의 (-)단자 신호(크랭크각 센서 또는 캠축 센서의 신호)를 기초로 회전속도 신호를 만들어 이 신호와 흡입 공기량 신호에 의해 아래에 설명하는 보정을 위해서 작동시킨다.

① 기본 분사량 제어 : 인젝터는 크랭크각 센서의 출력 신호와 공기 흐름 센서의 출력 등을 계측한 컴퓨터의 신호에 의해 구동되며, 분사 횟수는 크랭크각 센서의 신호 및 흡입 공기량에 비례한다.

② 엔진을 크랭킹할 때의 분사량 제어 : 엔진을 크랭킹할 때에는 시동 성능을 향상시키기 위해 크랭크 신호(점화 스위치 ST, 크랭크각 센서, 점화 코일 1차 신호)와 수온 센서의 신호에 의해 연료 분사량을 증량시킨다.

③ 엔진 시동 후 분사량 제어 : 엔진을 시동한 직후에는 공전속도를 안정시키기 위해 시동 후에도 일정한 시간 동안 연료를 증량시킨다. 증량비는 크랭킹할 때 최대가 되고, 시동 후 시간이 흐름에 따라 점차 감소하며 증량 지속 시간은 냉각수 온도에 따라 다르다.

④ 냉각수 온도에 따른 제어 : 냉각수 온도 80℃(증량비)를 기준으로 하여 그 이하의 온도에서는 분사량을 증량시키고, 그 이상에서는 기본 분사량으로 분사한다.

⑤ 흡기 온도에 따른 제어 : 흡기 온도 20℃(증량비)를 기준으로 그 이하의 온도에서는 분사량을 증량시키고, 그 이상의 온도에서는 분사량을 감소시킨다.

⑥ 축전지 전압에 따른 제어 : 인젝터의 분사량은 컴퓨터에서 보내는 분사 신호 시간에 의해 결정되므로 분

사 시간이 일정해도 축전지 전압이 낮은 경우에는 인젝터의 기계적 작동이 지연되어 실제 분사 시간이 짧아진다. 즉, 축전지 전압이 낮아질 경우 컴퓨터는 분사 신호 시간을 연장하여 실제 분사량이 변화하지 않도록 한다.

⑦ 가속할 때의 분사량 제어 : 엔진이 냉각된 상태에서 가속시킬 때 일시적으로 혼합비가 희박해지는 현상을 방지하기 위해 냉각수 온도에 따라 분사량이 증가하는데, 공전 스위치가 ON에서 OFF로 바뀌는 순간부터 시작되며 증량비와 증량 지속 시간은 냉각수 온도에 따라 결정된다. 가속하는 순간에 최대의 증량비가 얻어지고, 시간이 경과함에 따라 증량비가 낮아진다.

⑧ 엔진의 출력을 증가할 때의 분사량 제어 : 엔진의 높은 부하 영역에서 운전 성능을 향상시키기 위하여 스로틀 밸브가 규정값 이상 열렸을 때 분사량을 증가시킨다. 출력을 증가할 때 분사량 증량은 냉각수 온도와는 관계없으며 스로틀 위치 센서의 신호에 따라 제어된다.

⑨ 감속할 때 연료 분사 차단(대시포트 제어) : 스로틀 밸브가 닫혀 공전 스위치가 ON으로 되었을 때 엔진의 회전속도가 규정값일 경우에는 연료 분사를 일시 차단한다. 이것은 연료 절감과 탄화수소(HC) 과다 발생 및 촉매 컨버터의 과열을 방지하기 위함이다.

Chapter 8 가솔린 전자 제어장치 점검 정비

3 피드백 제어(feed back control)

피드백 제어는 촉매 컨버터가 가장 양호한 정화 능력을 발휘하는데 필요한 혼합비인 이론 혼합비(17.7 : 1) 부근으로 정확히 유지해야 한다.

이를 위해서 배기 다기관에 설치한 산소 센서로 배기 가스 중의 산소 농도를 검출하고 이것을 컴퓨터로 피드백(feed back)시켜 연료 분사량을 증감해 항상 이론 혼합비가 되도록 분사량을 제어한다. 피드백 보정은 운전 성능, 안정성을 확보하기 위해 다음과 같은 경우에는 제어를 정지한다.

① 냉각수 온도가 낮을 때

② 엔진을 가동할 때

③ 엔진 기동 후 분사량을 증량할 때

④ 엔진의 출력을 증가할 때

⑤ 연료 공급을 일시 차단할 때(농후 신호가 지속될 때)

4 점화 시기 제어

파워 트랜지스터로 컴퓨터에서 공급되는 신호에 의해 점화 코일의 1차 전류를 ON-OFF시켜 점화 시기를 제어한다.

5 연료 펌프 제어

점화 스위치가 시동(ST) 위치에 놓이면 축전지 전류는 컨트롤 릴레이를 통하여 연료 펌프로 흐른다. 엔진 가동 중에는 컴퓨터가 연료 펌프 제어 트랜지스터를 ON으로 유지하여 컨트롤 릴레이 코일을 여자시켜 축전지 전원이 연료 펌프로 공급된다.

6 공전속도 제어

각 센서의 신호를 기초로 컴퓨터에서 공전속도 조절 서보(ISC–servo) 구동 신호로 바꾸어 공전속도 조절 모터가 스로틀 밸브의 열림 정도를 제어한다.

① 엔진을 크랭킹할 때 제어 : 스로틀 밸브의 열림은 냉각수 온도에 따라 엔진을 시동하기에 가장 적합한 위치로 제어한다.

② 패스트 아이들(fast idle) 제어 : 공전 스위치가 ON으로 되면 엔진의 회전속도는 냉각수 온도에 따라 결정된 회전속도로 제어되며, 공전 스위치가 OFF되면 공전속도 조절 서보가 작동하여 스로틀 밸브를 냉각수 온도에 따라 규정된 위치로 제어한다.

③ 공전속도 제어 : 에어컨 스위치가 ON이 되거나 자동 변속기가 "N" 위치에서 "D" 위치로 변속될 때 등 부하에 따라 공전속도를 엔진 ECU 신호에 의해 엔진 공회전 rpm을 규정 회전속도까지 증가시킨다. 또 동력 조향장치 오일 압력 스위치가 ON이 되어도 마찬가지로 증속시킨다(M/T 750±50 rpm, A/T 850±100 rpm).

④ 대시포트 제어(dash port control) : 이 장치는 엔진을 감속할 때 연료 공급을 일시 차단시킴과 동시에 충격을 방지하기 위해 감속 조건에 따라 스로틀 밸브의 닫힘 속도를 제어한다.

⑤ 에어컨 릴레이 제어 : 엔진이 공전할 때 에어컨 스위치가 ON이 되면 공전속도 조절 서보가 작동하여 엔진의 회전속도를 증가시킨다. 그러나 엔진의 회전속도가 실제로 증가되기 전에 약간 지연이 있다. 이렇게 지연되는 동안에 에어컨 부하에서 회전속도를 적절히 유지시키기 위해 컴퓨터는 파워 트랜지스터를 약 0.5초 동안 OFF시켜 에어컨 릴레이 회로를 개방한다. 이에 따라 에어컨 스위치가 ON이 되더라도 에어컨 압축기가 즉시 구동되지 않으므로 엔진의 회전속도 강하가 일어나지 않는다.

7 노크 제어장치

과급 압력과 흡입공기의 온도가 높으면 노크를 일으키기 쉽다. 노크 제어는 엔진에서 발생하는 노크를 노크 센서로 감지하여 점화 시기 및 연료 분사량을 제어하고 엔진을 보호하며 성능을 향상시킨다. 노크는 점화 시기를 늦추면 발생하기 어려우며, 노크가 발생한 경우에는 노크 센서가 엔진의 진동을 감지하여 컴퓨터로 입력시키면 컴퓨터는 곧바로 점화 시기를 늦추어 더 이상 노크가 일어나지 않도록 한다.

8 자기 진단 기능

엔진 ECU는 엔진의 여러 부분에서 입·출력 신호를 보내게 되는데, 비정상적인 신호가 처음 보내질 때부터 일정 시간 이상이 지나면 ECU는 비정상이 발생한 것으로 판단하고 고장 코드를 기억한 후 신호를 자기 진단 출력단자와 계기판의 엔진 자기 진단 경고등(check engine)으로 보낸다.

점화 스위치를 ON으로 한 후 15초가 경과하면 컴퓨터에 기억된 내용이 계기판에 엔진 점검등으로 출력되며, 정상이면 점화 스위치를 ON으로 한 후 5초 후에 자기 진단 경고등이 소등된다.

이때 고장 항목이 있으면 점화 스위치를 ON으로 한 후 15초 동안 점등되어 있다가 3초 동안 소등된 후 고장 코드가 순차적으로 출력된다.

9 전자 제어 가솔린 엔진 정비 기술(원인)

전자 제어 엔진은 다양한 고장 원인과 현상이 발생될 수 있으며 주요 고장 원인을 중심으로 고장 진단 분석을 진행한다. 전자 제어 엔진을 정비하기 위한 기본 플로 차트를 기준으로 고장 진단을 한다.

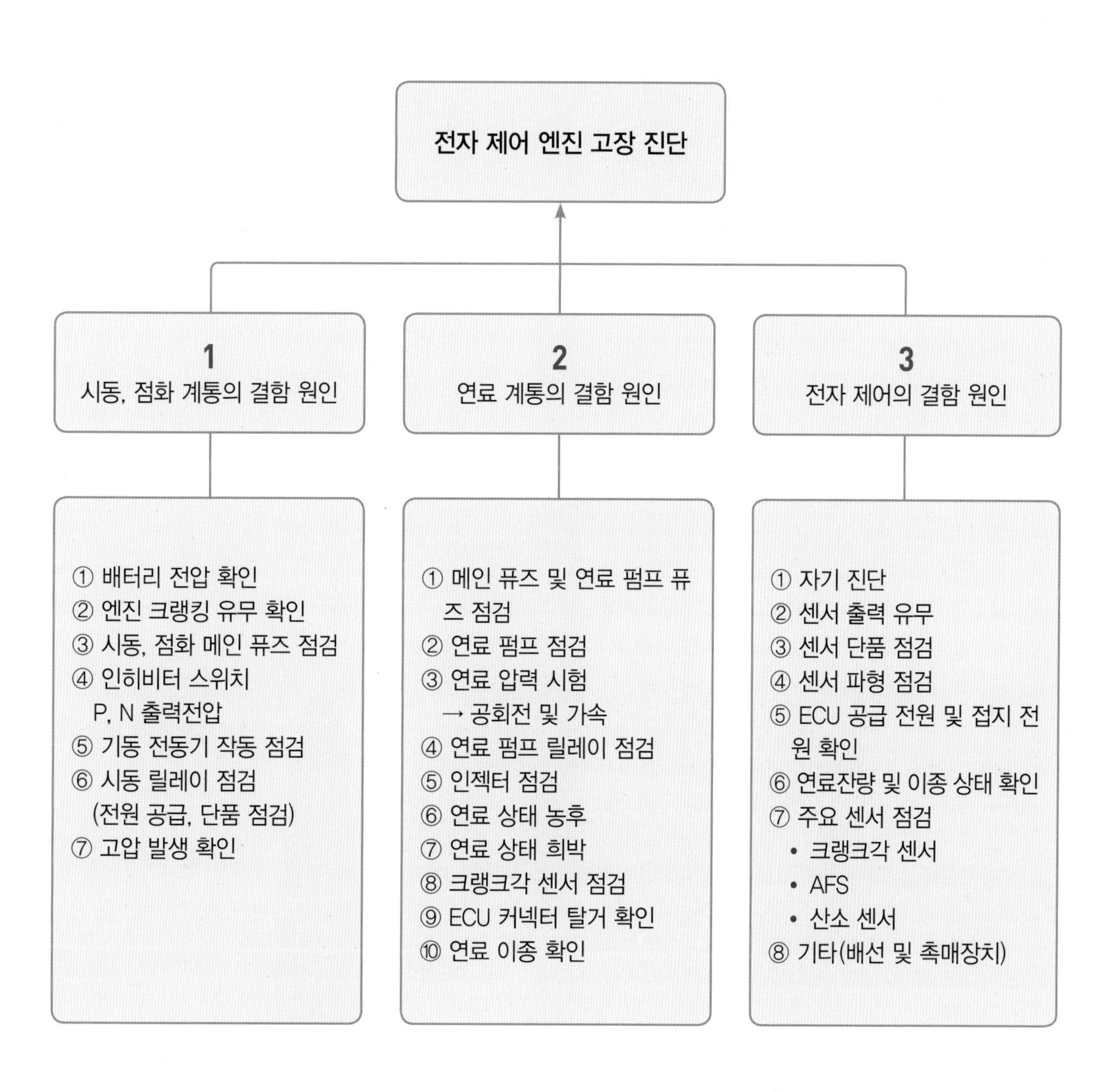

5 실습 준비 및 유의 사항

실습 준비(실습 장비 및 실습 재료)

1 실습 자료

- 고객동의서
- 작업공정도
- 점검정비내역서, 견적서
- 차종별 정비 지침서

2 실습 장비

- 에어공구, 수공구, 전구테스터, 조명등
- 분해/조립을 위한 토크 렌치, 스캐너
- 멀티 테스터기(디지털, 아날로그)
- 전압계 및 전류계
- 진단장비(스캐너, 엔진종합시험기)
- 실습차량

3 실습 재료

- 교환 부품 : 각 센서
- 관련 소요 부품 : 가솔린, 경유
- 연료 펌프
- 클리너
- 헝겊 및 걸레

실습 시 유의 사항

- 작업 시 위험 요소를 고려하여 안전장비를 구비한다.
- 가솔린 전자 제어장치의 세부 점검 목록은 관련 차종의 정비 지침서를 참고하여, 단품을 비롯한 센서 입 · 출력 데이터 비교 분석을 통한 점검 및 고장 진단에 임한다.
- 시운전과 진단장비를 활용하여 가솔린 전자 제어장치의 이상 유무를 검사한다.
- 정비 후 배기가스를 점검하여 혼합비의 농후, 희박 상태를 확인한다.

광대역 산소 센서(6개 배선)

DPF 재생 시 배기가스 상태를 감지하여 재생 시 이상적인 공연비 상태인지 이상이 있는지 감지하여 연료 분사 후(포스트 분사) 분사량을 제어한다. 또한 EGR 작동이 적절한지 파악하여 밸브 작동을 컨트롤하고 매연으로 인해 엔진 출력이 저감되는 것을 방지한다. 그리고 엔진 성능이 저하되면(노후 시) 공연비 편차를 보정한다. 광대역 산소 센서 히팅은 약 700℃로 유지시켜 최적의 상태로 센싱할 수 있도록 활성화시킨다. 람다(λ) 값 1은 공연비 14.7 : 1과 동일하다. 이 값이 1보다 크면 공기가 과다한 것으로 다시 말해 희박한 혼합기이다. 람다(λ)값이 1보다 작으면 공기가 부족하거나 또는 언료가 농후한 상태이다.

- 내부 히터 전원 : IG 전원 ON 시 12 V 전압이 공급된다.
- 히터 접지 : 산소 센서 온도가 저온일 때 ECU 제어 회로에 전원을 공급하며 산소 센서의 온도가 상승하면 ECU는 접지 회로를 히터 제어 회로에 공급하여 히팅을 제어한다.

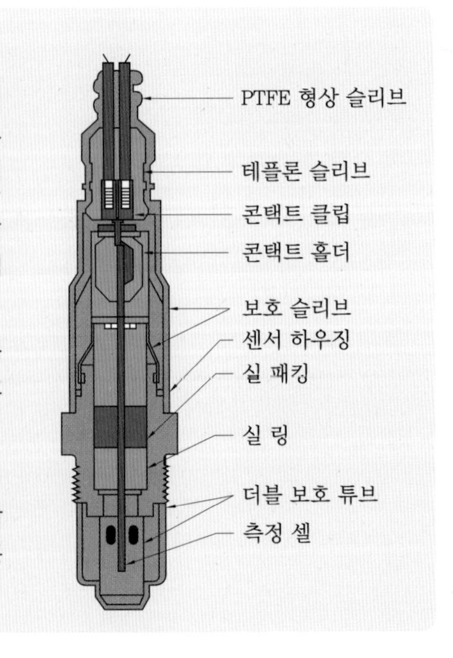

6 전자 제어 엔진 점검 및 정비

1 자기 진단 점검

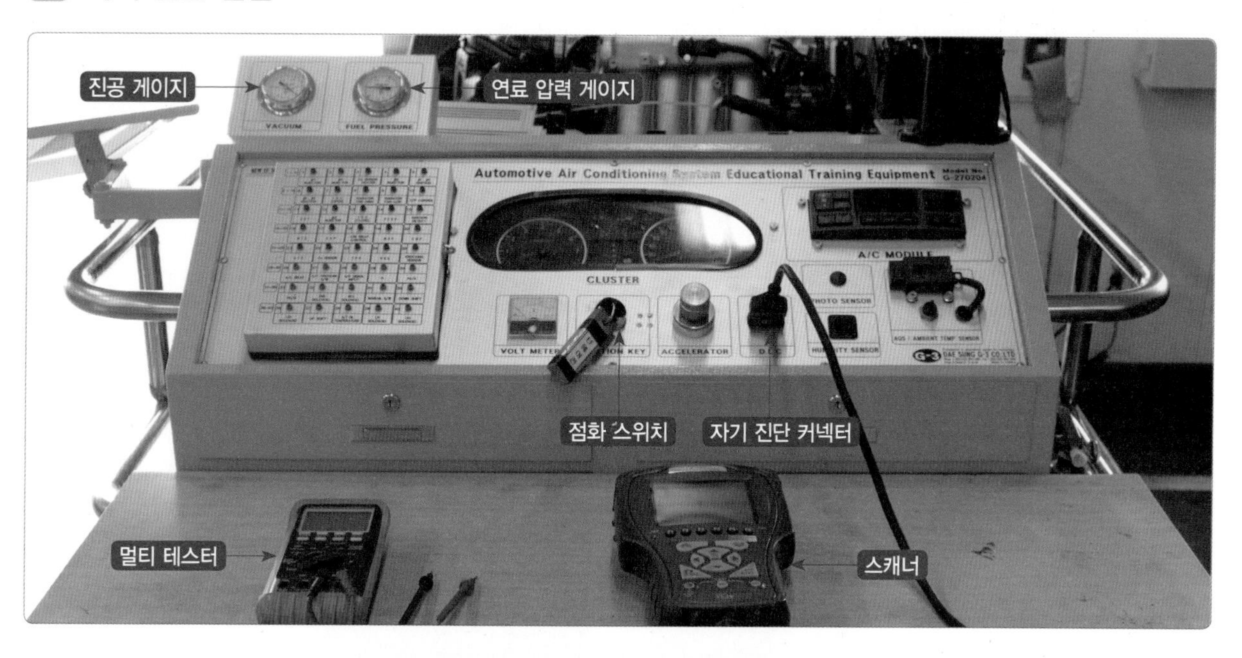

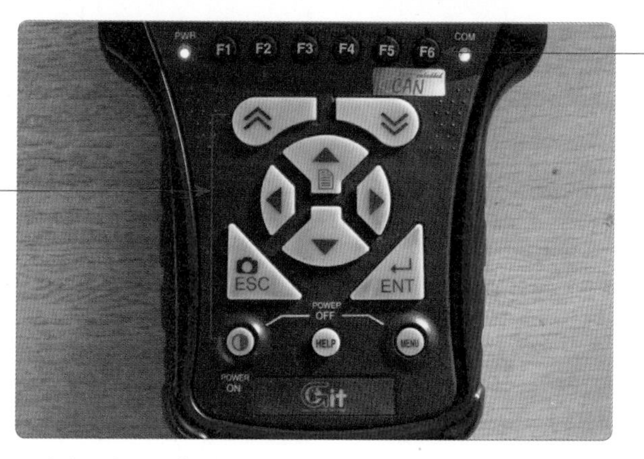

부가 기능 버튼
화면 하단 부가 기능 선택 시 사용

기능 버튼
시스템 작동 시 기능을 독립적으로 수행하기 위한 키

스캐너 전원 ON(점화 스위치 KEY ON 또는 엔진 시동 ON 상태)

실습 주요 point

스캐너 사용 시 주의 사항

① 실습 중 장비를 떨어뜨리지 않도록 주의할 것
→ LCD의 파손과 내부회로의 손상으로 인해 고장의 원인이 된다.

② 점화장치 점검 시 고압 케이블, 점화 코일 위에 놓고 사용하지 말 것
→ 점화장치에서 발생되는 강한 전자기파는 스캐너에 손상을 주어 고장이 발생될 수 있다.

③ 스캐너에 포함된 AC/DC 어댑터 이외의 다른 종류의 전원 어댑터를 사용하지 말 것

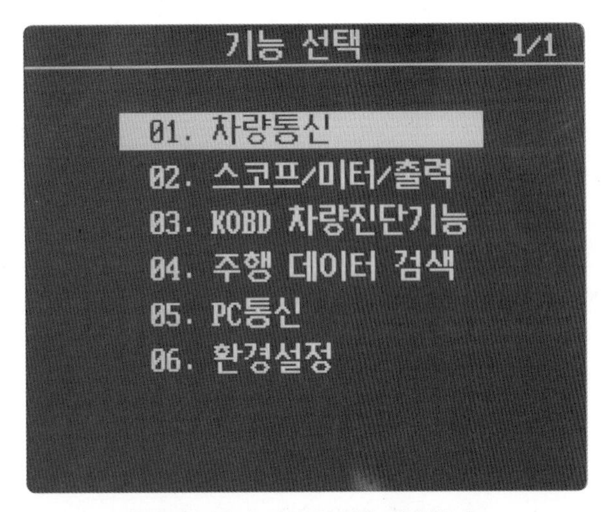

1. 기능 선택 메뉴에서 차량 통신을 선택한다.

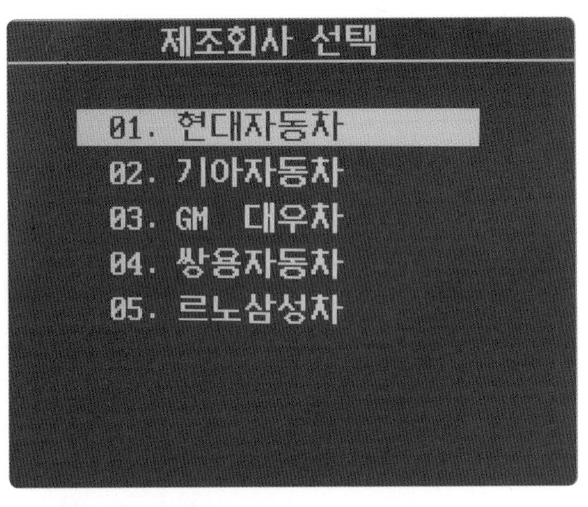

2. 제조사를 선택한다.

차종 선택 30/67
21. 아반떼
22. 엘란트라
23. 티뷰론
24. 투스카니
25. 제네시스 쿠페
26. 쏘나타(YF HEV)
27. 쏘나타(YF)
28. NF F/L
29. 쏘나타(NF)
31. EF 쏘나타
32. 쏘나타III
33. 쏘나타II
34. 쏘나타
35. 그랜저(HG)
36. 그랜저(TG)
37. 그랜저(TG) 09~
38. 뉴-그랜저 XG
39. 그랜저 XG

3. 시험용 차종을 선택한다.

제어장치 선택 1/10
차 종 : 뉴-EF 쏘나타
01. 엔진제어 가솔린
02. 엔진제어 LPG
03. 자동변속
04. 제동제어
05. 에어백
06. 트랙션제어
07. 현가장치
08. 파워스티어링

4. 점검할 장치를 선택한다(엔진 제어 가솔린).

사양 선택 1/2
차 종 : 뉴-EF 쏘나타
제어장치 : 엔진제어 가솔린
01. 1.8/2.0L DOHC
02. 2.5 V6-DOHC

5. 차량 배기량을 선택한다.

진단기능 선택 1/9
차 종 : 뉴-EF 쏘나타
제어장치 : 엔진제어 가솔린
사 양 : 1.8/2.0L DOHC
01. 자기진단
02. 센서출력
03. 액츄에이터 검사
04. 시스템 사양정보
05. 센서출력 & 자기진단

6. 자기 진단을 선택한다.

자기진단
P0115 냉각수온센서(WTS)

7. 고장 코드가 출력된다(냉각수온센서 : WTS).

진단기능 선택 2/9
차 종 : 뉴-EF 쏘나타
제어장치 : 엔진제어 가솔린
사 양 : 1.8/2.0L DOHC
01. 자기진단
02. 센서출력
03. 액츄에이터 검사
04. 시스템 사양정보
05. 센서출력 & 자기진단
06. 센서출력 & 액츄에이터

8. 센서 출력값을 선택한다.

센서출력		6/21
산소센서(B1/S1)	19	mV
흡기압(MAP)센서	29.38	inHg
흡기온센서	27	℃
스로틀포지션센서	1796	mV
배터리전압	12.09	V
냉각수온센서	-40	℃
시동신호	OFF	
엔진회전수	0	RPM
차속센서	0	Km/h
파워스티어링스위치	OFF	

9. 센서 출력값을 확인한다(냉각수온센서 –40 ℃).

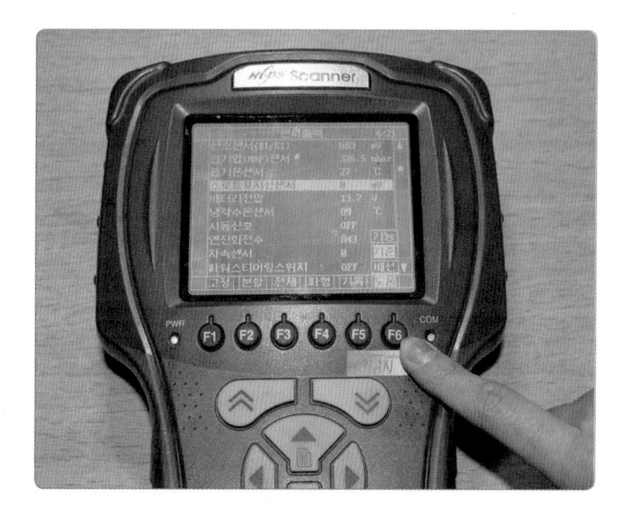

10. 센서 출력값을 확인 후 기준값을 확인한다.

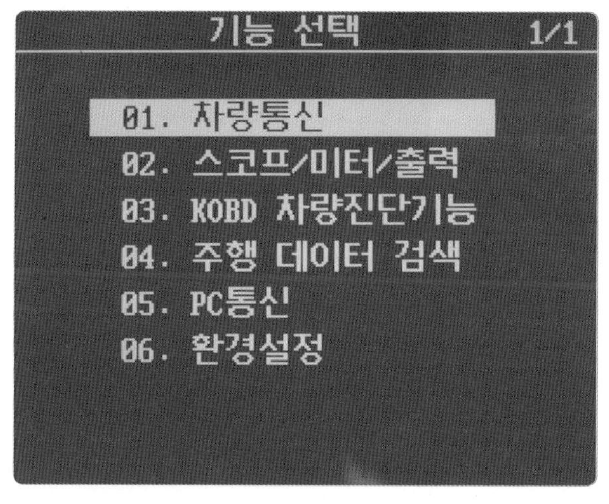

11. 측정이 끝나면 ESC를 이용하여 처음 상태의 위치로 놓는다.

12. 엔진 점화 스위치는 OFF시킨다.

2 센서 단계별 단품 점검

(1) 냉각 수온 센서 점검

단계별 센서 점검(측정) 결과	
1단계 : 육안 점검	2단계 : 자기 진단 및 센서 출력에 따른 단품 점검

• 커넥터 탈거(센서, ECU) • 퓨즈 및 퓨즈블링크 단선	멀티 테스터를 이용하여 배선 및 센서 단선 접지, 연결 상태를 확인한다.

측정(점검) : 스캐너로 자기 진단 측정값을 기준값과 비교하여 판정하며, 불량 시 센서 단품을 확인 점검한다(필요시 파형 및 배기가스를 점검한다). 점검 수리가 끝나면 ECU 공급 전원을 10~15초 차단하여 ECU 기억을 소거한 후에 재점검한다.

(2) 스로틀 포지션 센서 점검

① 스로틀 포지션 센서 측정 방법

단계별 센서 점검(측정) 결과		
1단계 : 육안 점검	2단계 : 자기 진단 및 센서 출력에 따른 단품 점검	3단계 : 파형 측정
• 커넥터 탈거(센서, ECU) • 퓨즈 및 퓨즈블링크 단선	멀티 테스터를 이용하여 배선 및 센서 단선 접지, 연결 상태를 확인한다.	① 구간은 공회전 상태(0.5 V 이하)이다. ② 구간은 급가속(4.3~4.8 V) 상태이고 가속 속도에 따라 파형의 기울어짐이 달라진다(0.5 V 이하). ③ 구간은 가속(4.98 V) 상태이고 스로틀 밸브가 완전히 열려 있는 상태이다(5 V 이하). ④ 구간은 급감속 상태이고 감속 상태에 따라 파형의 기울어짐이 달라진다.

측정(점검) : 스캐너로 자기 진단 측정값을 기준값과 비교하여 판정하며, 불량 시 센서 단품을 확인 점검한다(필요시 파형 및 배기가스를 점검한다). 점검 수리가 끝나면 ECU 공급 전원을 10~15초 차단하여 ECU 기억을 소거한 후에 재점검한다.

스로틀 포지션 센서(TPS) 계측 원리

스로틀 포지션 센서는 스로틀 밸브의 열림량에 따라 가변 저항식 전위차계(potentiometer)의 출력 전압이 변화하고 이를 이용하여 스로틀 밸브의 열림량을 검출하는 역할을 수행하는데, 전위차계는 저항선이나 저항체로 만든 일종의 가변 저항기이다. TPS의 신호 단자에서는 전압이 출력되는데, 이 값은 ECU에서 내보내는 전압 5 V가 가변 저항을 통해 변환된 값으로 다시 ECU로 입력된다. 이때 스로틀 밸브가 완전히 열리면(WOT) 5 V에 가까운 높은 전압이 나오고, 완전히 닫히면 낮은 전압(0 V 가까이)이 나온다. 스로틀 밸브가 이들 사이에 있으면 공급 전압과 0 V 사이의 값을 출력하게 된다.

② 스로틀 보디 탈부착 작업

1. 주어진 엔진 스로틀 보디를 확인한다.

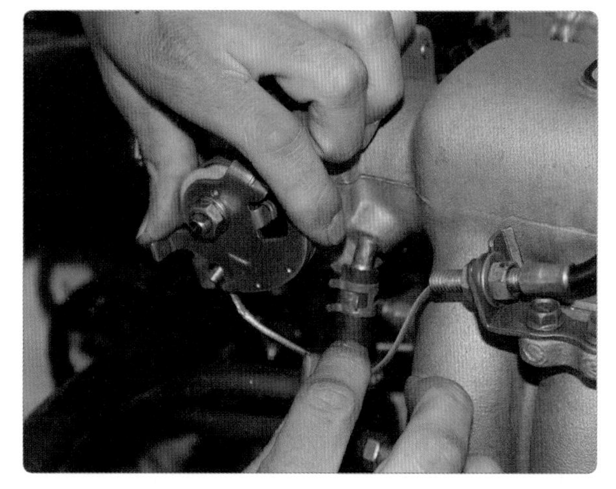

2. 스로틀 링크에서 가속 케이블을 제거한다.

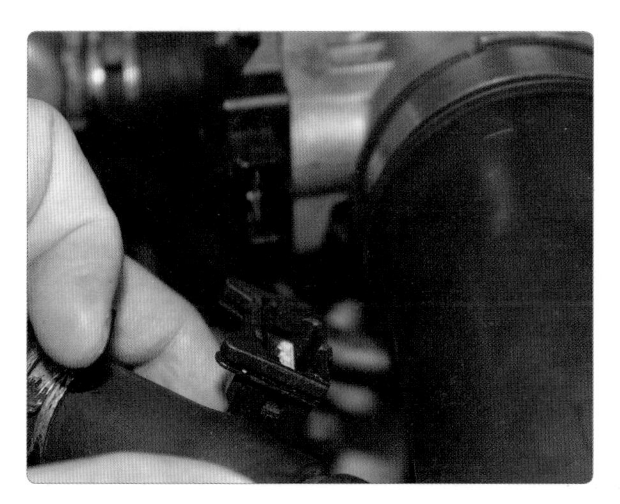

3. TPS 커넥터를 탈거한다.

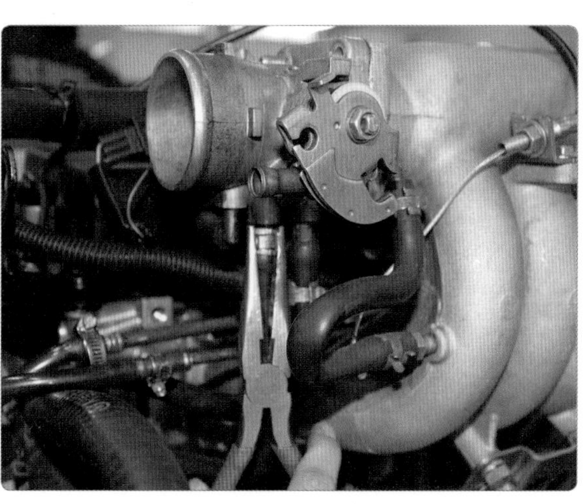

4. 흡기 다기관(흡입 덕트)과 공기 바이패스 호스 및 냉각수 호스를 분리한다.

5. 스로틀 보디를 탈거한다.

6. 탈거한 스로틀 보디를 시험위원에게 확인받는다.

7. 스로틀 보디를 흡기 다기관에 부착한다.

8. 흡기 계통 흡입 덕트를 연결한다.

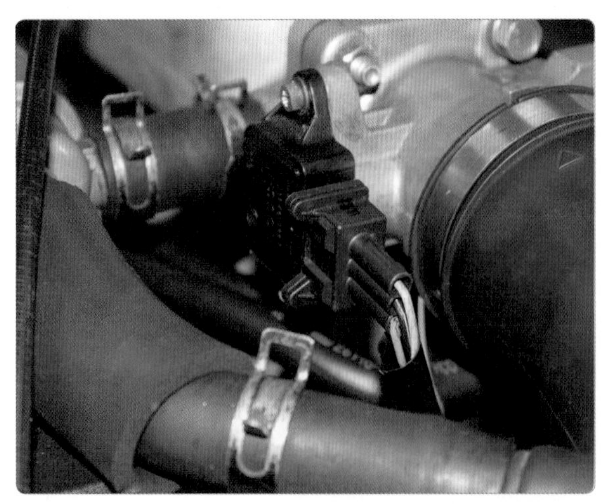

9. TPS 배선 커넥터와 공기 바이패스 호스 및 냉각수 호스를 연결한다.

10. 가속 케이블을 스로틀 링크에 연결하고 유격을 조정한 후 시험위원의 확인을 받는다.

스로틀 액추에이터 제어(ETC)

전자 제어 스로틀(ETC) 밸브 보디는 흡입 매니폴드로 유입되는 공기량 조절을 통해 EGR되는 양을 제어하는 역할을 한다. 스로틀 포지션 센서는 DC 모터에 의해 작동되는 스로틀 밸브 각도를 감지하여 ECU로 전달하며 ECU는 스로틀 포지션 신호에 의해 스로틀 밸브 위치를 원하는 밸브 위치로 유지시킨다.

(3) ISC 스텝 모터 점검

① ISC 스텝 모터 점검(측정) 방법

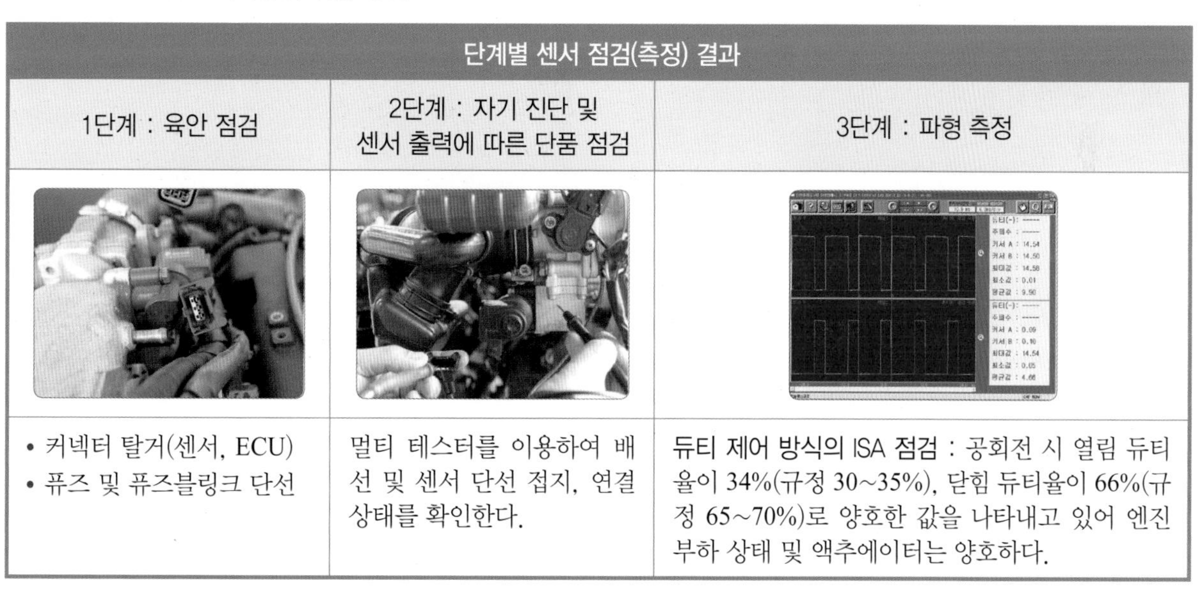

단계별 센서 점검(측정) 결과		
1단계 : 육안 점검	2단계 : 자기 진단 및 센서 출력에 따른 단품 점검	3단계 : 파형 측정
• 커넥터 탈거(센서, ECU) • 퓨즈 및 퓨즈블링크 단선	멀티 테스터를 이용하여 배선 및 센서 단선 접지, 연결 상태를 확인한다.	듀티 제어 방식의 ISA 점검 : 공회전 시 열림 듀티율이 34%(규정 30~35%), 닫힘 듀티율이 66%(규정 65~70%)로 양호한 값을 나타내고 있어 엔진 부하 상태 및 액추에이터는 양호하다.

측정(점검) : 스캐너로 자기 진단 측정값을 기준값과 비교하여 판정하며, 불량 시 센서 단품을 확인 점검한다(필요시 파형 및 배기가스 점검). 점검 수리가 끝나면 ECU 공급 전원을 15~20초 차단하여 ECU 기억을 소거한 후에 재점검하고 고장 수리를 확인한다.

아이들 스피드 액추에이터(ISA)의 주요 제어 기능

❶ **공전 rpm 조절 :** 엔진 ECU에 의한 목표 회전수 제어로 최적의 연비가 되도록 유도하여 엔진 rpm이 정숙성 있게 제어되도록 한다.

❷ **엔진 시동 시 공회전 제어 :** 시동 시 냉각수 온도에 따라 흡입 공기량을 제어하여 rpm을 조절한다.

❸ **패스트 아이들 :** 워밍업 시간을 단축하기 위해 냉각 시동 시 냉각 수온에 따라 rpm을 상승시킨다.

❹ **아이들업 :** 전기 부하나 자동 변속기의 부하 상태에 따라 rpm을 상승시킨다.

❺ **대시 포트 :** 급감속 시 스로틀 밸브가 닫힘으로 인한 엔진의 충격을 완화하고, 이때 발생할 수 있는 유해 배기가스의 저감 기능을 한다.

❻ 고장 시 페일 세이프(비상 주행 모드)를 시행한다.

ISA 작동 원리

ISA는 내부에 2개의 코일로 구성되어 있다. ECU에서는 이 2개의 코일에 전류를 공급하고, 이때 코일의 회전 방향에 따라 바이패스 되는 공기량이 결정되는 것이다. 이렇게 제어한 후에 만약 목표 회전수와 같지 않으면 코일의 듀티를 변화시켜 목표 회전수에 맞도록 제어하는데, 이때 피드백용으로 사용되는 센서는 CKP 센서와 같은 rpm 센서이다.

② ISC 밸브(스텝 모터) 어셈블리 탈부착 교환 작업

1. 스텝 모터 커넥터를 탈거한다.

2. 바이패스 호스 클립을 탈거한다.

3. 탈거된 스텝 모터를 시험위원에게 확인받는다.

4. 스텝 모터를 바이패스 호스에 조립한다.

5. 스텝 모터 바이패스 호스에 밴드를 고정한다.

6. 배선 커넥터 조립 후 시험위원의 확인을 받는다.

(4) 에어 플로 센서 점검

① 에어 플로 센서 측정

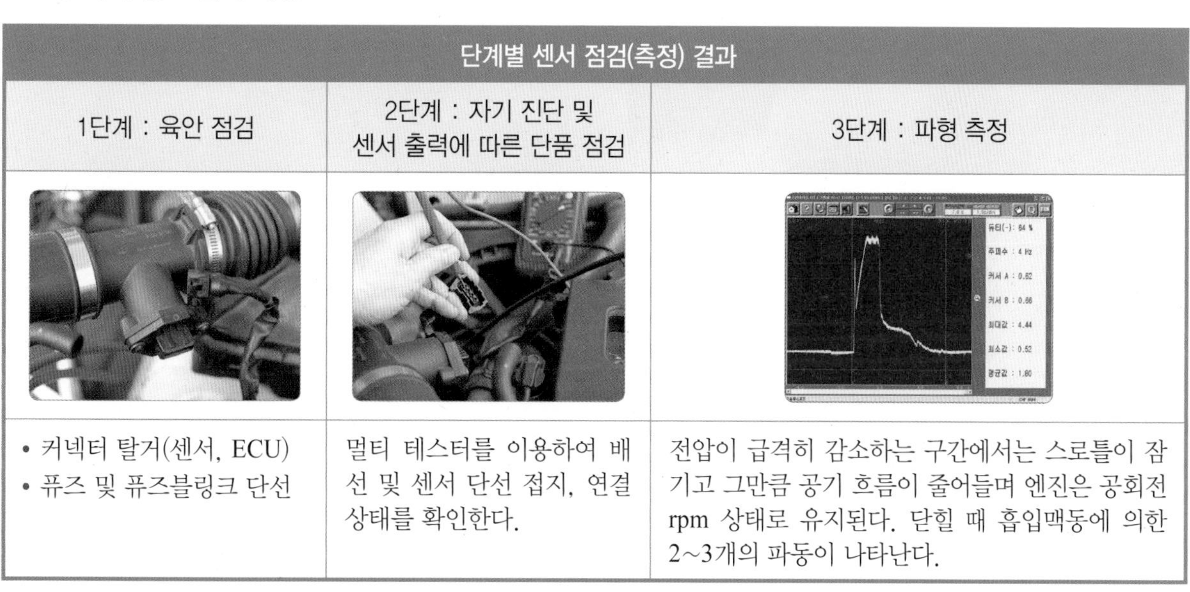

단계별 센서 점검(측정) 결과		
1단계 : 육안 점검	2단계 : 자기 진단 및 센서 출력에 따른 단품 점검	3단계 : 파형 측정
• 커넥터 탈거(센서, ECU) • 퓨즈 및 퓨즈블링크 단선	멀티 테스터를 이용하여 배선 및 센서 단선 접지, 연결 상태를 확인한다.	전압이 급격히 감소하는 구간에서는 스로틀이 잠기고 그만큼 공기 흐름이 줄어들며 엔진은 공회전 rpm 상태로 유지된다. 닫힐 때 흡입맥동에 의한 2~3개의 파동이 나타난다.

② 분석 결과 : 에어 플로 센서(AFS)의 전압 출력이 공기량과 정비례 관계로 출력되며, 스로틀 밸브의 개도량의 변화에 따른 출력 전압과 파형이 양호하다. 점검 수리가 끝나면 ECU 공급 전원을 15~20초 차단하여 ECU 기억을 소거한 후에 재점검하고 고장 수리를 확인한다.

흡입 공기량 센서(AFS : air flow sensor)

엔진 제어 시스템에서 흡입 공기의 유량은 엔진의 성능, 운전성, 연비 등에 직접적인 영향을 미치는 요소이다. 특히 연료 분사 시스템에서는 기화기와 달리 흡입 공기량을 계측해야만 그에 맞는 연료량을 공급할 수 있으므로 흡입 공기량을 정확하고 빠르게 측정하는 것은 매우 중요하다.

열선식 에어 플로 센서 구조

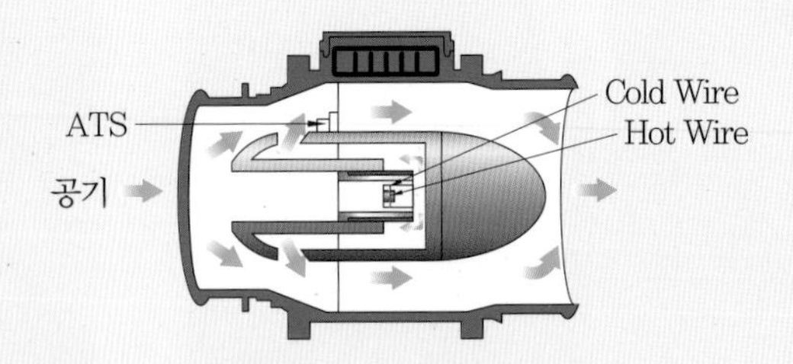

AFS 고장 시 나타나는 현상

❶ 크랭킹은 가능하나 기간 시동성이 나쁘다.
❷ 공회전 시 엔진의 회전이 불안정하다.
❸ 공회전 또는 주행 중 엔진 시동이 꺼진다.
❹ 주행 중 가속력이 떨어진다.
❺ 공기량 센서 출력값이 부정확할 때 자동변속기에서 변속 시 충격이 발생할 수 있고, 완전 고장 시에는 변속 지연 현상이 발생할 수도 있다.

③ 에어 플로 센서 탈부착 교환 작업

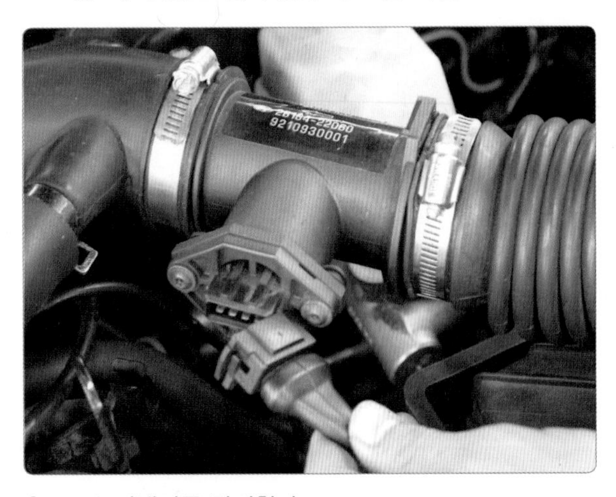

1. AFS 커넥터를 탈거한다.

2. 흡입 덕트(흡입 통로)를 분리한다.

3. 흡입 덕트(흡입 통로)를 탈거한다.

4. 탈착된 AFS를 시험위원에게 확인받는다.

5. AFS를 흡입 덕트에 조립한다.

6. AFS 커넥터를 연결하고 시험위원에게 확인받는다.

(5) 인젝터 점검

① 인젝터 점검

단계별 센서 점검(측정) 결과		
1단계 : 육안 점검	2단계 : 자기 진단 및 센서 출력에 따른 단품 점검	3단계 : 파형 측정
• 커넥터 탈거(센서, ECU) • 퓨즈 및 퓨즈블링크 단선	멀티 테스터를 이용하여 배선 및 센서 단선 접지, 연결 상태를 확인한다.	① 배터리 전압은 13.72 V로 배터리에서 인젝터까지 배선 상태는 양호하다. ② 서지 전압은 68.95 V로 인젝터 내부 코일은 양호하다. ③ 인젝터 분사 시간은 2.9 ms(규정 2.2~2.9 ms)로 양호하다. ④ 접지 구간이 0.8 V 이하로 인젝터에서 ECU 접지까지 배선 상태는 양호하다.

인젝터 파형 불량

서지 전압은 일반적으로 60~80 V가 규정 전압인데, 서지 전압이 낮아져 불량으로 판정되면 인젝터 배선 또는 ECU 배선 접촉 불량으로 전압이 낮게 출력된다고 볼 수 있다.

❶ 서지 전압 불량일 때는 인젝터 배선 및 ECU 배선 접지 상태 점검을 기록한다.

❷ 분사 시간이 불량일 때는 전자 제어 입력 센서 세부 점검을 기록한다.

실습 주요 point

인젝터 파형 주요 점검 부위

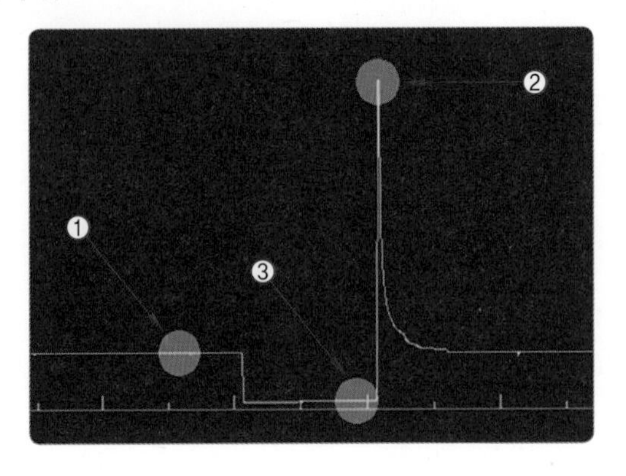

❶ 전원 전압 : 발전기에서 발생되는 전압(12~13.5 V 정도)이다.
→ 전압이 낮다면 전원 쪽의 배선의 문제로 볼 수 있다.

❷ 서지 전압 : 서지 전압 발생 구간으로 서지 전압(70 V 정도, 아반떼 68 V)이 낮으면 전원과 접지의 불량이다.
→ 인젝터 내부 코일의 문제로 볼 수 있다.

❸ 접지 전압 : 인젝터에서 연료가 분사되고 있는 구간(0.8 V 이하)으로써 접지 전압이 상승하면 인젝터에서 ECU까지 배선이나 커넥터의 접촉 상태의 문제로 볼 수 있다(접지의 경사는 0.5 V 이하이어야 한다).
→ 인젝터 분사 시간은 공전 시 2.2~2.9 ms 정도이다(차량마다 다르다).

② 인젝터 탈부착 교환 작업

1. 연료 펌프 퓨즈를 제거하고 연료 잔압을 제거한다.

2. 연료 인젝터 커넥터를 탈거한다.

3. 인젝터에 연결된 입구쪽 파이프를 제거한다.

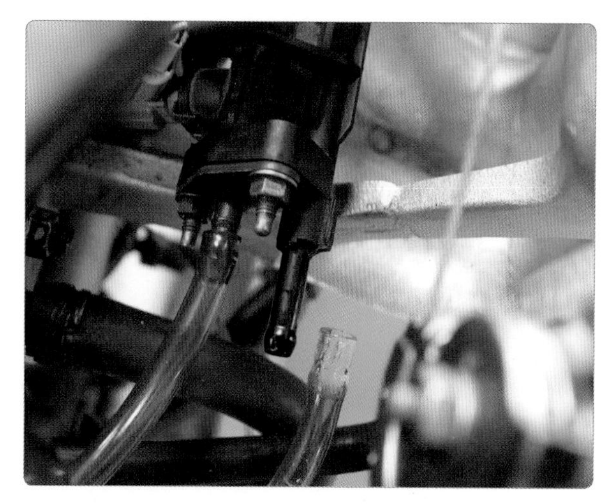

4. 연료 라인 공급 및 리턴 호스를 탈거한다.

5. 연료 압력 조절기 진공 호스를 탈거한다.

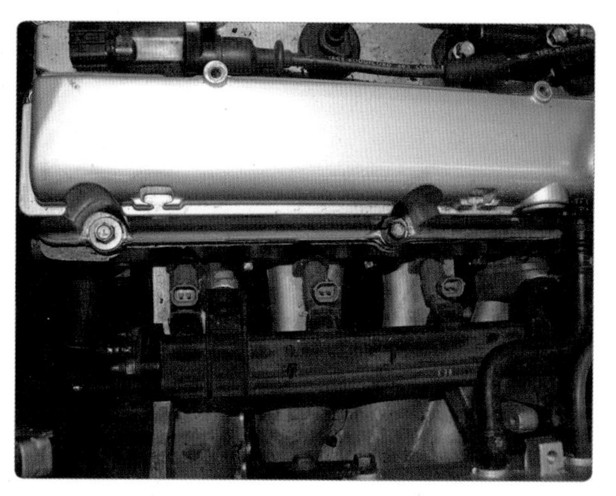

6. 인젝터 딜리버리 파이프 고정 볼트를 탈거하고 인젝터 어셈블리를 분해한다.

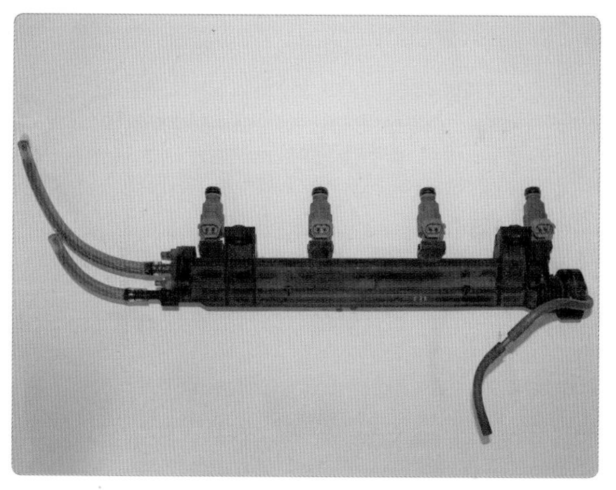

7. 탈거한 인젝터를 정렬하고 시험위원에게 확인을 받는다.

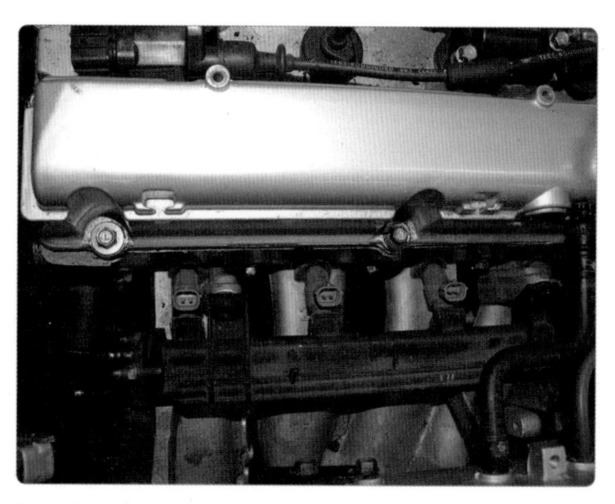

8. 연료 인젝터를 정위치한다.

9. 연료 라인 공급 및 리턴 호스를 조립한다.

10. 연료 압력 조절기 진공 호스를 조립한다.

11. 인젝터 배선 커넥터를 체결한다.

12. 주변을 정리하고 시험위원에게 확인을 받는다.

(6) 맵 센서 점검

① 맵 센서 점검

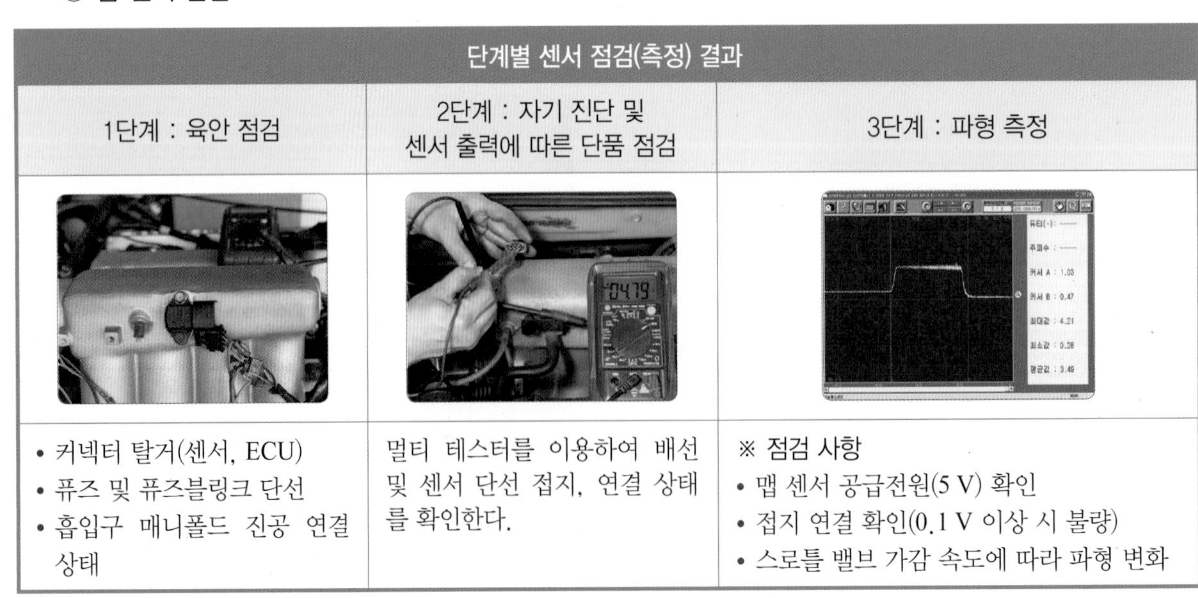

단계별 센서 점검(측정) 결과		
1단계 : 육안 점검	2단계 : 자기 진단 및 센서 출력에 따른 단품 점검	3단계 : 파형 측정
• 커넥터 탈거(센서, ECU) • 퓨즈 및 퓨즈블링크 단선 • 흡입구 매니폴드 진공 연결 상태	멀티 테스터를 이용하여 배선 및 센서 단선 접지, 연결 상태를 확인한다.	※ 점검 사항 • 맵 센서 공급전원(5 V) 확인 • 접지 연결 확인(0.1 V 이상 시 불량) • 스로틀 밸브 가감 속도에 따라 파형 변화

② 분석 결과

㈎ 흡입되는 공기의 맥동 변화에 따라 전압이 반응하며 가속과 감속 시 출력되는 파형 상태가 양호하다.

㈏ 공전 상태는 1.0 V(규정 1.0 V)이고, 완전히 열렸을 때 4.21 V(규정 4.5~5.0 V)로 규정 전압보다 다소 낮게 출력된다.

㈐ 급가속(규정 5 ms 이하) 시 노이즈 발생이 없다.

실습 주요 point

- 급감 시 0.5 V 이하로 떨어지지만 0 V여서는 안 된다.
- 급상승 시 5 ms 이상의 노이즈가 발생할 때에는 센서 불량 여부를 확인한다.
- 완전히 열렸을 때는 4.5~5.0 V의 값이 나타난다(가속도에 따라 기울기는 달라진다).

③ 맵 센서 탈부착

맵 센서 탈부착

맵 센서 배선에 대해 손상 여부를 점검한다. 회로 연결 상태가 정상으로 보일 경우에는 배선 또는 커넥터를 흔들어 보면서 스캐너에 출력되는 MAP값의 변화를 보면 결함 부위를 확인할 수 있다. 이는 결함이 간헐적으로 발생되는 경우에 매우 유용한 확인 방법이 될 수 있다.

1. 해당 엔진에서 탈부착할 맵 센서를 확인한다.

2. 맵 센서 커넥터를 탈거한다.

3. 맵 센서를 탈거한다.

4. 탈거한 맵 센서를 시험위원에게 확인받는다.

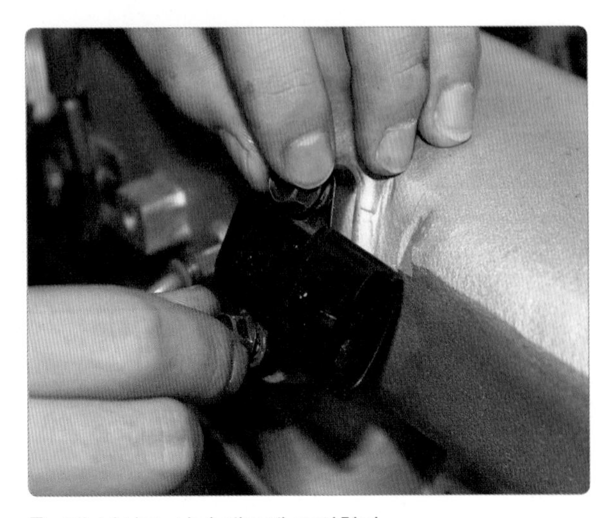

5. 맵 센서를 서지 탱크에 조립한다.

6. 커넥터를 체결하고 시험위원에게 확인받는다.

(7) 엔진 공전속도 점검

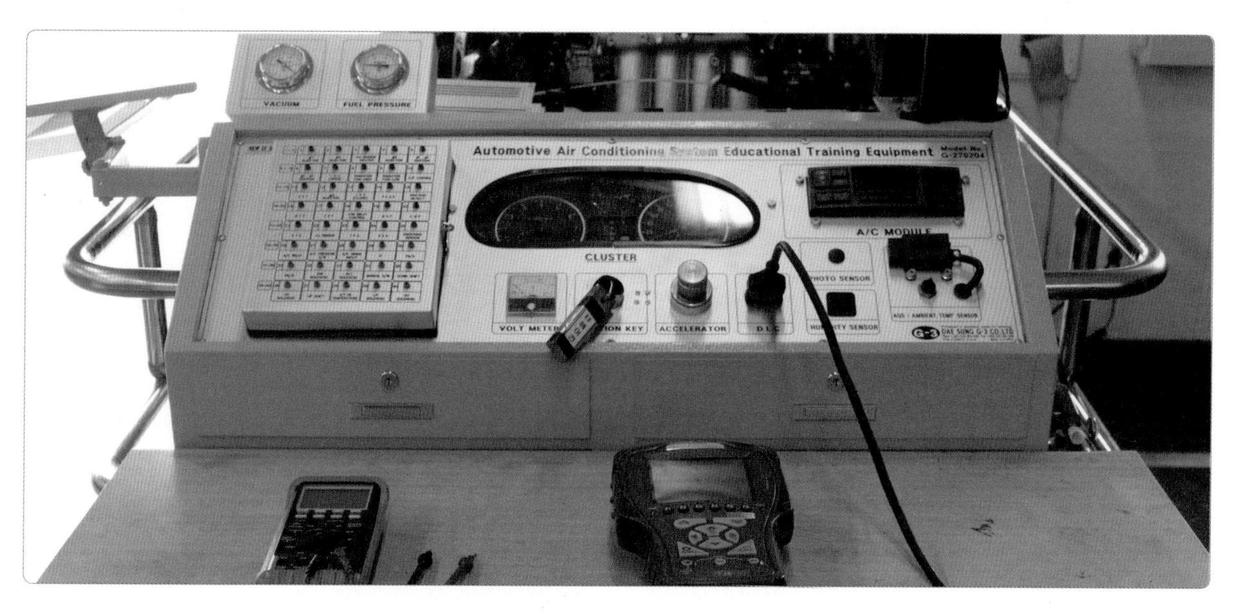

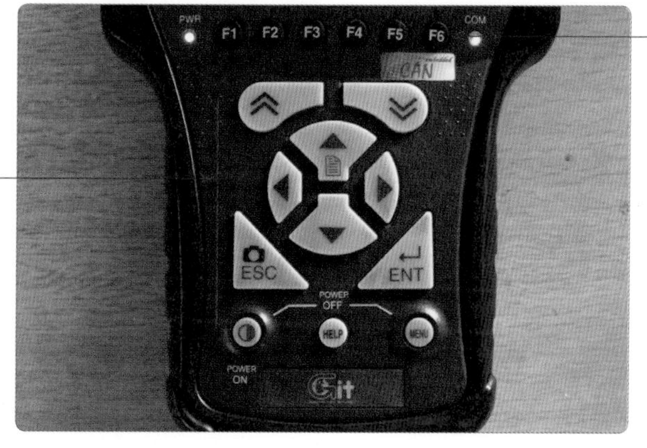

부가 기능 버튼
화면 하단 부가 기능 선택 시 사용

기능 버튼
시스템 작동 시 기능을 독립적으로 수행하기 위한 키

스캐너 전원 ON(점화 스위치 KEY ON 또는 엔진 시동 ON 상태)

기능 선택 1/1

01. 차량통신
02. 스코프/미터/출력
03. KOBD 차량진단기능
04. 주행 데이터 검색
05. PC통신
06. 환경설정

1. 기능 선택 메뉴에서 차량 통신을 선택한다.

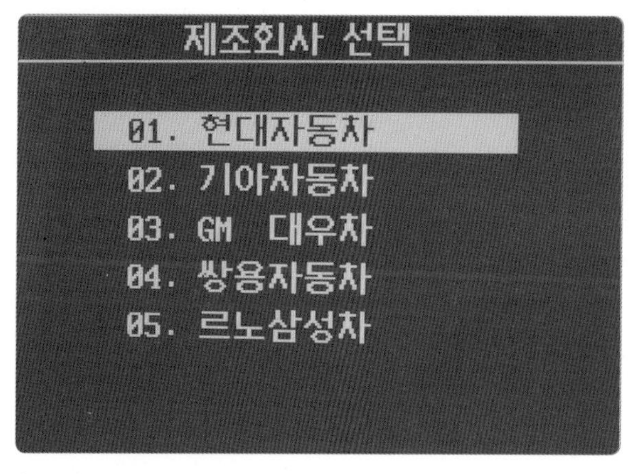

2. 제조사를 선택한다.

차종 선택 30/67

21. 아반떼	31. EF 쏘나타
22. 엘란트라	32. 쏘나타III
23. 티뷰론	33. 쏘나타II
24. 투스카니	34. 쏘나타
25. 제네시스 쿠페	35. 그랜저(HG)
26. 쏘나타(YF HEV)	36. 그랜저(TG)
27. 쏘나타(YF)	37. 그랜저(TG) 09~
28. NF F/L	38. 뉴-그랜져 XG
29. 쏘나타(NF)	39. 그랜져 XG

3. 시험용 차종을 선택한다.

제어장치 선택 1/10

차 종 : 뉴-EF 쏘나타

01. 엔진제어 가솔린
02. 엔진제어 LPG
03. 자동변속
04. 제동제어
05. 에어백
06. 트랙션제어
07. 현가장치
08. 파워스티어링

4. 점검할 장치를 선택한다(엔진 제어 가솔린).

사양 선택 1/2

차 종 : 뉴-EF 쏘나타
제어장치 : 엔진제어 가솔린

01. 1.8/2.0L DOHC
02. 2.5 V6-DOHC

5. 차량 배기량을 선택한다.

진단기능 선택 2/9

차 종 : 뉴-EF 쏘나타
제어장치 : 엔진제어 가솔린
사 양 : 1.8/2.0L DOHC

01. 자기진단
02. 센서출력
03. 액츄에이터 검사
04. 시스템 사양정보
05. 센서출력 & 자기진단
06. 센서출력 & 액츄에이터

6. 구체적인 고장 상태를 확인하기 위하여 스캐너 ESC를 누르고 센서출력을 선택한다.

센서출력 49/58

산소센서히터듀티	0.0	%
산소센서농도조정	미조정	
차속센서	0	Km/h
차량가속도	0.0	m/s2
기어변속단	0	
엔진회전수	792	RPM
엔진부하	27.8	%
엔진토크	29.4	Nm
목표엔진토크	-24.7	Nm
엔진마찰토크	6.7	%

7. 센서출력에서 공전 rpm을 확인한다(792 rpm).

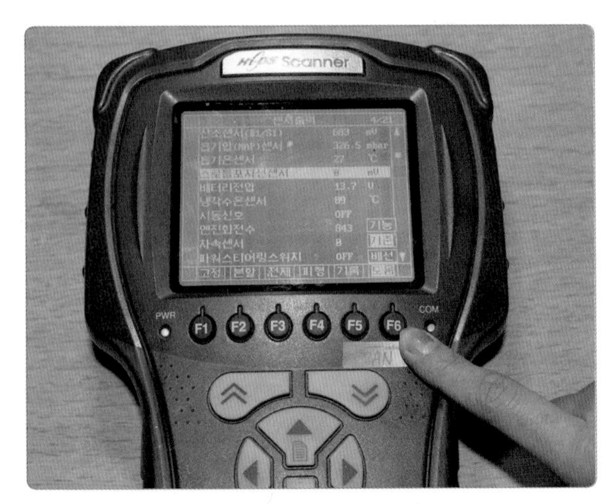

8. 도움 메뉴에서 기준값을 확인한다.

9. 측정이 끝나면 ESC를 이용하여 처음 위치로 놓는다.

10. 점화 스위치를 OFF시킨다.

MAP(manifold absolute pressure senser)

흡기 매니폴드의 압력 변화에 따라 흡입 공기량을 간접적으로 검출하여 연료의 기본 분사량과 분사 시간, 점화 시기를 결정하는 데 사용하는 센서는 MAP 센서이다. 흡기 매니폴드에서 계측된 압력값은 ECU에 입력된다. 또한 이 값은 스캐너를 통해 정비사가 확인할 수 있도록 ECU에서 진단장비로 보내어진다.

MAP 고장 시 나타나는 현상

간헐적으로 엔진의 시동이 꺼지는 경우, 크랭킹 상태에서 MAP 센서의 와이어링을 흔들었을 때 시동이 꺼지거나 부조가 발생되면 커넥터의 접촉 불량으로 판단할 수 있다. 또한 IG 스위치 ON 상태에서의 출력값이 규정값을 벗어나면 MAP 센서 또는 ECU의 결함으로 판단할 수 있다.

❶ 시동은 가능하지만 가속이 불량할 수 있다.
❷ 공회전 시 엔진 부조 현상이 발생할 수 있다.
❸ 과다한 연료 분사로 연료 소비가 많아지고 촉매 열화가 촉진된다.

MAP 센서의 특징

❶ 흡입공기량 계측이 간접 계측이다.
❷ 흡입 계통의 손실이 없다.
❸ 흡입공기 통로의 설계가 자유롭다.
❹ 고장이 발생하면 엔진 부조 또는 가동이 정지된다.
❺ 압력 계측이 용이한 피에조 저항을 사용한다.

(8) 연료 압력 점검

① 연료 압력 점검 방법

엔진 연료 압력 점검

1. 연료 펌프 퓨즈를 탈거한다.

2. 엔진을 시동한 후 엔진 시동이 OFF될 때까지 기다린다(연료 잔압 제거).

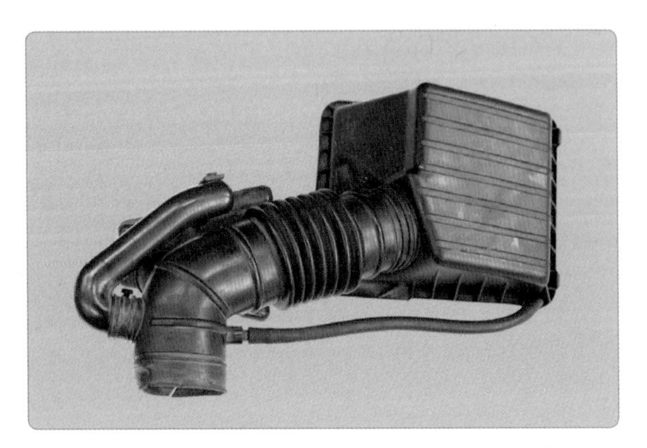

3. 엔진 시동이 OFF되면 에어클리너 필러 캡과 흡입 덕트를 탈거한다.

4. 연료 파이프에 기름 유출을 대비해 유포지를 놓는다.

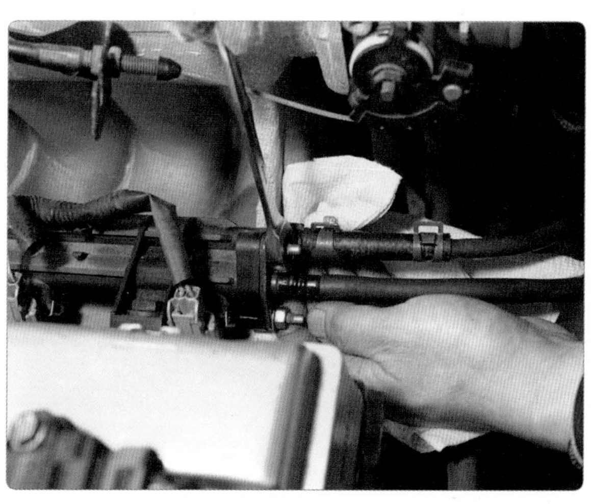

5. 연료 공급 라인에 호스를 탈거한다.

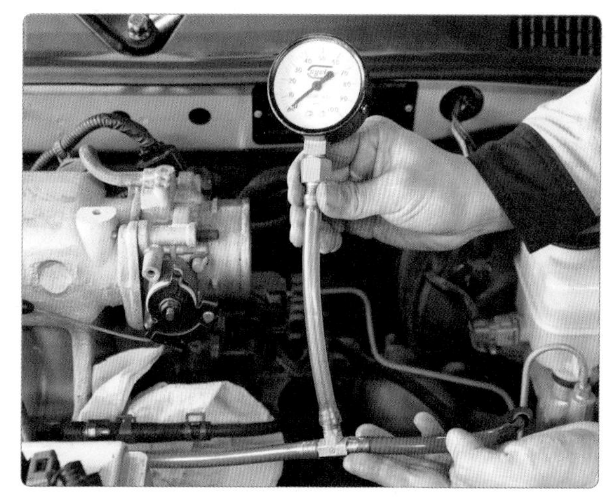

6. 연료 압력 게이지를 입구 라인에 설치한다.

7. 연료 펌프 퓨즈를 체결한다.

8. 엔진을 시동하고 공회전 상태를 유지한다.

센서출력		8/20
산소센서(B1/S1)	39	mV
흡기압(MAP)센서	36.5	kPa
흡기온센서	31	℃
스로틀포지션센서	644	mV
배터리전압	14.4	V
냉각수온센서	87	℃
시동신호	OFF	
엔진회전수	812	RPM
차속센서	0	Km/h
공회전상태	ON	

고정 | 분할 | 전체 | 파형 | 기록 | 도움

9. 스캐너를 설치하여 공회전 상태를 확인한다(812 rpm).

10. 엔진을 시동하고 공회전 상태에서 연료 압력을 확인한다(3 kgf/cm²).

센서출력		8/20
산소센서(B1/S1)	136	mV
흡기압(MAP)센서	30.1	kPa
흡기온센서	30	℃
스로틀포지션센서	957	mV
배터리전압	14.3	V
냉각수온센서	89	℃
시동신호	OFF	
엔진회전수	2593	RPM
차속센서	0	Km/h
공회전상태	OFF	

고정 | 분할 | 전체 | 파형 | 기록 | 도움

11. 엔진 가속 상태를 유지한다(2593 rpm).

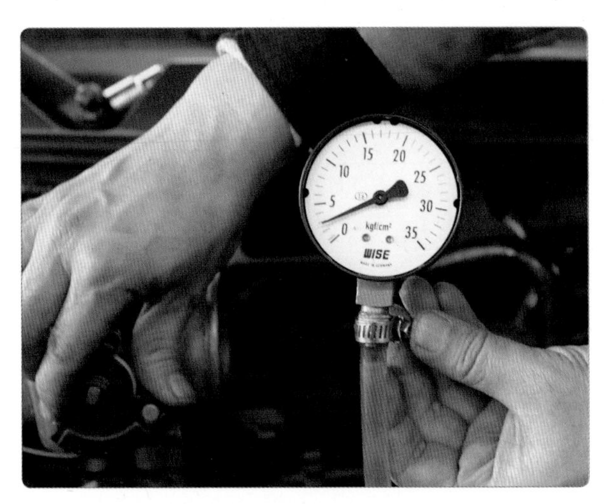

12. 엔진을 가속하며 연료 압력을 확인한다(3 kgf/cm^2).

13. 잔압을 제거하고 엔진 시동을 OFF시킨다.

14. 에어클리너 필러 캡과 흡입 덕트를 조립한다.

측정(결과) : 연료 공급 압력 측정값 3 kgf/cm^2(공회전 rpm)를 정비 지침서 또는 스캐너 기준과 비교하여 판정하고 불량 시 가능한 고장 원인을 찾아 정비 수리한다.

가솔린 엔진 연료 압력 규정값		
차 종	규정값	
	연료 압력 진공 호스 연결 시	연료 압력 진공 호스 탈거 시
EF 쏘나타(SOHC, DOHC)	2.75 kgf/cm^2(공회전 rpm)	3.26~3.47 kgf/cm^2(공회전 rpm)
그랜저 XG	3.3~3.5 kgf/cm^2(공회전 rpm)	2.7 kgf/cm^2(공회전 rpm)
아반떼 XD, 베르나	–	3.5 kgf/cm^2(공회전 rpm)

실습 주요 point

연료 압력 측정

연료 압력 측정은 연료 계통의 고장 유무를 판단하는 데 내시경과 같은 기능으로 고장을 확인할 수 있으며 압력 게이지 설치 시 가솔린이 누출되어 화재 발생이 되지 않도록 주의한다.

② 연료 압력 점검 결과 원인 분석

엔진 시동(공회전) 상태에서 연료 압력 점검		
연료 압력 측정 결과	가능 원인	조치 사항
연료 압력이 낮을 때	연료 필터 막힘	연료 필터 교환
	연료 압력 조절기 밸브 미착불량으로 구환구쪽 연료 누설	연료 펌프와 장착된 연료 압력 조절기 교환
	연료 펌프 공급 압력 누설	연료 펌프 교환
연료 압력이 높을 때	연료 압력 조절기 내의 밸브 고착	연료 펌프에 장착된 연료 압력 조절기 교환
		연료 호스 및 파이프 수리(교환)

엔진 공회전 상태에서 엔진 정지 상태(off)가 되었을 때		
연료 압력 측정 결과	가능 원인	조치 사항
엔진 정지 후 연료 압력이 서서히 저하될 때	연료 인젝터에서 연료 누설	인젝터 교환
엔진 정지 후 연료 압력이 급격히 저하될 때	연료 펌프 내 체크 밸브 불량	연료 펌프 교환

실습 주요 point

전자 제어 엔진 연료 펌프 전류 검사

크랭킹하는 동안 연료 펌프 전류가 측정되어야 정상이다.

❶ 전류 측정이 안 될 때 : 연료 펌프 구동이 안 됨

❷ 측정 전류가 너무 작을 때

- 관련 회로(배선, 퓨즈 커넥터)의 접속 상태를 점검한다.
- 연료 펌프 작동 상태를 점검한다.
- 연료 압력 조절기를 점검한다.

❸ 측정 전류가 너무 클 때

- 연료 필터의 막힘이나 연료 호스의 꺾임 여부를 점검한다.
- 연료 펌프를 점검한다.

전자 제어 엔진 파형 점검 정비

1. 관련 지식

2. 점화 파형 및 센서별 파형의 측정 및 분석

9 전자 제어 엔진 파형 점검 정비

실습목표 (수행준거)	1. 전자 제어 엔진의 센서와 액추에이터의 입출력 관계를 확인하고 센서 출력 신호(아날로그와 디지털)를 분별할 수 있다. 2. 엔진의 센서와 액추에이터의 파형을 출력할 수 있다. 3. 기준(정상) 파형과 출력된 파형을 비교 분석하여 이상 부위 파형을 분석할 수 있는 능력을 배양한다. 4. 시스템 내 부품 교환을 정비 지침서 작업 순서에 따라 수행하고 피드백하여 전자 제어 엔진 고장 진단 능력을 배양한다.

1 관련 지식

전자 제어 엔진의 고장 진단은 일반적으로 엔진 작동에 영향을 줄 수 있는 기계적인 부분과 ECU 입출력 제어장치를 기본으로 엔진 작동 상태를 점검하고 필요에 따라 파형을 점검하여 센서와 액추에이터 이상 유무를 점검한다.

1 파형 분석 시 점검 포인트

측정된 파형은 정상 파형을 기준으로 시간과 전압값을 확인하고 변화에 따른 형상을 점검하여 회로 내 이상 유무를 확인한다.

① 평상시 정상 출력되던 파형이 일정 시간 또는 순간적으로 출력되지 않을 때
② 일반적으로 출력되지 말아야 할 전원이 일정 시간 또는 순간적으로 출력될 때
③ 정상 출력되는 파형에서 변화가 발생되어 정상 영역을 벗어나는 경우
④ 주기적으로 발생되는 펄스가 순간적으로 출력되지 않을 때(일정 구간 펄스 빠짐 현상)

2 진단 시 주의 사항

파형 진단 시 작업 과정에서의 안전성을 유지하고 관련 장치의 손상 등을 방지하기 위해 다음과 같은 사항을 고려해야 한다.

(1) 배선 및 커넥터 점검 시 주의 사항

배선 및 커넥터를 점검할 때는 무리한 힘을 주어 커넥터의 단자 부분에서 단락 또는 단선이 발생하지 않

도록 해야 한다. 특히, 오실로스코프 회로 시험기 등의 각종 시험기로 배선 및 커넥터를 점검하는 경우에는 전선의 피복 손상에 유의해야 한다.

(2) ECU를 분리해야 하는 경우

테스트 램프 또는 저항계를 사용하여 ECU 배선을 점검할 때는 필요에 따라서 분리한다.

(3) 회로 테스터 사용 시 주의 사항

① 회로 테스터를 사용할 때 센서 접지를 어스로 사용하지 않는다. 센서 접지를 사용할 경우 센서 접지에 큰 부하 전류가 흘러 PCB(전자기판)의 그라운드 회로가 소손될 수 있다.

② 회로 점검을 할 때 디지털 멀티미터나 1 MΩ 이상이 접속된 LED를 사용해야 한다. 일반 전구를 사용할 경우에는 큰 부하 전류가 ECU에 흘러 구동 TR이 소손될 수 있다.

2 점화 파형 및 센서별 파형의 측정 및 분석

1 점화 1차 파형 점검

(1) 점화 1차 파형 측정

점화 1차 파형 측정

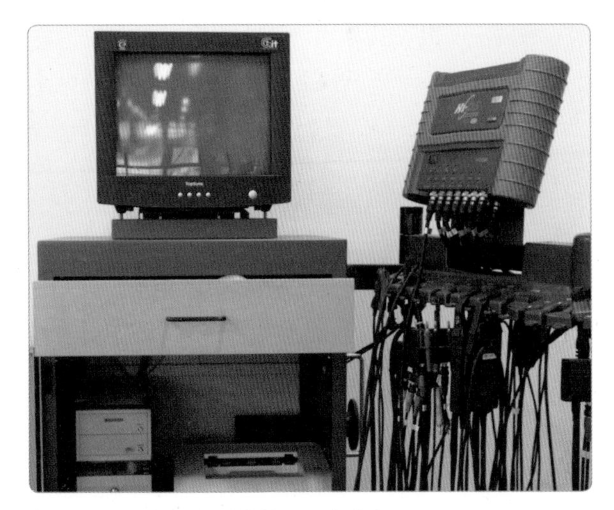

1. HI-DS 컴퓨터 전원을 ON시킨다.

2. 계측모듈 스위치를 ON시킨다.

3. 모니터 전원이 ON 상태인지 확인한다.

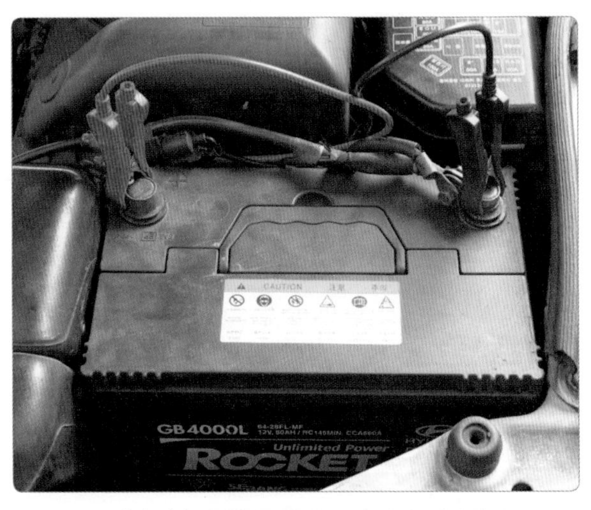

4. HI-DS (+), (-) 클립을 배터리 단자에 연결한다.

5. 점화 코일 및 고압 픽업선에 프로브를 연결한다.

6. 엔진을 시동한다.

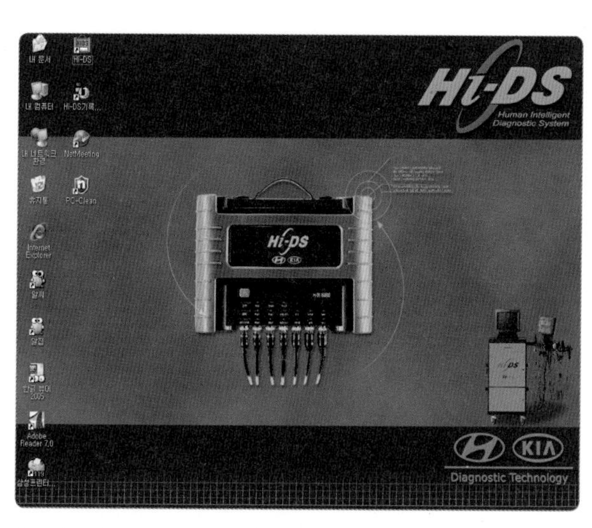

7. 바탕화면 HI-DS 아이콘을 클릭한다.

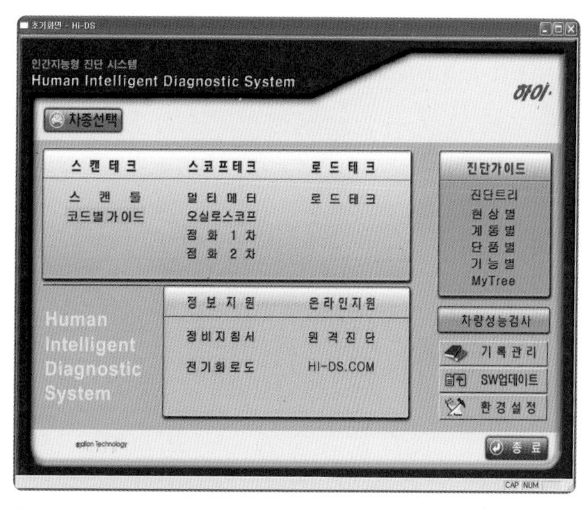

8. 차종을 선택한다.

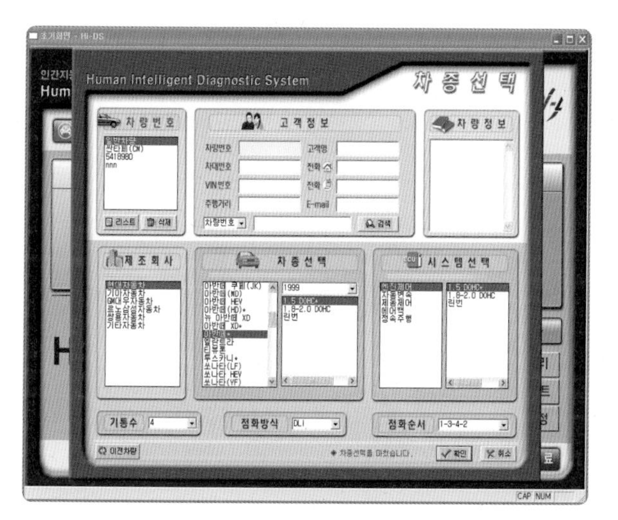

9. 차종 선택 : 제작사-차종-엔진형식을 선택한다.

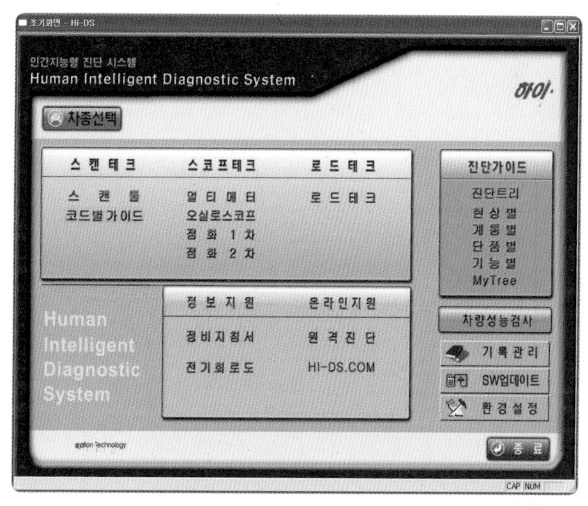

10. 점화 1차 파형을 선택한다(오실로스코프 점검 가능).

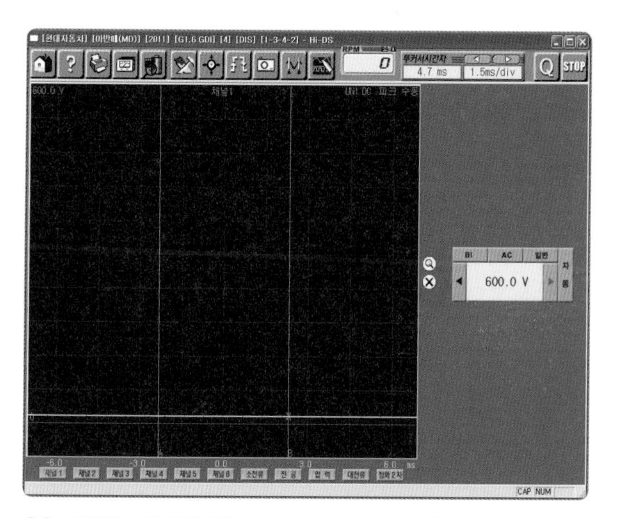

11. 점화 1차 전압을 DC 600 V로 설정한다.

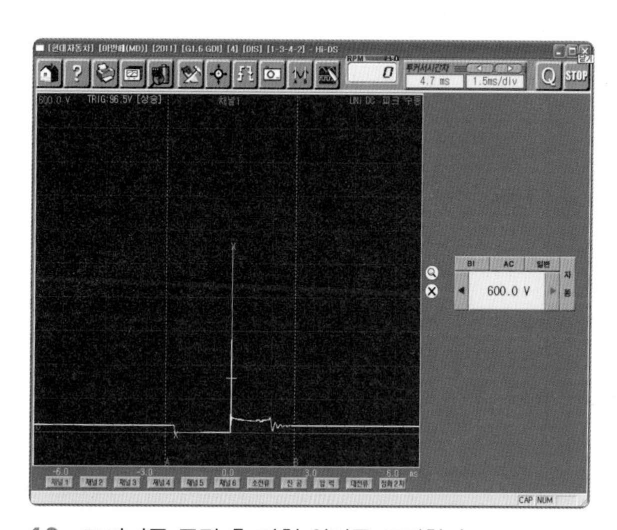

12. 트리거를 클릭 후 파형 위치를 조정한다.

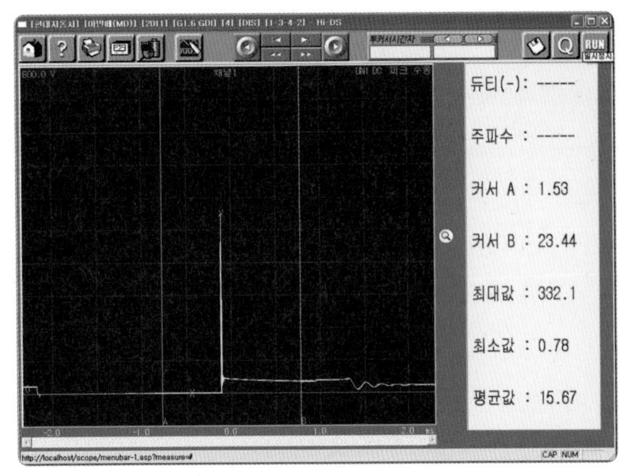

13. 파형을 정지한 후 피크(점화) 전압을 확인한다(322.1 V).

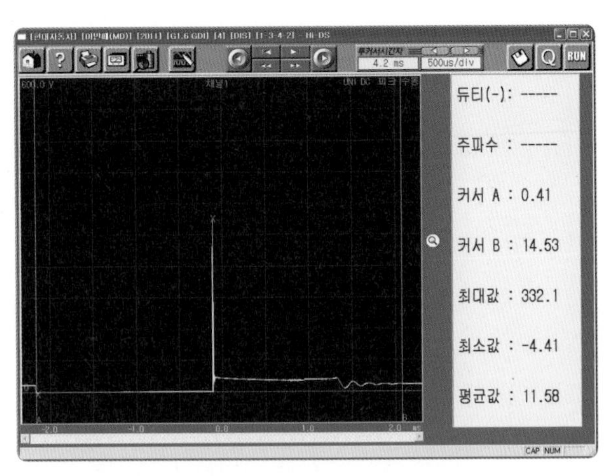

14. 드웰 구간 전압 상태 및 감쇠 구간 등 점화 1차 회로를 분석한다(프린트 출력).

(2) 점화 1차 파형 분석

출력 파형	점화 1차 파형 분석
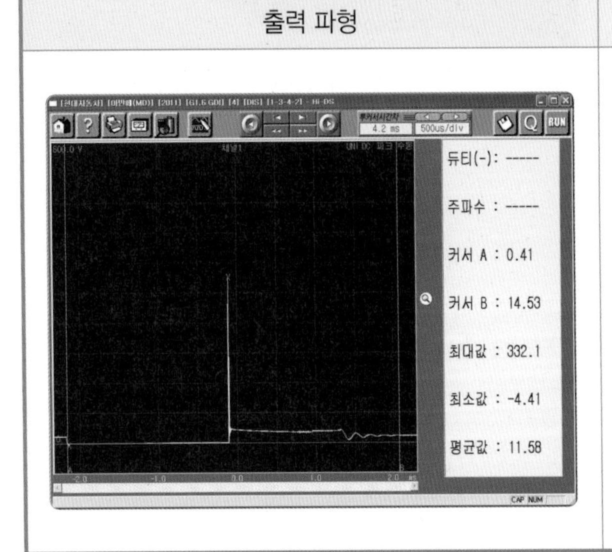	(1) 드웰 구간 : 파워 TR의 ON~OFF까지의 구간 (2) 1차 유도 전압 : 1차 측 코일로 자기 유도 전압이 형성되는 구간으로 서지 전압은 322.1 V(규정값 : 300~400 V)이다. (3) 점화 라인(불꽃 지속 시간) : 점화 플러그의 전극 간에 아크방전이 이루어질 때 유도 전압은 2.0ms(규정값 : 0.8~2.0 ms)이다. (4) 감쇄 진동부 : 점화코일에 잔류한 에너지가 1차 코일을 통해 감쇄 소멸되는 전압으로 3~4회 진동이 발생되었다. (5) 드웰 시간 끝 부분(파워 TR OFF 전압)이 1.90V(규정값 : 3 V 이하)로 양호하며 발전기에서 발생되는 전압은 14.53 V(규정값 : 13.2~14.7 V)이다.

실습 주요 point

점화 1차 회로 분석 주요 포인트

점화 코일의 불량, 파워 TR 불량, 엔진 ECU 접지 전원 불량, 파워 TR 베이스 전원 불량 등

※ 점화 1차 파형이 불량일 경우 점화 계통 배선 회로를 점검하고 필요 시 점화 코일 및 스파크 플러그 하이텐션 케이블 등 관련 부품을 교환한 후 다시 점검한다.

【점화 1차 파형 실습 보고서】

________조 학번 : ____________ 성명 : ____________	실습 일시	
	실습 내용	
	차　　종	
	담당 교수	

◎ 주어진 자동차의 점화회로를 점검하고 점화 1차 파형을 출력 · 분석하여 그 결과를 기록표에 기록하시오.

점화 1차 파형 분석

HI-DS 종합테스터기 장비 조작 순서(세부적으로) 기재	조건 REBEL	
	v/DIV	
	TRIGGER REBEL	
	DELAY	
	ms/DIV	

정상 파형 및 파형 분석 내용	
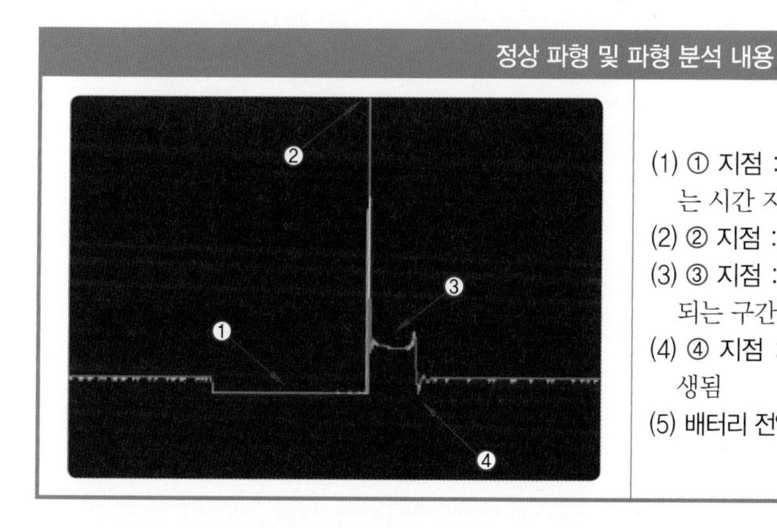	(1) ① 지점 : 드웰 구간–점화 1차 회로에 전류가 흐르는 시간 지점 3 V 이하~TR OFF 전압(드웰 끝 부분) (2) ② 지점 : 점화 전압(서지 전압) – 300~400 V (3) ③ 지점 : 점화(스파크) 라인 – 연소실 연소가 진행되는 구간(0.8~2.0 ms) (4) ④ 지점 : 감쇄 진동 구간으로 3~4회의 진동이 발생됨 (5) 배터리 전압 발전기에서 발생되는 전압 : 13.2~14.7 V

측정 파형	파형 분석

점검 항목	규정값	측정값	판정
서지 전압			
드웰 시간			
점화 전압			
진동 구간			

트리거(trigger)

트리거는 전자적인 용어로 사용되고 있으며, 총에 달린 방아쇠의 뜻도 있다. 움직이는 피사체가 방아쇠가 당겨져 날아오는 총에 맞아 정지가 되듯이 흘러가는 파형의 자취를 원하는 위치에 고정시키게 되므로 정지되는 화면으로 파형을 분석하는 데 도움이 된다.

2 점화 2차 파형 점검

(1) 점화 2차 파형 측정

점화 2차 파형 측정

1. HI-DS 컴퓨터 전원을 ON시킨다.

2. 계측모듈 스위치를 ON시킨다.

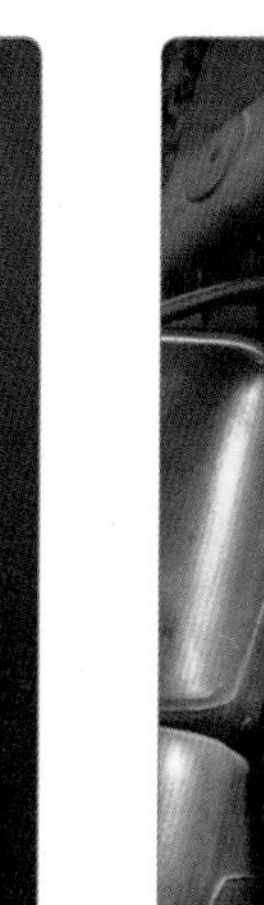

3. 모니터 전원이 ON 상태인지 확인한다.

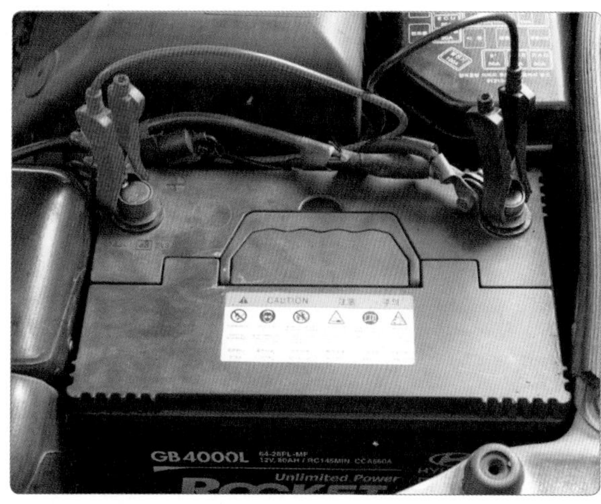

4. HI-DS (+), (-) 클립을 배터리 단자에 연결한다.

5. 점화 코일 (-)에 채널 프로브를 체결하고 고압 픽업선을 1~4번 고압선에 물린다.

6. (-) 프로브를 배터리 (-)에 연결한다.

7. 엔진을 시동한다(시동 후 IG).

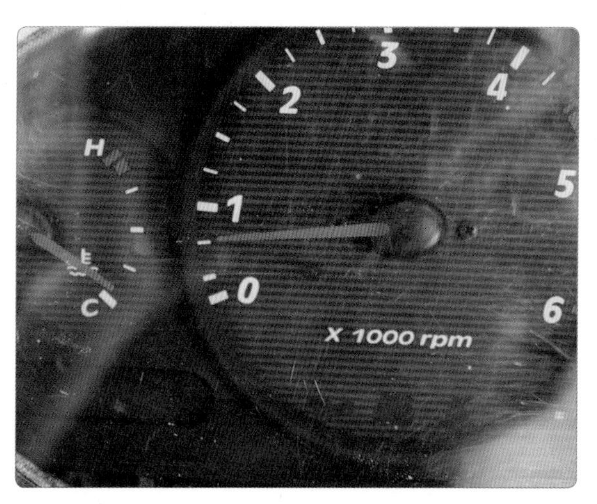

8. 엔진을 공회전 상태로 유지한다(750~950 rpm).

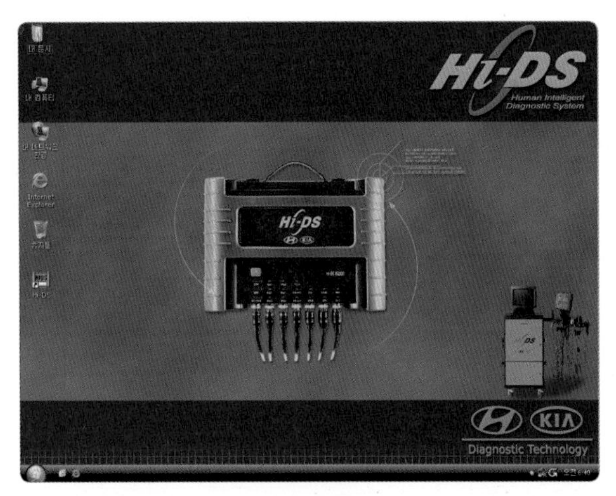

9. 초기화면에서 HI-DS를 클릭한다.

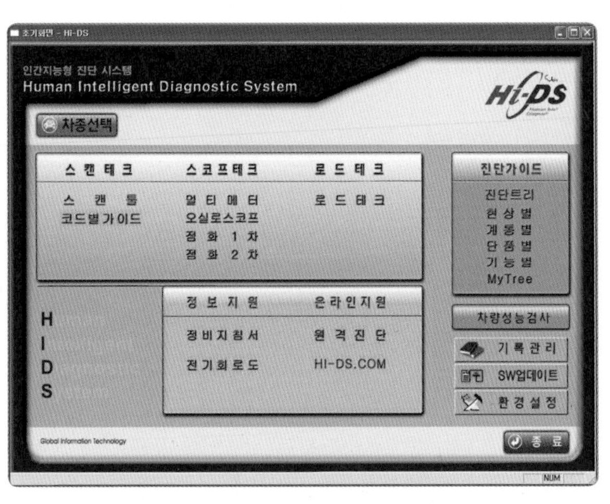

10. 스코프테크에서 점화 2차를 선택한다.

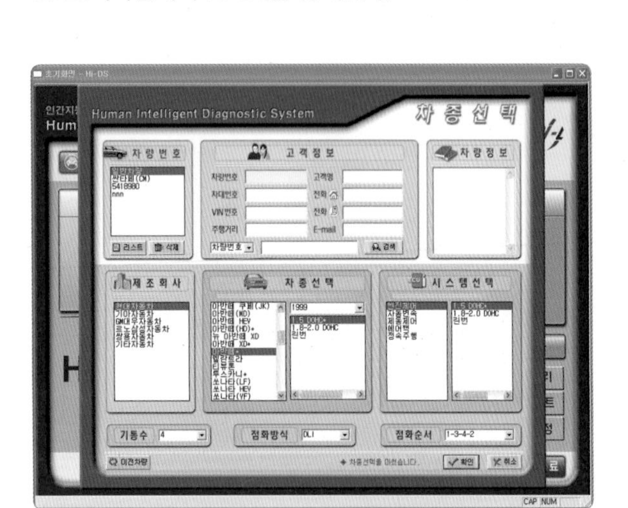

11. 제조회사–차종선택–시스템을 선택하고 확인을 클릭한다.

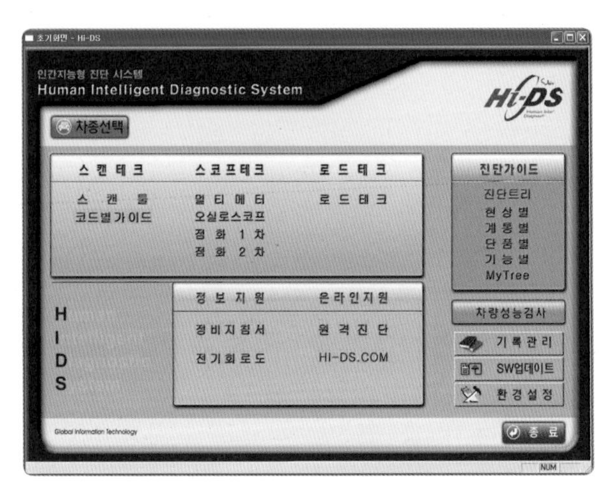

12. 스코프테크에서 점화 2차를 선택한다.

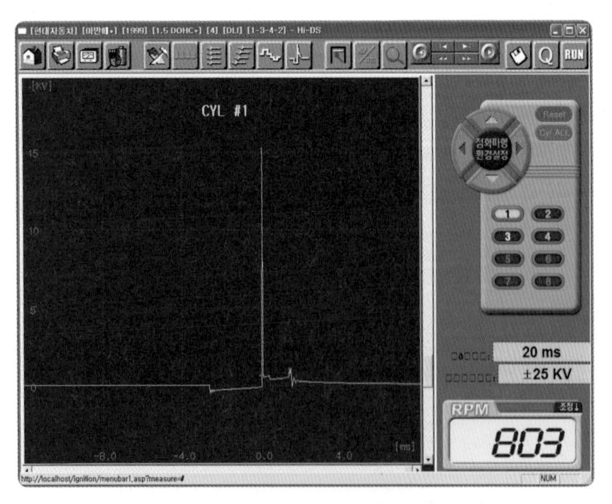

13. 시간축 20 ms, 전압축 25 KV를 설정하고 환경설정 아이콘을 클릭한다.

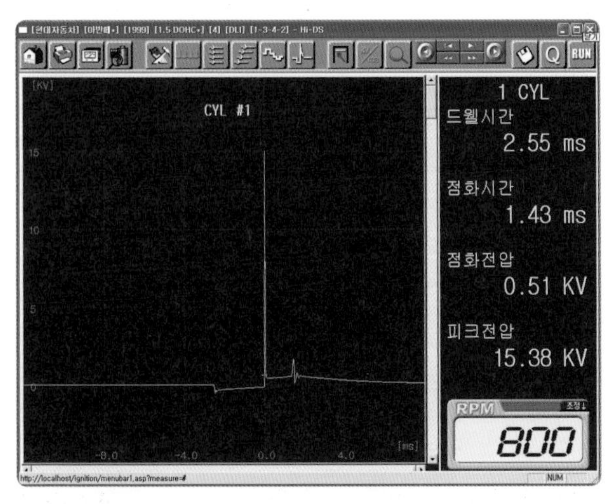

14. 개별실린더를 선택하여 시험위원이 제시한 실린더를 선택하고 STOP 버튼을 클릭한다.

(2) 점화 2차 파형 분석

출력 파형	점화 2차 파형 분석
	(1) 드웰 시간 : 2.55 ms 출력(파워 TR on에서 off 작동 구간) (2) 피크 전압(서지 전압) : 15.38 kV 출력 (3) 점화 전압(스파크 라인) : 플러그의 전극 간에 아크 방전될 때 유도 전압이 나타난다(0.51 kV, 점화 시간 : 1.43 ms). (4) 분석 결과 : 점화 2차 전압이 정상 전압으로 스파크 플러그 간극, 압축 압력, 혼합기 상태, 전반적인 점화 회로가 정상 출력된 파형이다.

실습 주요 point

점화 2차 파형 검사 목적

❶ 기계적인 문제인 밸브, 압축 압력, 벨트 등이 점화 2차에 영향을 줄 수 있으므로 먼저 기계적인 점검이 이상이 없는지 확인 후 파형을 점검한다.

❷ 각 실린더의 피크(서지) 전압 높이를 비교하여 플러그 갭을 확인하며 불꽃 지속 시간을 비교하여 플러그 오염, 고압선 누전을 점검한다.

점화 2차 파형 불량 시 원인

(1) 점화 2차 파형 전압이 정상보다 높을 때

❶ 스파크 플러그 간극이 규정보다 클 경우
❷ 고압 케이블 불량(저항 증가, 단선)
❸ 연료 공연비 희박
❹ 압축 압력의 증대

(2) 점화 2차 파형 전압이 정상보다 낮을 때

❶ 스파크 플러그 간극이 작을 경우(카본 퇴적)
❷ 고압 케이블 단락
❸ 압축 압력 저하

(3) 점화 2차 파형 측정(아반떼 MD)

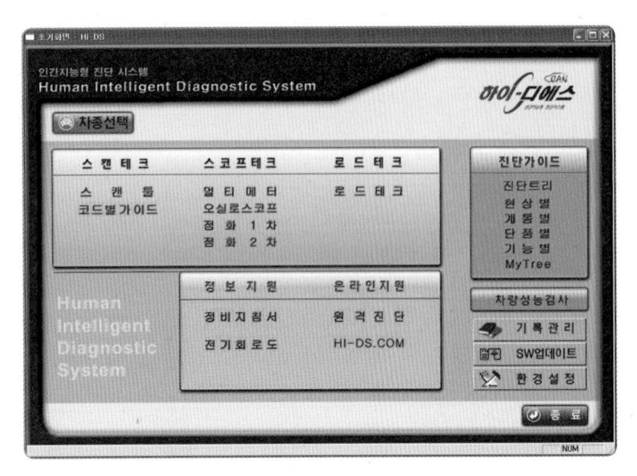

1. HI-DS 컴퓨터, 계측모듈 모니터 전원을 ON 시킨 후 HI-DS를 클릭한다.

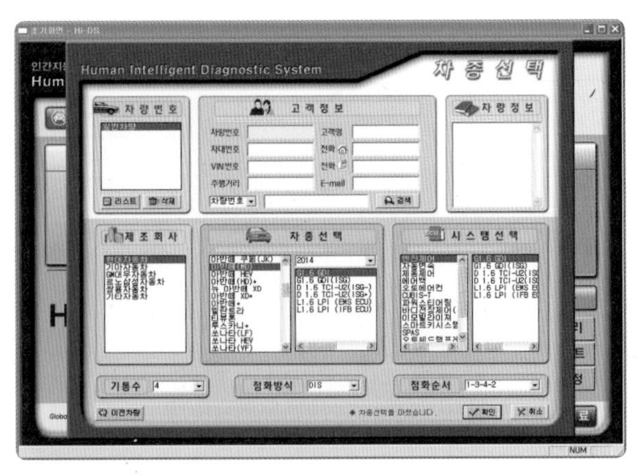

2. 차종과 시스템을 선택한다.

3. HI-DS 배터리 전원 및 프로브 채널(적색)은 점화 코일(−)에 연결하고 프로브(검정)는 접지시킨다.

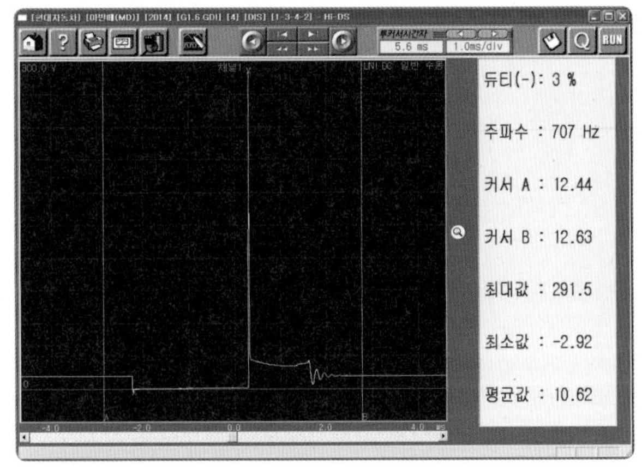

4. 환경설정 전압을 선택한 후 트리거를 클릭한다. 파형이 출력되면 화면을 정지(stop)한 후 피크 전압을 확인한다(291.5 V).

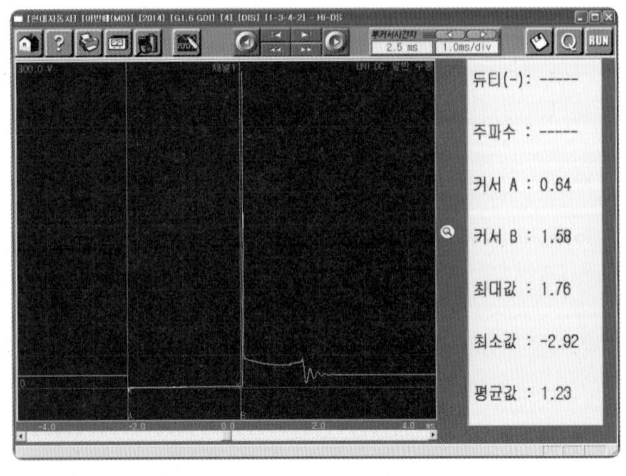

5. 점화 접지 전압을 확인한다(1.58 V).

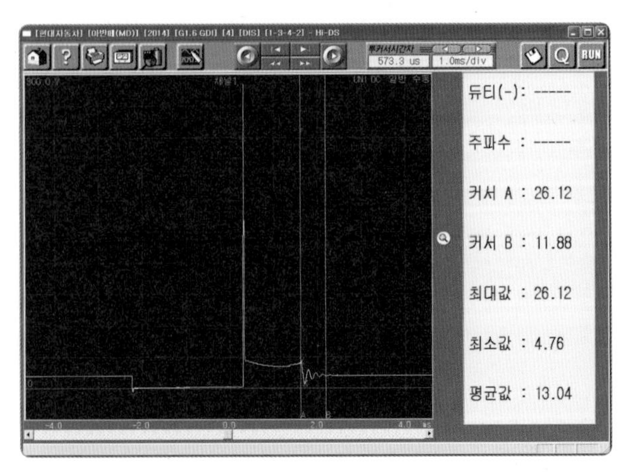

6. 감쇄 진동부의 진동을 확인한다(3회).

【점화 2차 파형 실습 보고서】

＿＿＿＿＿＿조 학번 : ＿＿＿＿＿＿ 성명 : ＿＿＿＿＿＿	실습 일시	
	실습 내용	
	차　　종	
	담당 교수	

◎ 주어진 자동차의 DLI(distributor less ignition system)에서 시험위원의 지시에 따라 1차 또는 2차 점화 코일의 파형을 출력 · 분석하여 그 결과를 기록표에 기록하시오.

HI-DS 종합테스터기 장비 조작 순서(세부적으로) 기재	조건 REBEL	
	v/DIV	
	TRIGGER REBEL	
	DELAY	
	ms/DIV	

정상 파형 및 파형 분석 내용

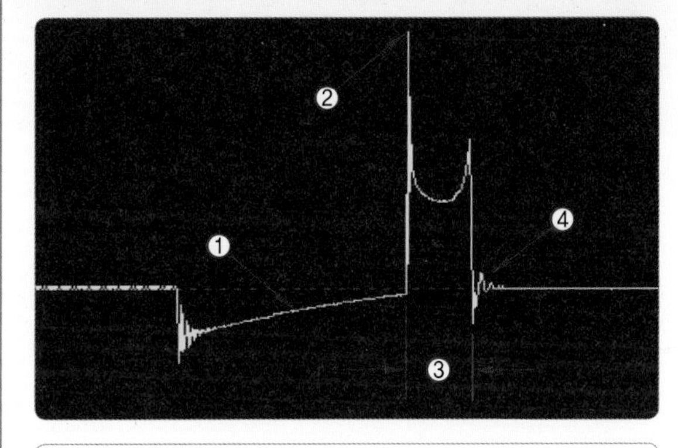

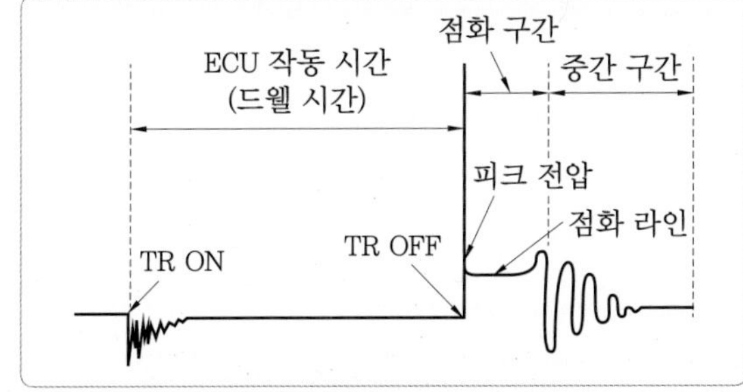

① 드웰 구간 : 파워 TR이 ON에서 OFF될 때까지의 구간

② 점화 전압(서지 전압) : 점화 플러그의 전극 간에 스파크를 발생시켰을 때 요구 전압이 발생한다(차종마다 조금씩 다르나 보통 8~18 kV 정도이다).

③ 점화(스파크) 라인 : 점화 플러그의 전극 간에 아크 방전이 연속적으로 발생하고 있는 상태이다(차종마다 조금씩 다르나 보통 0.8~2.0 ms 정도이다).

㈎ 점화 라인이 높고 간격이 짧은 경우 점화 플러그 간극이 큰 경우로 불량하다.

㈏ 점화 라인이 낮고 간격이 긴 경우 점화 플러그 간극이 작은 경우로 불량하다.

㈐ 움직임이 거의 없는 경우 점화 플러그의 훼손을 의심해야 한다. 높고 잡음이 생기는 경우 하이텐션 케이블 불량이다.

④ 감쇄 진동 구간 : 점화 코일에 잔류한 에너지가 1차 코일 측으로 감쇄 소멸하는 상태이다. 잔류 에너지 방출 구간이 없으면 점화 코일 불량이다(보통 3~4회).

측정 파형

파형 분석

점검 항목	규정값	측정값	판정
서지 전압			
드웰 시간			
점화 전압			
진동 구간			

3 흡입 공기 유량 센서 파형 점검

(1) 흡입 공기 유량 센서 파형 측정

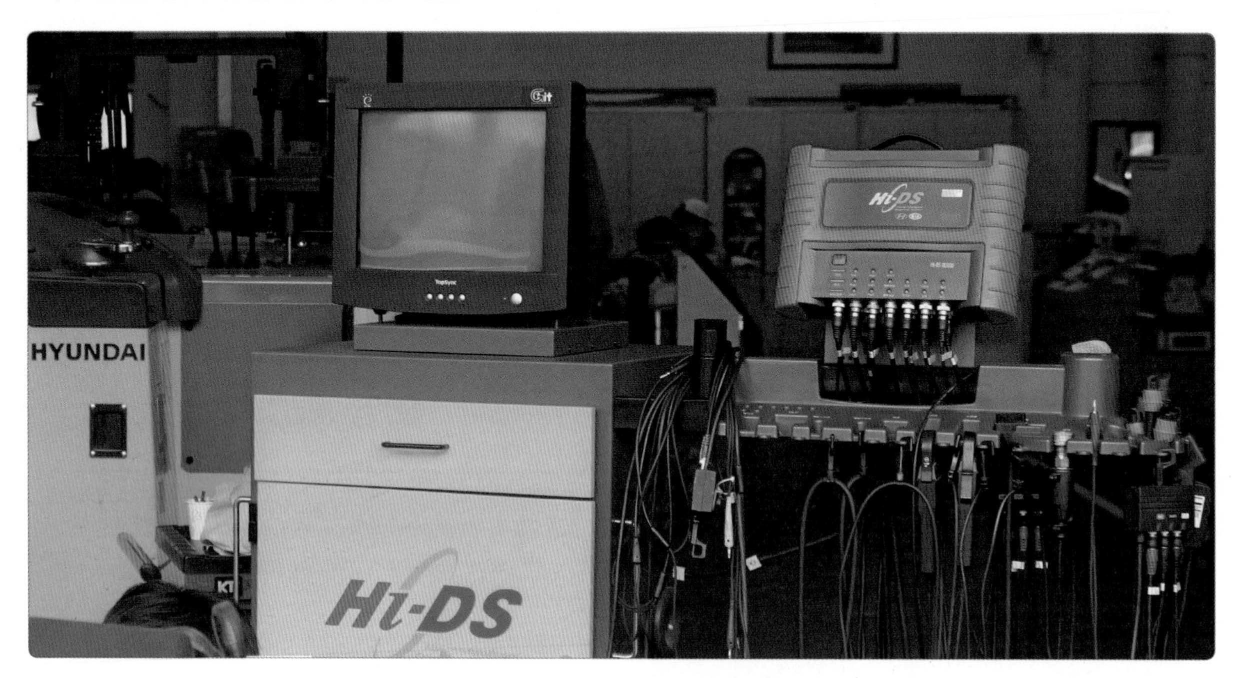

점검할 HI-DS 장비와 엔진 시뮬레이터 확인

> **실습 주요 point**
>
> **투 커서**
>
> 마우스의 오른쪽과 왼쪽 버튼을 이용하여 A 커서와 B 커서의 위치를 정하거나 변경하여 구간을 정하며 이때 투 커서 라인이 실선으로 바뀐다. 이것은 파형을 측정하고 정지(stop) 버튼을 누르면 측정 투 커서 간의 데이터를 확인하기 위해 구간을 자유롭게 정하고 파형을 분석할 수 있다.

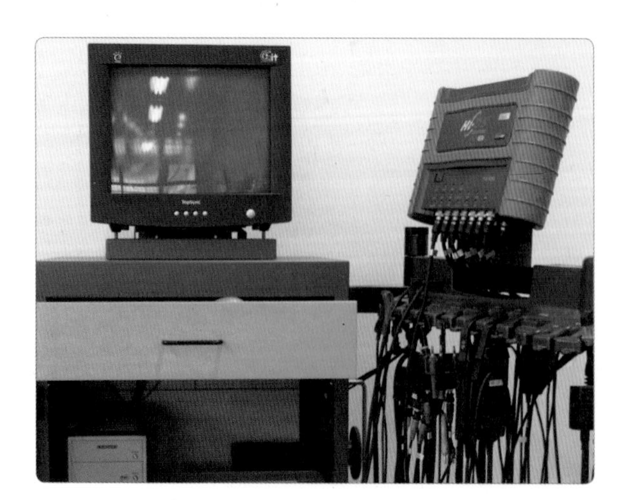

1. HI-DS 컴퓨터 전원을 ON시킨다.

2. 계측모듈 스위치를 ON시킨다.

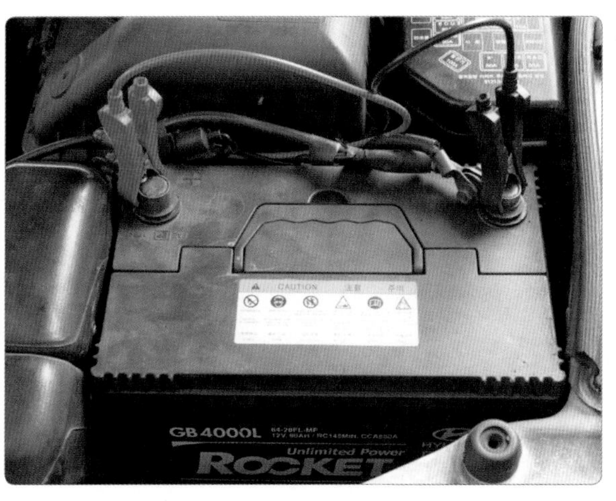

3. HI-DS (+), (-) 클립을 배터리 단자에 연결한다.

4. 공기 유량 센서(에어 플로 센서) 출력 단자에 1번 채널 프로브를 연결한다.

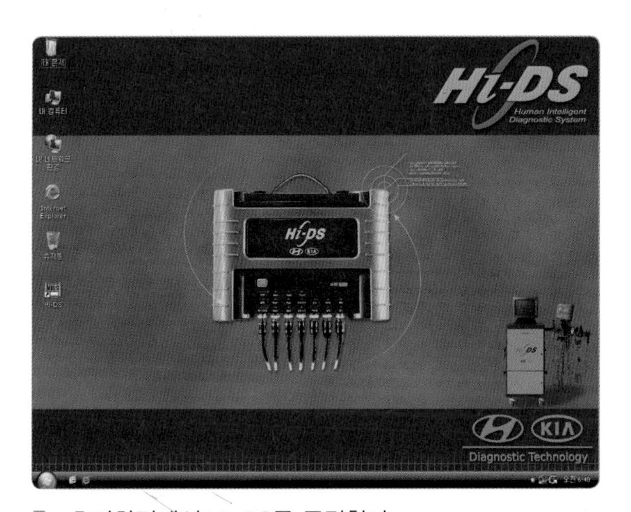

5. 초기화면에서 HI-DS를 클릭한다.

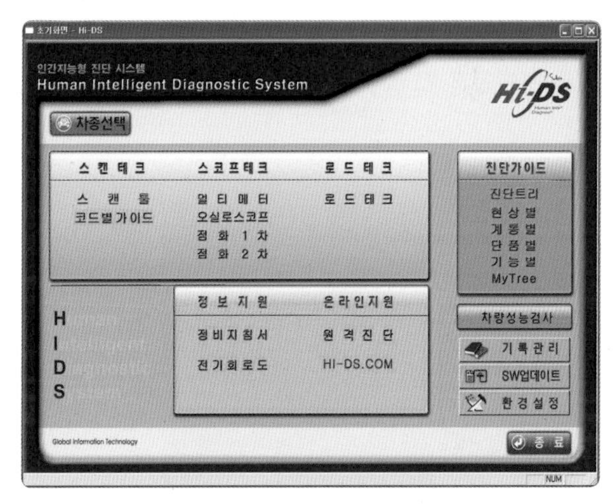

6. 차종 선택에서 오실로스코프를 선택한다.

7. 차종 선택 : 제작사-차종-엔진형식을 선택한다.

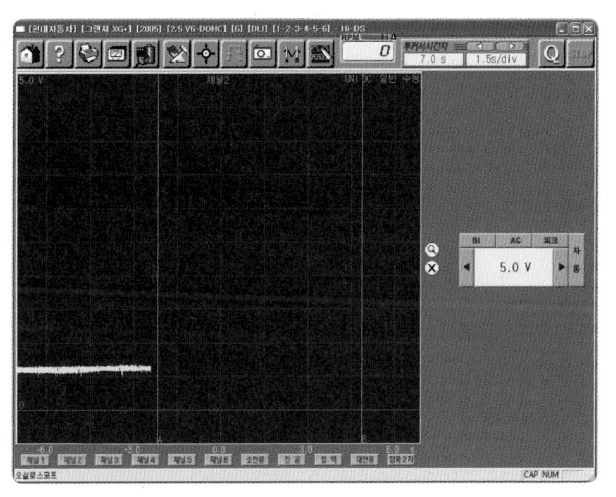

8. 환경설정에서 전압을 5 V, 시간을 1.5 ms/div로 설정한다.

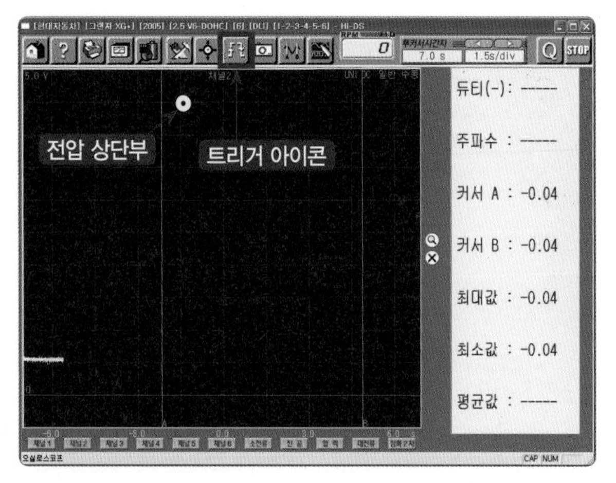

9. 트리거 아이콘을 클릭하고 화면 상단부(전압선 윗부분)를 클릭한다.

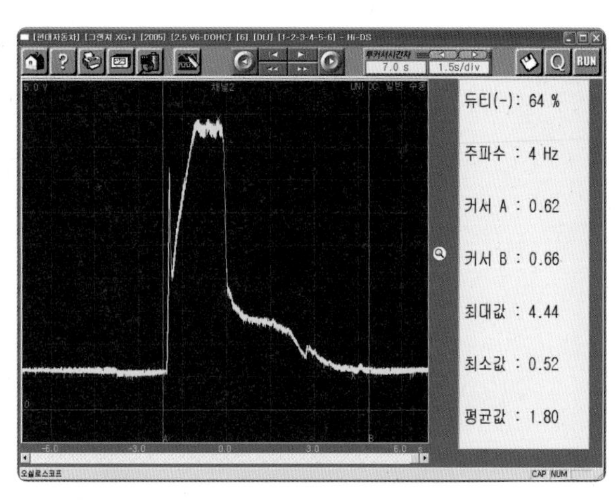

10. 출력된 파형을 프린트하여 파형을 분석하고 시험위원에게 제출한다.

(2) 흡입 공기 유량 센서 파형 분석

출력 파형	파형 분석(핫 와이어식)
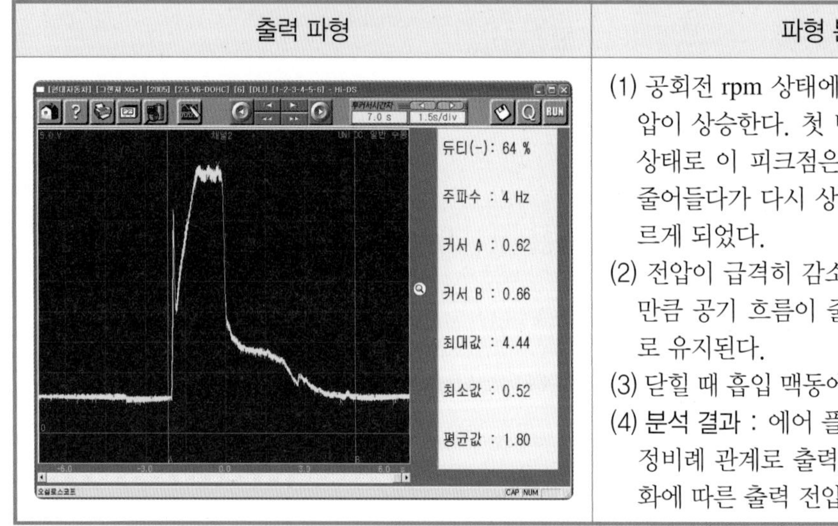	(1) 공회전 rpm 상태에서 0.52 V가 출력되고 가속 시 전압이 상승한다. 첫 번째 피크점에서 공기량도 증가된 상태로 이 피크점은 공기의 유입으로 발생하며 점차 줄어들다가 다시 상승하여 다음 피크점(4.44 V)에 이르게 되었다. (2) 전압이 급격히 감소하는 구간은 스로틀이 잠기고 그만큼 공기 흐름이 줄어들며 엔진은 공회전 rpm 상태로 유지된다. (3) 닫힐 때 흡입 맥동에 의한 2~3개의 파동이 나타난다. (4) 분석 결과 : 에어 플로 미터(AFS)의 전압이 공기량과 정비례 관계로 출력되며, 스로틀 밸브의 개도량의 변화에 따른 출력 전압과 파형이 양호하다.

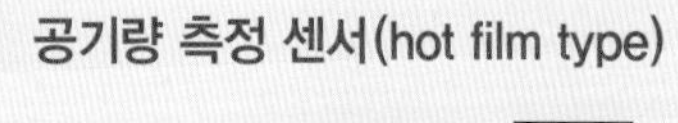

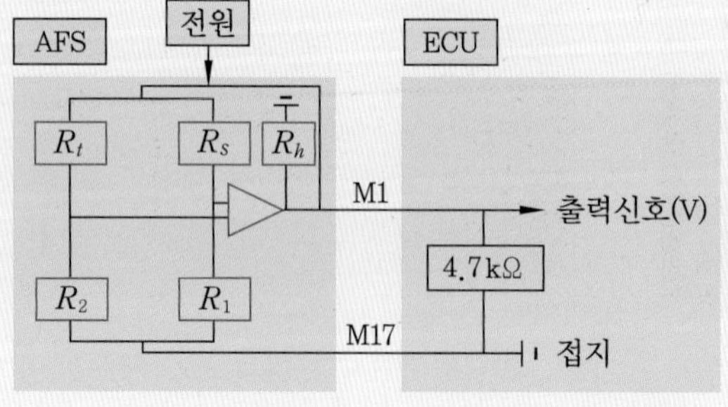

R_t : 온도 보상 저항, R_s : 센싱 저항,
R_h : 히팅 저항 (항상 ΔT 170℃ 유지)
$R_s \times R_2 = R_t \times R_1$ (냉각 시 밸런스가 무너져 OP AMP에 전류가 증가된다.)

【흡입 공기 유량 센서 파형 실습 보고서】

______조	실습 일시	
	실습 내용	
학번 : ________	차 종	
성명 : ________	담당 교수	

◎ 주어진 자동차의 엔진에서 시험위원의 지시에 따라 흡입 공기 유량 센서의 파형을 출력 · 분석하여 그 결과를 기록표에 기록하시오.

흡입 공기 유량 센서(멜코 타입(1), 핫와이어 타입(2))

HI-DS 종합테스터기 장비 조작 순서(세부적으로) 기재	조건 REBEL	
	v/DIV	
	TRIGGER REBEL	
	DELAY	
	ms/DIV	

정상 파형 및 파형 분석 내용

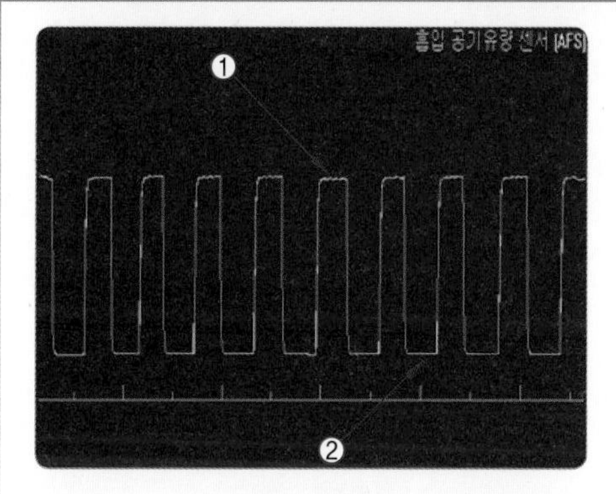

멜코 방식

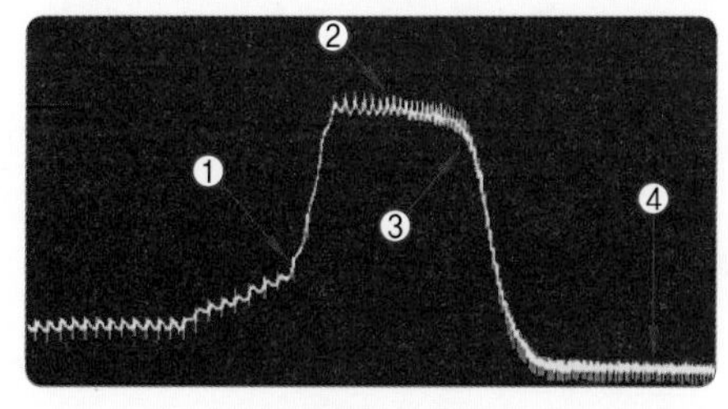

핫와이어 방식

(1) 멜코 방식 에어 플로 센서 파형 분석

① AFS의 파형 모양이 기준 파형과 동일한지 확인하고 ① 지점은 2.5 V 이상(5 V 이하)인지 확인한다.

② 1주기의 듀티 비율은 50 ± 5% 정도로 출력되어야 하며, ② 지점은 0.8 V 이하(0.1 V 이상)인지 확인한다.

③ 가/감속을 하면서 주파수가 높게 나오는지, 신호의 빠짐은 없는지, "0"과 "1" 레벨을 넘는 잡음은 없는지를 점검한다.

(2) 핫필름(핫와이어) 방식 에어 플로 센서 파형 분석

① 가속 시점 : 스로틀 밸브가 열려 공기량이 증가하는 순간(0.8~1.0 V)이며 흡입 공기량이 증가함에 따라 출력 전압이 증가한다.

② 흡입 맥동(공기량 최대 유입) : 공기량이 최대로 유입되도록 스로틀 밸브가 최대로 열린 상태(4.0~5.0 V)로 흡입 맥동 파형이 나타난다(흡배기 밸브가 항상 열려 있는 것이 아니라 열고 닫히므로).

③ 밸브가 닫히는 순간 : 밸브가 닫혀 흡입되는 공기량이 줄어들고 있는 상태이다.

④ 공회전 구간 : 스로틀 밸브가 닫혀 순간적으로 진공이 높아짐으로써 공회전 시 전압보다 낮아진다(0.5 V 이하).

측정 파형

파형 분석

점검 항목	규정값	측정값	판정
듀티			
최댓값			
최솟값			
평균값			

4 맵 센서 파형 점검

(1) 맵 센서 파형 측정

HI-DS 테스터기를 활용한 맵 센서 파형 측정

환경 설정

오실로스코프 상단의 환경설정 아이콘을 클릭하면 선택하는 채널별 오실로스코프 우측 창에 설정창이 나타나 측정하는 센서 파형의 기준전압을 선택하여 측정레벨을 맞추고 측정할 수 있다.

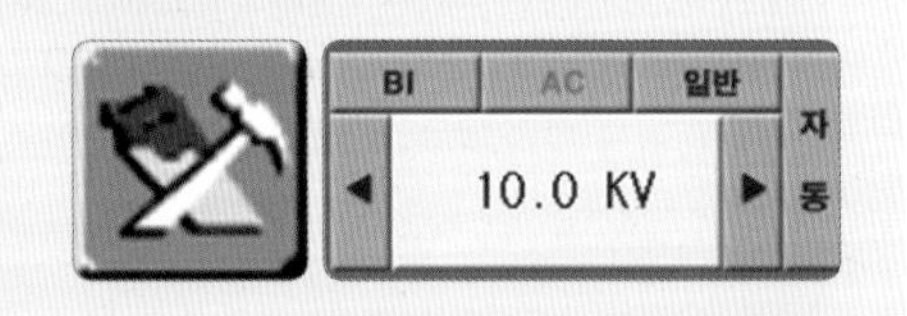

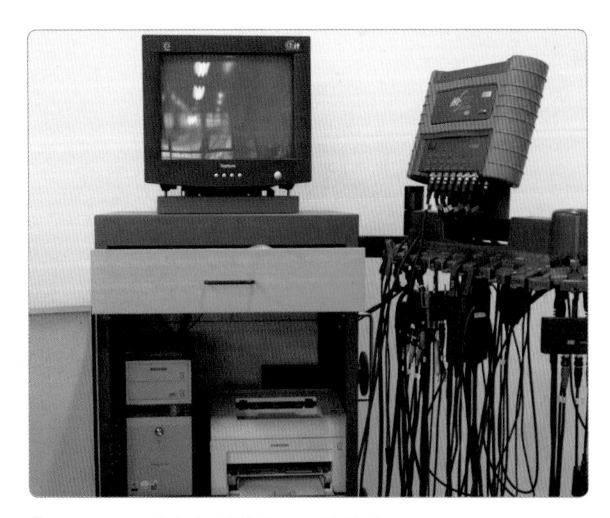

1. HI-DS 컴퓨터 전원을 ON시킨다.

2. 계측모듈 스위치를 ON시킨다.

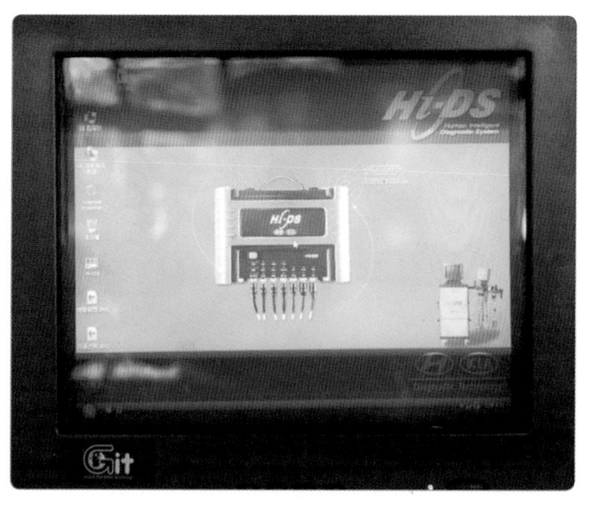

3. 모니터 전원 ON 상태를 확인한다.

4. HI-DS (+), (-) 클립을 배터리 단자에 연결한다.

5. 채널 프로브를 선택한다.

6. 맵 센서 출력선에 (+) 프로브를 연결한다.

7. (-) 프로브를 배터리 (-)에 연결한다.

8. 변속 선택 레버를 중립에 놓고 엔진을 시동한다.

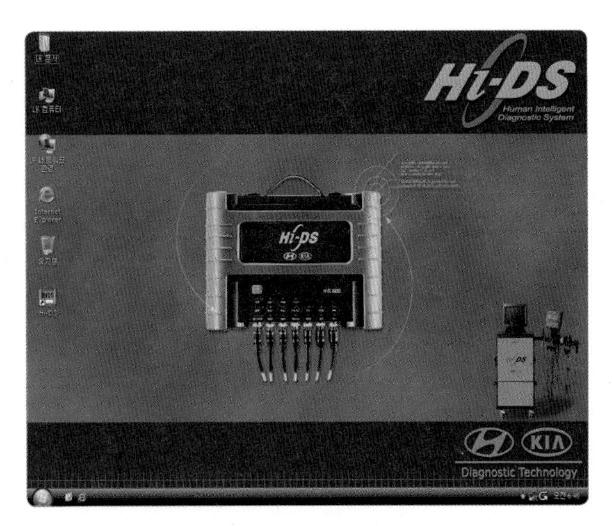

9. 바탕화면 HI-DS 아이콘을 클릭한다.

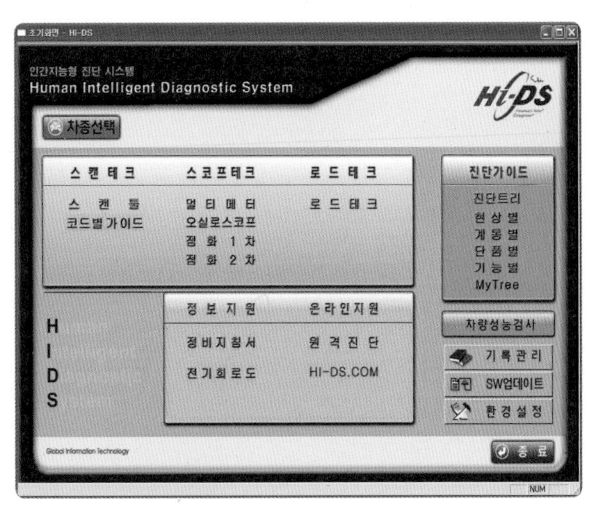

10. 차종을 선택한다.

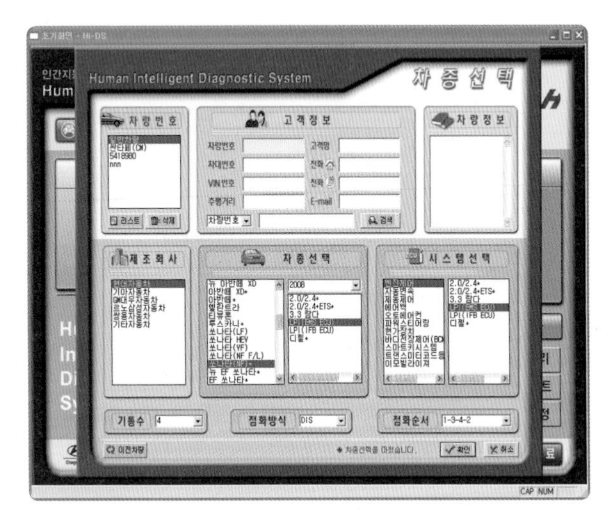

11. 차종 선택 : 제작사-차종-엔진형식을 선택한다.

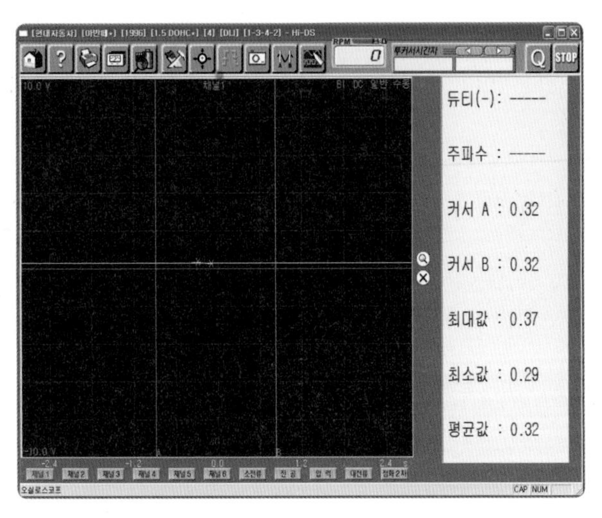

12. 환경설정에서 10 V, 300 ms/div로 설정한다.

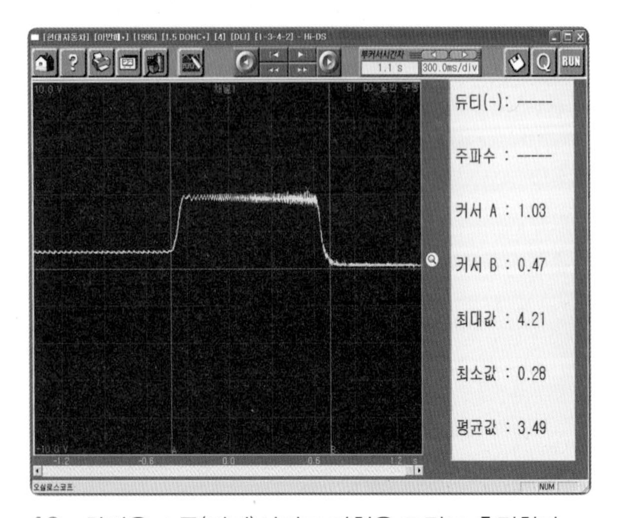

13. 화면을 스톱(정지)시키고 파형을 프린트 출력한다.

14. 측정 프로브를 탈거하여 정리한다.

(2) 맵 센서 파형 분석

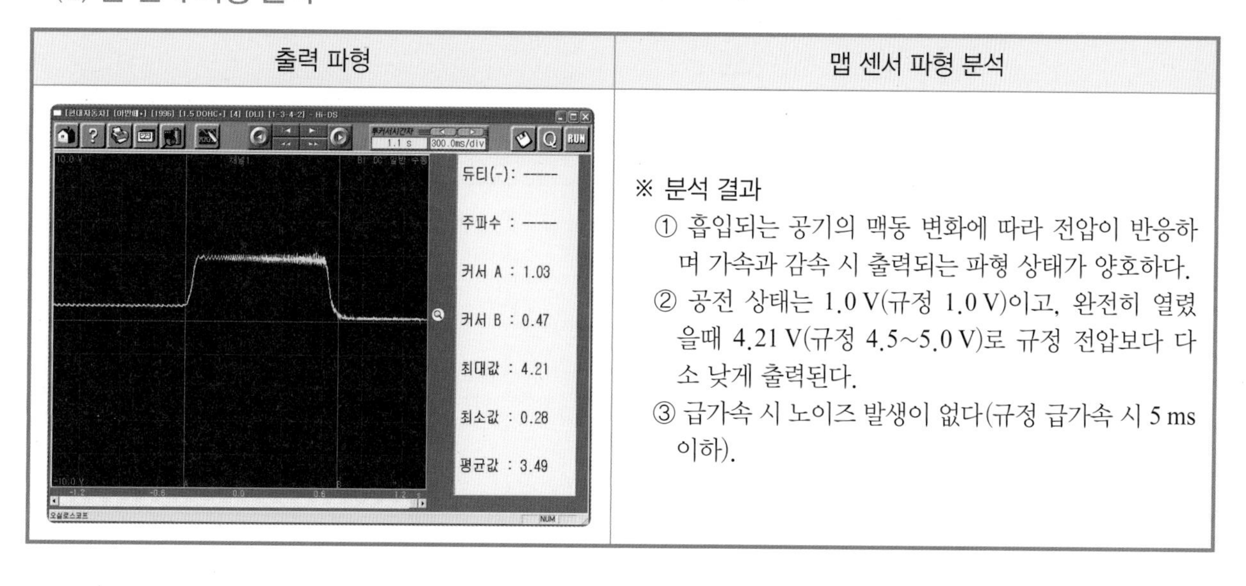

출력 파형	맵 센서 파형 분석
	※ 분석 결과 ① 흡입되는 공기의 맥동 변화에 따라 전압이 반응하며 가속과 감속 시 출력되는 파형 상태가 양호하다. ② 공전 상태는 1.0 V(규정 1.0 V)이고, 완전히 열렸을때 4.21 V(규정 4.5~5.0 V)로 규정 전압보다 다소 낮게 출력된다. ③ 급가속 시 노이즈 발생이 없다(규정 급가속 시 5 ms 이하).

맵 센서 기능과 작동

❶ 맵 센서(MAP)는 흡기관의 압력 변화를 전압으로 변화시켜 ECU(컴퓨터)로 보낸다. 즉 급가속할 때에는 흡기관 내의 압력이 대기 압력과 동일한 압력으로 상승하게 되므로 실리콘 입자 층의 저항값이 낮아져 ECU에서 공급하는 5 V의 전압이 출력된다.

❷ 감속할 때에는 흡기관 내의 압력이 급격히 떨어지므로 맵 센서 내의 저항값이 높아져 출력값은 낮아지게 된다. ECU는 이 신호에 의해서 엔진의 부하 상태를 판단할 수 있고 흡입 공기량을 간접 계측할 수 있으므로 연료 분사 시간을 결정하는 주 신호로 사용된다.

맵 센서 구조 및 회로

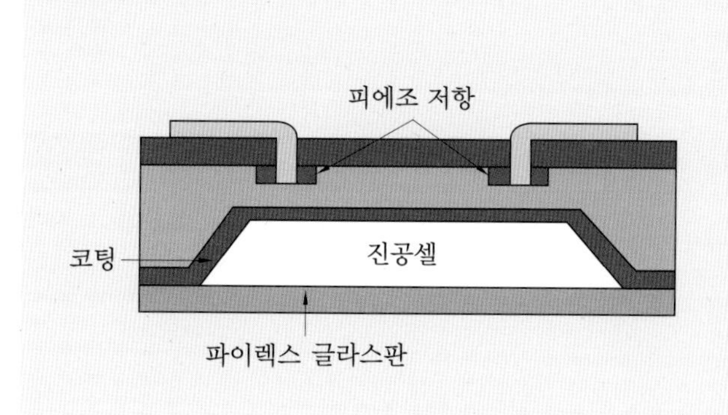

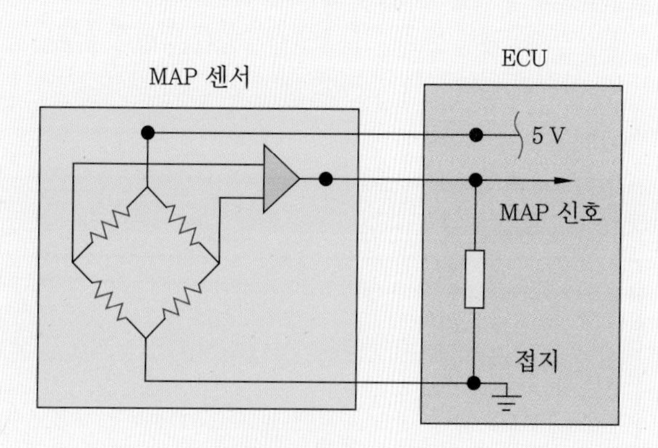

【맵 센서 파형 실습 보고서】

<table>
<tr><td rowspan="4">__________조

학번 : __________
성명 : __________</td><td>실습 일시</td><td></td></tr>
<tr><td>실습 내용</td><td></td></tr>
<tr><td>차　　종</td><td></td></tr>
<tr><td>담당 교수</td><td></td></tr>
</table>

◎ 주어진 자동차에서 맵 센서의 파형을 출력 · 분석하여 그 결과를 기록표에 기록하시오.

<table>
<tr><td>HI-DS 종합테스터기 장비 조작 순서(세부적으로) 기재</td><td colspan="2">점화 2차 파형</td></tr>
<tr><td rowspan="4"></td><td>v/DIV</td><td></td></tr>
<tr><td>TRIGGER REBEL</td><td></td></tr>
<tr><td>DELAY</td><td></td></tr>
<tr><td>ms/DIV</td><td></td></tr>
</table>

정상 파형 및 파형 분석 내용

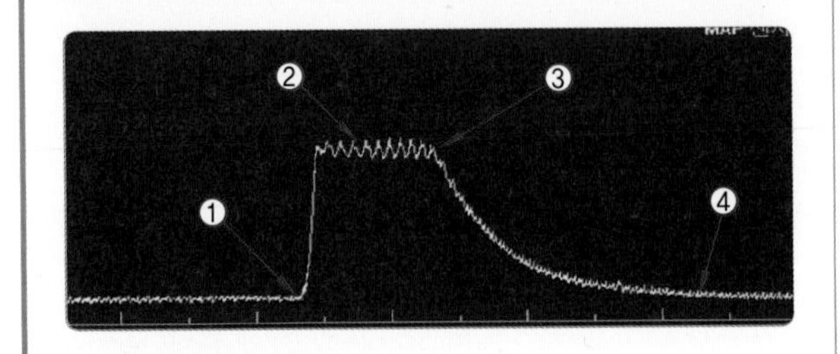

① 공기 흡입 시작 : 1 V 이하
② 흡입 맥동 파형 : 흡입되는 공기의 맥동이 나타난다(밸브 서징 현상 등에 의해 파형 증가).
③ 스로틀 밸브 닫힘 : 감속 속도에 따라 파형 변화
④ 공회전 상태 : 0.5 V 이하

① MAP 센서 단품의 고장은 거의 없으며 커넥터의 접촉 불량이나 엔진의 진동에 의한 배선의 단선, 접촉 불량을 확인하고 MAP 센서와 진공 호스와의 조립 상태, 엔진의 진공 상태에 영향을 줄 수 있는 기계적인 요소를 확인한다.
② 실화가 발생하면 순간적으로 맵 센서의 시그널이 급격하게 변화되는 현상이 발생한다.
③ MAP 센서는 흡기 매니폴드의 압력 변화(흡기 맥동)를 전기적 신호(0~5 V)로 변화시키는 기능을 하므로 엔진의 기계적인 상태를 간접적으로 진단하는 데 이용하기도 한다.

측정 파형	파형 분석

5 TDC 센서(캠각 센서) 파형 점검

(1) TDC 센서(캠각 센서) 파형 측정

TDC 센서(캠각 센서) 측정

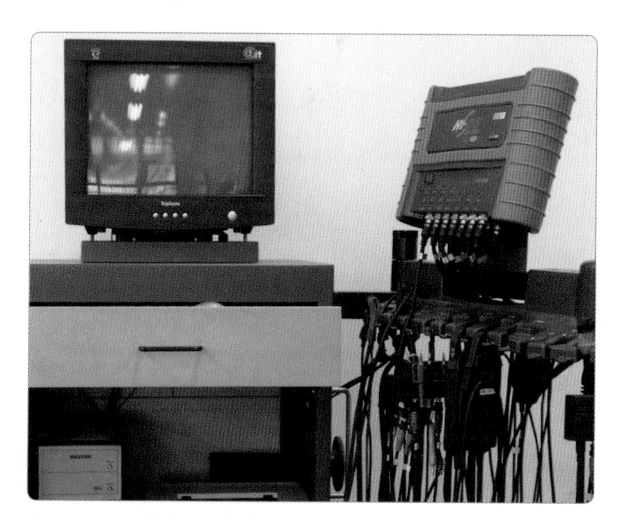

1. HI-DS 컴퓨터 전원을 ON시킨다.

2. 계측모듈 스위치를 ON시킨다.

3. 모니터 전원이 ON 상태인지 확인한다.

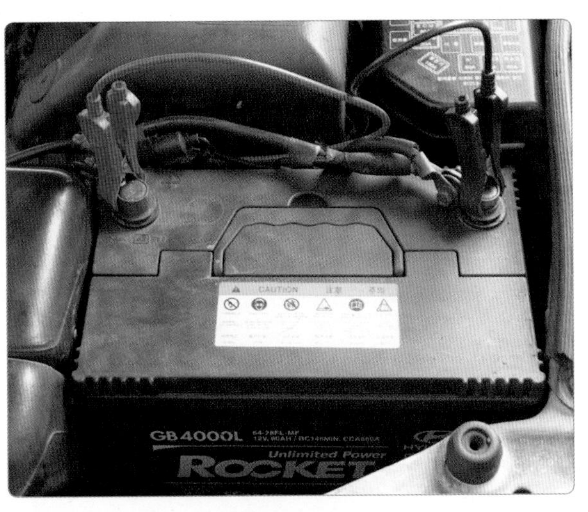

4. HI-DS (+), (-) 클립을 배터리 단자에 연결한다.

5. CPS 출력선에 프로브를 연결한다.

6. 엔진을 시동한다.

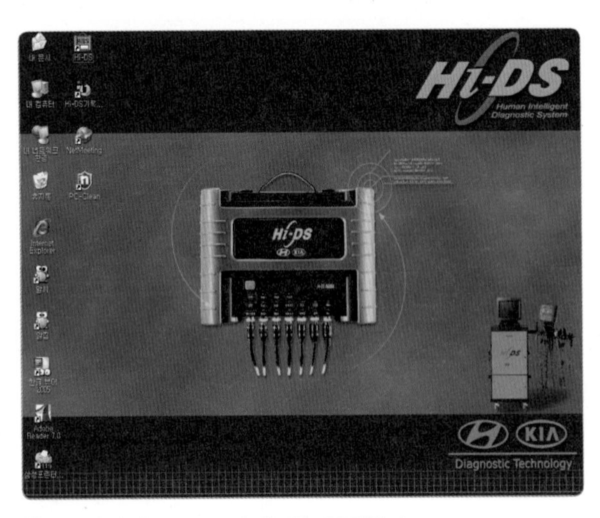

7. 바탕화면 HI-DS 아이콘을 클릭한다.

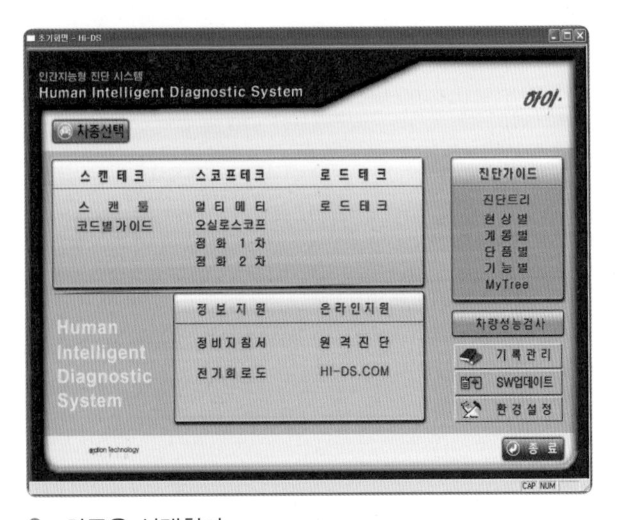

8. 차종을 선택한다.

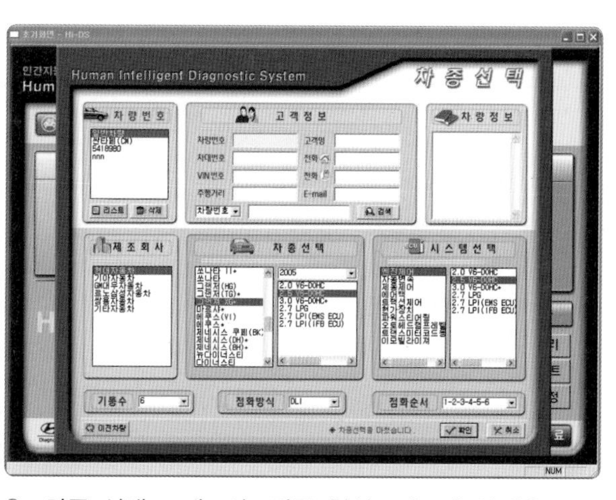

9. 차종 선택 : 제조사-차종 형식-시스템 선택을 클릭한다.

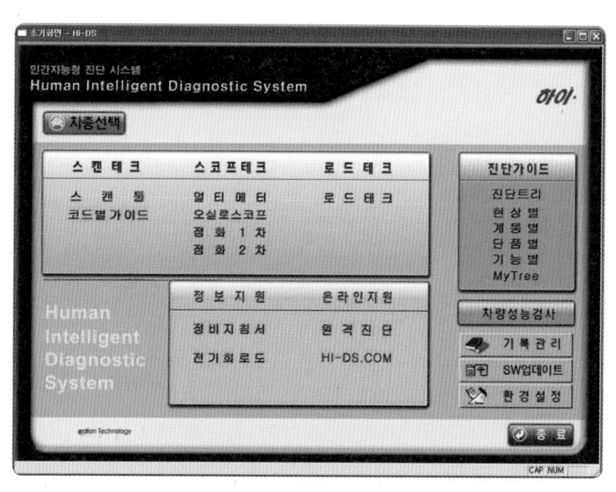

10. 스코프테크에서 오실로스코프를 클릭한다.

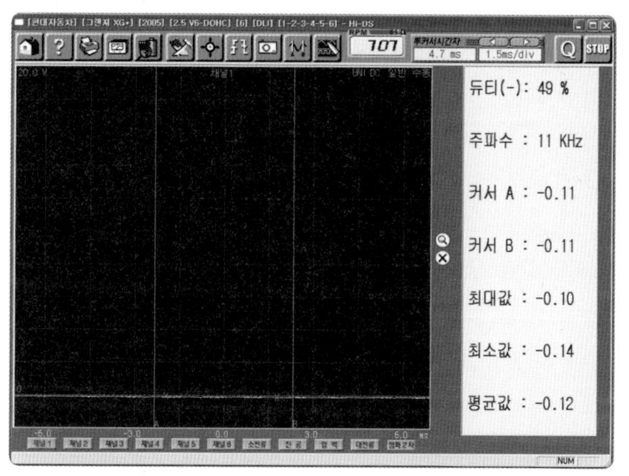

11. 환경설정에서 기준 파형에 맞는 전압과 시간을 선택한다.

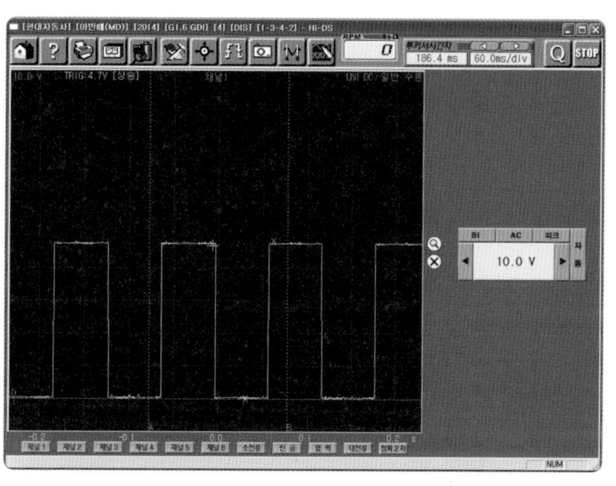

12. 출력된 화면에서 확인하기 좋은 형태의 파형이 출력되는지 확인한다(최고 출력, 최저 출력 전압 확인).

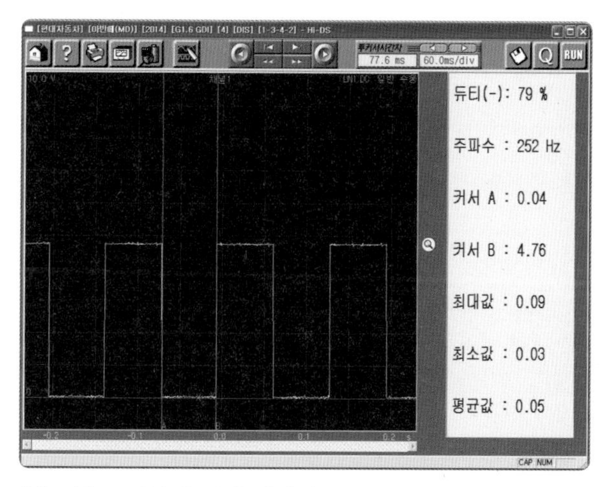

13. 최고 전압과 최저 전압의 노이즈 상태를 점검한다.

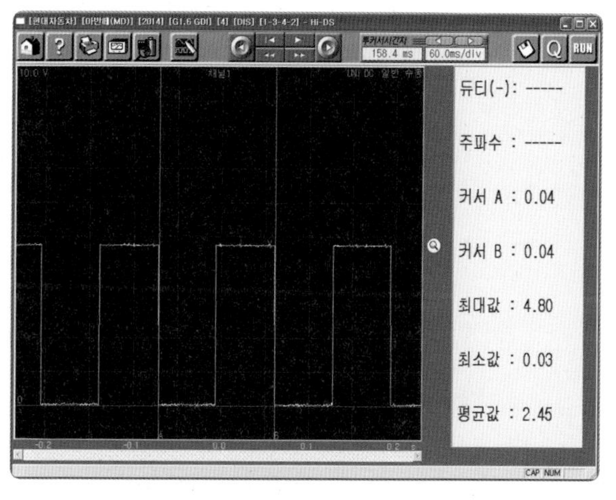

14. 펄스 파형(듀티)이 일정한 간격으로 지속적인 출력이 되는지 확인한다.

(2) TDC센서(캠각 센서) 파형 분석

출력 파형	파형 분석
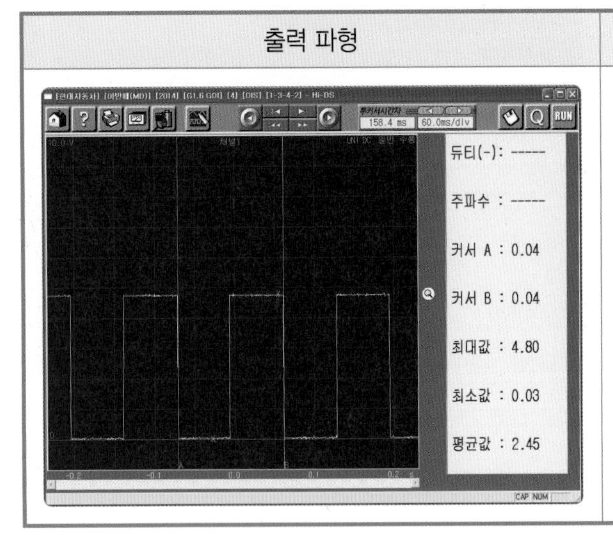 	(1) 상단부 지점에서 2.5 V 이하의 노이즈 발생이 확인되면 불량이고, 하단부 지점에서 0.8 V 이상의 잡음이 있으면 센서 접촉 불량 및 배선 불량을 예측할 수 있으나 출력된 파형은 최고 4.8 V, 최저 0.03 V로 출력 전압이 양호하고 상 · 하단부 노이즈 발생도 깨끗한 상태로 정상 파형이다. (2) 파형이 빠지거나 노이즈 없이 일정하게 출력되고 있어 양호하다. (3) 파형의 아랫부분은 0.03 V(규정 0.8 V 이하), 파형의 윗부분은 4.8 V(규정 2.5 V 이상)로 센서, 배선 및 커넥터의 이상 없이 양호하다.

실습 주요 point

CKP(CPS) + CMP(NO.1 TDC) 동시 파형을 볼 경우 동시 신호 점검(타이밍 점검)

CKP와 CMP가 크랭크축과 캠축에 따로 설치된 차량은 CKP 및 CMP 파형이 정상적인 모양으로 나오는지를 확인하여 센서의 조립 불량이나 타이밍 벨트의 오조립 상태를 확인할 수 있다.

CKP(CPS) 센서 장착 위치 및 회로도

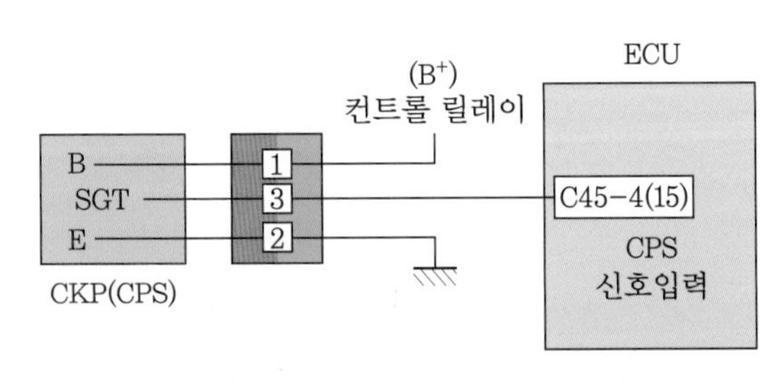

CMP(NO.1 TDC) 센서 장착 위치 및 회로도

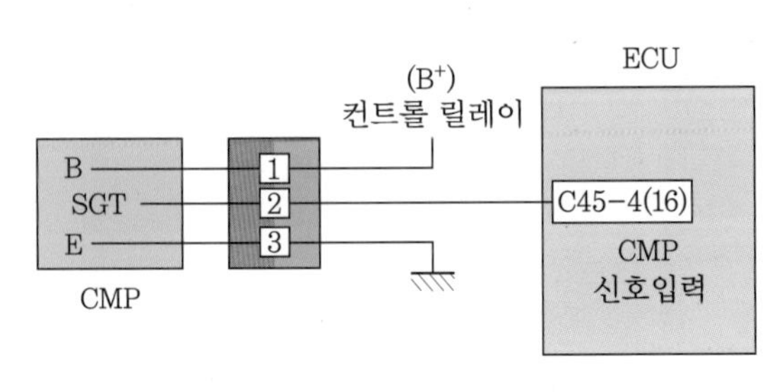

【1번 실린더(캠각) 센서 파형 실습 보고서】

＿＿＿＿＿조 학번 : ＿＿＿＿＿ 성명 : ＿＿＿＿＿	실습 일시	
	실습 내용	
	차　　종	
	담당 교수	

◎ 주어진 자동차의 엔진에서 캠각 센서 파형을 출력 · 분석하여 그 결과를 기록표에 기록하시오.

1번 TDC 센서 파형 분석

HI-DS 종합테스터기 장비 조작 순서(세부적으로) 기재	조건 REBEL	
	v/DIV	
	TRIGGER REBEL	
	DELAY	
	ms/DIV	

정상 파형 및 파형 분석 내용

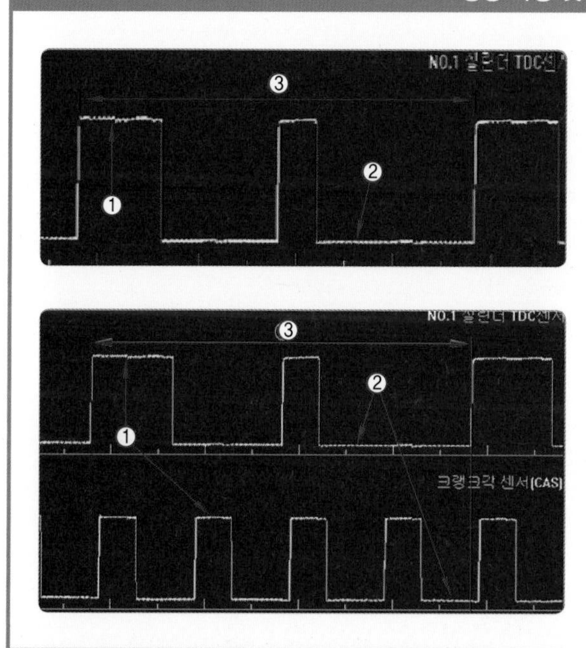

(1) 1번 TDC 센서(CMP)의 파형 모양이 기준 파형과 동일한지 확인하고 ① 지점은 2.5 V 이상(5 V 이하)인지 확인한다.
(2) ② 지점은 0.8 V 이하(0.1 V 이상)인지 확인한다.
(3) 1주기의 듀티 비율이 30 ± 5%(70 ± 5%)로 출력되는지 확인한다(DOHC 차량의 경우).

※ EF 쏘나타 차량의 TDC 센서와 크랭크각 센서의 파형 분석 비교

(1) 가 · 감속 시 펄스의 빠짐이 있는지, 또는 잡음이 있는지 확인하고 센서의 신호가 규칙적인지 확인한다.
(2) ③ 구간은 엔진의 1사이클(크랭크축 2회전)을 의미하며, 기통 과 크랭크축의 위치를 판별한다.

측정 파형

파형 분석

점검 항목	규정값	측정값	판정
최대 전압			
접지 전압			
(+) 듀티			
(−) 듀티			

6 스텝 모터 파형 점검

(1) 스텝 모터 파형 측정

스텝 모터 파형 측정

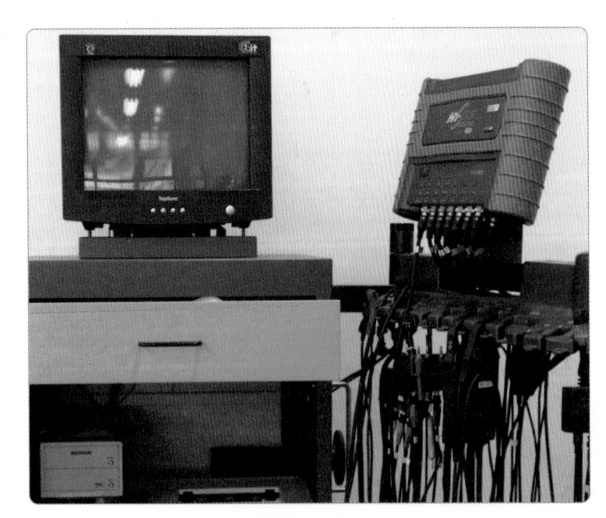

1. HI-DS 컴퓨터 전원을 ON시킨다.

2. 계측모듈 스위치를 ON시킨다.

3. 모니터 전원이 ON 상태인지 확인한다.

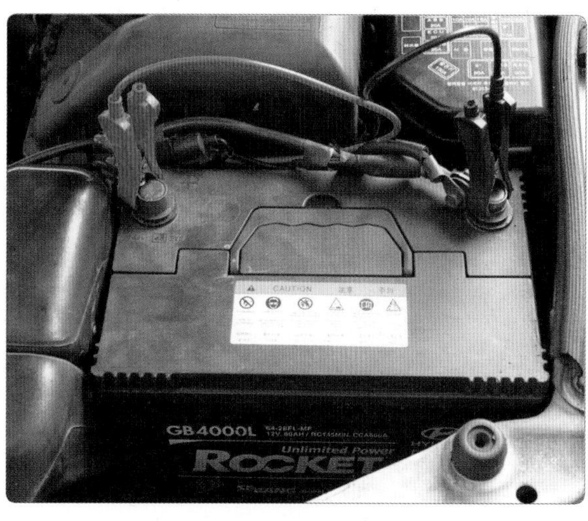

4. HI-DS (+), (-) 클립을 배터리 단자에 연결한다.

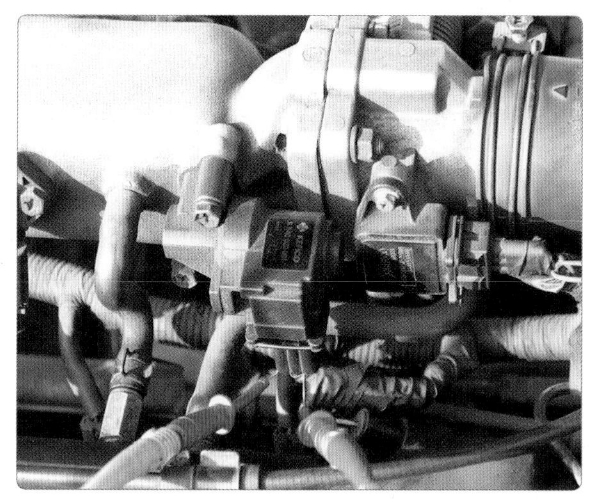

5. 프로브를 연결한다.

6. 엔진을 시동한다(시동 후 ON).

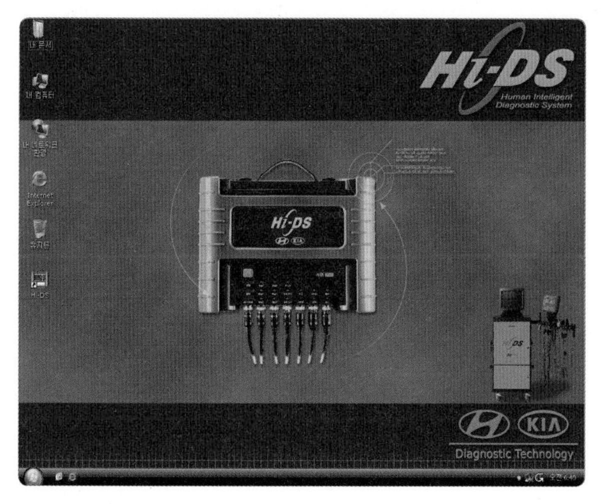

7. 초기화면에서 HI-DS를 클릭한다.

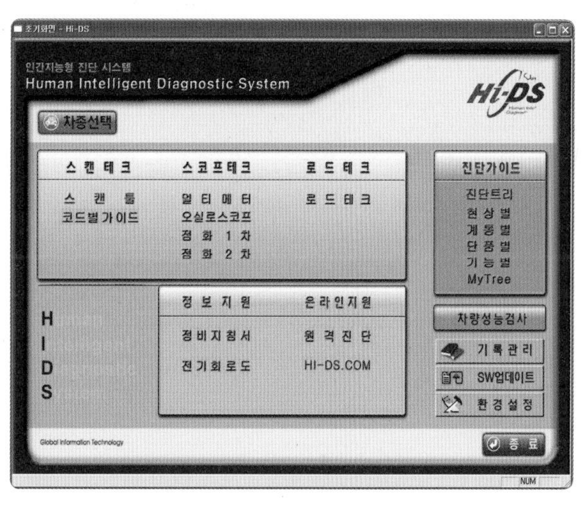

8. 진단가이드에서 진단트리를 선택한다.

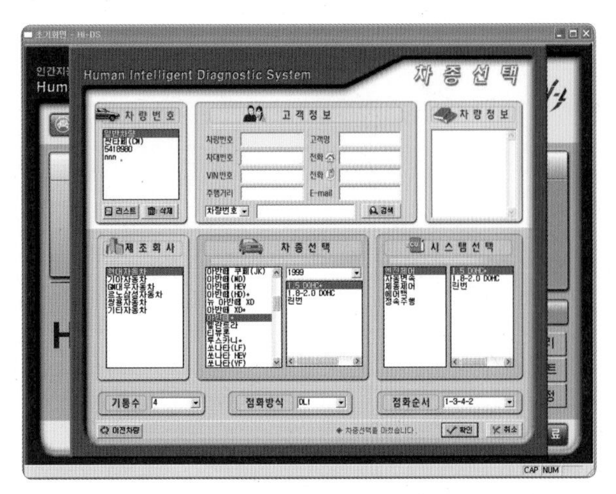

9. 차종 선택 : 제작사-차종-엔진형식을 선택한다.

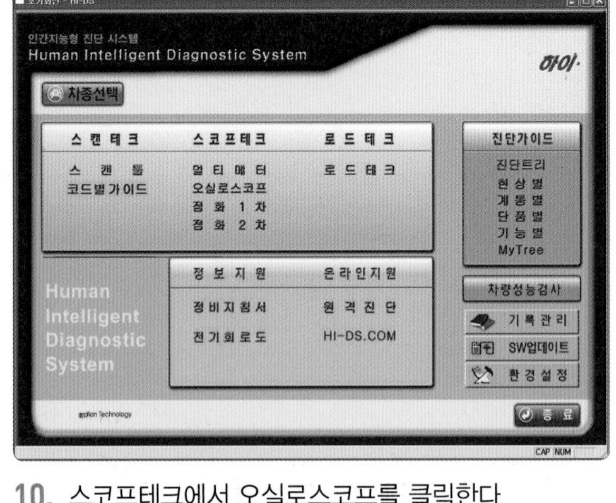

10. 스코프테크에서 오실로스코프를 클릭한다.

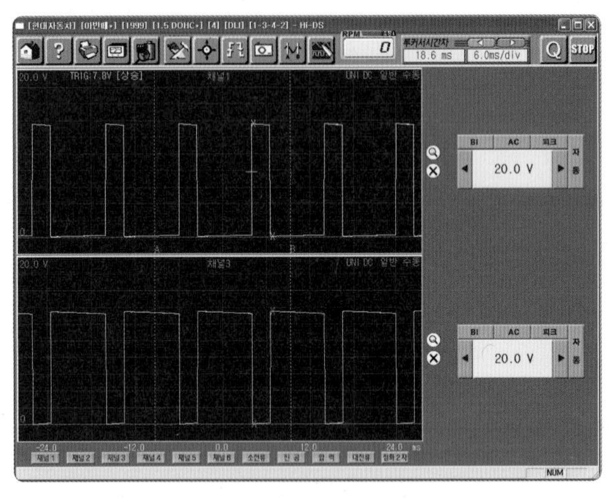

11. 1번과 2번 채널을 선택하고 환경설정에서 전압을 20 V, 시간을 6.0 ms/div로 선택한다.

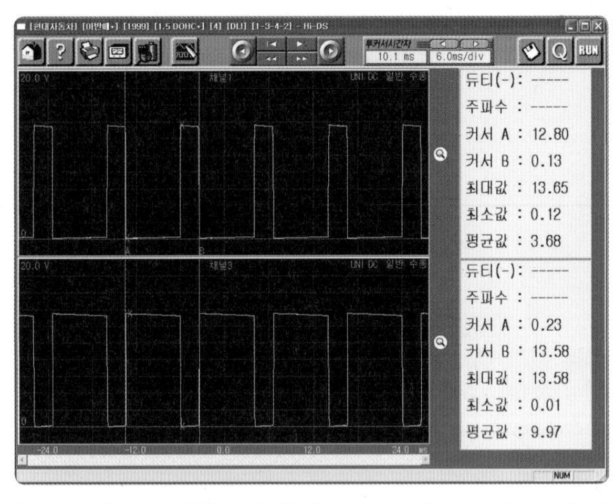

12. 열림코일, 닫힘코일 출력 파형 커서 A와 B를 듀티 사이클을 선정하여 작동 상태를 확인한다.

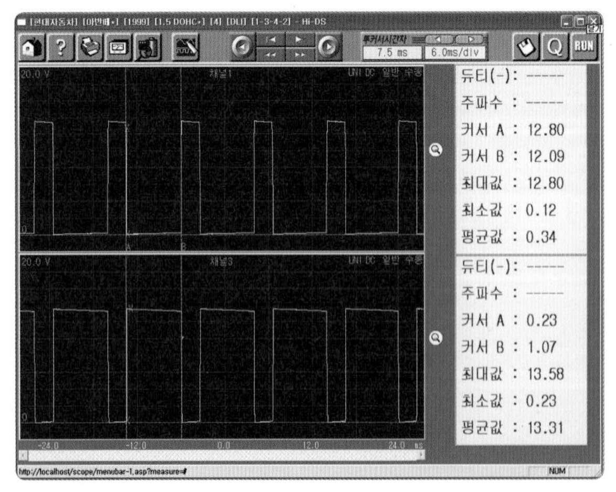

13. 전원 전압은 14.54 V(규정 9 V 이상)이고, 접지 전압은 0.05 V(규정 1 V 이하)로 출력된다.

14. 엔진 가속 상태에 따라 변화되는 파형을 확인한다.

(2) 스텝 모터 파형 분석

출력 파형	파형 분석
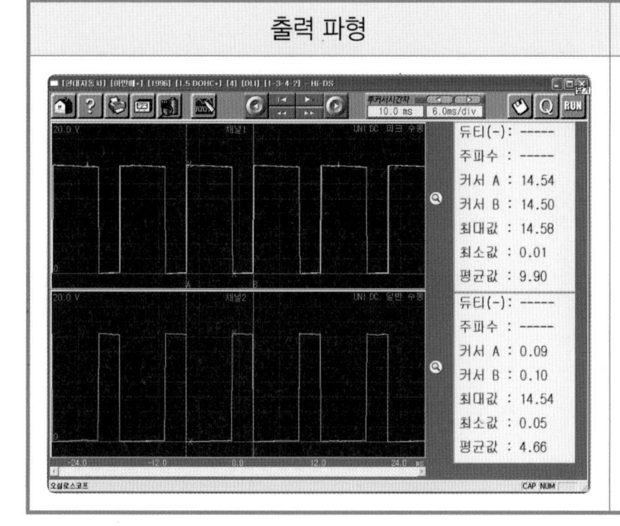	※ 듀티 제어 방식의 ISA 점검 (1) 파형이 전원전압 14.54 V(규정 9 V 이상)이고, 접지 전압은 0.05 V(규정 1 V 이하)로 출력되므로 배선이나 커넥터 접속의 이상 없이 양호하다. (2) 공회전 시 열림 듀티율이 34%(규정 30~35%), 닫힘 듀티율이 66%(규정 65~70%)로 양호한 값을 나타내고 있어 엔진 부하 상태 및 스텝 모터는 양호하다.

실습 주요 point

- 모든 부하를 제거하고, 시동을 걸어 엔진이 안정화 될 때까지 기다린다.
- 파형 상 · 하단 low 전압은 1 V 이하이며, high 전압은 배터리 전압이면 정상이다.
- 듀티율이 과도하게 높은 것은 엔진이 충분히 예열되지 않았거나 부하가 걸리고 있는 상태이므로 점화, 연료, 기계적인 부위를 점검한 후 ISA 파형을 점검한다.

IAC 밸브의 점검 방법

엔진의 공회전속도를 정상적으로 유지하기 위해서는 아이들 에어 컨트롤(idle air control) 밸브가 필요하다. 즉, IAC 모터 코일에 펄스 전압을 공급하여 주면 IAC 밸브는 각 펄스마다 주어진 거리로 전진하거나 후퇴한다. 이러한 핀틀의 전진 또는 후퇴 작용에 따라 흡입 매니폴드로 바이패스되는 공기의 양이 조절되어 공회전 상태가 적절하게 제어된다.
스텝 모터는 두 개의 코일로 구성되어 있는 2극식(bipolar) 모터로 밸브 핀틀이 연결되어 있는 구조로 되어 있으며, ECM으로부터 신호를 받아 0~255스텝(steps) 범위로 작동된다.
아이들 에어 컨트롤 밸브는 냉간 시 rpm을 보상하여 주고, P/N 스위치의 상태, 에어컨 컴프레서의 작동 유무, 전기부하, 파워 스티어링 핸들 회전 유무 등에 따라 적절한 속도를 ECM이 제공하여 주는데, 이러한 정보는 점화 스위치를 "OFF"해도 지워지지 않는다.

핀틀	스텝(steps)	엔진 rpm
최대 개방	255	증가
최소 개방	0	감소

【스텝 모터 파형 실습 보고서】

<table>
<tr><td rowspan="4">__________조

학번 : __________
성명 : __________</td><td>실습 일시</td><td></td></tr>
<tr><td>실습 내용</td><td></td></tr>
<tr><td>차　　종</td><td></td></tr>
<tr><td>담당 교수</td><td></td></tr>
</table>

◎ 주어진 자동차의 엔진에서 스텝 모터(또는 ISA)의 파형을 출력 · 분석하여 그 결과를 기록표에 기록하시오.

스텝 모터 파형의 분석

<table>
<tr><td>HI-DS 종합테스터기 장비 조작 순서(세부적으로) 기재</td><td colspan="2">조건 REBEL</td></tr>
<tr><td rowspan="4"></td><td>v/DIV</td><td></td></tr>
<tr><td>TRIGGER REBEL</td><td></td></tr>
<tr><td>DELAY</td><td></td></tr>
<tr><td>ms/DIV</td><td></td></tr>
</table>

정상 파형 및 파형 분석 내용

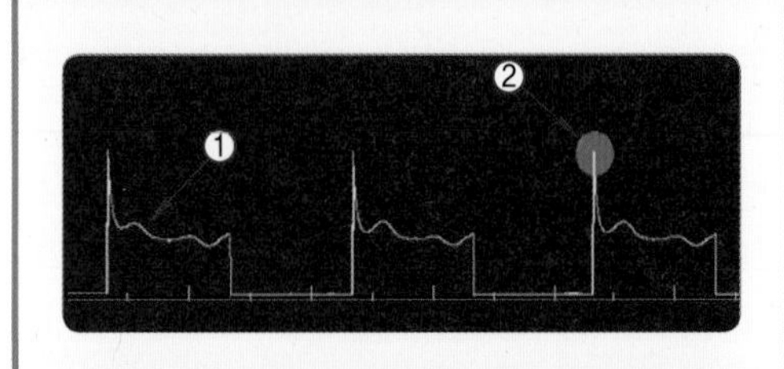

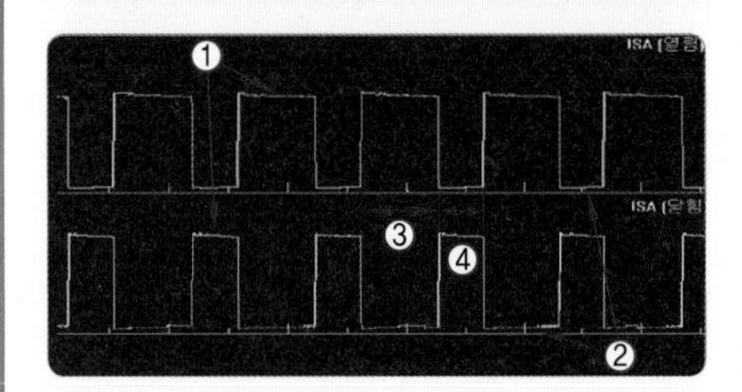

(1) 스텝 모터 출력 전압 측정

① 지점의 파동은 모터 회전 시 발생되는 유도 기전력에 의해 발생되는 것이다.

② 지점은 모터 코일의 역기전력으로 약 30 V가 정상이고 엔진 워밍업 후 모든 전기장치 및 기계장치 OFF시 9STEP 정도 나와야 정상이다.

(2) ISC 밸브의 경우

① OFF 전압 : 닫힘 쪽으로 작동할 때의 전압(12~14.5 V)이다.

② ON 전압 : 열림 쪽으로 작동할 때의 전압(0.8 V 이하)이다.

③ 열림 구간 : 닫힘 듀티율(공회전 시 : 65%)이다.

④ 닫힘 구간 : 열림 듀티율(공회전 시 : 35%)이다.

⑤ 역할 : 공회전 상태에서는 스로틀 밸브가 완전히 닫히게 되므로 흡입 공기는 바이패스 통로를 통해서 흡입된다. ISA는 바이패스 통로에 설치되어 통로의 여닫는 시간을 듀티로 제어하게 되며, ECU는 ISA를 이용하여 공회전 제어와 패스트 아이들 제어, 아이들업 기능을 행하게 된다.

측정 파형

파형 분석

<table>
<tr><td>점검 항목</td><td>규정값</td><td>측정값</td><td>판정</td></tr>
<tr><td>OFF 전압</td><td></td><td></td><td rowspan="4"></td></tr>
<tr><td>ON 전압</td><td></td><td></td></tr>
<tr><td>열림 구간</td><td></td><td></td></tr>
<tr><td>닫힘 구간</td><td></td><td></td></tr>
</table>

7 인젝터 파형 점검

(1) 인젝터 파형 측정

HI-DS 인젝터 파형 측정

1. HI-DS 컴퓨터 전원을 ON시킨다.

2. 계측모듈 스위치를 ON시킨다.

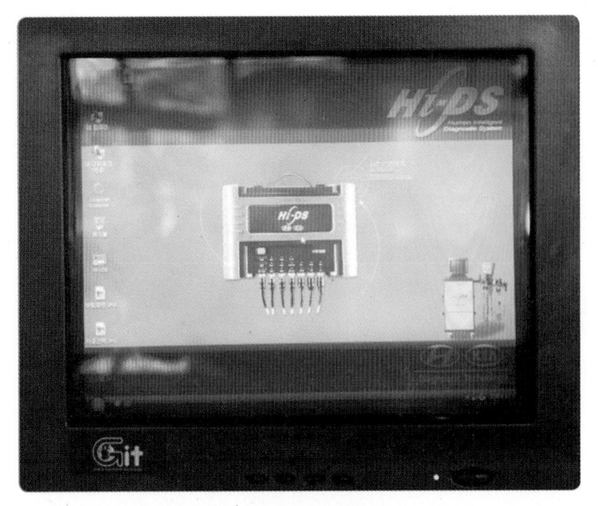

3. 모니터 전원 ON 상태를 확인한다.

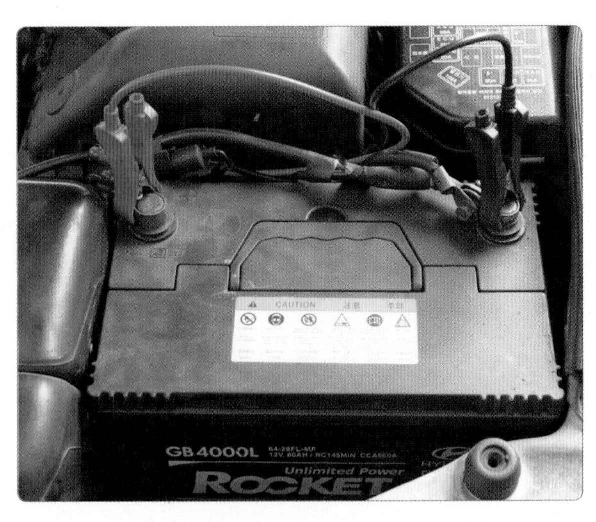

4. HI-DS (+), (-) 클립을 배터리 단자에 연결한다.

5. 측정 채널 프로브를 선택한다.

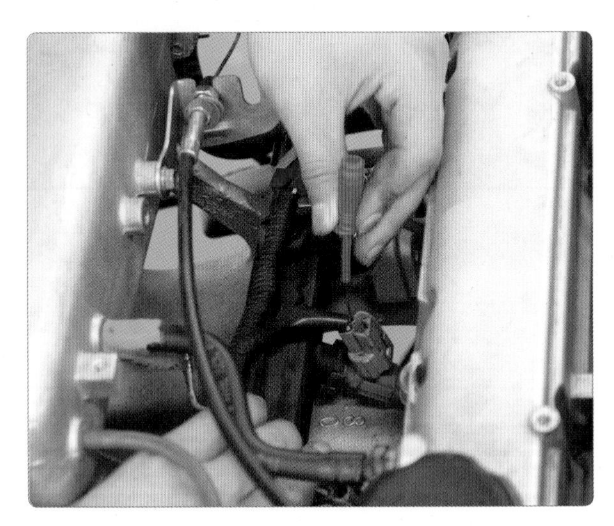

6. 인젝터에 프로브를 연결한다.

7. 엔진을 시동한다(시동 후 IG).

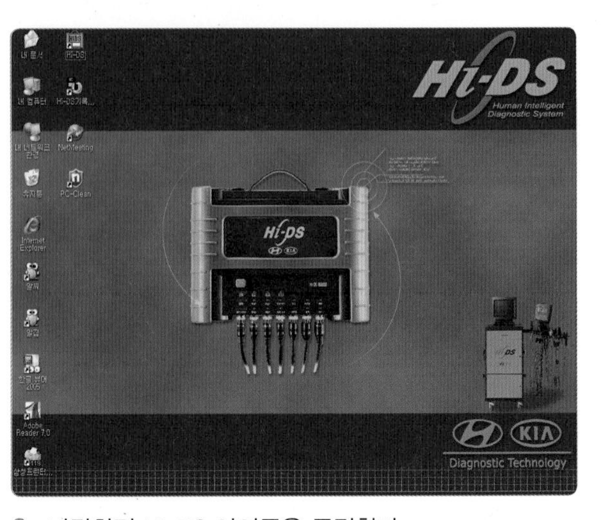

8. 바탕화면 HI-DS 아이콘을 클릭한다.

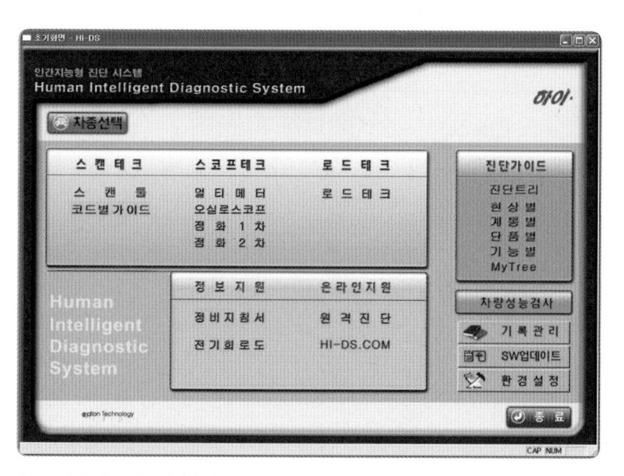

9. 차종을 선택한다.

10. 차종 선택 : 제작사–차종–엔진형식을 선택한다.

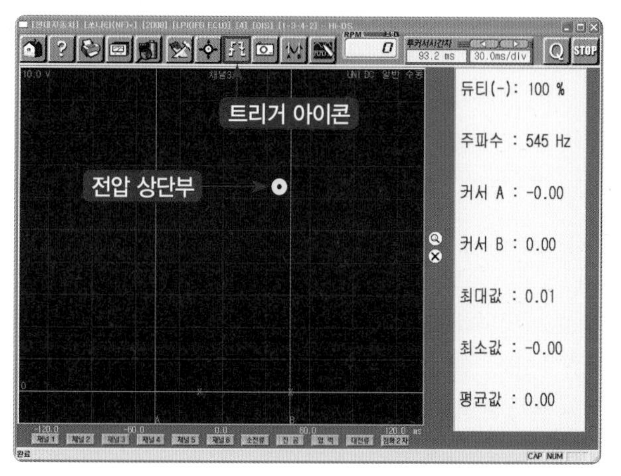

11. 트리거 아이콘을 클릭하고 화면 상단부(전압선 윗부분)를 클릭한다.

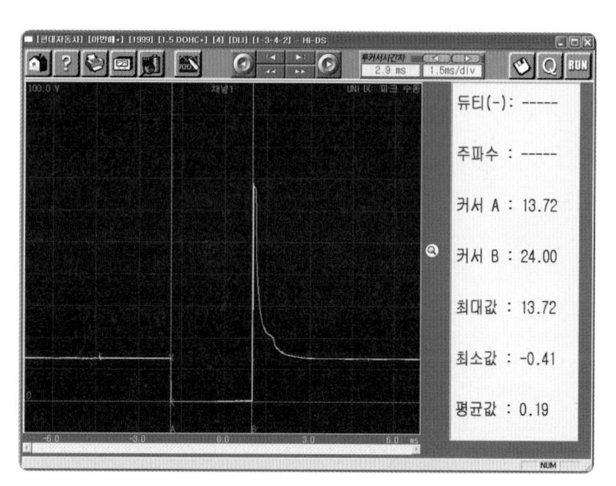

12. 화면을 정지시킨 후 커서 A(마우스 왼쪽), 커서 B(마우스 오른쪽)를 클릭하여 분사 시간을 측정한다(2.9 ms).

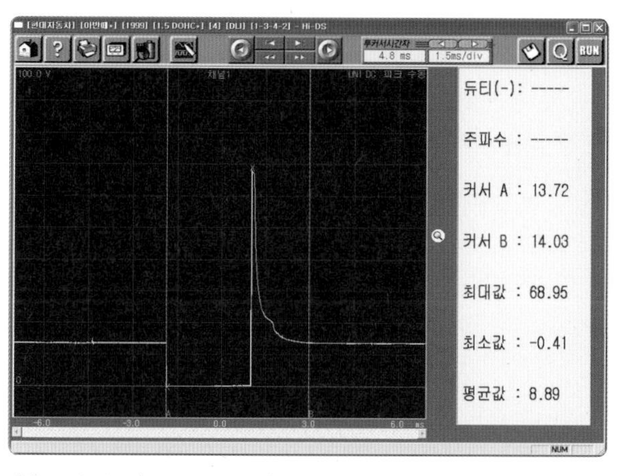

13. 커서 A(마우스 왼쪽), 커서 B(마우스 오른쪽)를 인젝터 작동 전압 범위로 지정하고 인젝터 작동 전압(서지 전압)을 측정한다(최댓값 : 68.95 V).

14. 측정 프로브를 탈거하고 정리한다.

(2) 인젝터 파형 분석

출력 파형	파형 분석
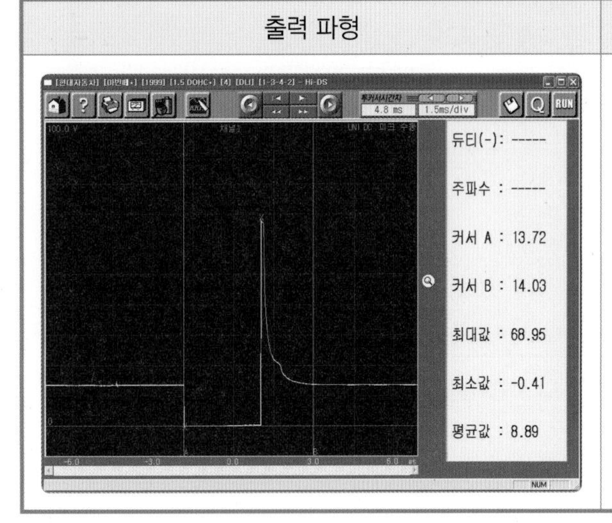	(1) 배터리 전압은 13.72 V로 배터리에서 인젝터까지 배선 상태는 양호하다. (2) 서지 전압은 68.95 V로 인젝터 내부 코일은 양호하다. (3) 인젝터 분사 시간은 2.9 ms(규정 2.2~2.9 ms)로 양호하다. (4) 접지 구간이 0.8 V 이하로 인젝터에서 ECU 접지까지 배선 상태는 양호하다.

실습 주요 point

연료 분사 시기 제어(fuel injection timing control)

❶ 동기 분사(sequential injection, 독립 분사, 순차 분사)

동기 분사는 각 실린더마다 크랭크축이 2회전할 때 점화 순서에 의하여 배기 말 흡기 초 행정 시에 연료를 분사시키는 방식으로 엔진이 시동된 후 분사 순서를 결정하기 위한 TDC 센서의 출력과 점화 시기를 조절하기 위한 크랭크각 센서의 출력이 ECU에 입력되면 ECU는 각 실린더의 배기 말 흡기 초 행정 중에 연료가 분사되도록 한다.

❷ 그룹 분사(group injection)

그룹 분사는 2 실린더씩 짝을 지어 분사시키는 점화 신호가 ECU에 입력되면 ECU는 인젝터 수의 1/2 (4 실린더 엔진은 2개, 6 실린더 엔진은 3개, 8 실린더 엔진은 4개)씩 제어 신호를 공급하여 연료를 분사시킨다. 연료의 분사와 흡입 밸브가 열리는 시간의 차이는 수백 분의 1초 정도가 되기 때문에 엔진의 성능이 저하되는 경우는 거의 없으며, 연료 분사를 2개 그룹으로 나눔으로써 시스템을 단순화시킬 수 있는 장점이 있다.

❸ 동시 분사(simultaneous injection, 비동기 분사)

동시 분사는 실린더에 설치되어 있는 모든 인젝터에 연료 분사 신호를 동시에 공급하여 연료를 분사시키는 방식으로 냉각 수온 센서, 흡기 온도 센서, 스로틀 위치 센서 등 각종 센서의 출력이 ECU에 입력되면 ECU는 이 신호를 기초로 하여 모든 인젝터에 제어 신호를 공급하여 동시에 연료가 분사되도록 한다. 동기 분사 방식에서는 엔진의 시동 및 급가속할 때에는 모든 인젝터에 제어 신호를 공급하여 일시적으로 동시에 연료가 분사되도록 한다.

【인젝터 파형 실습 보고서】

＿＿＿＿＿＿조 학번 : ＿＿＿＿＿＿ 성명 : ＿＿＿＿＿＿	실습 일시	
	실습 내용	
	차 종	
	담당 교수	

◎ 주어진 자동차의 전자 제어엔진 인젝터 파형을 출력 · 분석하여 그 결과를 기록표에 기록하시오.

인젝터 파형 분석

HI-DS 종합테스터기 장비 조작 순서(세부적으로) 기재	조건 REBEL	
	v/DIV	
	TRIGGER REBEL	
	DELAY	
	ms/DIV	

정상 파형 및 파형 분석 내용

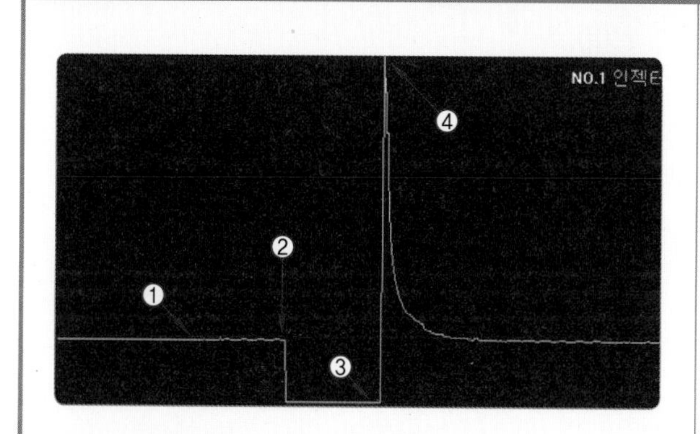

① 전원 전압
② ECU P/TR 작동(접지)
③ 접지 전압(상태)
④ 서지 전압

① 전원 전압 : 발전기에서 발생되는 전압이다(차종마다 조금씩 다르나 보통 11.9~14.2 V 정도).

② 접지하는 순간 : ECU 내부에 있는 파워 TR이 작동하여 접지시키는 순간(0~1 V)이며 인젝터 내의 코일이 자화되어 니들 밸브가 열리기 위해 준비하고 있는 상태이다.

③ 접지 전압 : 인젝터에서 연료가 분사되고 있는 구간(0.8 V 이하)으로 접지 전압이 상승하면 인젝터에서 ECU까지 저항이 있는 것으로 판단하고 커넥터의 접촉 상태를 점검한다.

④ 피크(서지) 전압 : 서지 전압 발생 구간으로 서지 전압이 낮으면 전원과 접지의 불량이며(차종마다 조금씩 다르나 보통 65~85 V) 인젝터 내부의 문제로 볼 수 있다.

측정 파형

파형 분석

점검 항목	규정값	측정값	판정
서지 전압			
접지 전압 상태			
분사 시간			
배터리 전압			

8 산소 센서 파형 점검

(1) 산소 센서 파형 측정

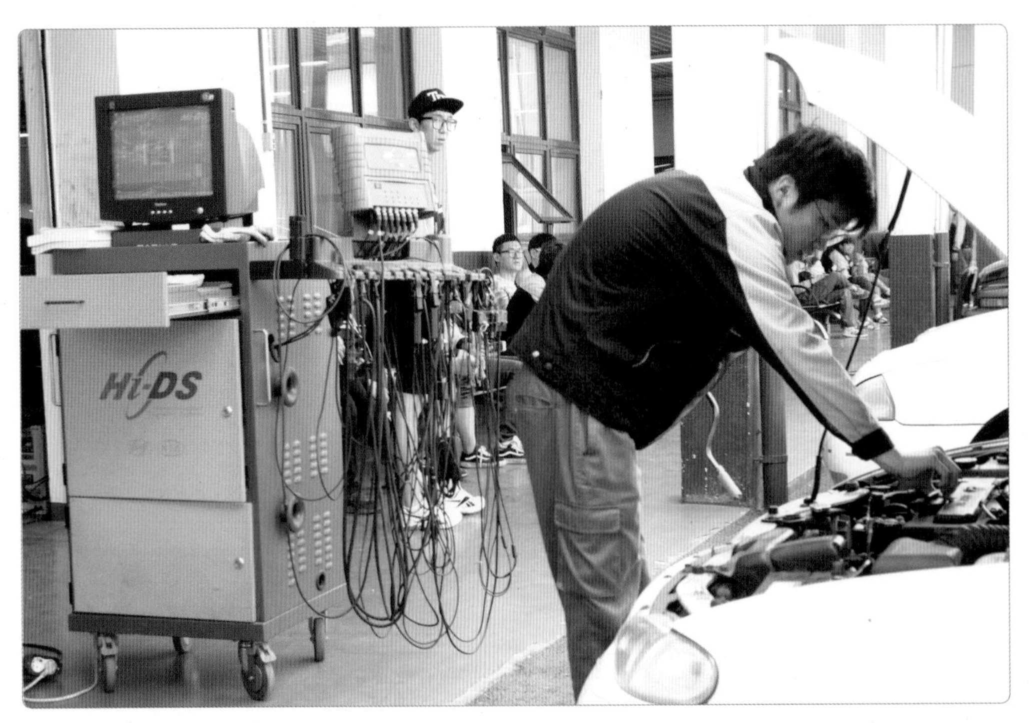

산소 센서 파형 측정

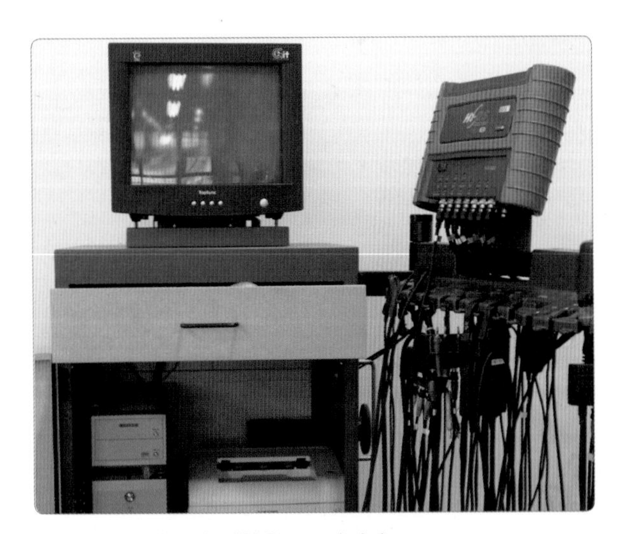

1. HI-DS 컴퓨터 전원을 ON시킨다.

2. 계측모듈 스위치를 ON시킨다.

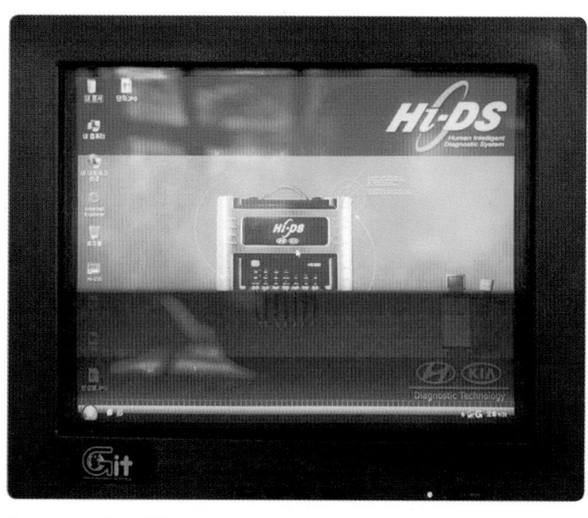

3. 모니터 전원 ON 상태를 확인한다.

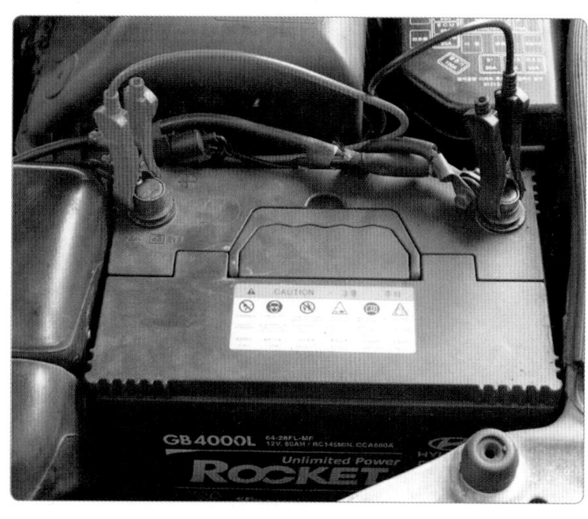

4. HI-DS (+), (-) 클립을 배터리 단자에 연결한다.

5. 채널 프로브를 선택한다.

6. 산소 센서 출력선에 (+) 프로브를 연결한다.

7. (-) 프로브를 배터리 (-)에 연결한다.

8. 변속 선택 레버를 N에 놓고 엔진을 시동한다.

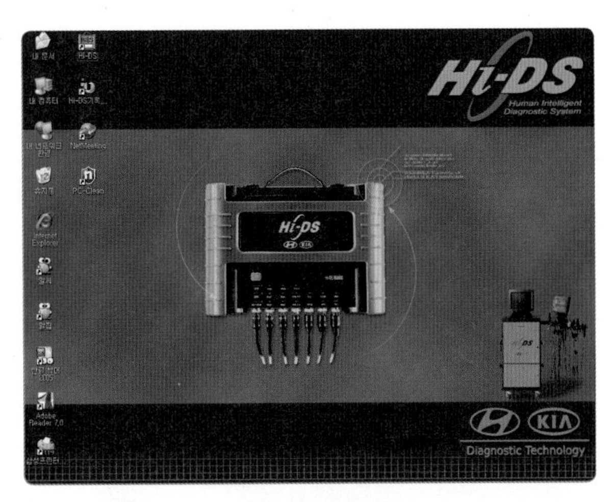

9. 바탕화면 HI-DS 아이콘을 클릭한다.

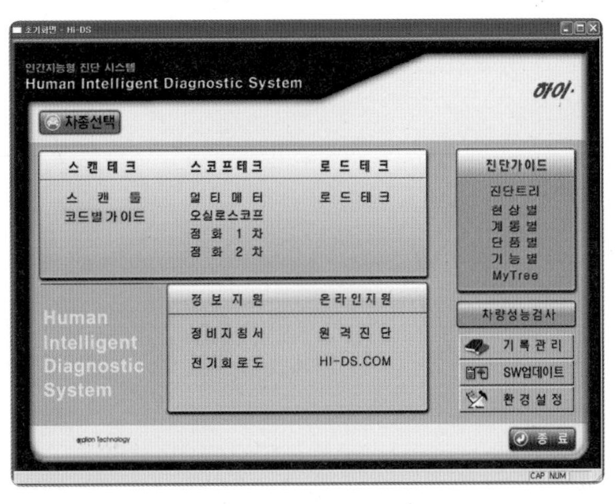

10. 차종을 선택한다.

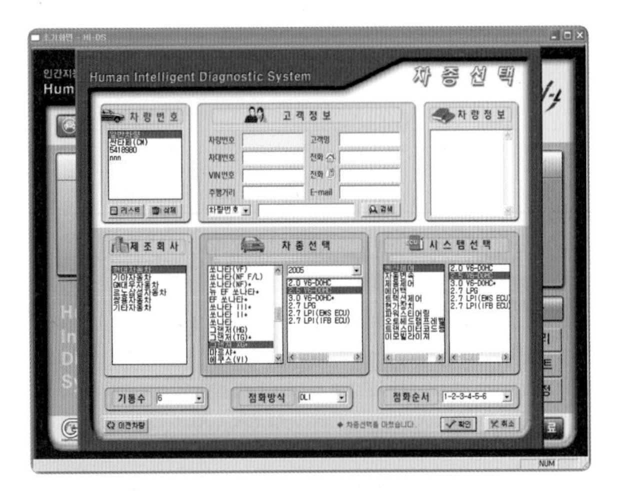

11. 제작사-차종-엔진형식을 선택한다.

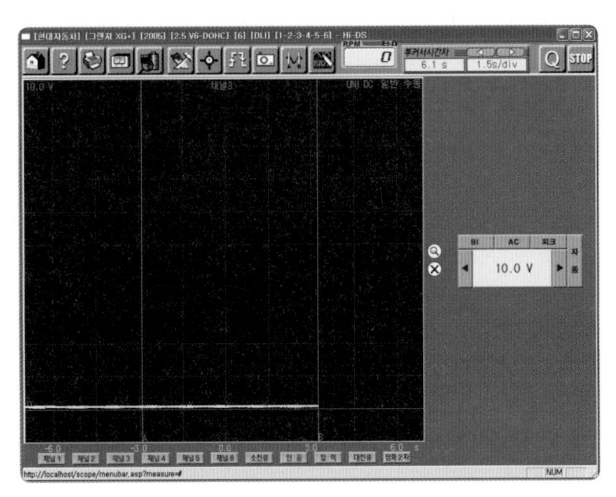

12. 환경설정에서 파형 기준에 맞는 전압과 시간을 설정한다(10 V, 1.5 s/div).

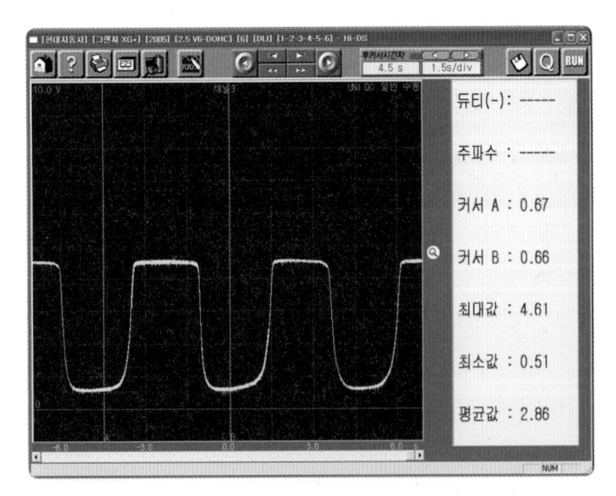

13. 트리거를 화면 중앙에 클릭하고 정지 버튼을 클릭한다.

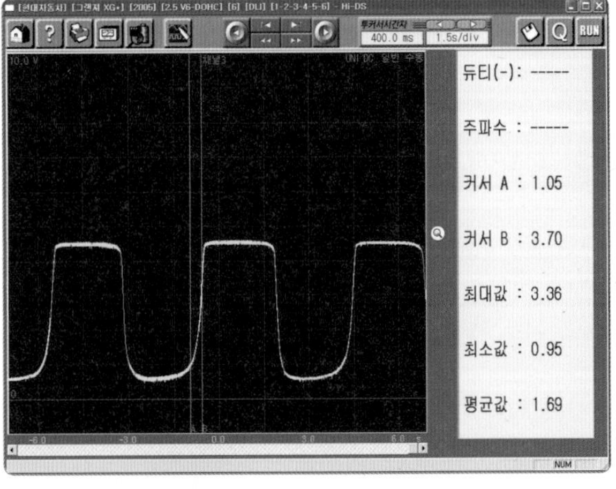

14. 파형 오름 시(농후 구간) 시간을 확인한다(400 ms).

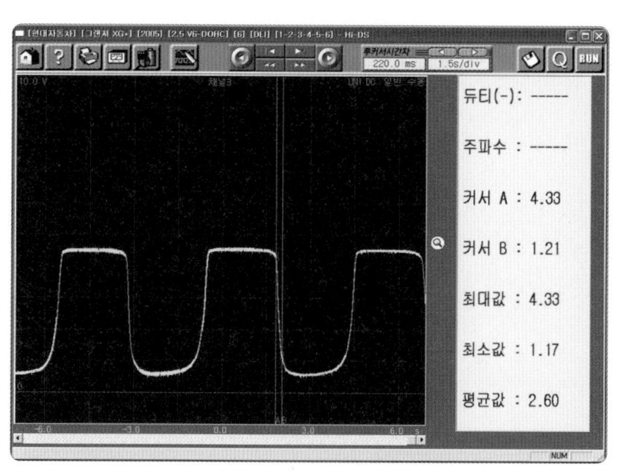

15. 파형 내림 시(희박 구간) 시간을 확인한다(220 ms).

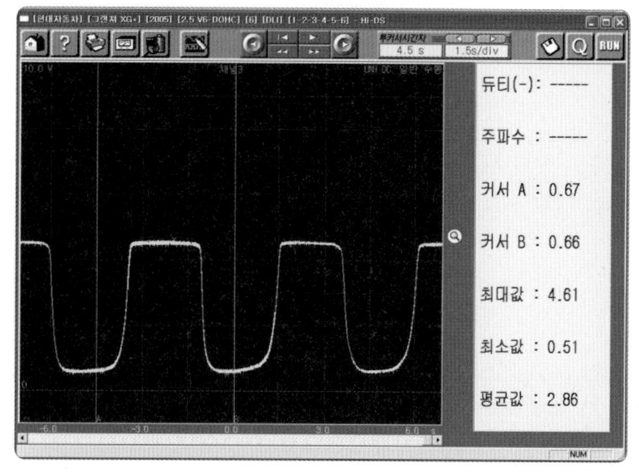

16. 출력 파형을 프린트하고 주요 점검 부위를 표시한다(최댓값 : 4.61 V, 최솟값 : 0.51 V).

(2) 산소 센서 파형 분석

※ 공회전 상태에서 측정하고 기준값은 지침서를 찾아 판정한다.

측정 파형	파형 분석
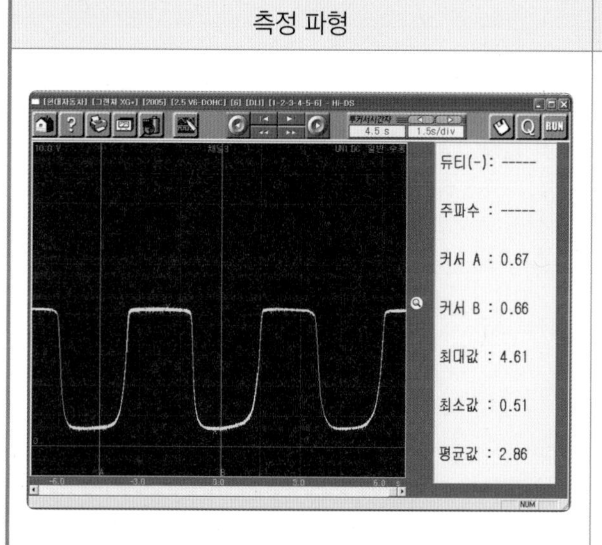	(1) 산소 센서 피드백 상태 확인 : 농후(오르막) : 희박(내리막)이 50 : 50을 유지하고 있다. (2) 출력 전압(최솟값 : 0.51 V, 최댓값 : 4.61 V) (3) 배기가스 농후 상태, 희박 상태 판정 ① 농후 구간 전압 범위(0.2~0.6 V)에서의 시간 : 400 ms(기준값 : 100 ms 이내) ② 희박 구간 전압 범위(0.6~0.2 V)에서의 시간 : 220 ms(기준값 : 300 ms 이내) (4) 분석 결과 : 농후와 희박 산소 센서 피드백 상태는 양호하나 농후(오르막) 구간 시간이 규정값보다 길게 출력된다. 따라서 연료 계통 및 흡기 계통(에어클리너 막힘)을 점검하고 주요 센서 및 냉각 수온 센서, AFS를 점검한다.

실습 주요 point

❶ 농후한 경우

공기 유량 센서의 이상 출력이나 ISA의 듀티, 엔진 회전수, 인젝터의 분사 시간, 냉각 수온 센서 등 다른 출력 항목들의 이상 유무를 확인하고 산소 센서 커넥터의 수분 유입, 에어 클리너의 오염, 리턴 호스의 꺾임, 인젝터의 이종 사양 등 기계적인 부분까지 확인해야 한다.

❷ 희박한 경우

흡기 덕트 진공 유지 불량으로 공기 유입, ISA 고착, 인젝터의 이종 사양 및 작동 상태, 인젝터 배선의 접속 불량, 연료 모터의 기능 저하, 연료 필터의 막힘, 점화 장치의 불량, 산소 센서의 히팅 코일에서 희박 원인을 점검한다.

【산소 센서 파형 실습 보고서】

＿＿＿＿＿조 학번 : ＿＿＿＿＿ 성명 : ＿＿＿＿＿	실습 일시	
	실습 내용	
	차 종	
	담당 교수	

◎ 주어진 자동차에서 산소 센서의 파형을 출력 · 분석하여 그 결과를 기록표에 기록하시오.

HI-DS 종합테스터기 장비 조작 순서(세부적으로) 기재	조건 REBEL	
	v/DIV	
	TRIGGER REBEL	
	DELAY	
	ms/DIV	

정상 파형 및 파형 분석 내용

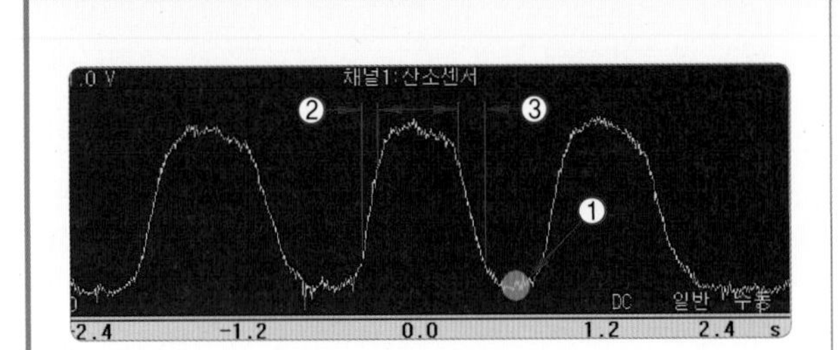

산소 센서는 배출되는 배기가스 중에 산소 농도를 검출하여 ECU로 입력하는 센서로 EC는 이 신호를 근거로 연료 제어를 피드백한다. 산소 농도에 따라 전압이 발생하는 지르코니아 타입과 저항값이 변화하는 티타니아 산소 센서가 사용된다(지르코니아-아날로그 신호).

(1) 산소 센서 파형을 점검해야 하는 경우

연료 소모 과다, 배기가스 과다, 연료 소모 과소, 삼원 촉매 이상 시, 가속이 불량하고 연료의 소비 상태가 불규칙할 경우에 산소 센서 점검을 실시한다.

(2) 산소 센서 파형 분석 및 점검 방법

① 산소 센서 low 전압인 ① 지점이 0.2 V를 초과하면 센서 접지 전압이 0.1 V 이하인지 확인한다.

② 0.2V에서 0.6 V까지 상승되는 반응 시간인 ② 지점은 200 ms 이내여야 하며, 상승 시간이 200 ms 이상이면 산소 센서 불량 여부를 확인한다.

③ 0.6 V에서 0.2 V로 하강하는 시간인 ③ 지점은 300 ms 이하여야 하며, 하강 시간이 300 ms 이상이면 산소 센서 불량 여부를 확인한다.

측정 파형

파형 분석

점검 항목	규정값	측정값	판정
최댓값			
최솟값			
0.2~0.6 V(상승 전압)			
0.6~0.2 V(하강 전압)			

9 디젤(CRDI) 인젝터 파형 점검

(1) 디젤(CRDI) 인젝터 파형 측정

CRDI 인젝터 파형 측정

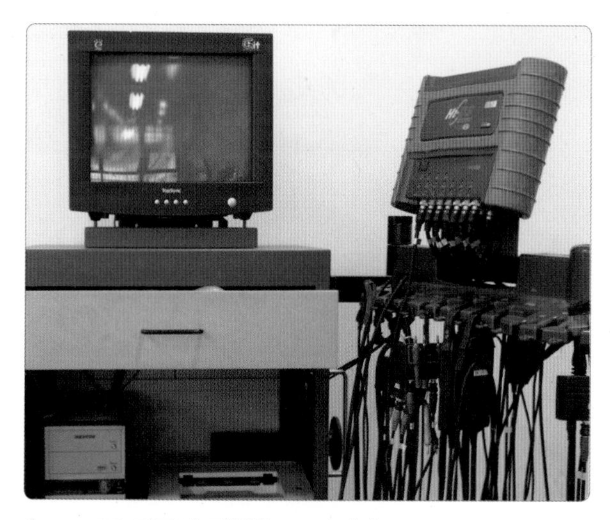

1. HI-DS 컴퓨터 전원을 ON시킨다.

2. 계측모듈 스위치를 ON시킨다.

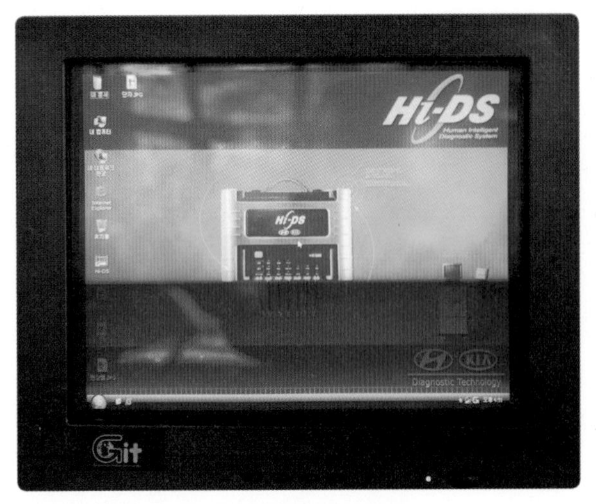

3. 모니터 전원이 ON 상태인지 확인한다.

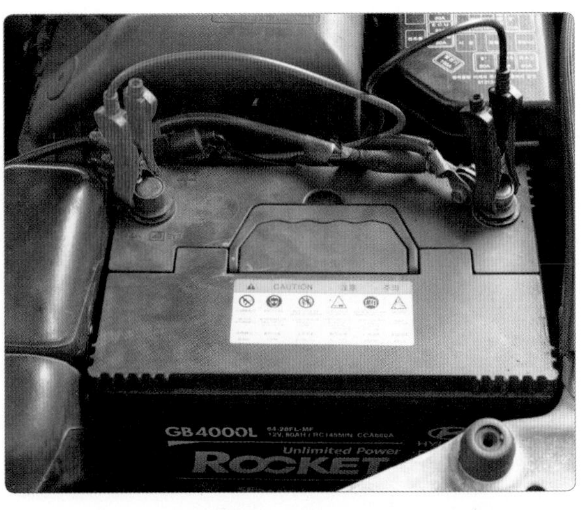

4. HI-DS (+), (-) 클립을 배터리 단자에 연결한다.

5. 1번 채널 프로브를 선택한다.

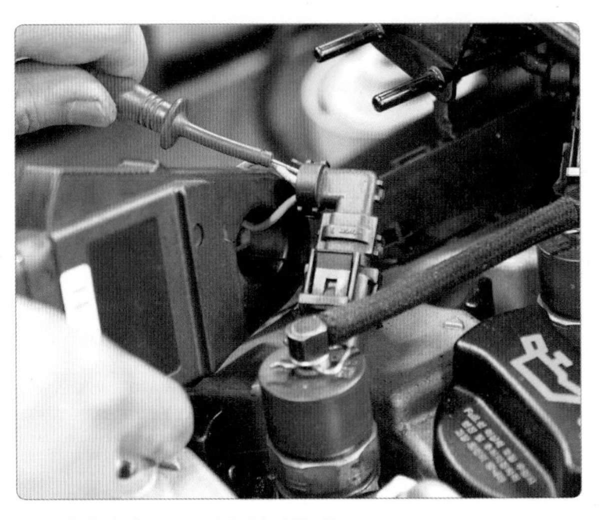

6. 인젝터에 프로브를 연결한다.

7. 엔진을 시동한다.

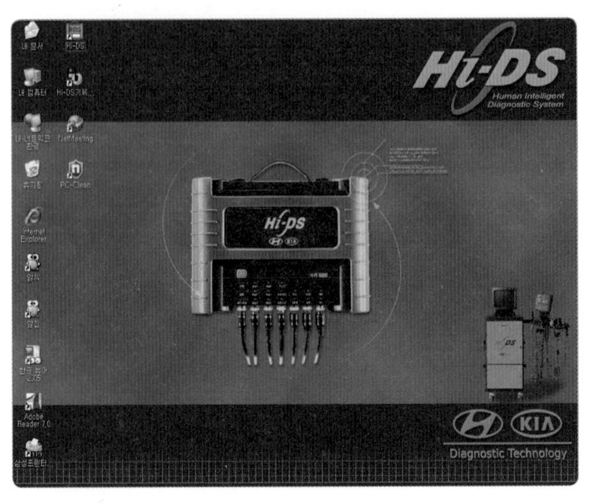

8. 바탕화면 HI-DS 아이콘을 클릭한다.

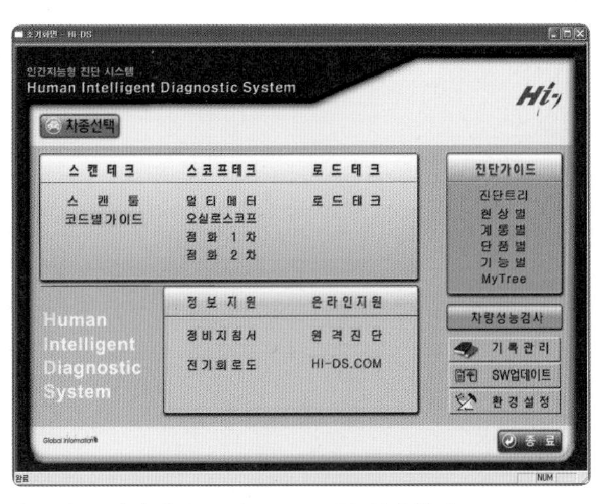

9. 차종 선택에서 오실로스코프를 선택한다.

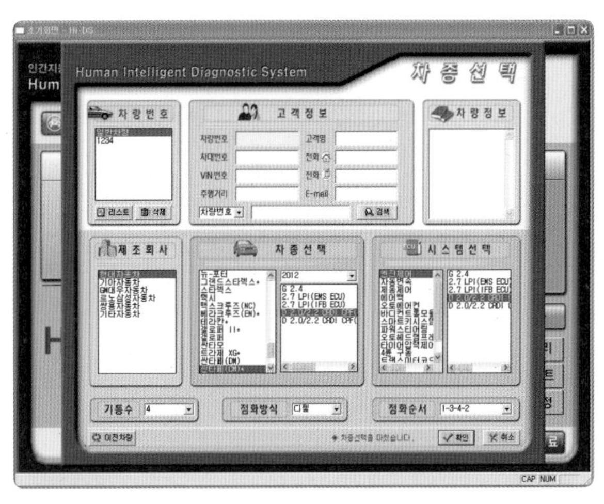

10. 차종 선택 : 제작사–차종–엔진형식을 선택한다.

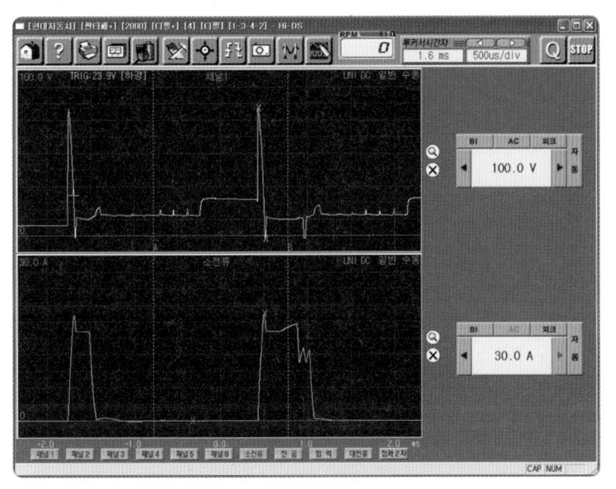

11. 환경설정 아이콘을 클릭하고 전압을 100 V, 전류를 30 A로 설정하여 파형이 출력되면 트리거를 클릭한다.

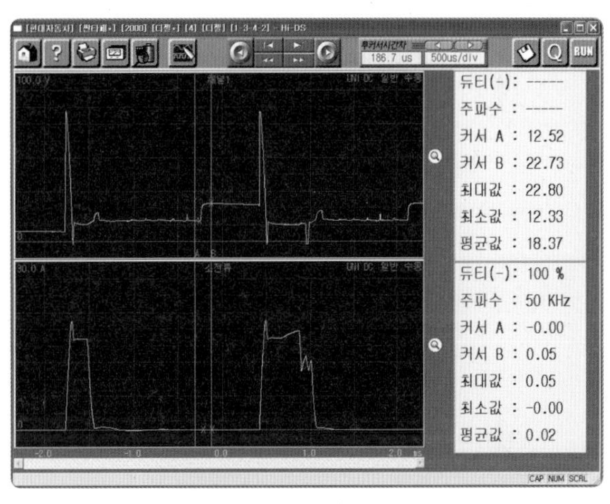

12. 인젝터 구동 콘덴서 충전 전압 22.73 V가 측정된다.

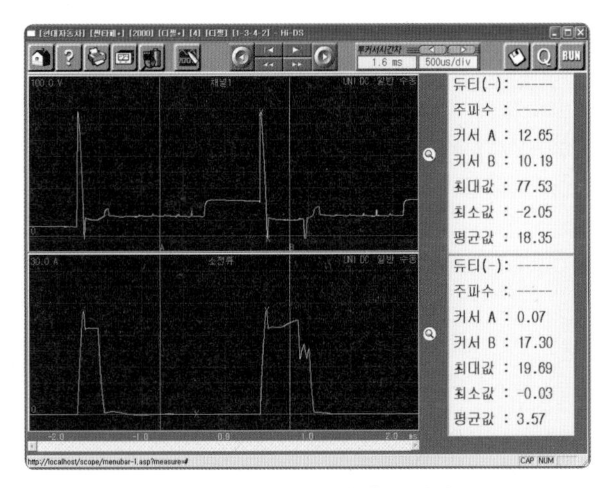

13. 인젝터 서지 전압 77.53 V가 측정된다.

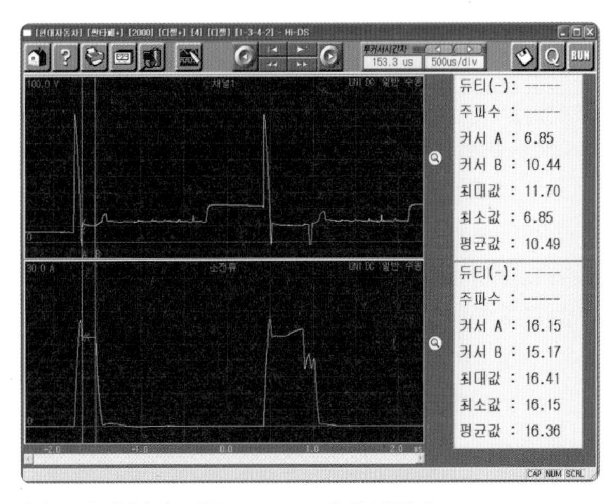

14. 예비 분사 전류 16.41 A가 측정된다.

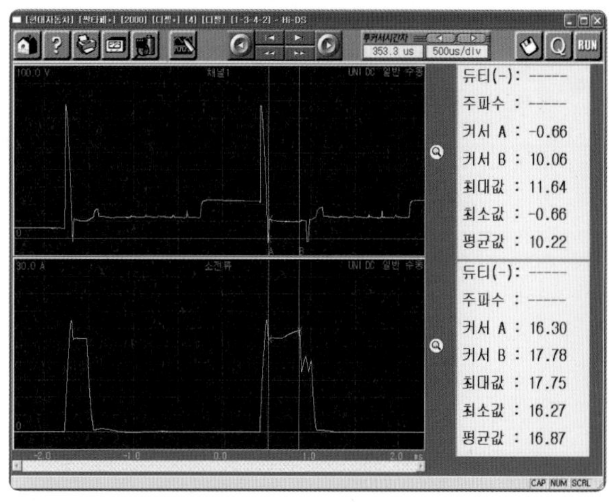

15. 주 분사 전류(풀인 코일 전류)가 17.78 A로 측정된다.

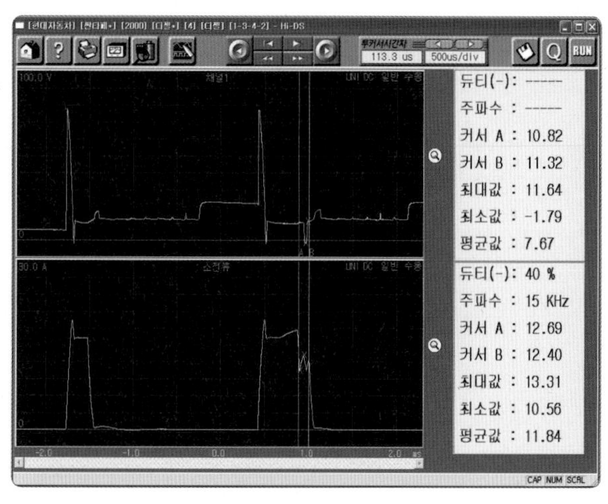

16. 후 분사 전류(홀드인 코일 전류)가 13.31 A로 측정된다.

(2) CRDI 인젝터 파형 분석

측정 파형	파형 분석
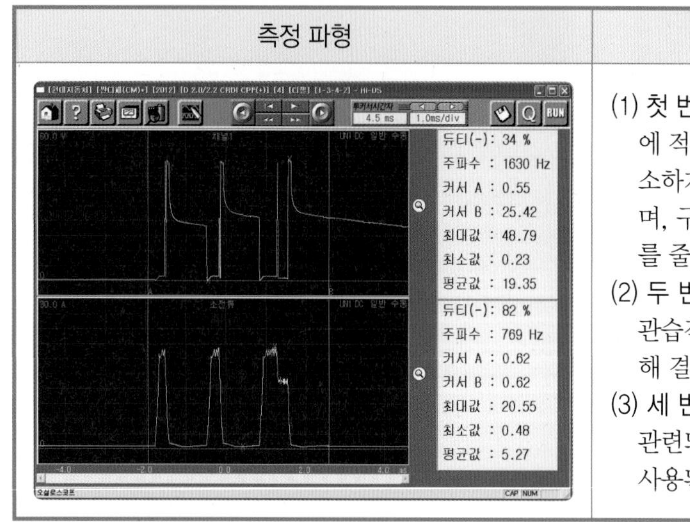	(1) **첫 번째 분사(파일럿 분사) 구간** : 파일럿 분사는 엔진에 적은 양의 연료를 분사하도록 한다. 연료는 즉시 연소하기 시작하고 주 분사를 위한 점화 소스로 이용되며, 구간별 차등 연소로 인하여 디젤 연소 특성인 노크를 줄여줄 수 있다. (2) **두 번째 분사(주 분사) 구간** : 주 분사 구간은 분사의 관습적인 구간이며, 지속 시간은 차량의 ECM에 의해 결정된다. (3) **세 번째 분사(후 분사) 구간** : 배기 가스 제어와 주로 관련되어 있으며, 후 분사는 배기가스를 줄이기 위해 사용된다.

CRDI 인젝터 분사량은 분사 시간으로 결정한다. 이것은 매우 다양한 입력 요소들에 의해 결정되는데, 엔진 rpm, 엔진 부하 그리고 엔진 온도 등의 영향을 받게 되며 인젝터는 핀틀을 들어올리기 위해 최초 80 V의 전압이 공급되고 핀틀이 열린 상태를 유지하기 위해 50 V가 공급된다.

❶ **예비 분사 :** 주 분사 전 예비 분사로 연소 효율 향상과 소음 및 진동의 저감이 목적이다.

❷ **주 분사 :** 실제 엔진 출력을 내기 위한 분사

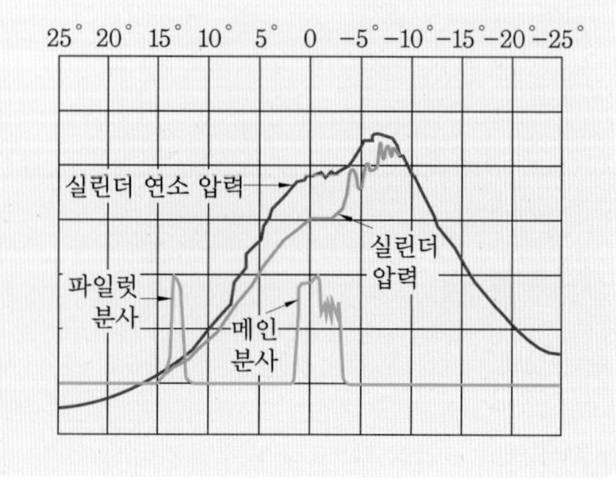

【전자 제어 디젤 엔진 인젝터 파형 실습 보고서】

__________조	실습 일시	
	실습 내용	
학번 : __________	차　　종	
성명 : __________	담당 교수	

◎ 주어진 자동차의 전자 제어 디젤 엔진에서 인젝터 파형을 출력 · 분석하여 그 결과를 기록표에 기록하시오.

전자 제어 디젤 엔진 인젝터 파형 분석

HI-DS 종합테스터기 장비 조작 순서(세부적으로) 기재	조건 REBEL	
	v/DIV	
	TRIGGER REBEL	
	DELAY	
	ms/DIV	

정상 파형 및 파형 분석 내용

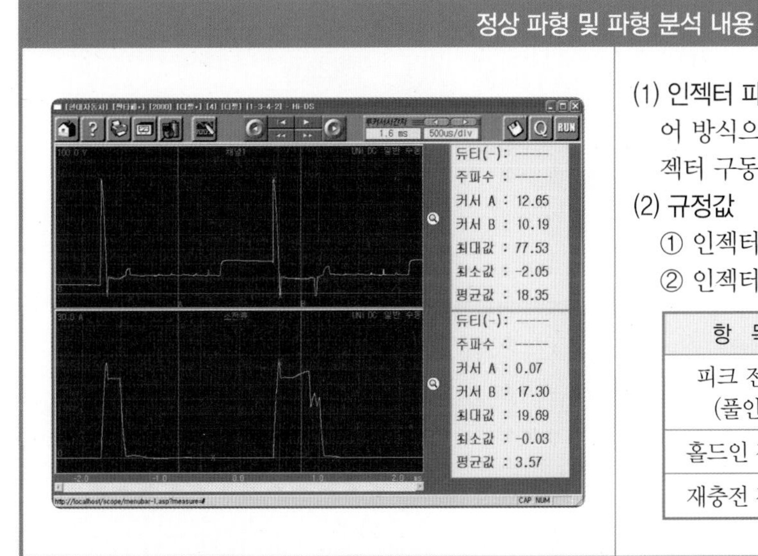

(1) 인젝터 파형 분석 : 보시 커먼레일 인젝터는 전류 제어 방식으로 풀인 시 20 A, 홀드인 시 12 A이며, 인젝터 구동 전압은 80 V이다.

(2) 규정값

① 인젝터 저항 : 0.356 Ω ± 0.055 Ω/20~70 ℃

② 인젝터 전류

항　목	단위	Min	규정값	Max
피크 전류 (풀인)	A	19	20	21
홀드인 전류	A	11	12	13
재충전 전류	A			7

측정 파형

파형 분석

점검 항목	규정값	측정값	판정
듀티			
최대			
최소			
평균			

10 파워 밸런스 시험

(1) 파워 밸런스 파형 측정

HI-DS 테스터기 파워 밸런스 시험

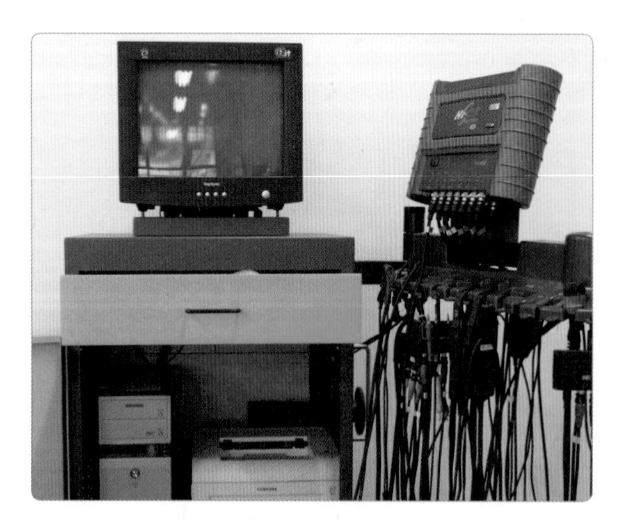

1. HI-DS 컴퓨터 전원을 ON시킨다.

2. 계측모듈 스위치를 ON시킨다.

3. HI–DS (+), (–) 클립을 배터리 단자에 연결한다.

4. 크랭크각 센서 출력 단자에 1번 채널 프로브를 연결한다.

5. 캠 포지션 센서 출력 단자에 2번 채널 프로브를 연결한다.

6. 1번, 2번 채널 접지 프로브를 배터리 (–)에 연결한다.

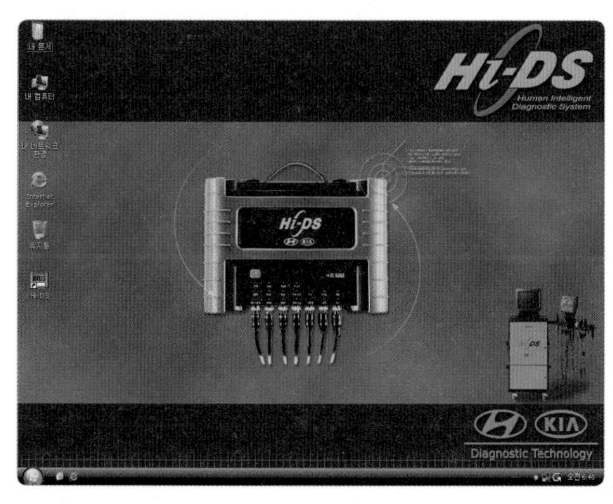

7. 초기화면에서 HI–DS를 클릭한다.

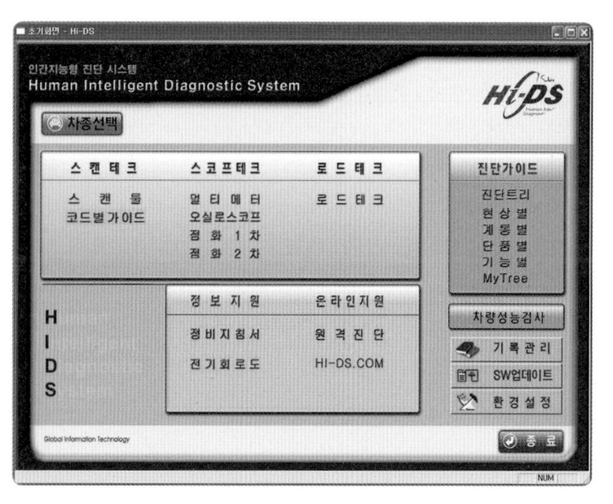

8. 진단가이드에서 진단트리를 선택한다.

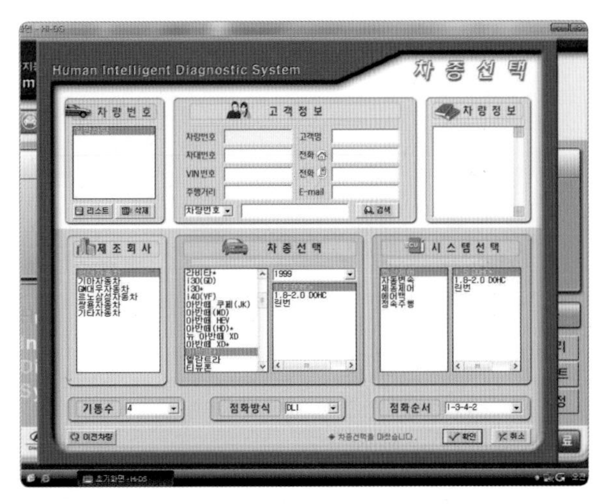

9. 차종 선택 : 제조회사-차종 선택-시스템 선택을 클릭한다.

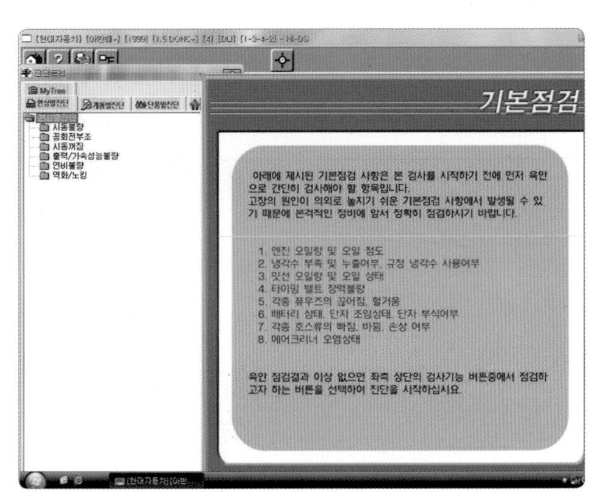

10. 현상별 진단을 선택한다.

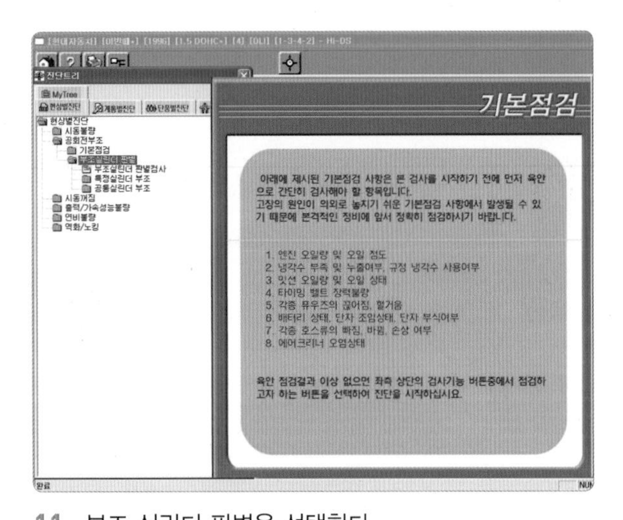

11. 부조 실린더 판별을 선택한다.

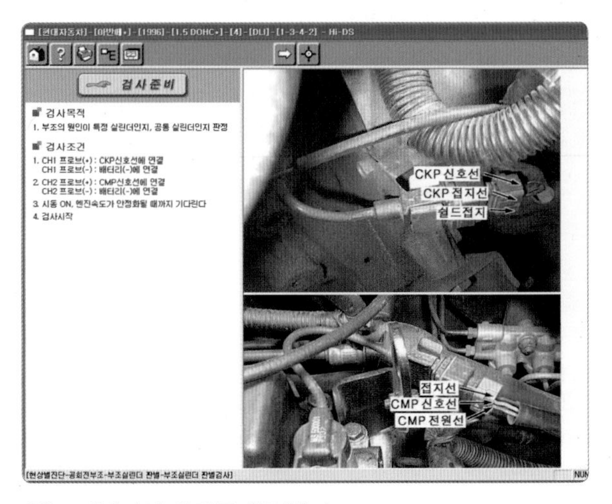

12. 커넥터의 위치를 확인한다.

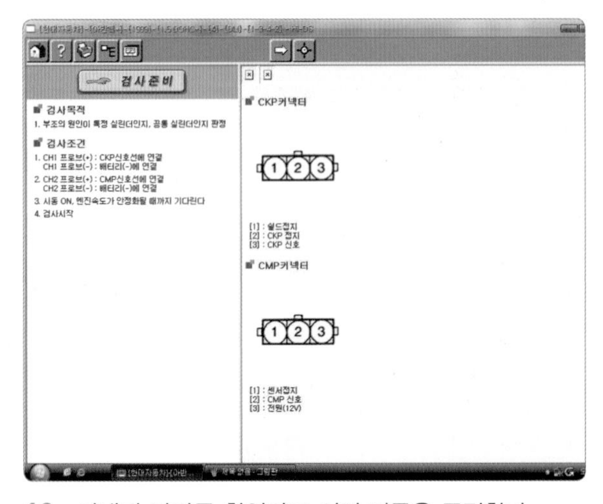

13. 커넥터 단자를 확인하고 시작 버튼을 클릭한다.

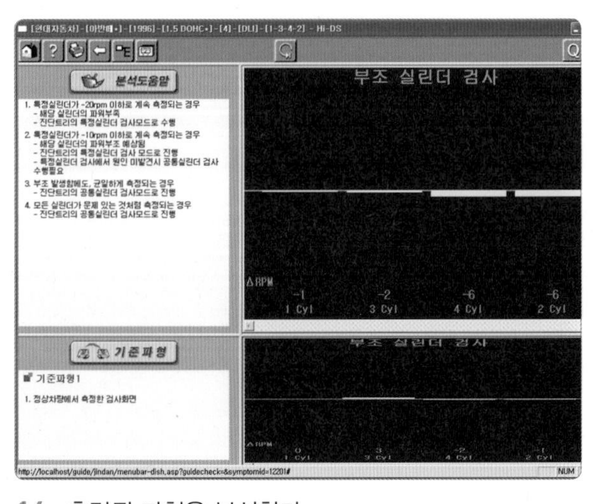

14. 출력된 파형을 분석한다.

(2) 파워 밸런스 파형 분석

측정 파형	파형 분석
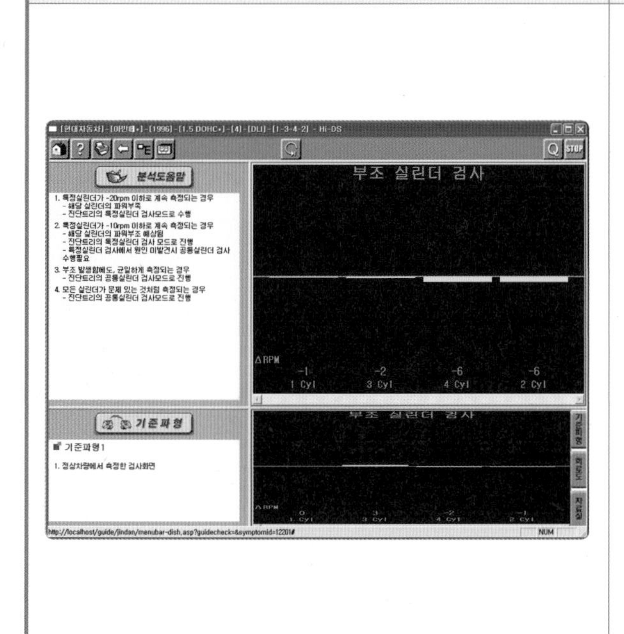	(1) 특정 실린더가 −20 rpm 이하로 계속 측정되는 경우 ① 해당 실린더의 파워 부족 ② 진단트리의 특정 실린더 검사 모드로 수행 (2) 특정 실린더가 −10 rpm 이하로 계속 측정되는 경우 ① 해당 실린더의 파워부조 예상됨 ② 진단트리의 특정 실린더 검사 모드로 진행 ③ 특정 실린더 검사에서 원인 미발견 시 공통 실린더 검사 수행 필요 (3) 부조 발생함에도, 균일하게 측정되는 경우 : 진단트리의 공통 실린더 검사 모드로 진행 (4) 모든 실린더가 문제 있는 것처럼 측정되는 경우 : 진단트리의 공통 실린더 검사 모드로 진행 ※ 실린더 간 rpm 차가 −20 rpm 이내일 때 • 정상 : 기초 회전수 1,500 rpm에서 1개 실린더 미점화 시 13%까지 저하되는 경우(190 rpm 다운) • 각 실린더 간 오차 : 3% 이내 • 공전 시 각 실린더 간 오차 : 50 rpm

실습 주요 point

파워 밸런스 점검

엔진을 정상 작동 온도(워밍업)로 유지시킨 상태에서 측정해야 하며, 1개 실린더를 실화시킴으로써 발생되는 rpm 변화를 비교하여 측정하는 시험 방법이다.

특정 실린더의 부조 현상

❶ 일반적(포괄적) 부조는 각종 센서나 액추에이터(솔레노이드 밸브), 아이들 제어 시스템의 이상으로 발생되는 것에 반해 특정 실린더의 부조는 하나의 실린더에 한정되어 부조가 발생하는 경우로 일반적 부조와는 구분되는 부조 현상이다.

❷ 특정 실린더 부조는 엔진 내 기계적인 마모로 피스톤 링의 마멸과 실린더 마모, 흡 · 배기 밸브 마모에 의한 기밀 불량, 인젝터 작동 상태 불량, 점화 플러그, 오토래시 불량 등 엔진의 정상 압력이 발생되지 못하여 유발되는 것으로 불규칙한 진동이 특정 주기로 발생되는 현상이다.

특정 실린더의 부조 현상 점검

❶ 특정 실린더에 부조 현상이 발생되면 전자 제어 각 센서 및 인젝터 파형 분석과 점화 2차 파형 분석을 실행하며 특히 기계적인 마모 상태를 확인하기 위한 실린더 압축 압력을 측정하여 엔진 내부 마모 상태를 점검할 수 있다.

❷ 실린더 압력 측정은 특정 실린더의 압축 압력을 측정하는 것으로 최초 압력을 측정하여 확인한다.

❸ 압축 압력이 낮게 측정된 경우는 2차 습식 시험을 수행하며 2차 압력을 측정하여 기계적 요소의 결함을 확인할 수 있다.

【파워 밸런스 파형 실습 보고서】

<table>
<tr><td rowspan="4">______조

학번 : ______
성명 : ______</td><td>실습 일시</td><td></td></tr>
<tr><td>실습 내용</td><td></td></tr>
<tr><td>차 종</td><td></td></tr>
<tr><td>담당 교수</td><td></td></tr>
</table>

◎ 주어진 자동차에서 실린더 파워 밸런스 시험을 RPM 변화를 이용하여 실시하여 분석하고 그 결과를 기록표에 기록하시오.

<table>
<tr><th>HI-DS 종합테스터기 장비 조작 순서(세부적으로) 기재</th><th colspan="2">조건 REBEL</th></tr>
<tr><td rowspan="4"></td><td></td><td></td></tr>
<tr><td></td><td></td></tr>
<tr><td></td><td></td></tr>
<tr><td></td><td></td></tr>
</table>

정상 파형 및 파형 분석 내용

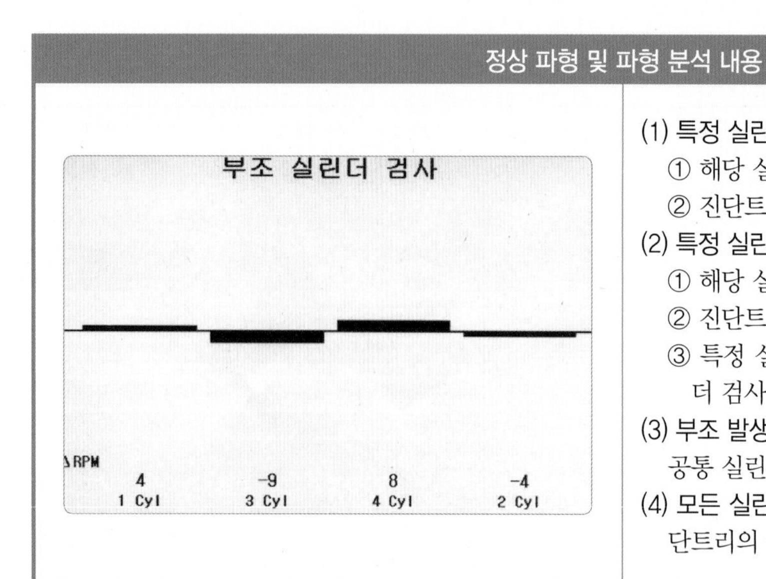

(1) 특정 실린더가 −20 rpm 이하로 계속 측정되는 경우
① 해당 실린더의 파워 부족 예상
② 진단트리의 특정 실린더 검사 모드로 수행
(2) 특정 실린더가 −10 rpm 이하로 계속 측정되는 경우
① 해당 실린더의 파워 부족 예상
② 진단트리의 특정 실린더 검사 모드로 진행
③ 특정 실린더 검사에서 원인 미발견 시 공통 실린더 검사 수행 필요
(3) 부조 발생해도 균일하게 측정되는 경우 : 진단트리의 공통 실린더 검사 모드로 진행
(4) 모든 실린더가 문제 있는 것처럼 측정되는 경우 : 진단트리의 공통 실린더 검사 모드로 진행

측정 파형

파형 분석

<table>
<tr><th>점검 항목</th><th>규정값</th><th>측정값</th><th>판정</th></tr>
<tr><td>실린더 1</td><td></td><td></td><td rowspan="4"></td></tr>
<tr><td>실린더 3</td><td></td><td></td></tr>
<tr><td>실린더 4</td><td></td><td></td></tr>
<tr><td>실린더 2</td><td></td><td></td></tr>
</table>

배기가스 점검 정비

1. 관련 지식
2. 배기가스(CO 테스터기) 점검
3. 디젤 매연 측정

10 배기가스 점검 정비

실습목표 (수행준거)	1. 대기환경보전법에 의거 운행차 수시점검 및 정기점검 배출 허용 기준을 숙지하고 판정 기준에 적용하여 검사와 정비를 할 수 있다. 2. 자동차등록증 차대번호를 실차 차대번호와 대조하여 정확한 연식을 확인함으로써 차량의 오류를 확인할 수 있다. 3. 배출가스 측정 시 불량으로 판정되면 정비 작업을 수행하여 규정값으로 조정할 수 있다. 4. 배출가스장치 점검 시 안전 작업 절차에 따라 정비 작업을 수행할 수 있다.

1 관련 지식

1 자동차로부터 배출되는 대기 오염 물질

(1) 오염 물질 종류 및 생성 원인

① 일산화탄소(CO) : 산소의 공급이 부족하여 불완전 연소로 발생된다.

② 탄화수소(HC) : 연료의 일부가 미연소된 그대로, 또는 일부 산화, 분해되어 배출된다.

③ 질소 산화물(NOx) : 연소 시의 고온에 의해 공기 중에 질소와 산소가 반응하여 생성된다.

④ 매연 : 연소실에 분사된 연료가 공기와 연소 반응 후 불완전 연소된 연료의 극히 미세한 성분 입자가 모여 생성된다.

⑤ 기타 : 황산화물(SOx), 오존(O_3) 등이 배출된다.

(2) 오염물질 배출 경로

① 배기관 배출가스 : 연료가 엔진에서 연소한 후 배기관을 통해 배출

② 블로바이 가스 : 피스톤과 실린더의 틈 사이에서 크랭크케이스를 통하여 누출

③ 증발 가스 : 자동차의 연료장치인 연료 탱크, 연료 펌프, 연료 라인에서 증발

(3) 운전 모드에 따른 오염물질 배출 정도

① 공회전 : 휘발유 · 가스 자동차는 CO와 HC가 가장 많이 배출되며, 경유 자동차는 반대로 CO와 HC가 가장 적게 배출된다.

② 가속 및 정속 상태 : 휘발유 · 가스, 경유 자동차 모두 NOx가 가장 많이 배출된다.

③ 감속 : HC의 배출이 급격히 증가하며, NOx는 반대로 매우 적게 배출된다.

2 자동차 배출가스의 생성

(1) 휘발유 · 가스 자동차

① 일산화탄소

(가) 농후한 공연비일수록 산소 부족에 의한 불완전 연소로 CO의 생성이 급증하고 이산화탄소(CO_2)의 열해리에 의해서도 생성된다.

(나) CO의 배출은 공연비에 따라 달라지며, 희박 영역에서는 CO의 배출은 거의 일정하나 이론 공연비보다 농후하면 급격히 증가한다.

② 탄화수소

(가) 연소 시 화염이 실린더 벽면에 도달하면 벽면이 냉각 작용을 받아 소염 현상이 일어나면서 연료가 미연소 상태로 남아 HC로 방출된다.

(나) 연소 중 실린더 내의 압력 상승으로 혼합기가 피스톤과 실린더 사이에 유입되어 배기 중에 HC로 방출되며 연소 시작 전에 실린더와 피스톤 표면의 윤활유 막에 흡착되었다가 연소 후 방출된다. 혼합기가 희박하거나 점화 플러그의 불꽃이 약한 경우 국부적인 실화로 인해 HC가 생성된다.

③ 질소 산화물

혼합기 속의 공기에 함유된 질소와 산소가 연소실 안에서 고온, 고압의 화염을 통과할 때 화합하여 생성되며 완전 연소에 가까울수록 증가하고 CO가 증가하는 불완전 연소에 가까울수록 감소한다.

④ 이산화탄소

연소 시 발생하는 일산화탄소와 혼합기 속의 공기에 함유된 산소가 연소실 안에서 화합하여 생성된다. 완전 연소에 가까울수록 많이 생성되므로 이론 공연비에서 배출 농도가 가장 높고 희박과 농후 영역으로 가면 낮아진다. CO_2를 저감시키는 가장 효율적인 방법은 연료 사용량을 줄이는 것이므로 디젤 엔진이 가솔린 엔진보다 유리하다.

(2) 경유 자동차

① 매연

연료 분자가 열분해에 의해 탈수소 반응을 일으켜 매연 전 단계의 미립자 핵을 생성하며, 이 미립자 핵들이 응집, 엉킴, 합체 등의 과정을 거쳐 매연을 생성한다.

디젤 연소에서는 확산 연소 중에 대량의 매연이 생성되지만, 연소 후기의 화염 중에 공기를 도입하여 재연소시키면 매연이 급속히 감소되며, 연소 시 공기가 부족한 곳에서 발생한다. 연소 온도, 혼합기의 분포 형태, 연소 속도, 연료 입자의 미립도 등에 따라 크게 변화한다.

② 이산화탄소

이산화탄소의 배출 농도는 이론 공연비 부근에서 가장 높고 희박 영역에서 가장 낮아지므로 이산화탄소를 줄이기 위해서는 연료의 양을 줄여야 한다. 따라서 디젤 엔진이 가솔린에 비해 유리하며, 직접 분사식 디젤 엔진이 가장 효율적이다.

3 자동차 배출가스 정비

(1) 일산화탄소

① CO는 주로 연소실 내의 공기 부족 또는 농후한 혼합기에 의하여 생성되는 가스이므로 흡기 또는 연료 계통을 점검하여 흡기량이 부족한지 연료가 과도하게 공급되는지의 여부를 점검한다.

② 주요 점검 부분으로는 에어클리너의 막힘 여부, 흡기 유량 센서 및 산소 센서의 정상 작동 여부, 스로틀 밸브(스로틀 포지션 센서)의 오염 상태, 점화장치(플러그, 코일, 배선) 상태, 배전기 작동 상태, 촉매의 정상 작동 여부 등을 들 수 있다.

(2) 탄화수소

① HC는 엔진의 기계적 결함에 의해서 연소실 내의 혼합기가 그대로 방출되거나 실화 등에 의하여 미연소된 혼합기가 배기관으로 배출되는 것이므로 기계적 원인과 점화원, 냉각 계통 등을 점검한다.

② 주요 점검 부분으로는 실린더의 압축 압력 적정 여부, 밸브의 작동 상태, 점화 계통, 냉각수 온도 및 수온 센서의 정상 여부, 공연비의 적정 여부, 점화 시기 등이다.

(3) 질소 산화물

① NOx는 완전 연소에 가까울수록, 이론 공연비에 가까울수록 많이 생성되므로 연소실 내부의 열적 조건에 영향을 주는 부분을 점검해야 한다.

② 주요 점검 부분으로는 배출가스 재순환장치(EGR), 점화 시기, 냉각수 온도, 공연비, 연료 압력, 산소 센서, 촉매 등을 들 수 있다.

(4) 매연

① 매연은 주로 연소 시 공기 부족, 과다한 연료 공급, 연소 온도 저하, 연소실에 분사된 연료 입자의 크기 등에 크게 영향을 받으므로 연소 조건에 영향을 주는 부분을 점검한다.

② 주요 점검 부분으로는 에어클리너 및 흡기 계통의 막힘 여부, 연료 분사량 및 노즐 압력의 적정 여부, 거버너의 작동 상태, 분사 시기, 실린더의 압축 압력 등을 들 수 있다.

4 엔진 출력

① 엔진 출력에 영향을 주는 요인은 연료 분사량의 부족, 노즐 분사 압력 저하, 흡입 공기량 부족, 과도한 분사 시기, 엔진 노후에 따른 압축 압력 저하 등을 들 수 있다.

② 엔진 관련 부품 외에 출력에 영향을 주는 요인으로는 클러치의 미끄러짐, 브레이크의 고착 또는 라이닝 간극 부족, 구동축 베어링 손상, 타이어 과다 마모 등을 들 수 있으므로 이러한 부분에 대하여 점검할 필요가 있다.

5 공기 과잉률과 공기비(air ratio)

엔진이 흡입한 공기에 혼합되는 연료량은 공기비 또는 혼합비로 정의된다. 이 관계는 연료가 완전 연소하려면 공기와 연료가 어떤 비율로 혼합되어야 하는지를 나타내는 것이다. 연료를 완전 연소시키는 데 필요한 이론 공기량과 실제로 엔진이 흡입한 공기량과의 비율은 공기비 또는 공기 과잉률(excess air factor, λ)이라 한다.

$$\text{공기 과잉률}(\lambda) = \frac{\text{실제로 흡입한 공기량}}{\text{이론적으로 필요한 공기량}} = \frac{\text{실제 공연비}}{\text{이론 공연비}}$$

이론 혼합비는 공기비(λ) = 1이다. 공기비(λ)<1이면 공기 부족 상태, 즉 혼합기가 농후한 상태를 의미하고, 공기비가(λ)>1이면 공기 과잉 상태, 즉 혼합기가 희박한 상태를 의미한다. 공기비(λ) = 1은 이상적인 값이기는 하지만 엔진 전체 작동 영역에서는 알맞은 값이 아니다.

엔진이 공전을 할 때에는 원활한 작동을 위해서, 그리고 전부하 운전에서는 출력 증대를 위하여 공기 부족 상태(혼합비 농후 상태), 즉 λ<1로 운전한다. 반대로 부분 부하 운전에서는 경제적 측면에서 공기 과잉 상태, 즉 λ>1을 목표로 한다. 그리고 공기비(λ) = 1 부근에서는 일산화탄소(CO)는 거의 발생하지 않으나 질소 산화물(NOx)은 최댓값을 나타내며, 혼합기가 급격히 희박해지면 탄화수소(HC)의 발생량이 급격히 증가한다.

공기 과잉률

휘발유, 가스차의 공기와 연료 혼합 비율이 14.7 : 1(이론 공연비)일 경우가 이상적인 연소 조건인데, 공기가 과잉으로 들어가면 질소 산화물이 더 많이 배출된다.

※ 공기 과잉률 허용 기준 : 측정 결과의 범위 1 ± 0.1 이내(0.9~1.1)

2 배기가스(CO 테스터기) 점검

1 배기가스 점검

자동차(엔진 시뮬레이터)와 CO 테스터기 준비

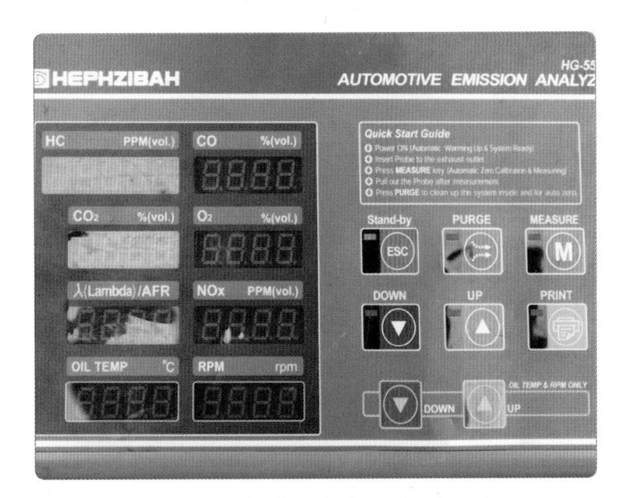

CO 테스터기 전면

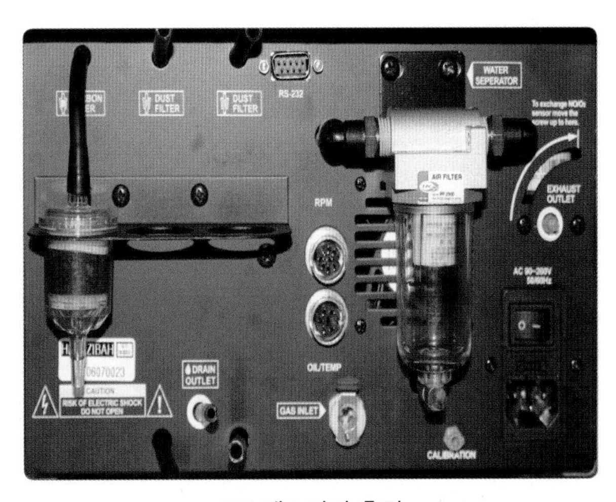

CO 테스터기 후면

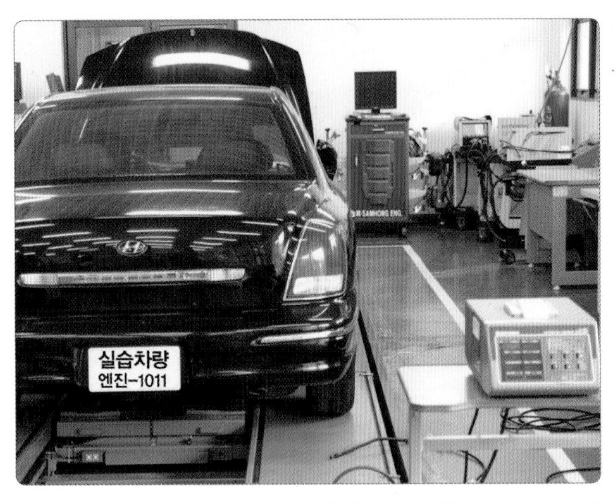

1. 엔진을 정상 온도로 충분하게 워밍업한 후 시동된 상태를 유지한다.

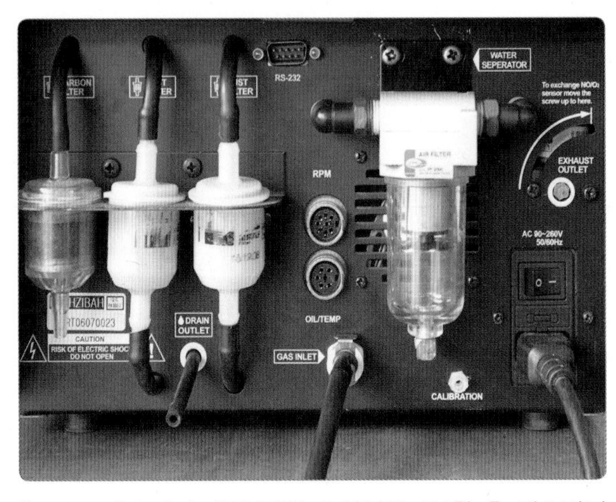

2. CO 테스터기 메인 전원 스위치를 ON한 후 테스터기 뒷면 프로브 연결을 확인한다.

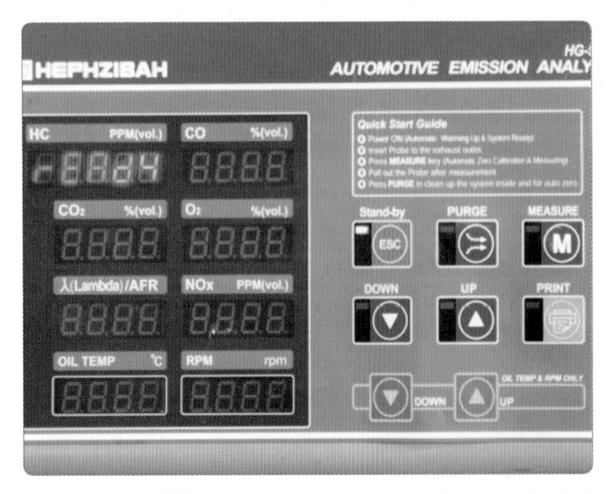

3. **초기화 진행** : 초기화는 6초간 제품명, PEF 값, 날짜 등의 순으로 순차적으로 표시된다.

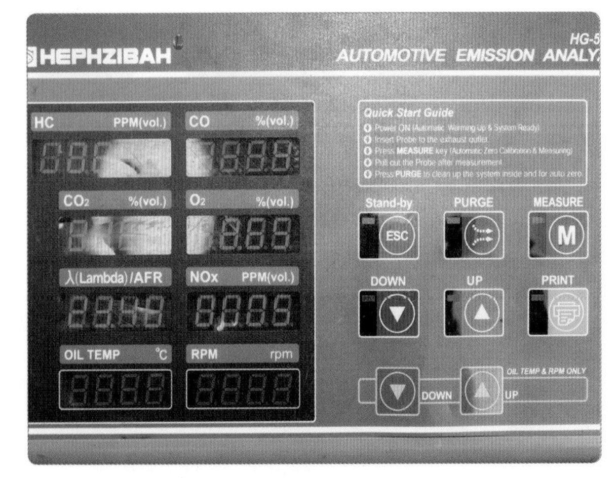

4. **자기 진단** : 내부 센서, 펌프 등을 진단하고 그 결과가 디스플레이부를 통하여 표시된다.

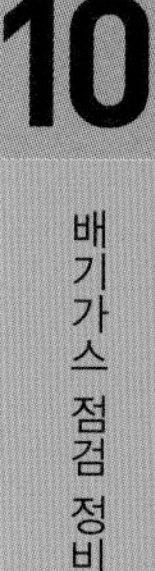

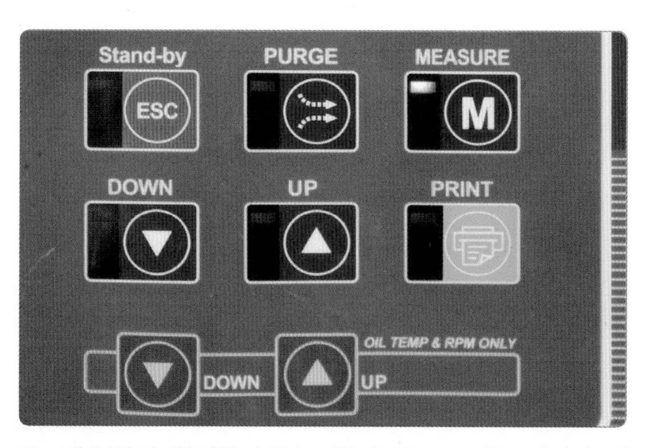

5. 테스터기 워밍업 실시 : 워밍업은 CO 테스터기가 정확한 측정을 위해 자체 청정하기 위한 과정으로 측정을 위해 안정될 때까지 신선한 공기가 분석기 내부를 깨끗하게 환기시킨다(5~10분).

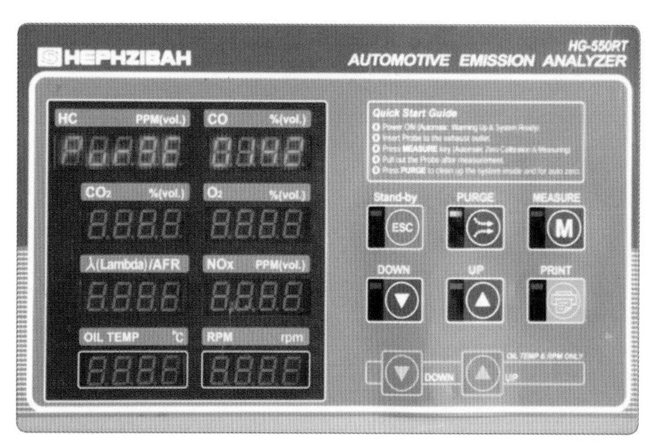

6. PURGE(퍼지) 실시 : 퍼지 모드는 180초간 진행된다(테스터기 내 샘플 셀과 프로브 청소).

※ 이때 프로브(Prove)는 머플러에 삽입하지 않고 대기 중에 위치한다.

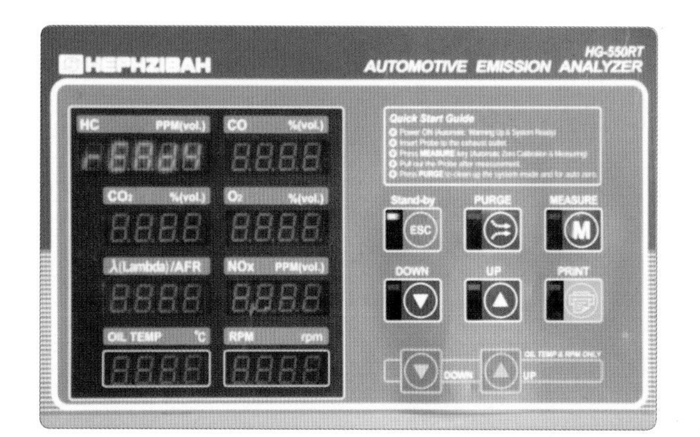

7. PURGE(퍼지) 모드가 끝나면 자동으로 대기 상태가 된다(장시간 자동차 배기가스를 연속으로 측정한 후에는 프로브와 샘플 셀에 잔류가스가 남아 있으므로 퍼지 작동은 필히 수행하도록 한다).

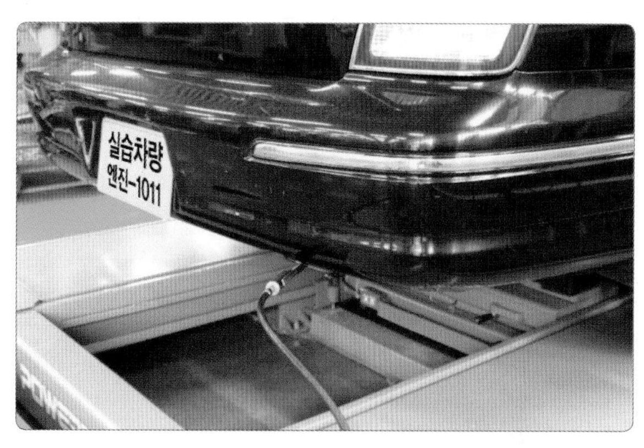

8. 0점 조정이 완료되고 측정이 시작되게 되는데 이때 CO 테스터기 프로브를 자동차의 배기구에 견고하게 삽입한다.

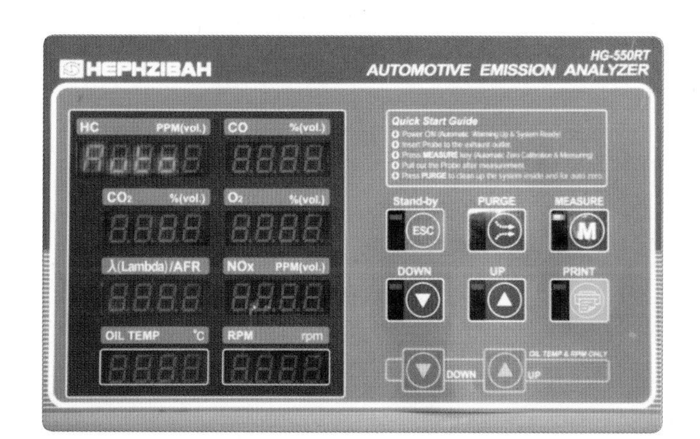

9. MEASURE(측정) : M(측정) 버튼을 누른다.

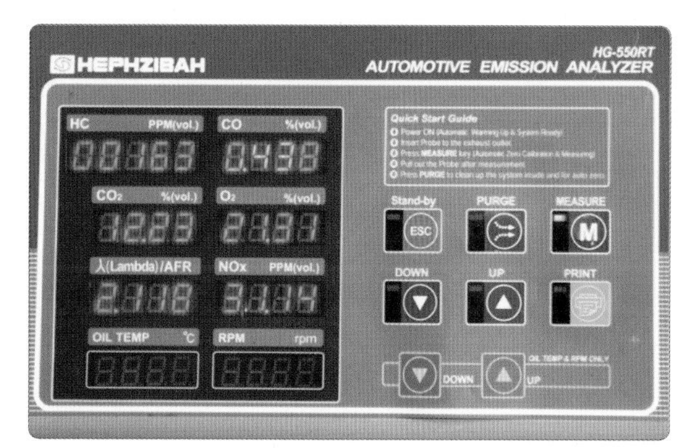

10. 출력된 배기가스를 확인한다.

HC : 163 ppm, CO : 0.43%, CO_2 : 12.2%,
O_2 : 21.3%, λ(공기 과잉률) : 2.1, NOx : 31.1 ppm

11. 배기가스 측정 결과를 프린트 출력한다.

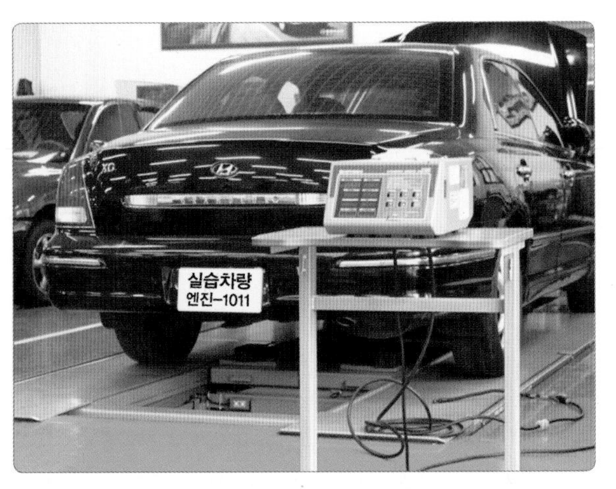

12. CO 테스터기 측정이 끝나면 배기관의 프로브를 제거한다.

※ **연속 측정할 때(시험 검정일 때)**
M(측정) 버튼을 선택하고 PURGE(퍼지) → 0점 조정 → M(측정) 버튼을 선택으로 측정한다.

실습 주요 point

CO 테스터기 측정 요령

❶ 전원 스위치를 ON하면 분석기는 초기화 과정을 실행한다.
❷ 초기화 후 분석기는 자기 진단을 시작하며 내부 센서, 펌프 등을 진단하여 이상이 없으면 그 결과를 디스플레이부에 표시한다.
❸ 워밍업은 정확한 측정을 위해 안정될 때까지 진행되고 펌프가 동작하여 깨끗한 공기로 분석기 내부를 깨끗하게 한다.
❹ 워밍업 동작이 완료되면 분석기의 디스플레이부에 측정 준비를 표시한다.
❺ 측정하기 전에 퍼지를 시킨다.
❻ 퍼지 후 측정키를 누르면 20초 동안 자동으로 분석기의 0점 조정을 한다.
❼ 0점 조정이 되면 프로브를 자동차 배기관에 삽입한다.
❽ 디스플레이부의 측정값이 안정되면 측정값을 읽는다.
❾ 측정 동작은 약 10분 정도 지속되고 동작을 멈추면 자동으로 펌핑을 멈추고 준비 상태가 된다.

자 동 차 등 록 증

제2000 – 3260호 최초등록일 : 2000년 05월 05일

① 자동차 등록번호	08다 1402	② 차종	승용	③ 용도	자가용
④ 차명	그랜저 XG	⑤ 형식 및 연식	2000		
⑥ 차대번호	KMHFV41CPYA068147		⑦ 원동기형식		
⑧ 사용자 본거지	서울특별시 금천구				
소유자 ⑨ 성명(상호)	기동찬	⑩ 주민(사업자)등록번호	******-******		
소유자 ⑪ 주소	서울 특별시 금천구				

자동차관리법 제8조 규정에 의하여 위와 같이 등록하였음을 증명합니다.

2000 년 05 월 05 일

서울특별시장

1. 제원			
⑫ 형식승인번호 1–10109–8765–4321			
⑬ 길이	4,330 mm	⑭ 너비	1,830 mm
⑮ 높이	1,840 mm	⑯ 총중량	2,475 kg
⑰ 배기량	2,874 cc	⑱ 정격출력	95/4000
⑲ 승차정원	5인승	⑳ 최대적재량	kg
㉑ 기통수	5기통	㉒ 연료의 종류	경유

2. 등록번호판 교부 및 봉인			
㉓ 구분	㉔ 번호판교부일	㉕ 봉인일	㉖ 교부대행자확인
신 규			

3. 저당권 등록	
㉗ 구분(설정 또는 말소)	㉘ 일자

*기타 저당권 등록의 내용은 자동차 등록 원부를 열람 · 확인하시기 바랍니다.

※ 비고

4. 검사유효기간			
㉙ 연월일부터	㉚ 연월일까지	㉛ 검사시행장소	㉜ 검사책임자
2000–05–05	2001–05–04		

※ 주의사항 : 29항 첫째 칸 란에는 신규 등록일을 기록합니다.

2 차대번호 식별 방법

K	M	H	F	V	4	1	C	P	Y	A	0	6	8	1	4	7
①	②	③	④	⑤	⑥	⑦	⑧	⑨	⑩	⑪	⑫					
제작 회사군			자동차 특성군						제작 일련번호군							

3 차대번호

차대번호는 총 17자리로 구성되어 있다.

KMHFM41CPYA068147

① 첫 번째 자리는 제작국가(K=대한민국)
② 두 번째 자리는 제작회사(M=현대, N=기아, P=쌍용, L=GM 대우)
③ 세 번째 자리는 자동차 종별(H=승용차, J=승합차, F=화물트럭)
④ 네 번째 자리는 차종 구분(B=쏘나타, C=베르나, E=EF 소나타, V=아반테, 베르나, F=그랜저)
⑤ 다섯 번째 자리는 세부 차종 및 등급(L=기본, M(V)=고급, N=최고급)
⑥ 여섯 번째 자리는 차체 형상(F=4도어세단, 3=세단3도어, 5=세단5도어)
⑦ 일곱 번째 자리는 안전장치(1=엑티브 벨트(운전석+조수석), 2=패시브 벨트(운전석+조수석))
⑧ 여덟 번째 자리는 엔진 형식(D=1769cc, C=2500cc, B=1500cc DOHC, G : 1500cc SOHC)
⑨ 아홉 번째 자리는 운전석 위치(P=왼쪽, R=오른쪽)
⑩ 열 번째 자리는 제작년도(영문 O, Q, U, Z 제외) J(1988)~Y(2000), 1(2001)~4(2004)
⑪ 열한 번째 자리는 제작 공장(A=울산, C=전주, M=인도, U=울산, Z=터키)
⑫ 열두 번째~열일곱 번째 자리는 차량제작 일련번호

실습 주요 point

차대번호 확인 방법

❶ 자동차 등록증 점검 시 자동차등록번호, 차종, 차명, 형식 및 연식, 차대번호를 확인한다.
❷ 자동차등록증과 차대번호를 비교하여 한 개라도 틀리면 불량(부적합)이다.

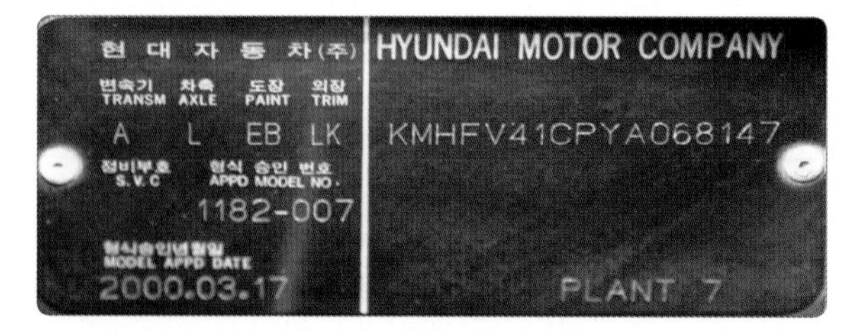

제작사별 차대번호의 예

4 CO 측정 결과 판정 및 분석

① 측정(점검) : 배기가스 CO, HC를 측정한 값 CO : 0.4%, HC : 163 ppm

② 기준값 : 운행차량의 배출 허용 기준값 CO : 1.2% 이하, HC : 220 ppm 이하

③ 판정(정비사항) : 판정이 불량일 때는 엔진 전자 제어, 점화 계통 및 연료 계통 점검 후 재점검을 하여 정비한다.

운행차 배기가스 배출 허용 기준[개정 2014. 2. 6]

차 종	차량 제작일	CO	HC	공기 과잉률
승용 자동차	1987년 12월 31일 이전	4.5% 이하	1,200 ppm 이하	1 ± 0.1 이내 (기화기식 연료 공급 장치 부착 자동차는 1 ± 0.15 이내, 촉매 미부착 자동차는 1 ± 0.20 이내)
	1988년 1월 1일부터 2000년 12월 31일까지	1.2% 이하	220 ppm 이하(휘발유 · 알코올 자동차) 400 ppm 이하(가스 자동차)	
	2001년 1월 1일부터 2005년 12월 31일까지	1.2% 이하	220 ppm 이하	
	2006년 1월 1일 이후	1.0% 이하	120 ppm 이하	

3 디젤 매연 측정

1 디젤 매연 측정

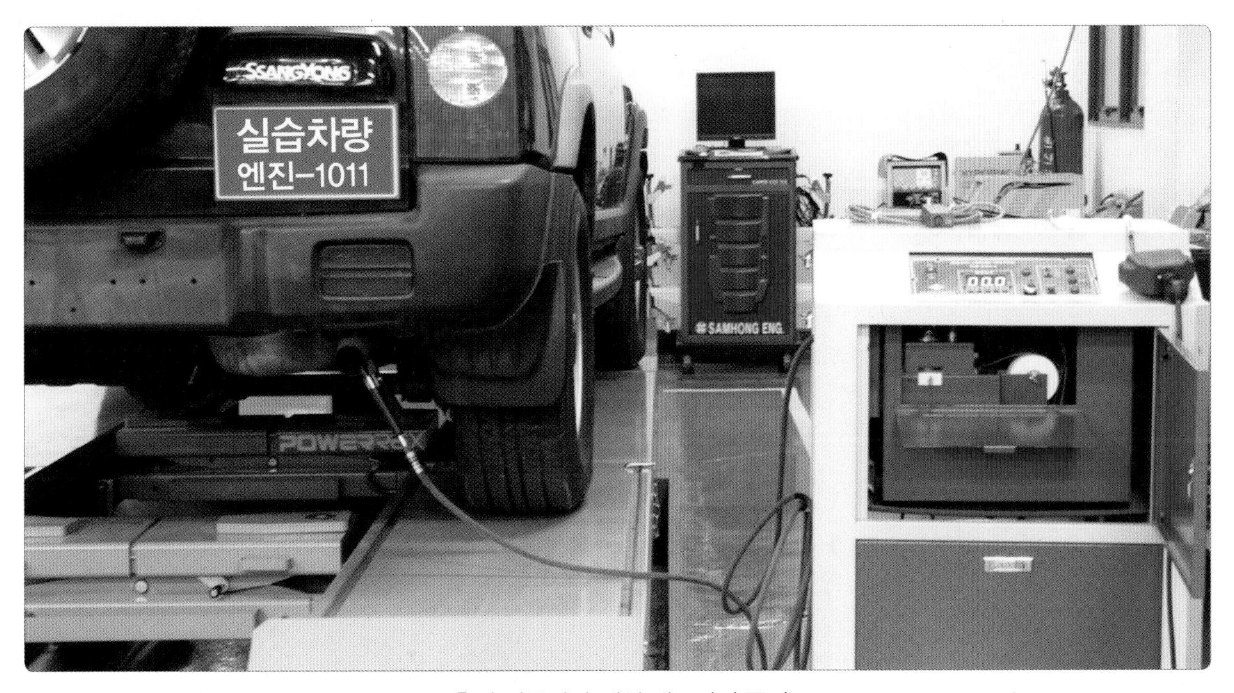

측정 자동차와 매연 테스터기 준비

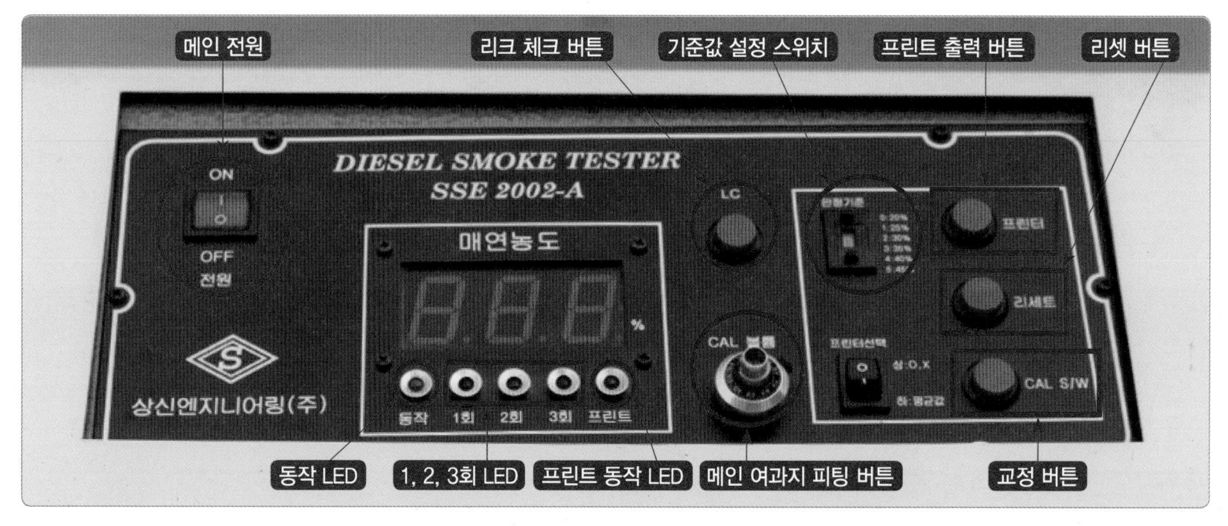

1. 매연 테스터기를 확인한다(스위치 배치 상태).

2. 프린트 케이블, 컴프레서 에어호스, 샘플링 프로브, 원격 측정 스위치를 연결한다.

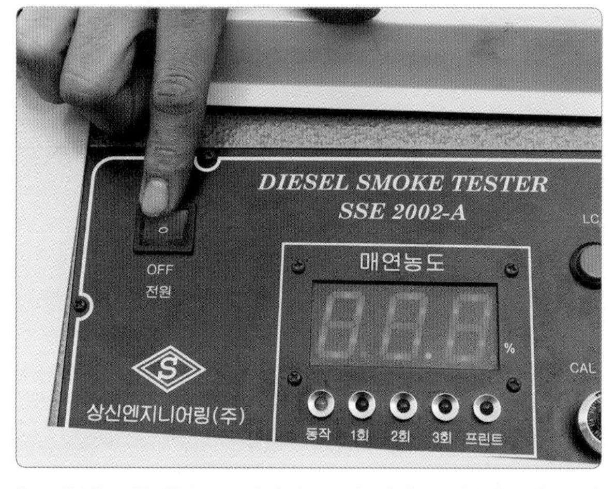

3. 메인 스위치를 ON시킨다. 동작 상태 표시등(동작 LED)을 1초 주기로 점멸 점검한 후 30분간 예열시킨다.

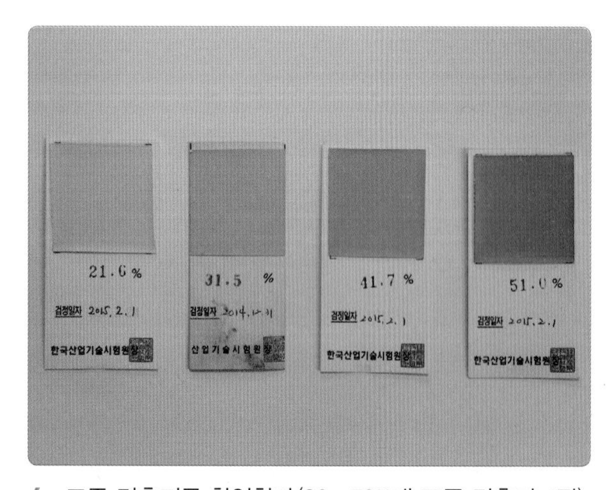

4. 표준 검출지를 확인한다(20~50%대 표준 검출지 4장).

5. 표준 검출지를 검사표에 삽입한다.

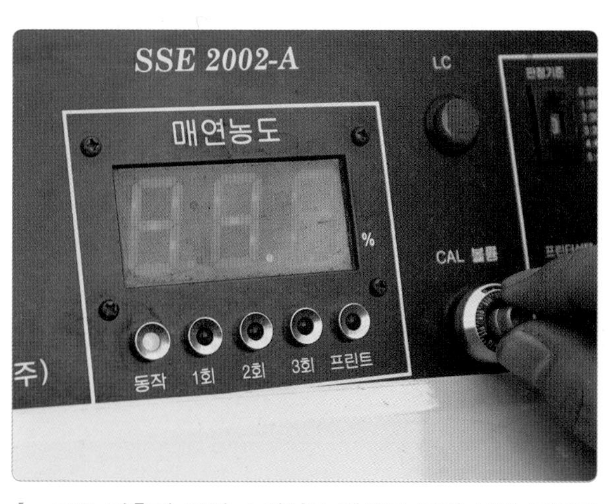

6. 표준 검출지 조절 스위치를 좌우로 돌려 규정 표준지 값으로 세팅한다.

7. 매연 측정 프로브를 배기 머플러에 삽입한다.

8. 가속페달을 최고 rpm으로 밟는다(동시에 리모컨 스위치를 누른다).

9. 가속페달을 4초간 밟은 후 놓으면 1회 측정이 끝난다.

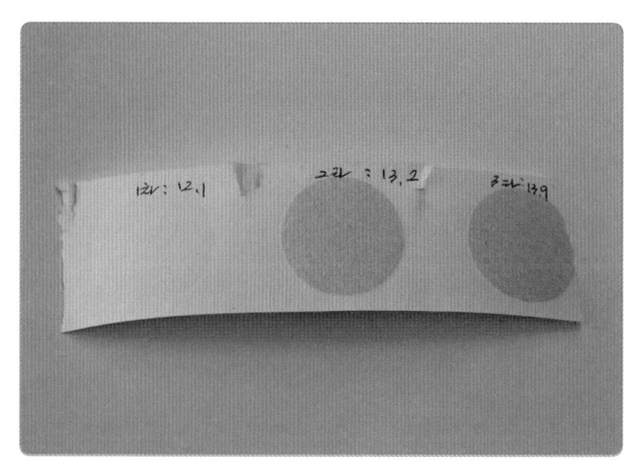

10. 같은 방법으로 3회까지 연속으로 측정한 후 프린트 출력한다.

자 동 차 등 록 증

제2002 - 3260호 최초등록일 : 2002년 05월 05일

① 자동차 등록번호	08다 1402	② 차종	승용자동차	③ 용도	자가용
④ 차명	코란도	⑤ 형식 및 연식	2002		
⑥ 차대번호	KPTL2B1DS2P145861		⑦ 원동기형식		
⑧ 사용자 본거지	서울특별시 금천구				
소유자 ⑨ 성명(상호)	기동찬	⑩ 주민(사업자)등록번호	******-******		
소유자 ⑪ 주소	서울 특별시 금천구				

자동차관리법 제8조 규정에 의하여 위와 같이 등록하였음을 증명합니다.

2002 년 05 월 05 일

서울특별시장

11. 자동차등록증을 확인한다(차대번호 확인 : 2002년식).

※ 측정 중 다시 시작하고자 할 때는 리셋 버튼을 누른 후 측정한다.

12. 차량 터보 장착 여부를 확인한다.

2 차대번호 식별 방법

K	P	T	L	2	B	1	D	S	2	P	1	4	5	8	6	1
①	②	③	④	⑤	⑥	⑦	⑧	⑨	⑩	⑪	⑫					
제작 회사군			자동차 특성군						제작 일련번호군							

3 차대번호

차대번호는 총 17자리로 구성되어 있다.

KPTL2B1DS2P145861

① 첫 번째 자리는 제작국가(K=대한민국)
② 두 번째 자리는 제작회사(M=현대, N=기아, P=쌍용, L=GM 대우)
③ 세 번째 자리는 자동차 종별(H=승용차, J=승합차, F=화물차, T=승용관람차)
④ 네 번째 자리는 차종 구분(B=쏘나타, L=뉴코란도)
⑤ 다섯 번째 자리는 세부 차종 및 등급(1=표준 · 기본차, 2=고급사양)
⑥ 여섯 번째 자리는 차체 형상(B=4도어세단)
⑦ 일곱 번째 자리는 앞좌석 안전벨트 구분(1=엑티브 벨트, 2=패시브 벨트)
⑧ 여덟 번째 자리는 엔진 형식(D=1769 cc)
⑨ 아홉 번째 자리는 용도 구분(S=내수용)
⑩ 열 번째 자리는 제작년도(영문 O, Q, U, Z 제외), J(1988)~Y(2000), 1(2001)~4(2004)
⑪ 열한 번째 자리는 제작 공장(P=평택, U=울산)
⑫ 열두 번째~열일곱 번째 자리는 차량 제작 일련번호

자동차등록증

제2002 – 3260호 최초등록일 : 2002년 05월 05일

① 자동차 등록번호		08다 1402	② 차종	승용자동차	③ 용도	자가용
④ 차명		코란도	⑤ 형식 및 연식	2002		
⑥ 차대번호		KPTL2B1DS2P145861		⑦ 원동기형식		
⑧ 사용자 본거지		서울특별시 금천구				
소유자	⑨ 성명(상호)	기동찬	⑩ 주민(사업자)등록번호	******–******		
	⑪ 주소	서울 특별시 금천구				

자동차관리법 제8조 규정에 의하여 위와 같이 등록하였음을 증명합니다.

2002 년 05 월 05 일

서울특별시장

1. 제원			
⑫ 형식승인번호 1–10109–8765–4321			
⑬ 길이	4,330 mm	⑭ 너비	1,830 mm
⑮ 높이	1,840 mm	⑯ 총중량	2,475 kg
⑰ 배기량	2,874 cc	⑱ 정격출력	95/4000
⑲ 승차정원	5인승	⑳ 최대적재량	kg
㉑ 기통수	5기통	㉒ 연료의 종류	경유
2. 등록번호판 교부 및 봉인			
㉓ 구분	㉔ 번호판교부일	㉕ 봉인일	㉖ 교부대행자확인
신 규			
3. 저당권 등록			
㉗ 구분(설정 또는 말소)		㉘ 일자	

*기타 저당권 등록의 내용은 자동차 등록 원부를 열람 · 확인하시기 바랍니다.

※ 비고

4. 검사유효기간			
㉙ 연월일부터	㉚ 연월일까지	㉛ 검사시행장소	㉜ 검사책임자
2002–05–05	2003–05–04		

※ 주의사항 : 29항 첫째 칸 란에는 신규 등록일을 기록합니다.

실습 주요 point

자동차등록증 확인 방법

❶ 자동차등록증 점검 시 자동차등록번호, 차종, 차명, 형식 및 연식, 차대번호를 확인한다.

❷ 자동차등록증과 차대번호를 비교하여 한 곳이라도 틀리면 불량이다(부적합).

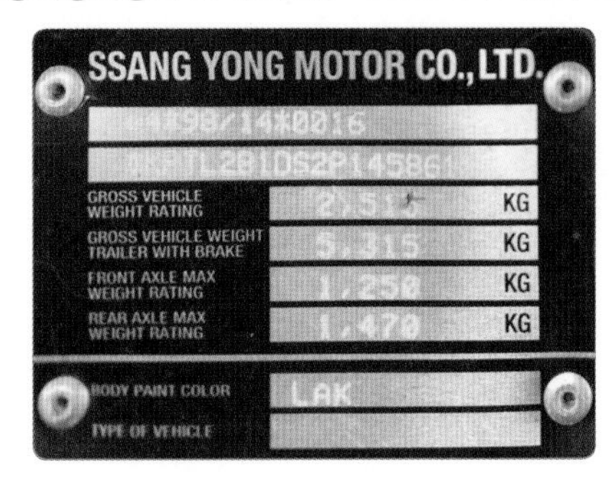

제작사 차대번호의 예

4 매연 측정 및 판정

① 측정값 : 3회 측정한 평균값 13%(1회 : 12.1%, 2회 : 13.2% 3회 : 13.9%)를 측정값으로 한다.

산출근거(계산) 기록 : $\frac{12.1 + 13.2 + 13.9}{3} = 13\%$

② 기준값 : 운행 차량의 배출 허용 기준값 기준(등록증 차대번호의 연식 확인)

③ 판정 및 정비 사항 : 기준값의 범위에 있으므로 양호하다. 불량 시 디젤 연료 계통을 점검한다.

매연 허용 기준값[대기환경보전법(별표21) 개정 2014.2.6]		
차 종	제작일자	수시, 정기검사
승용, 소형승합 자동차	1995년 12월 31일 이전	60% 이하
	1996년 1월 1일부터 2000년 12월 31일 까지	55% 이하
	2001년 1월 1일부터 2003년 12월 31일 까지	45% 이하
	2004년 1월 1일부터 2007년 12월 31일 까지	40% 이하
	2008년 1월 1일 이후	20% 이하

실습 주요 point

❶ 반드시 자동차등록증과 차대번호의 일치를 확인하고 연식에 따른 규정값을 적용한다.

❷ 측정값은 3회 측정 평균값으로 하며 소수점 이하는 절사(버림)한다.

LPG 엔진 점검 정비

1. 관련 지식
2. LPG(LPI) 엔진 고장 원인 분석
3. LPG 엔진 점검 정비
4. LPI 엔진 점검 정비

11 LPG 엔진 점검 정비

실습목표 (수행준거)	
	1. 안전 작업 절차에 따라 LPG(LPI) 전자 제어장치를 점검할 수 있다. 2. LPG(LPI) 장치를 점검하여 고장 원인을 파악할 수 있다. 3. 차량 현상별 진단에 따른 LPG(LPI) 전자 제어장치의 고장 원인을 분석할 수 있다. 4. 진단 장비를 사용하여 LPG(LPI) 장치의 고장 원인을 정비 수리할 수 있다.

1 관련 지식

1 LPG 연료 장치

액화석유가스는 가열이나 감압에 의해서 쉽게 기화되며 냉각이나 가압에 의해서 액화되는 특성을 가지고 있다. 자동차의 연료로 사용하는 LPG는 부탄과 프로판의 성분으로 충전 시 액체 가스를 충전하며, 액체를 기화시켜 공기와 적절하게 믹서기에서 혼합되어 엔진 부하에 따른 가스의 양을 제어하게 된다. 구성 비율은 프로판 47~50%, 부탄 36~42%, 올레핀 8% 정도이다.

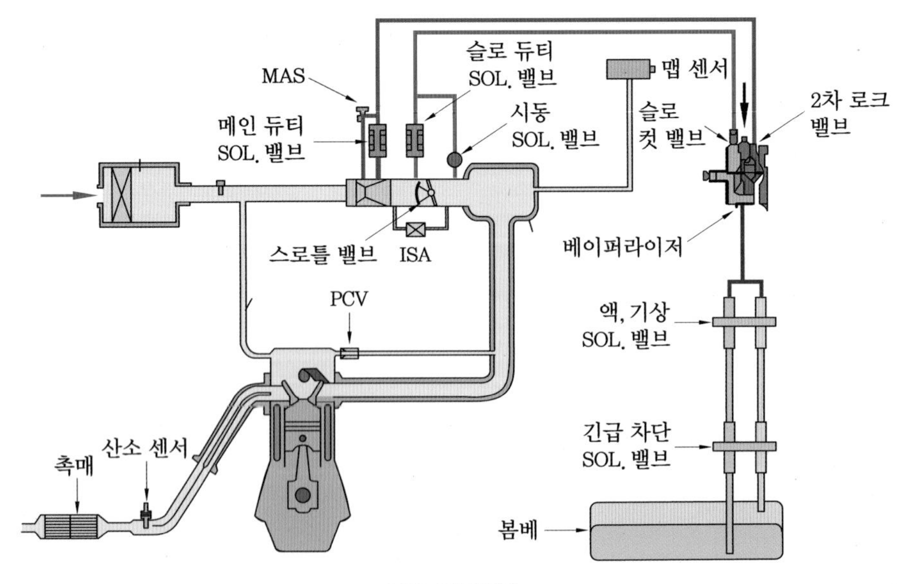

LPG 연료장치

2 LPG 시스템의 구성

(1) LPG 봄베(bombe : 가스 탱크)

봄베는 LPG를 충전하기 위한 고압 용기이며 기상 밸브, 액상 밸브, 충전 밸브 등 3가지 기본 밸브와 체적 표시계, 액면 표시계, 용적 표시계 등의 지시장치가 부착되어 있다.

LPG 봄베

(2) 액 기상 솔레노이드 밸브(solenoid valve : 전자 밸브)

엔진 시동 시에 상태에 따른 LPG를 엔진 상태에 따라 공급하는 제어 밸브이며, 엔진을 시동걸 때는 엔진 온도가 저온이기 때문에 기체 LPG를 공급하고 시동 후에는 엔진 부하에 따른 원활한 주행을 위해 액체 LPG를 공급하게 된다.

(3) 베이퍼라이저(vaporizer : 감압기화장치, 증발기)

LPG 봄베에서 액 기상 솔레노이드 밸브를 거쳐온 1차, 2차 감압을 통하여 완전한 기체 가스로 변화시켜 믹서기로 공급한다.

LPG 솔레노이드 밸브

베이퍼라이저

(4) 가스 믹서(LPG mixer)

베이퍼라이저에서 기화된 가스를 공기와 혼합하여 연소에 가장 적합한 혼합비를 연소실에 공급하며 차량 운행 조건에 맞는 공연비를 형성 제어한다.

① MAS(main adjust screw) : 연료의 유량을 결정하도록 조절한다.

② AAS(air adjust screw) : 엔진 공회전 조정

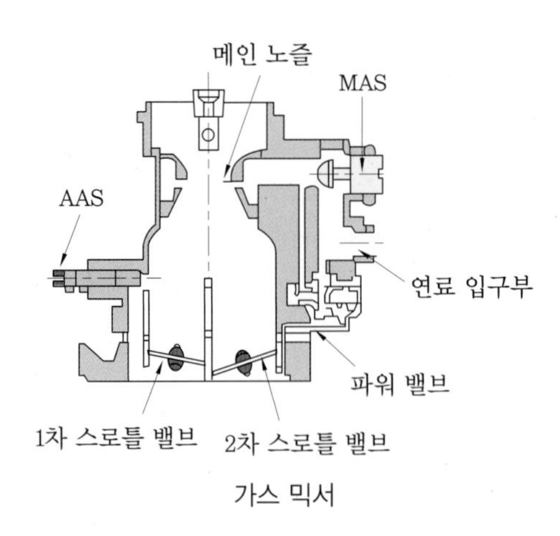

가스 믹서

3 LPI 시스템

(1) 고압 액상 분사 방식

봄베 내에 연료 펌프를 설치하여 액상의 LPG를 엔진으로 분사하는 방식이다. 기체를 가압하면 액화되는 원리를 이용한 것이다(주요 기술은 기체를 가압하면 액화되는 원리).

(2) LPI 시스템 연료 압력(액상 유지)

① 고압 액상의 가스를 봄베에 저장

② 연료 펌프를 이용해 연료 공급(압력 상승)

③ 인젝터에서 연료 분사

④ 연료 리턴을 위해 레귤레이터에서 압력을 낮춘다.

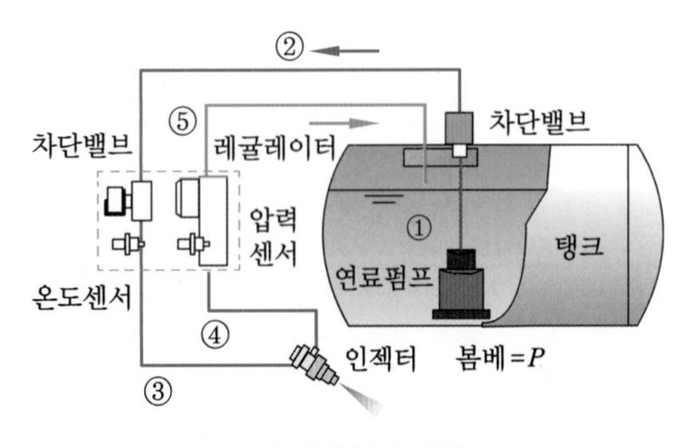

고압 액상 분사 방식

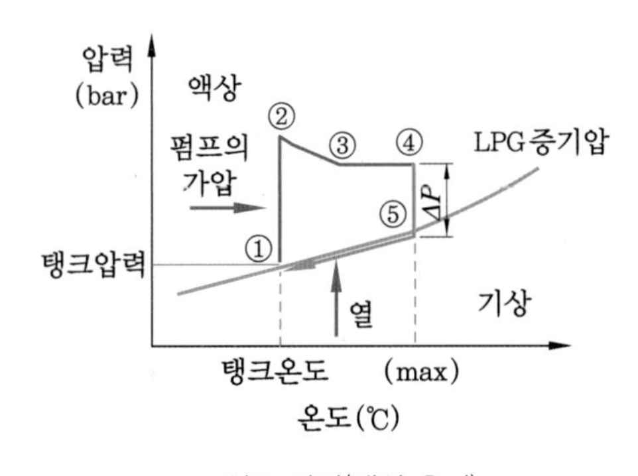

LPI 연료 압력(액상 유지)

⑤ 엔진 최대 작동 온도에서도 기체가 발생하지 않도록 압력 유지

(3) LPI 시스템의 구성

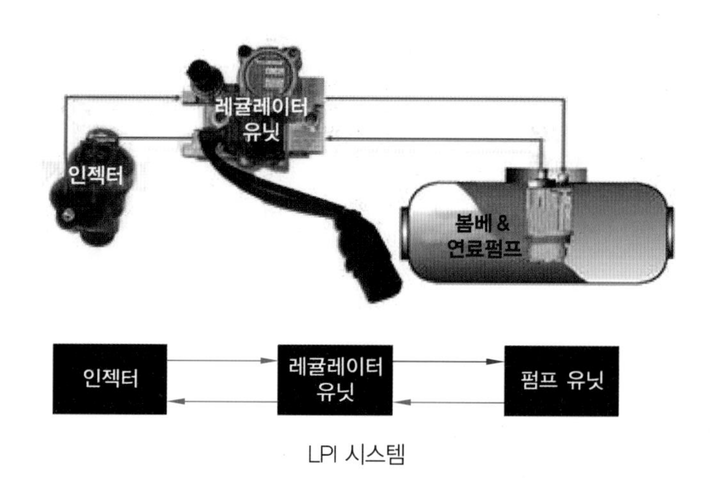

LPI 시스템

① **봄베** : 구성품은 연료 펌프, 구동 드라이버, 멀티 밸브 어셈블리(연료 송출 밸브, 수동 밸브, 연료 차단 밸브, 과류 방지 밸브, 릴리프 밸브), 충진 밸브(연료 충진 밸브), 유량계(연료량 표시)

② **멀티 밸브 어셈블리** : 연료 공급 밸브와 연료 차단 밸브로 구성

(가) 수동 밸브 : 장시간 운행하지 않을 경우 수동으로 연료 라인을 차단

(나) 연료 차단 밸브 : 시동키 ON 시 열림

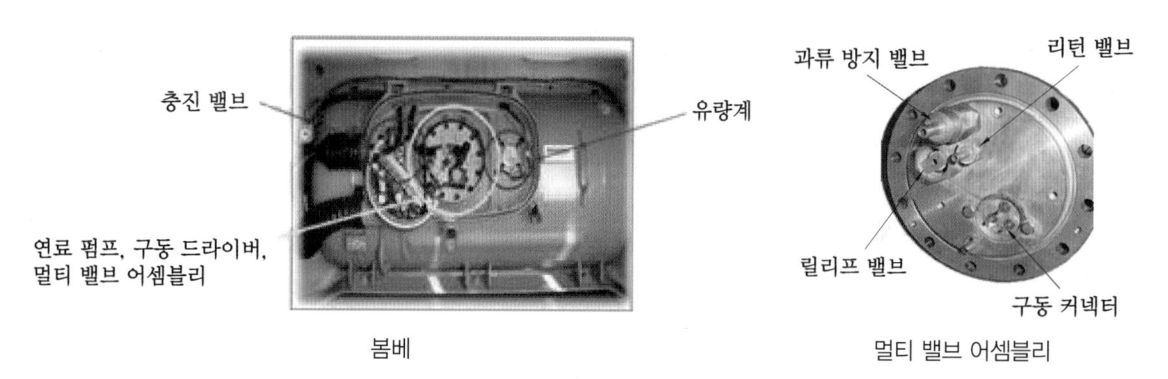

봄베 멀티 밸브 어셈블리

③ **과류 방지 밸브** : 배관 파손 시 용기 내 연료가 급격히 방출되는 것을 방지한다.

(가) 폐지 용량 : 2~6 L/min 이상

(나) 폐지 차압 : 0.5 kgf/cm^2 이상

④ **리턴 밸브** : 인젝터에서 연료 탱크 리턴 라인 설치(리턴 개방 압력 : 0.1~0.5 kgf/cm^2에서 열려 탱크 내로 리턴)

⑤ **릴리프 밸브** : 연료 공급 라인의 압력을 액상으로 유지시켜 열간 시 재시동성 개선(잔압 유지) 압력이 18~22 bar에 도달하면 연료 리턴

⑥ **펌프 드라이브 모듈** : 연료 펌프 내의 BLDC 모터를 구동 rpm을 결정하여 펌프 드라이브 모듈로 PWM 신호를 보내면 펌프 드라이브 엔진의 운전 조건에 따라 5단계로 속도 제어한다.

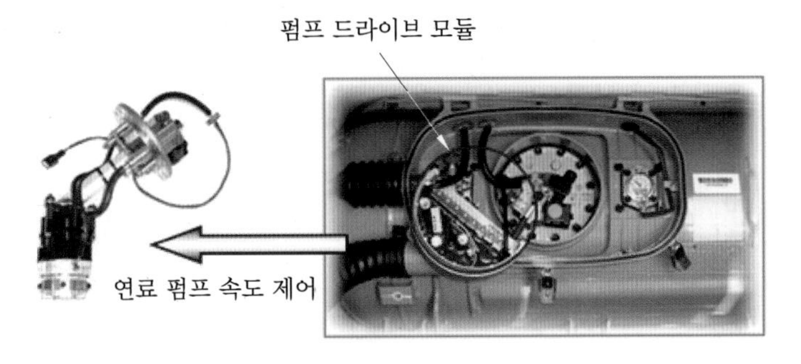

펌프 드라이브 모듈

BLCM 모터(Brushless DC 모터)

브러시와 정류자가 없는 모터로써, 디스크 타입과 실린더 타입의 두 종류가 있다. 이는 모두 슬릿이 없는 형태로 필름 코일인 스테이터는 움직이지 않고 로터인 영구자석이 순환하는 구조이며, 내부의 센서와 컨트롤러가 정류자 역할을 하고 있다.

⑦ **레귤레이터 유닛** : 연료 봄베 내에서 송출된 고압의 LPG 연료를 다이어프램과 스프링 장력의 균형을 이용하여 연료 탱크에서 송출된 고압의 연료와 리턴되는 연료의 압력차를 항상 5 bar로 유지하는 역할을 한다.

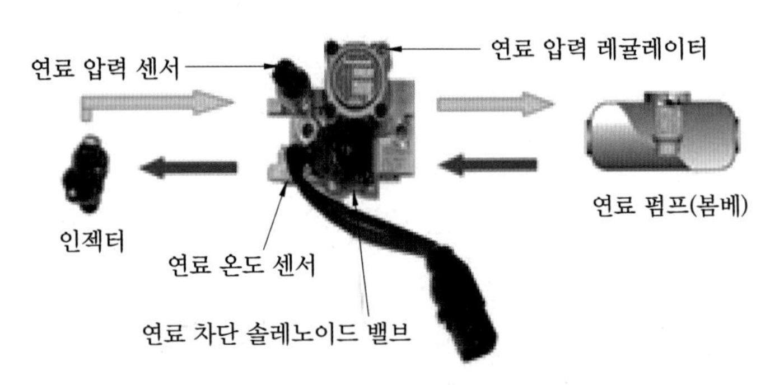

레귤레이터 유닛

⑧ **LPI 인젝터** : 고압 연료 라인을 통해 연료를 분배 및 액상 상태로 분사한다. 각 실린더마다 1개의 인젝터가 장착되어 있으며, 엔진 ECU의 신호를 받아 인젝터가 작동된다(연료는 배관의 압력에 의해 분사된다).

LPI 인젝터

2 LPG(LPI) 엔진 고장 원인 분석

1 가스 누출 원인 및 시동 불량

① 고압 파이프 또는 호스의 이음에서 고정 너트의 풀림을 확인한다.

② 고압부 연결 배관으로부터 가스 누출의 이상 유무를 확인한다.

③ 고정 상태 풀림 및 변형과 손상 유무를 확인한다.

④ 용기용 밸브 개폐 작동이 이상 없이 작동되는지 확인한다.

⑤ 베이퍼라이저에 타르가 생성되어 과다하게 고여 있는지 확인한다.

⑥ 냉각장치 온수(히터)호스의 손상 및 조임 불량을 확인한다.

⑦ 솔레노이드 스위치의 전원 공급 불량을 확인한다.

2 LPG 엔진 정비 시 유의 사항

① 정비 작업 시 조명으로 화기(라이터 사용)는 절대 사용하지 않는다.

② 타르 배출 후 반드시 드레인 콕을 확실하게 조인다.

③ 액상과 기상의 솔레노이드 밸브를 연결할 때 연결부에 가스 누출 방지를 위해 헤르메실을 도포한다.

④ 봄베 가스 충전 시 75%(3/4)를 유지하여 과충전되지 않도록 한다.

⑤ LPG 정비 시 차량 주위에 분말소화기를 준비하여 화재 대비에 만전을 기한다.

3 LPG 엔진 점검 정비

1 공전속도 점검

① 엔진을 충분히 워밍업시키고(공회전 상태 유지) 스캐너를 설치한다.

② 출력값이 규정 rpm에 맞지 않으면 베이퍼라이저 공연비 조절 나사를 풀거나 조여 맞춘다.

③ 메인 듀티 솔레노이드 듀티값을 확인하고 듀티값이 50 ±10% 되도록 베이퍼라이저 공연비 조정 나사로 조정한다(조정되지 않으면 슬로 제트의 막힘이나 풀림 상태를 확인).

④ 듀티값이 규정값으로 조정되면 엔진 공회전 rpm을 다시 규정 rpm으로 조정한다.

⑤ 공회전 조정 후 CO 테스터기를 설치하여 배기가스를 점검하고 CO(일산화탄소)와 HC(탄화수소)의 배출이 기준값 내인지 확인한다(CO : 1.2% 이하, HC : 400 ppm 이하).

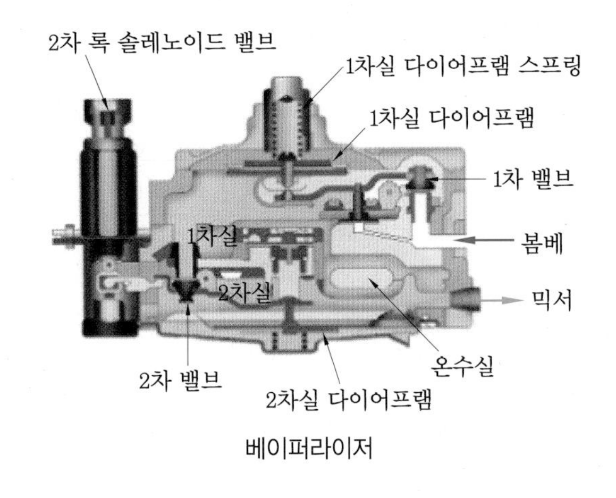

베이퍼라이저

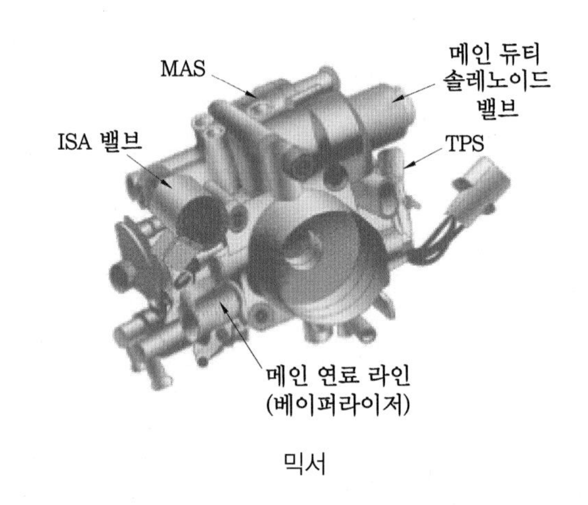

믹서

2 베이퍼라이저의 점검 정비

① **베이퍼라이저의 기밀 점검** : 엔진을 시동하고 베이퍼라이저의 파이프 접속부에 비눗물을 도포하여 가스 누출을 점검한다.

② **타르 청소** : 정상 온도(85~95 ℃)에서 베이퍼라이저 주변 온도 상승으로 엔진의 타르가 액체화되었을 때 배출 콕을 열고 타르를 배출시킨다.

③ 1차 압력 점검 및 조정

㈎ LPG 차단 스위치를 OFF시키고 엔진이 정지할 때까지 엔진 공회전 상태를 유지하여 가스 파이프 내 연료를 연소시킨다.

㈏ 1차 압력 조정 나사를 풀고 압력계를 설치한다.

㈐ LPG 차단 스위치를 ON하고 엔진을 시동한다.

㈑ 1차실 압력을 확인하여 압력이 규정값을 벗어나면 1차 압력 조정 나사를 조이거나 풀어 규정값으로 압력을 조정한다.

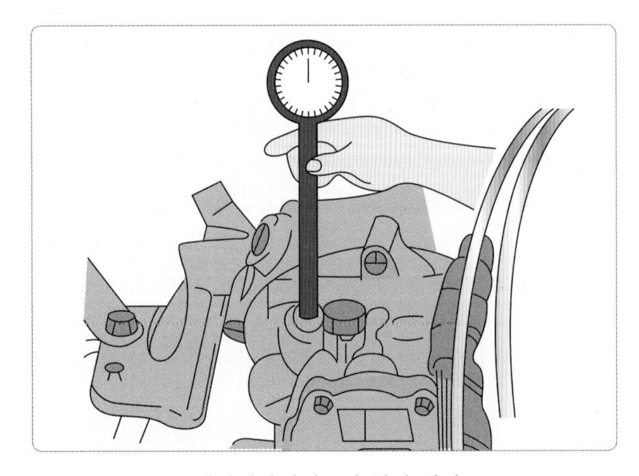
베이퍼라이저 1차 압력 점검

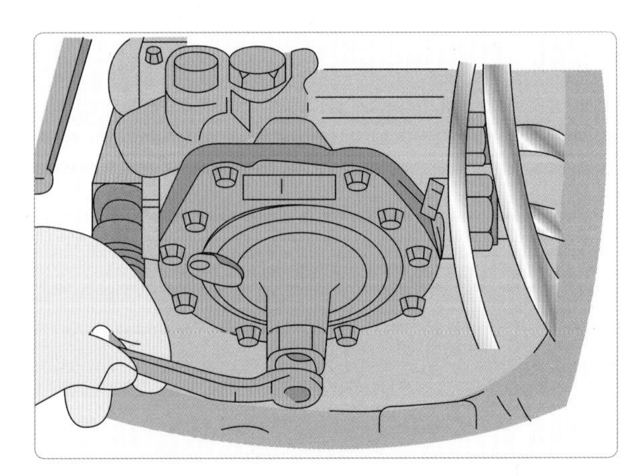
1차실 압력 조정 나사로 압력을 조정(0.3 kgf/cm²)

3 퍼지 컨트롤 솔레노이드 밸브 점검

(1) 퍼지 컨트롤 솔레노이드 밸브 점검 방법

1. 전원을 가하지 않은 상태에서 마이티백을 작동시켜 50 mmHg의 진공을 유지시킨다.

2. 게이지 압력이 유지되는지 확인한다.
진공 유지 시험 : 양호

3. 퍼지 컨트롤 솔레노이드 밸브(PCSV)에 배터리 전원을 연결한다.

4. 진공이 해제되면서 바늘 지침이 0으로 떨어져야 한다.
진공 해제 시험 : 양호

(2) 측정 결과

① **공급 전압** : 배터리 전원 ON, OFF 시 작동 : 12 V, 비작동 : 0 V

② **진공 유지 또는 진공 해제 기록** : 측정한 상태

공급 전압 작동 : 진공 해제, **공급 전압 비작동** : 진공 유지

③ **정비 사항** : 점검 결과 불량일 때는 퍼지 컨트롤 솔레노이드 밸브 교환한다.

<table>
<tr><th colspan="5">퍼지 컨트롤 솔레노이드 밸브 차종별 규정값</th></tr>
<tr><th>차 종</th><th>조 건</th><th>엔진 상태</th><th>진 공</th><th>결 과</th></tr>
<tr><td rowspan="5">EF 쏘나타
그랜저 XG</td><td rowspan="2">엔진 냉각 시
60℃ 이하</td><td>공회전</td><td rowspan="2">0.5 kgf/cm²</td><td rowspan="3">진공이 유지됨</td></tr>
<tr><td>3,000 rpm</td></tr>
<tr><td rowspan="3">엔진 열간 시
70℃ 이상
(전원 ON)</td><td>공회전</td><td>0.5 kgf/cm²</td></tr>
<tr><td>엔진이 3,000 rpm이 된
3분 이내</td><td>진공을 가함</td><td>진공이 해제됨</td></tr>
<tr><td>엔진이 3,000 rpm이 된
3분 이후</td><td>0.5 kgf/cm²</td><td>진공이 순간적으로
유지되다 곧 해제됨</td></tr>
</table>

4 LPG 솔레노이드 밸브 탈거

① LPG 봄베의 취출 밸브를 잠근 후 LPG 솔레노이드 밸브 커넥터를 탈거한다.

② 기상 파이프와 액상 파이프를 솔레노이드 밸브에서 분리시킨다.

③ 볼트를 탈거하고 솔레노이드 밸브 어셈블리를 탈거한다.

④ 조립은 분해의 역순으로 한다.

5 긴급 차단 솔레노이드 밸브의 역할 및 작동 원리

① 차량 주행 중 돌발 사고로 인하여 엔진이 정지하게 되면 엔진 ECU는 OFF되어 엔진 룸에 설치되어 있는 액·기상 솔레노이드 밸브와 긴급 차단 밸브에 전원을 차단하여 솔레노이드 밸브를 OFF시킨다.

② 솔레노이드 밸브가 OFF되면 연료가 차단되고 혹시 연료 배관 계통의 문제 발생 시 연료 누출 방지를 연료 탱크의 최단거리에서 차단하여 미연에 화재 위험을 방지하는 데 그 목적이 있다.

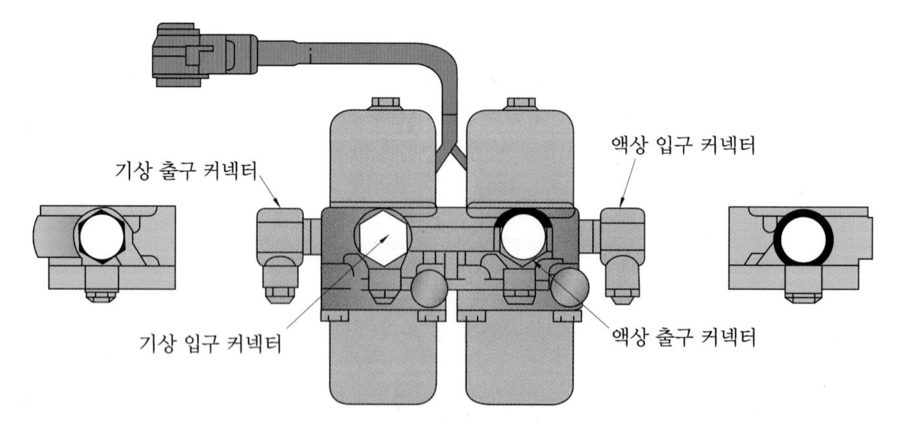

액상·기상 솔레노이드 밸브 구성

6 액상 · 기상 솔레노이드 밸브의 작동 원리

① ECU에서 직접 냉각수온에 따라 액 · 기상 솔레노이드 구동 제어를 행한다("−" 접지 제어).

② 엔진 오버런 연료 차단(fuel cut−off) 조건, 화재 방지 연료 차단(fuel cut−off) 조건 만족 시 액상 솔레노이드는 수온에 관계없이 다음 조건 만족 시 OFF시킨다.

③ 액상 · 기상 솔레노이드 밸브는 냉각수온에 관계없이 엔진 정지 시 OFF시킨다.

수온 조건	기상 솔레노이드	액상 솔레노이드
14℃ 이하	ON	OFF
14~35℃	ON	OFF
40℃ 이상	OFF	ON

7 LPG에서 기상 · 액상 가스로 구분하는 이유

LPG 봄베 설치 위치

액상 · 기상 솔레노이드 밸브 위치

엔진에 공급되는 연료는 기체 상태일까? 아니면 액체 상태일까? 현재 LPG는 액화 석유 가스이므로 액체라고 할 수 있다. 하지만 연소실에 유입될 때에는 기체 상태로 유입된다.

엔진 성능을 정확하게 세팅하기 위해서는 공급되는 연료의 상태가 중요하다. 공급되는 연료를 완벽하게 기화시켜 공기와 잘 섞은 후 연소실에 공급하게 한다면 엔진 성능은 향상될 수 있을 것이다.

LPG 엔진과 가솔린 엔진을 비교해 보면 LPG 엔진이 가솔린 엔진에 비해 장점이 상당히 많다는 사실을 알 수 있다. 그 이유 중 하나가 LPG 엔진은 연료가 완전히 기화된 상태에서 공기와 혼합하여 연소실로 유입되기 때문이다.

봄베 내부 상단의 기체는 온도에 맞는 증기압 형성 과정에서 발생하게 된다. 따라서 온도만 일정하다면 LPG 용량이 줄어든 만큼 기체 LPG가 형성된다. 이때 LPG 차량이 기체 LPG만 사용하게 된다면 저온 시동, 저부하, 저회전일 경우 매우 이상적이다. 하지만 고부하, 고회전 등 짧은 시간에 혼합기가 많이 필요로 할 때에는 봄베 안에서 시간당 액체에서 기체로 변화되는 연료량이 엔진이 요구하는 연료량을 만족시킬 수 없게 된다.

충분한 기체 연료의 확보를 위해 봄베에 기체 LPG만 충전하게 되면 자동차보다 더 큰 봄베를 만들어야 할지도 모른다. 엔진에 공급되는 용량이 동일한 용량이라면 기체의 상태에서 보관하는 것보다 액체 상태가 200배 정도 작다. 즉 현재 보유하고 있는 액체 연료를 기체 상태로 저장을 한다면 200배가 더 큰 용량의 탱크가 필요하게 된다.

냉각수온의 저하 등으로 인해 베이퍼라이저에서 완전히 기화가 불가능할 때는 봄베 내부 상단에 있는 기체 연료를 사용하고 베이퍼라이저에서 완전한 기화가 가능할 때는 액체 연료를 연소실에 공급하도록 LPG 시스템은 구성되어 있다. 만약 LPG 시스템에서 기상과 액상의 연료 공급이 반대로 된다면 시동성이 불량해지고 가속 시나 고출력 시 출력 저하 현상이 발생하게 된다.

8 베이퍼라이저 컷 오프 솔레노이드 밸브의 점검

① 전기적인 점검은 단품의 저항과 배선의 전압을 측정하는데 시동 시 이후는 12 V, 0 V가 측정되고(열림), 시동키 ON 시는 12 V, 12 V(닫힘)가 측정된다.

② 기계적인 부분의 검사는 단품을 탈거한 후 육안 검사를 해야 하는데, 탈거한 밸브를 손으로 작동시켰을 때 가볍고 부드럽게 작동되어야 한다. 만약 그렇지 않으면 타르로 인한 소착이 발생된 것이다. 심하면 교환, 심하지 않으면 청소 후 작동 상태가 부드러운지 확인하고 장착한다.

③ 컷 오프 솔레노이드 밸브가 완전히 열린 상태에서 소착되었을 때는 엔진에 특별한 고장 증세가 없다(이럴 경우 기존의 컷 오프 솔레노이드 밸브가 없는 차량과 같기 때문).

④ 컷 오프 솔레노이드 밸브가 완전히 소착되거나 부분적으로 소착되었을 때는 시동 불량 현상, 주행 중 시동 꺼짐 현상, 엔진 부조 현상 등이 발생된다(소착 정도에 따라 차이 있음).

연료장치 안전기준

자동차의 연료탱크 · 주입구 및 가스배출구는 다음 각 호의 기준에 적합하여야 한다.

❶ 연료장치는 자동차의 움직임에 의하여 연료가 새지 아니하는 구조일 것

❷ 배기관의 끝으로부터 30 cm 이상 떨어져 있을 것(연료 탱크를 제외한다)

❸ 노출된 전기단자 및 전기개폐기로부터 20 cm 이상 떨어져 있을 것(연료 탱크를 제외한다)

❹ 차실 안에 설치하지 아니하여야 하며, 연료 탱크는 차실과 벽 또는 보호판 등으로 격리되는 구조일 것

4 LPI 엔진 점검 정비

1 연료 펌프의 점검

① 점화 스위치를 ON하여 연료 펌프 작동 상태를 확인한다.
② 점화 스위치를 OFF하고 연료 커넥터를 탈거한다.
③ 연료 펌프 릴레이로부터 공급 전압을 확인한다.
④ 연료 펌프 전원 공급 단자에 배터리 전원을 공급하고 접지 단자는 배터리(−), 차체 접지시킨다.

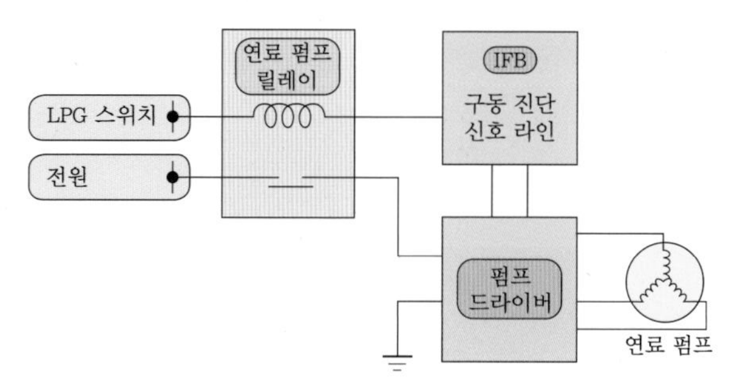

연료 펌프 작동 회로

2 연료 차단 솔레노이드 밸브의 점검

① 점화 스위치를 OFF한 상태에서 커넥터를 탈거한 후 통전 상태와 저항을 점검한다(규정 저항값 확인).
② 점화 스위치 ON한 상태에서 단자별 전압을 측정한다.
③ 밸브의 단자 중 하나의 단자에 전압을 공급하고 나머지 단자는 접지시킨 후 솔레노이드 작동 상태를 확인한다.

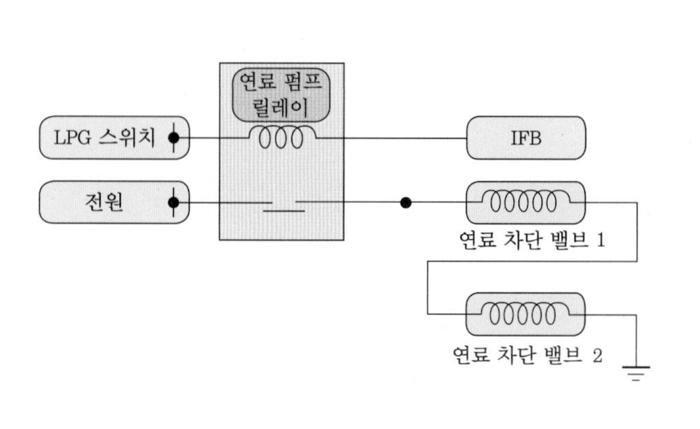

연료 차단 솔레노이드 회로

연료 차단 솔레노이드

3 LPI 연료 인젝터 점검

① 인젝터 공급 전압 및 저항을 측정한다(엔진 규정 전압 및 저항 제원 참조).

② 인젝터 작동 파형 및 출력 서비스 테이터를 통해 작동 상태 및 센서 출력을 확인한다.

③ 인젝터 공급 전압, 접지 강하, 피크 전압, 분사 시간을 확인하여 인젝터 이상 유무를 판단한다.

센서출력	29/55	
냉각수온센서	93.0	℃
냉각수온센서(모델값)	92.3	℃
흡기온센서	30.0	℃
연료분사시간-CYL.1	4.1	mS
연료분사시간-CYL.2	4.1	mS
연료분사시간-CYL.3	4.1	mS
연료분사시간-CYL.4	4.1	mS
TCU요구 토오크	99.6	%
산소센서 히팅시간(B1/S1)	100	mS
산소센서 히팅시간(B1/S2)	90	mS

고정 | 분할 | 전체 | 파형 | 기록 | 도움

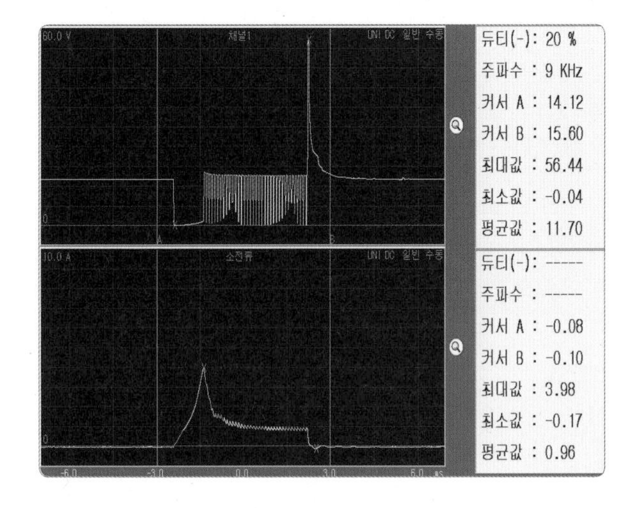

④ 결과에 따라 인젝터를 교환할 때는 LPG 차단 스위치를 작동시켜 시동을 OFF시켜 작업한다.

⑤ 인젝터 고정 브래킷을 탈거하고 연료 라인을 탈거한다(인젝터 교환 시 반드시 오링을 교환하고 조립 후 가스 누유를 확인한다).

4 메인 듀티 솔레노이드 파형 측정

메인 듀티 솔레노이드 파형 측정

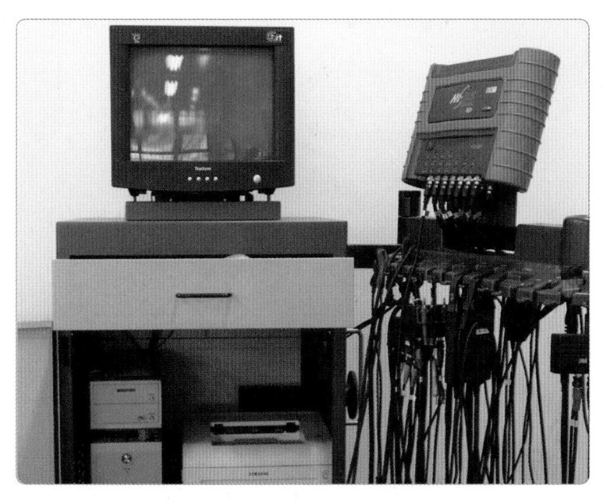

1. HI–DS 컴퓨터 전원을 ON시킨다.

2. 계측모듈 스위치를 ON시킨다.

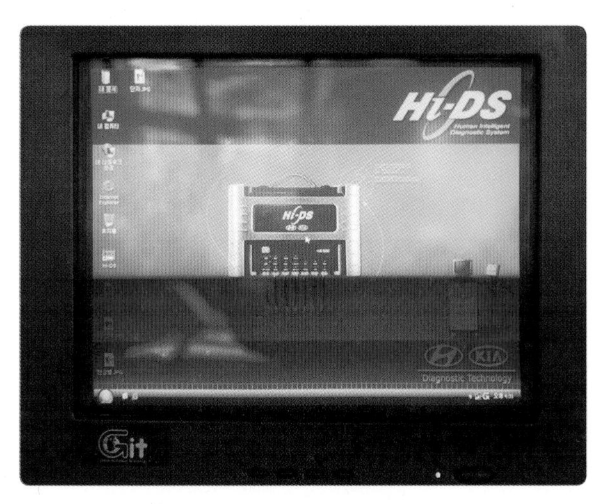

3. 모니터 전원이 ON 상태인지 확인한다.

4. HI–DS (+), (–) 클립을 배터리 단자에 연결한다.

5. 채널 프로브를 선택한다.

6. 펄스 폭 변조(PWM : pulse with modulation) 제어 밸브를 확인한다.

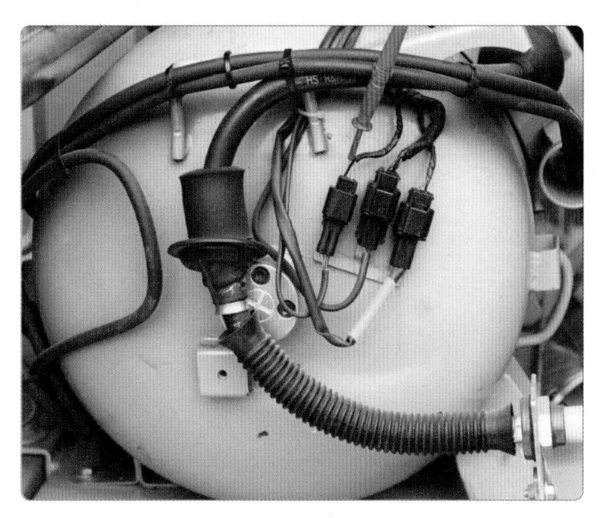

7. 펌프 드라이버 커넥터 3번 단자에 프로브를 연결한다.

8. 엔진을 시동한다.

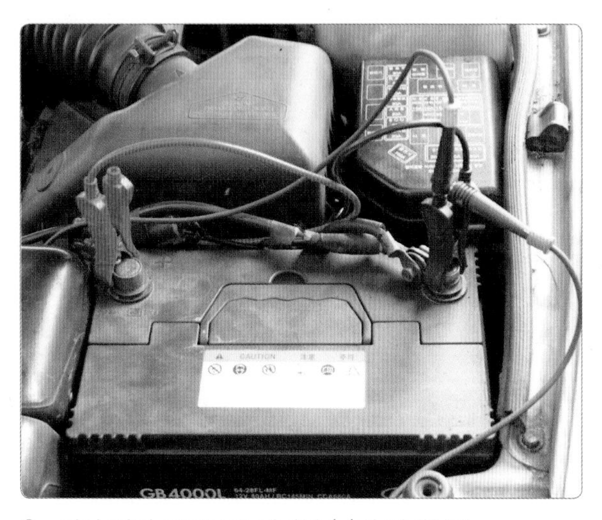

9. 채널 접지 프로브를 배터리 (-)에 연결한다.

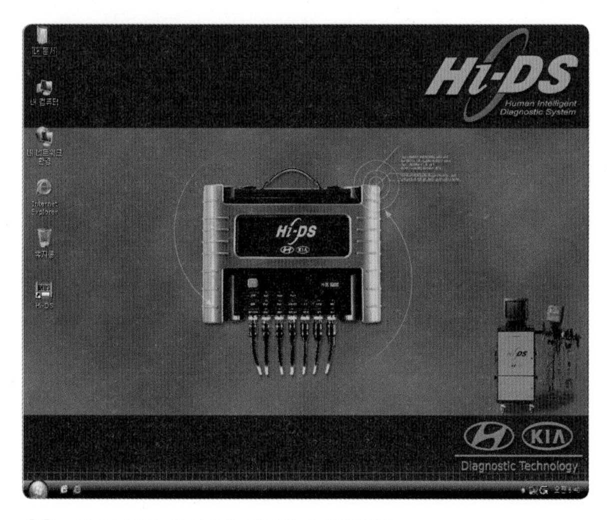

10. 초기화면에서 HI-DS를 클릭한다.

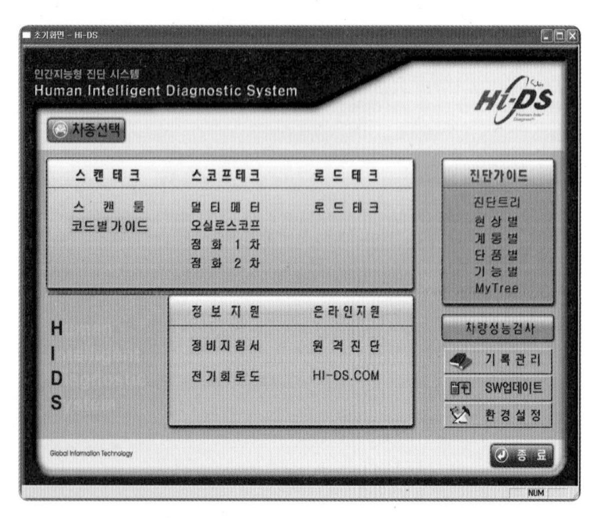

11. 차종을 선택한다.

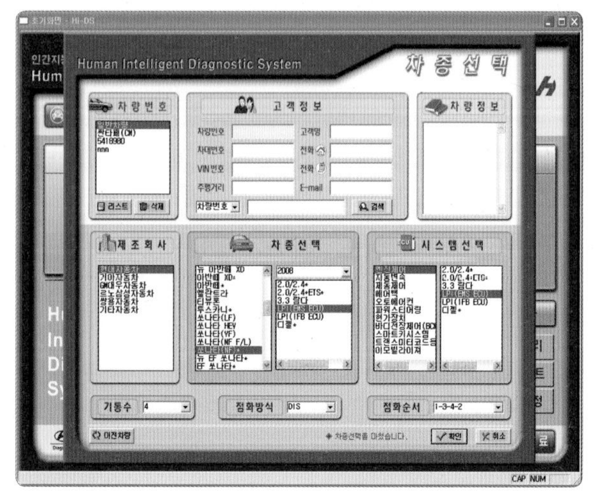

12. 제조사 - 차종 - 연식 - 시스템제어를 선택한다.

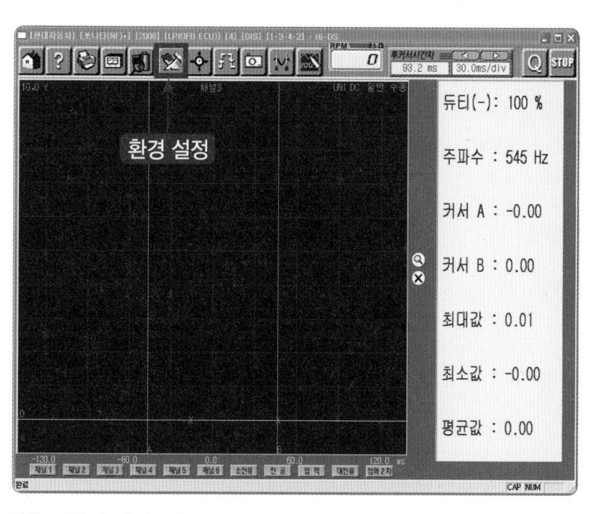

13. 환경설정 아이콘을 클릭하여 전압을 10 V, 시간을 30 ms/div로 설정한다.

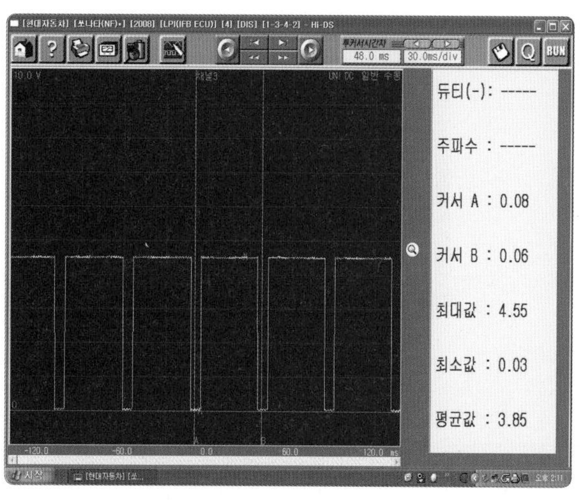

14. 기능 선택에서 트리거를 클릭한 후 출력된 화면 중앙을 클릭한다. –**출력화면**

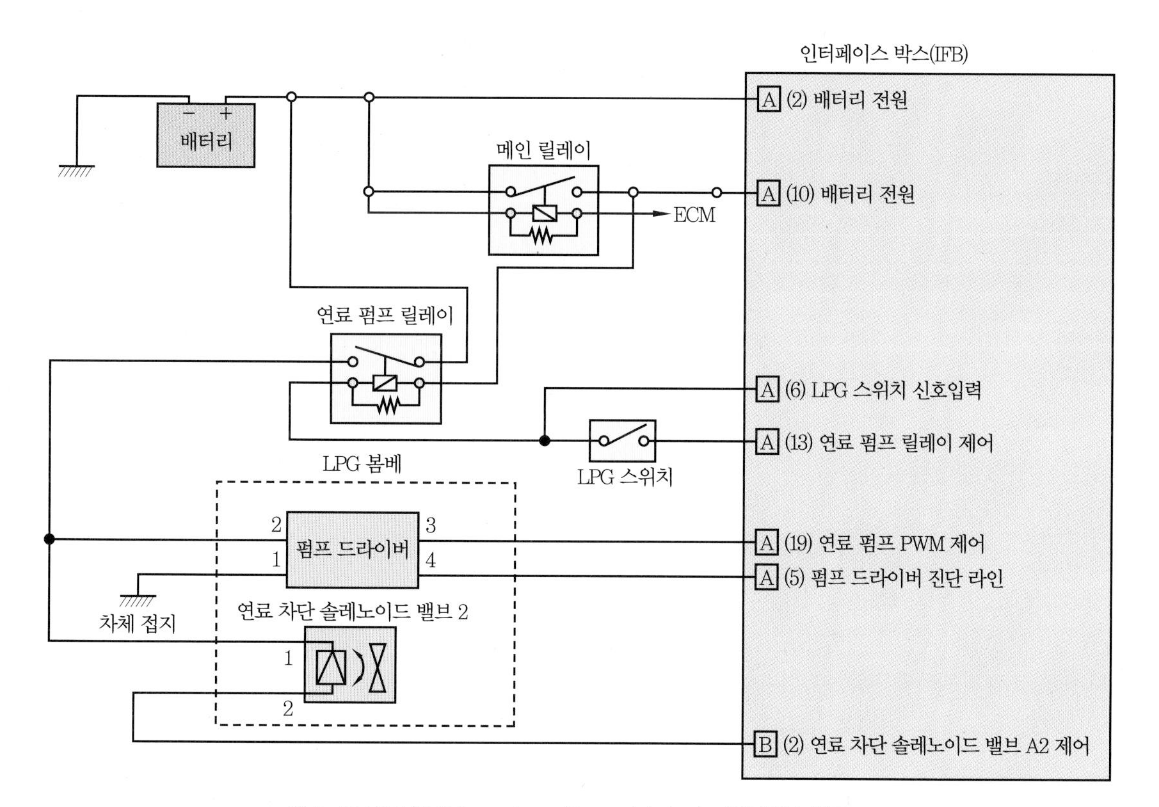

펄스 폭 변조(PWM : pulse with modulation) 제어 밸브 회로도

단 자	연결 부위	기 능
1	차체 접지	접지
2	연료 펌프 릴레이	전원(+5 V)
3	IFBA(19)	펌프 드라이버 PWM 제어
4	IFBA(5)	센서 접지

F54 펌프 드라이버

측정 파형	파형 분석
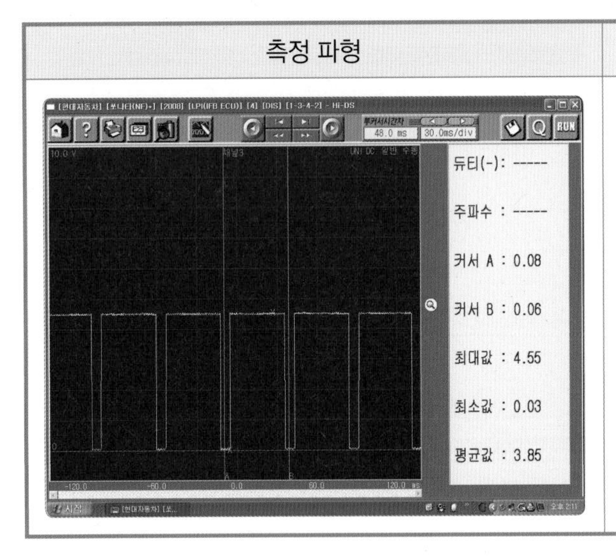	펄스 폭 변조(PWM : pulse with modulation) 제어 밸브는 모터에 인가되는 전압을 ON/OFF시켜서 모터에 인가되는 평균 전압을 변화시키는 방법이다. 따라서 출력된 파형은 펄스 파형으로써 일정한 주기로 듀티 제어되며 PWM의 출력 파형으로 최솟값 : 0.03 V, 최댓값 : 4.55 V 출력으로 정상 파형이다. 정상적인 듀티 제어로써 전압과 시간이 평균적으로 제어되고 있으므로 정상 파형이다.

LPI 엔진과 LPG 엔진의 차이점

LPI 엔진은 봄베 내의 연료 펌프에서 나온 액체 상태의 LPG가 압력 레귤레이터를 거쳐 인젝터로 보내져 ECU의 신호에 따라 연료가 분사되며, 연소 방식은 가솔린 GDI 엔진과 유사하다. 연료를 비교하면 LPG는 기체 상태의 연료를 사용하고 LPI는 액체 상태의 연료를 사용하는데, 이것은 연비와 출력에 큰 차이를 발생시킨다.

자동차 연비와 출력의 향상을 위해서는 연료와 공기의 비율이 정밀하게 제어되어야 하는데, 기체 상태의 연료는 이런 정밀 제어가 어렵고 액체 상태의 연료는 제어가 용이해 연비나 출력 향상이 가능하게 된다. 또한 겨울의 시동성을 비교하면 기체 상태의 LPG는 온도에 따라 체적의 변화가 커 시동성이 불량한 반면, LPI 엔진은 액체 연료를 사용하여 시동성이 양호하다.

구 분	LPI 엔진	LPG 엔진
출력 및 연비 상태	양호(우수)	불량
겨울철 시동성(저온 시동)	양호(우수)	불량
역화 현상 발생	없음	발생
타르의 발생	없음	발생

디젤 엔진 점검 정비

1. 관련 지식
2. 정비 기술 원인(고장 진단)
3. 실습 준비 및 유의 사항
4. 기계식 디젤 엔진 점검 정비
5. 커먼레일 디젤 엔진 점검

12 디젤 엔진 점검 정비

실습목표 (수행준거)

1. 기계식 디젤 엔진과 전자 제어 디젤 엔진의 특징을 이해한다.
2. 정비 지침서에 제시된 디젤 엔진의 세부 점검 목록에 따라 고장 원인을 파악할 수 있다.
3. 차종에 따라 디젤 전자 제어장치의 관련 부품을 점검하여 고장 원인을 파악할 수 있다.
4. 진단 장비를 이용하여 관련 부품을 진단하고 교환 작업 수행 후 작동 상태를 점검한다.
5. 안전 작업 절차에 따라 디젤 엔진 정비 작업을 점검하고 수행할 수 있다.

1 관련 지식

1 기계식 디젤의 분사 특성

연료 분사는 사전과 사후 분사가 없는 단지 주 분사 상태만을 의미한다.

첫째, 분사 압력과 분사 연료량은 엔진 회전수에 따라 증가하고 둘째, 실제 분사 진행 중에도 분사 압력은 증가하고, 분사 말기에는 노즐이 닫혀 압력이 떨어진다.

이와 같은 구조적인 특성 때문에 연료 분사량 제어 시 연료 분사량이 적을 때에는 낮은 압력으로, 많은 연료량으로 분사될 때에는 높은 압력으로 분사된다. 디젤 엔진은 공기만을 압축하여 고온 · 고압의 압축 공기를 형성시킨 다음 압축 끝에서 고압의 연료를 분사함으로써 공기 압축열에 의해 연료가 자기착화(self ignition) 되는 자연 연소 방식이다.

2 기계식 디젤 엔진의 구성

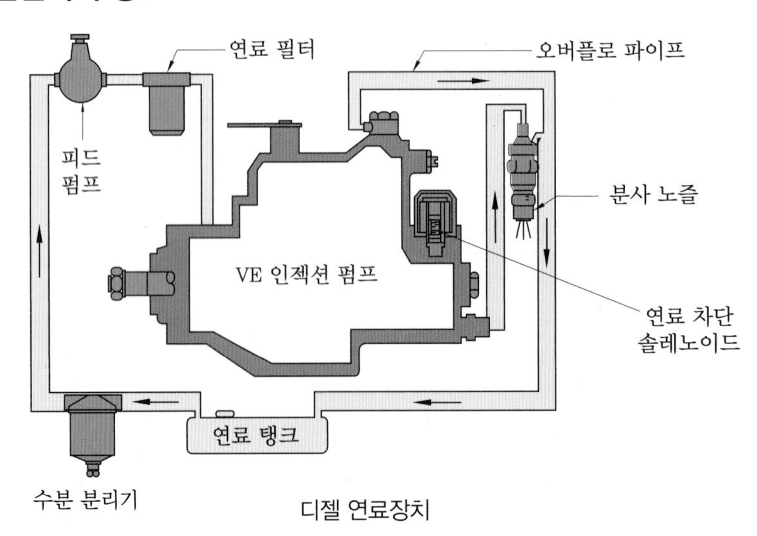

디젤 연료장치

(1) 분사 펌프(injection pump)

분사 펌프는 연료 탱크 내의 연료를 인젝션 펌프 내부에 있는 피드 펌프에 의해 흡입되어 레귤레이팅 밸브에 연료 압력이 조정되어 펌프에 공급된다. 연료 탱크에서 분사 펌프까지 흐르는 연료 통로에 연료 필터(수분 기능 포함)가 있어 물이나 먼지 등이 분사 펌프에 유입되는 것을 방지한다. 분사 펌프는 연료의 압력을 상승시켜 적절한 시기에 연료를 분사시키고 제어하는 역할을 한다.

(2) 분사 노즐(injection nozzle)

① 분사 노즐의 구비 조건

(가) 연료를 미세한 안개 모양으로 하여 쉽게 착화하게 할 것

(나) 분무를 연소실 구석구석까지 뿌려지게 할 것

(다) 연료의 분사 끝에서 완전히 차단하여 후적이 일어나지 않을 것

(라) 고온 · 고압의 가혹한 조건에서 장시간 사용할 수 있을 것

② 연료 분무의 3대 요건

(가) 안개화(무화)가 좋아야 한다.

(나) 관통력이 커야 한다.

(다) 분포(분산)가 골고루 이루어져야 한다.

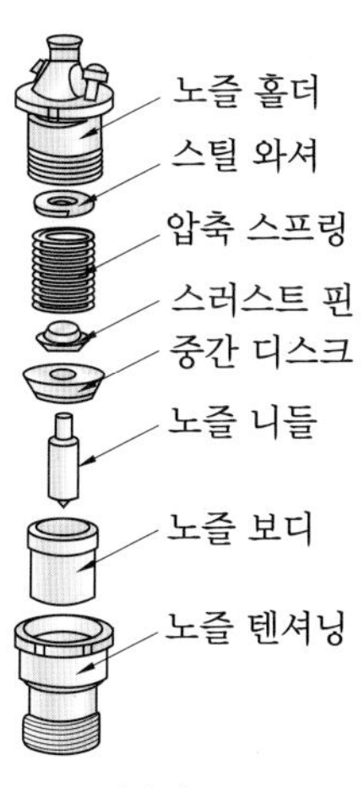

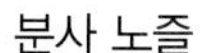
분사 노즐

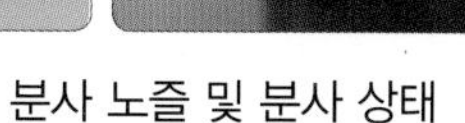
분사 노즐 및 분사 상태

❶ **홀(구멍)형 노즐** : 노즐 본체에 1개 또는 여러 개의 연료 분사 구멍이 있는 노즐로서, 구멍이 1개인 것을 단공, 구멍이 여러 개인 것을 다공 노즐이라고 하며, 직접 분사식 엔진에 많이 사용된다. 소형 디젤 엔진은 2~4개, 중 · 대형 엔진은 5~9개 정도이고, 연료 분사 개시 압력은 180~300 kgf/cm² 정도이다.

❷ **핀틀형 노즐** : 노즐 연료 분사 구멍이 1개이며, 니들 밸브 끝이 넓은 구조를 가지고 있다. 연료 분사 개시 압력은 100~140 kgf/cm² 정도이고, 주로 예연소실, 와류실식에 사용된다.

❸ **스로틀형 노즐** : 노즐 끝 모양이 가는 원통형 또는 원추형으로 되어 있는 구조로서, 노즐 끝의 핀 부분이 본체로부터 약간 돌출되어 있다. 분무각은 1~45°이며, 분사 개시 압력은 100~120 kgf/cm² 정도이다.

2 정비 기술 원인(고장 진단)

디젤 엔진의 정상 출력을 유지하기 위해 압축 압력과 연료 압력이 엔진 성능에 중요한 영향을 끼치게 된다. 압축 압력은 기계적인 요인, 즉 실린더 마모 및 피스톤 링의 마모, 밸브면의 접촉 상태 그리고 실린더 헤드 개스킷 소손에 의해 저하되며, 이는 엔진 출력을 저하시키게 된다. 또한 연료 계통의 연료 압력도 엔진 출력에 아주 중요한 기능을 하게 되며, 연료 압력에 영향을 줄 수 있는 요인을 살펴보면 다음과 같다.

1 디젤 엔진의 고장 발생 원인

① 압축 압력의 저하로 인한 냉간 시 시동 불량
② 디젤 노크 발생으로 인한 출력 저하 및 피스톤 마모 출력 저하
③ 연료 분사 시기 불량으로 엔진 출력 저하
④ 노즐에서의 무화 및 분무 상태(후적) 불량으로 인한 부조 현상
⑤ 예열 플러그 고장에 의한 시동 불량
⑥ 연료의 품질 불량으로 인한 엔진 부품 소손
⑦ 디젤 연료 조절 불량, 딜리버리 밸브 및 조속기 불량으로 인한 매연 증가

플런저 유효 행정(plunger available stroke)
플런저가 연료를 압송하는 기간이며, 연료의 분사량(토출량)은 플런저의 유효 행정으로 결정된다(유효 행정을 크게 하면 분사량이 증가).

2 디젤 공기빼기 후 시동작업

연료 공급 펌프 → 연료 필터 → 연료 분사 펌프 → 분사 노즐 순으로 작업한다.

① 연료 필터 상단에 있는 플라이밍 펌프를 상하로 작동시켜 압력을 가한다. 공기빼기 나사를 풀어 공기와 연료가 나오면 플라이밍 펌프를 누른 채 공기빼기 나사를 조인다(이와 같은 작업을 반복해 연료만 나올 때까지 반복).
② 플라이밍 펌프를 다시 상하로 누르고 압력을 가한 후 분사 펌프의 출구(OUT) 쪽 나사를 풀고 연료만 나올 때까지 연료 필터 공기빼기에서 했던 방법으로 작업한다.
③ 엔진을 크랭킹시키면서 분사 노즐의 피팅을 풀어 공기빼기 작업을 한다. 1번 분사 노즐부터 순차로 작업하며 엔진 시동이 걸리면 작업을 멈춘다(다른 노즐 공기빼기 작업 생략).

3 실습 준비 및 유의 사항

실습 준비(실습 장비 및 실습 재료)

1 실습 자료

- 고객동의서
- 작업공정도
- 점검정비내역서, 견적서
- 차종별 정비 지침서

2 실습 장비

- 에어공구 · 수공구, 압력계
- 분사 노즐 테스터
- 인젝션 펌프 테스터
- 분해/조립을 위한 토크 렌치
- 안전보호장비
- 오일 주유기
- 차량 리프트
- 디젤 엔진 시뮬레이터
- 매연 테스터
- 디젤 타이밍 라이트
- 멀티 테스터

3 실습 재료

- 교환 부품 : 냉각수, 엔진 오일, 필터, 에어클리너
- 관련 소요 부품 : 실린더 헤드 개스킷, 액상 개스킷, 경유, 헝겊 걸레

실습 시 유의 사항

- 디젤 엔진 정비 안전을 고려하여 보안경 및 면장갑을 구비한다.
- 오일이 누유되었을 때 바닥이 미끄럽지 않도록, 도장면에 묻지 않도록 주의해야 한다.
- 디젤 전자 제어장치의 세부 점검 목록은 관련 차종의 정비 지침서를 참고하여 단품을 비롯한 센서 입출력 데이터 비교 분석을 통한 점검 및 고장 진단을 의미한다.
- 환경폐기물 처리 규정에 의거하여 폐유 관련 부품을 처리해야 한다.

4 기계식 디젤 엔진 점검 정비

1 공회전 조정 및 분사 시기 조정

① 엔진을 정상 작동 온도(80~95 ℃)까지 난기시킨 후 태코미터를 연결하고 공회전을 점검한다.

② 측정 전 모든 전장품은 OFF시킨다.

③ 변속 레버를 중립 위치로 하고 주차 브레이크를 작동시킨다.

④ 동력조향장치는 차량 바퀴를 직진 상태로 유지시킨다.

1. 측정기기를 정렬한다.

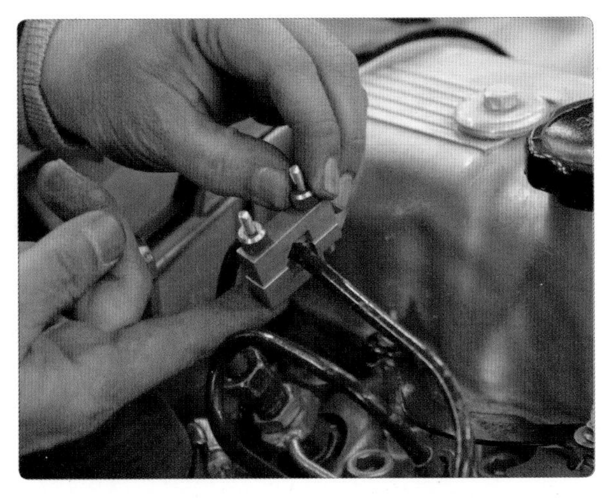

2. 압력 감지 센서를 1번 분사 파이프에 체결한다.

3. 흑색 클립을 압력 감지 센서에 체결하고 노란색 클립은 차체에 연결한다.

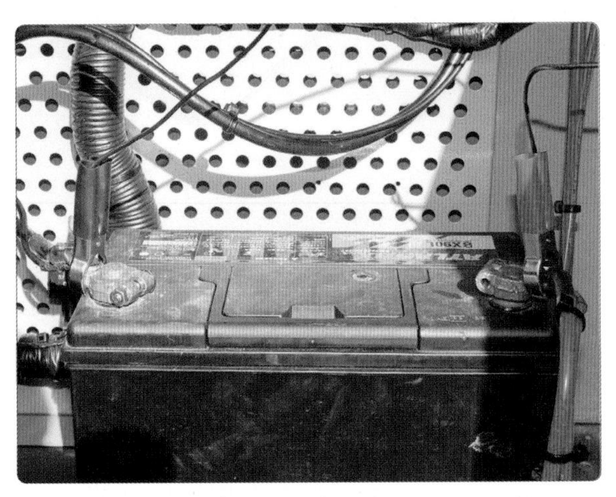

4. 배터리 (+), (−)를 확인하고 타이밍 라이트 적색은 (+), 흑색은 (−)에 연결한다.

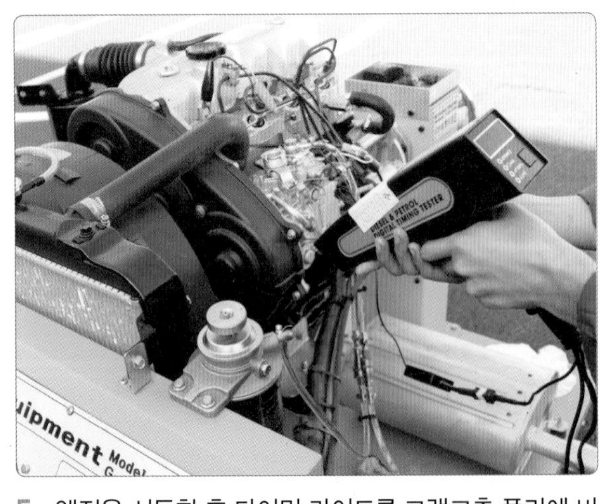

5. 엔진을 시동한 후 타이밍 라이트를 크랭크축 풀리에 비추고 스위치를 당긴다.

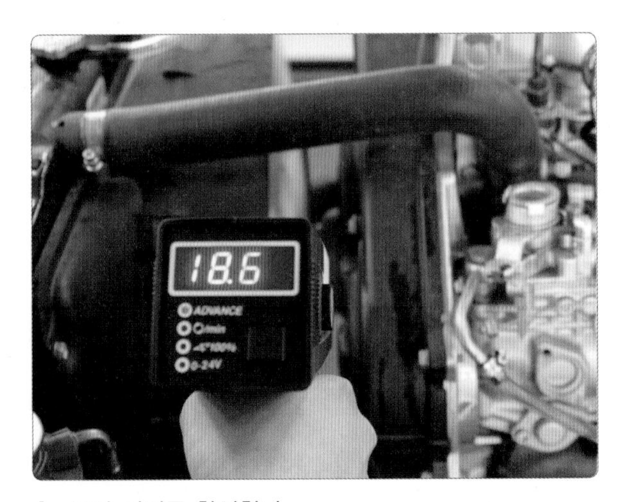

6. 분사 시기를 확인한다.

7. 분사 펌프 고정 너트를 풀고(안과 밖) 몸체를 돌려 분사 시기를 규정으로 맞춘다.

8. 디젤 엔진 1170 rpm을 확인한다. (규정 회전수 : 730~770 rpm)

9. 공회전 조정 볼트를 반시계 방향으로 돌려 규정 rpm으로 맞춘다.

10. 엔진 타이밍 라이트를 비춰 점화 시기를 확인한다.

11. 엔진 시동을 OFF시키고 디젤 타이밍 라이트를 탈거한다.

12. 가속 페달 케이블을 규정 장력으로 조정한다.

디젤 인젝션 펌프 rpm 조정

❶ 공회전 회전수가 규정 범위를 벗어나면 공회전 조정 볼트의 로크 너트를 풀고 공회전 조정 볼트를 돌려 공회전 rpm을 조정한다(시계 방향 : rpm 상승, 반시계 방향 : rpm 저하).

❷ 가속 페달 케이블 조정 : 가속 페달 케이블 휨량을 확인한다. 휨량이 표준 범위를 벗어나면 가속 페달 케이블 로크 너트를 돌려 조정한다.

2 예열 플러그 점검

예열 플러그 탈부착 작업

1. 예열 플러그 커넥터를 탈거한다.

2. 예열 플러그 고정 너트를 풀어낸다.

3. 예열 플러그 고정 너트를 제거하고 연결 전원 브래킷을 탈거한다.

4. 예열 플러그를 탈거한다.

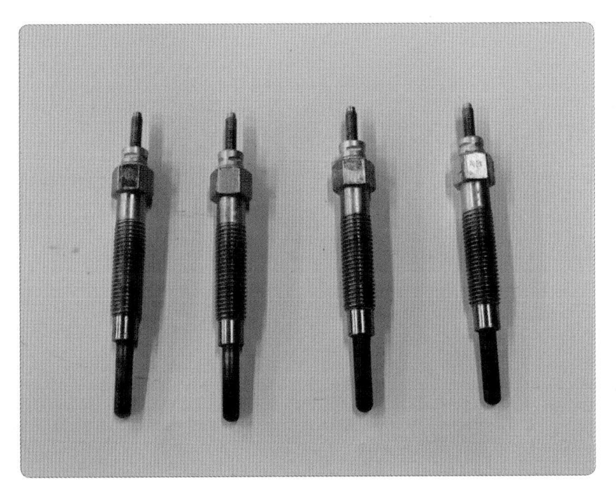

5. 예열 플러그를 정리정돈시킨다.

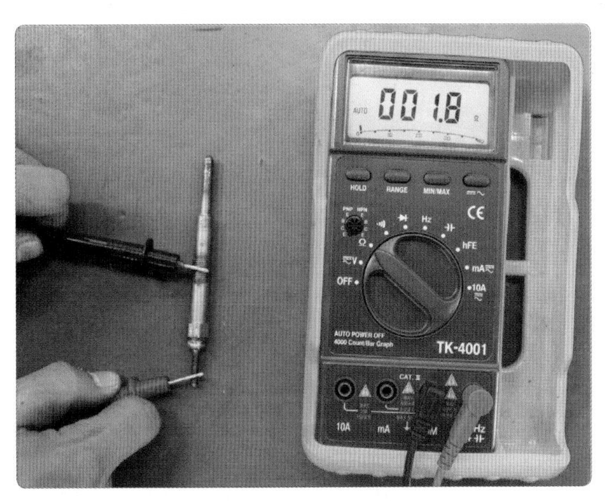

6. 개별 예열 플러그 저항을 측정한다.

7. 예열 플러그 점검 후 이상이 있으면 신품으로 교체한 후 예열 플러그를 조립한다.

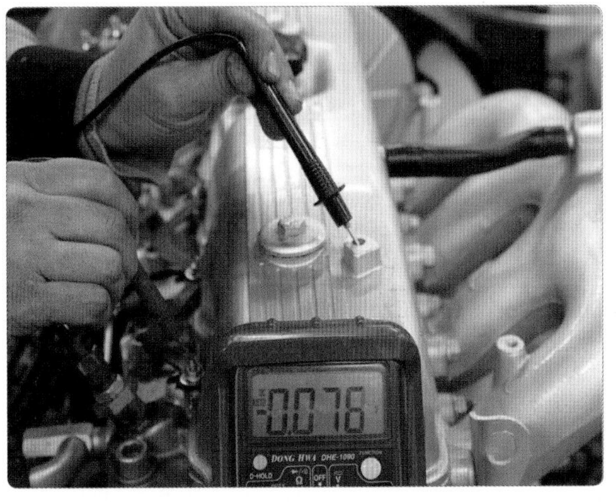

8. 조립된 상태의 예열 플러그 저항을 점검한다.

9. 조립이 끝나면 예열 플러그가 정상 작동되는지 확인한다.

10. 주변을 정리하고 엔진 시동을 걸어 엔진 상태를 확인한다.

실습 주요 point

❶ 예열 플러그 저항 점검

측정(점검) : 예열 플러그를 측정한 값과 정비 지침서 규정(한계)값을 비교하여 높은 측정 저항값이 출력되었으므로 불량으로 예열 플러그를 교환한다.

❷ 예열 플러그 점검

- 예열 플러그의 손상 및 플레이트 녹을 점검한다.
- 멀티 테스터기 선택 레인지를 Ω으로 선택하고 리드선(+, −)을 전원 단자부와 보디 사이의 저항을 측정한다.

3 분사 노즐 점검

(1) 분사 노즐 탈부착

1. 연료 공급 호스를 탈거한다.

2. 인젝터 및 인젝션 펌프 고압 파이프를 탈거한다.

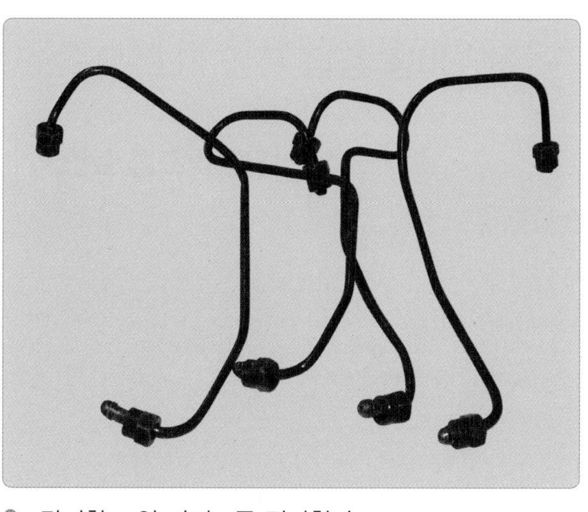

3. 탈거한 고압 파이프를 정리한다.

4. 연료 리턴 파이프를 탈거한다.

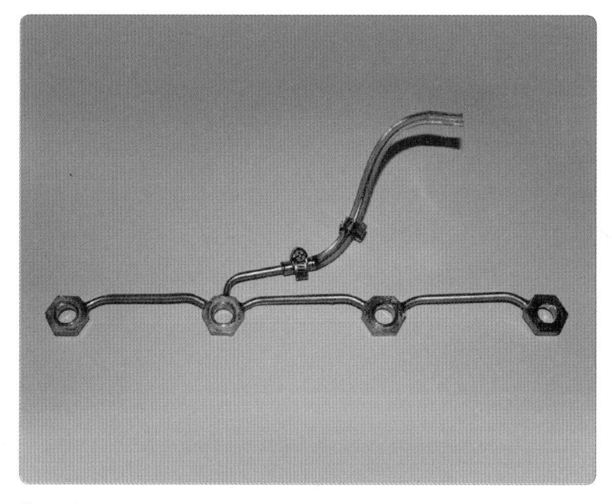

5. 연료 리턴 파이프를 정리한다.

6. 분사 노즐을 탈거한다.

7. 실린더 헤드 분사 노즐 구멍은 이물질이 유입되지 않도록 캡이나 헝겊으로 막아둔다.

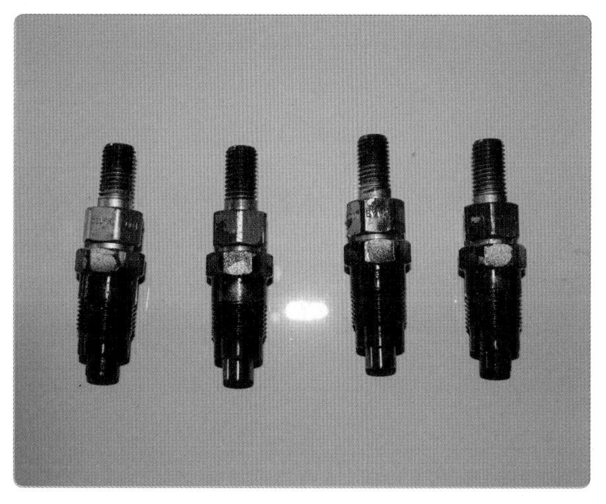

8. 탈거된 분사 노즐을 점검하고 이상이 있는 노즐은 교환한다.

9. 분사 노즐을 실린더 헤드에 설치하고 조립한다.

10. 연료 리턴 파이프를 조립한다.

11. 연료 공급 파이프를 인젝션 펌프와 분사 노즐에 체결하여 조립한다(왼쪽 : 인젝션 펌프, 오른쪽 : 인젝션).

12. 실린더별 연료 공급 파이프를 체결한다.

13. 연료 공급 파이프를 체결하고 주변 정리 후 시험위원의 확인을 받는다.

(2) 분사 노즐 압력 조정

① 분사 압력 조정(제거) 핸들이 있는 타입

㈎ 노즐 시험기에 노즐을 설치하고 연료 탱크에 연료(경유)가 있는지 확인한다.

㈏ 노즐 시험기 펌프 레버를 작동하면서 인젝션 파이프 고정 너트를 풀어 공기빼기를 한 후 압력 제거 핸들을 2~3바퀴 정도 풀어 준다.

㈐ 펌프 레버를 1~2회 서서히 작동하여 계기의 눈금이 상승하면 다시 펌프 레버를 강하게 작동시킨 다음 압력 제거 핸들을 잠그면 계기의 눈금이 서서히 상승한 후 멈춘다. 이 상태가 분사 개시 압력이 된다.

② 분사 압력 조정(제거) 핸들이 없는 타입

분사 노즐 테스터기 종류에 따라 계기판의 눈금이 최대 상승 후 하강 시 순간적으로 흔들림이 멈추었다가 하강하게 되는데, 순간적으로 멈춘 부분을 분사 개시 압력으로 측정한다.

(3) 분사 노즐 압력 및 후적 측정

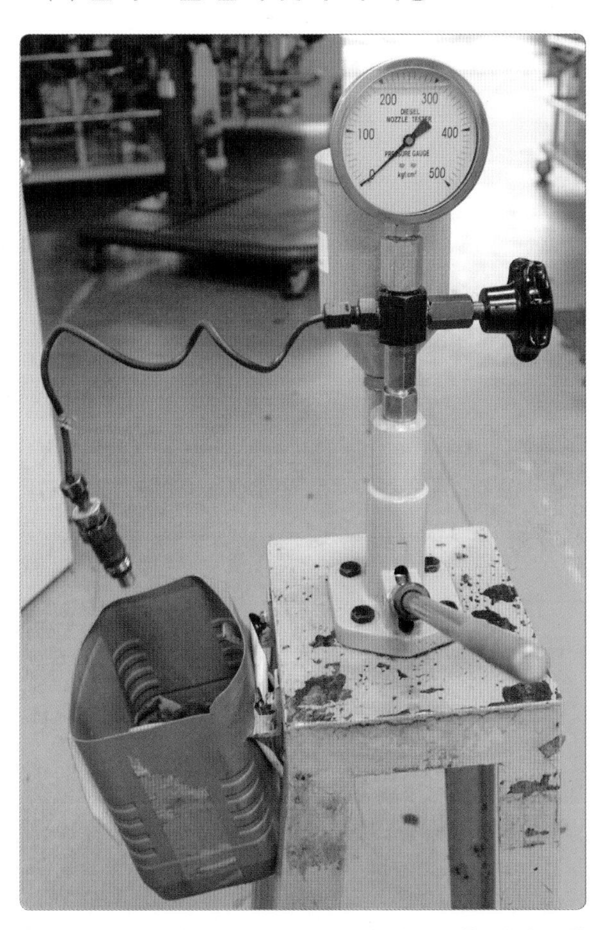

1. 분사 노즐 테스터기 노즐 위치와 경유 보충 상태를 확인한다. 노즐 시험기 펌프 레버를 작동하면서 인젝션 파이프 고정 너트를 풀어 공기빼기 후, 압력 제거 핸들을 2~3바퀴 풀어준다.

2. 분사 노즐이 수직된 상태를 확인한다.

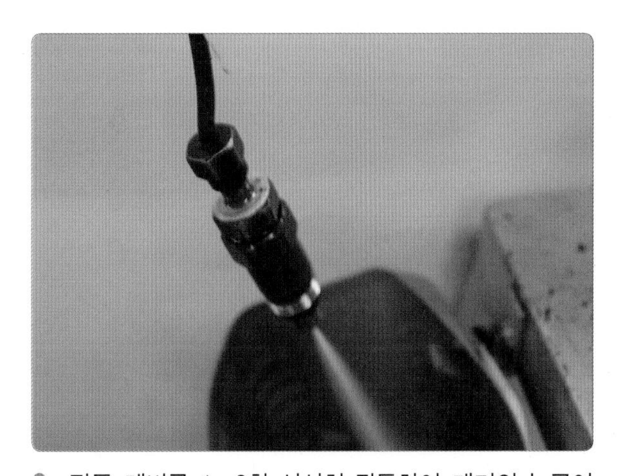

3. 작동 레버를 1~2회 서서히 작동하여 계기의 눈금이 상승하면 다시 작동 레버를 강하게 작동한 후, 압력 제거 핸들을 잠그면 계기의 눈금이 서서히 상승한 후 멈춘다.

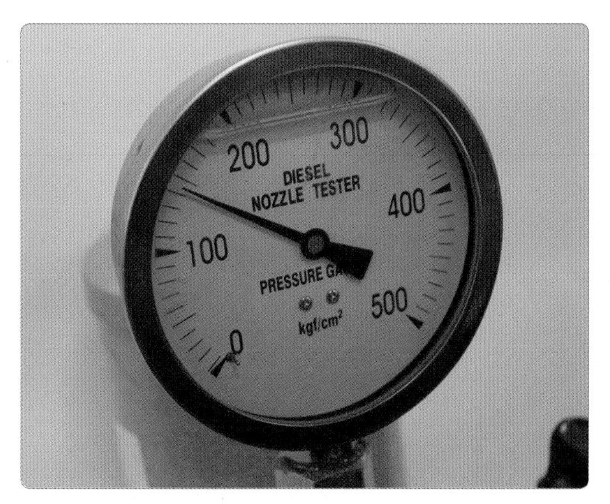

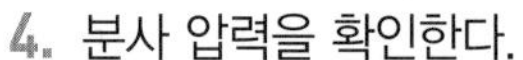
4. 분사 압력을 확인한다.

5. 노즐 팁을 육안으로 확인해 후적 유무를 확인한다.

① 측정(점검)

(가) 분사 개시 압력을 측정한 값 : 120 kgf/cm^{2}를 정비 지침서 규정(한계)값 : 100~120 kgf/cm^{2}와 비교하여 판정한다.

(나) 노즐 분사끝 후적 상태를 확인하고 양부를 판정한다.

② 불량 시 조정 방법

(가) 심 조정식 : 노즐 홀더 덮개 안에 있는 심의 두께로 조정

(나) 압력 조정 나사식 : 노즐 홀더 덮개 안에 있는 조정 너트를 드라이버로 돌려 압력 조정

분사 개시 압력 규정(한계)값		
차 종	분사 개시 압력	비 고
그레이스	120 kgf/cm^2	규정값과 상이할 때 심으로 조정
포터	120 kgf/cm^2	규정값과 상이할 때 압력 조정 나사로 조정

실습 주요 point

분사량의 불균율

디젤 엔진 각 실린더에 공급하는 분사량에 차이가 있으면 폭발 압력에 차가 발생되고 이것으로 인한 진동과 소음이 불규칙하게 발생되어 엔진에 좋지 않은 영향을 끼치게 된다. 따라서 각 플런저의 분사량을 균등하게 하는 기준으로 불균율을 측정하여 불균율이 규정된 범위 안에 오도록 분사량을 조정한다.

불균율은 일반적으로 전부하 시에 3~4%, 무부하 시 10~15% 정도가 되며, 불량 시 제어 랙의 위치에 대한 제어 슬리브(리드 종류에 따라 조정)의 관계 위치를 조정하여 실린더간 불균율을 조정한다.

4 디젤 엔진 공기빼기 작업 후 시동 작업

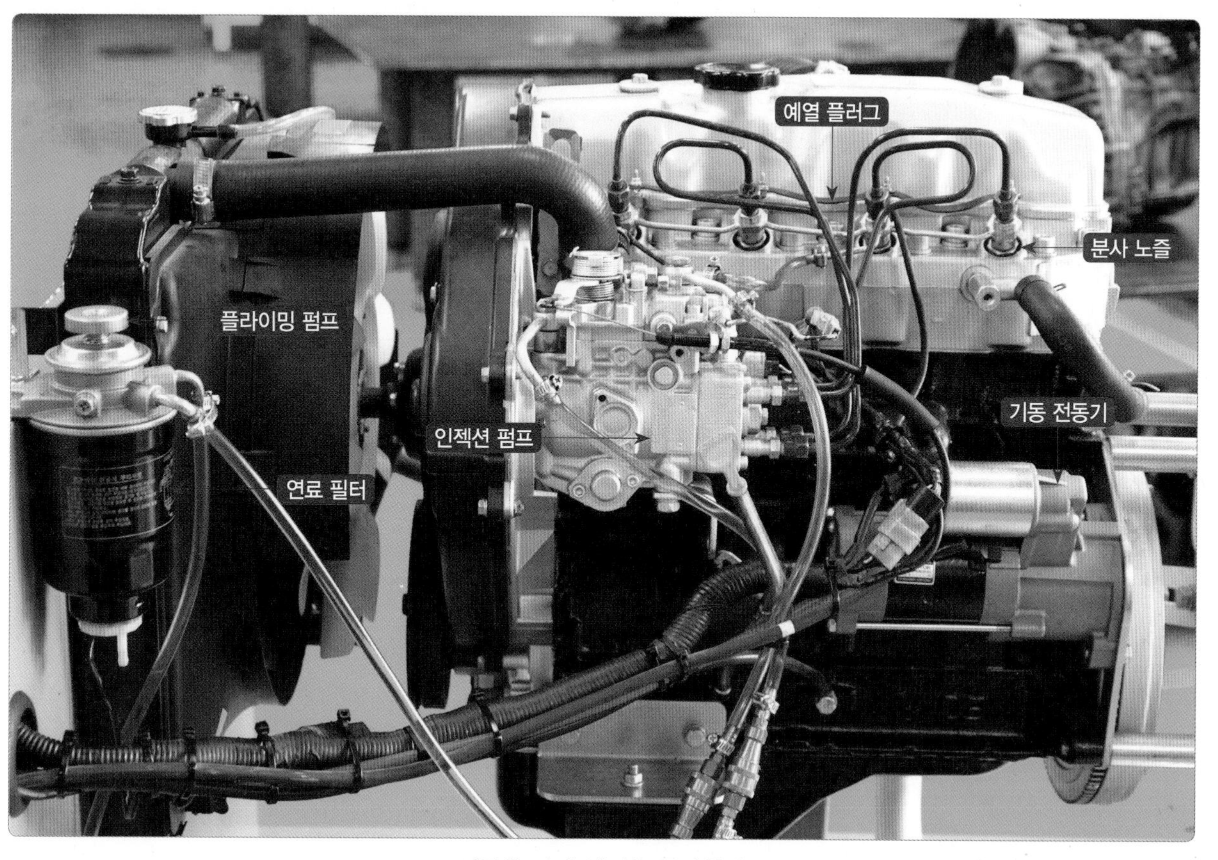

시동용 디젤 엔진을 준비한다.

1. 연결된 연료 호스 밴드 및 클립을 조인다.

2. 플라이밍 펌프를 작동시켜 연료압을 높인 후 연료 필터 공기빼기 고정 볼트를 풀어 공기를 빼준다(공기가 나오지 않을 때까지 반복).

3. 연료 필터 공기빼기 작업이 끝나면 공기빼기 고정 볼트를 조여준다.

4. 분사 펌프 입구 고정 볼트를 풀고 공기를 빼준다(플라이밍 펌프 작동).

5. 엔진을 시동한다.

6. 연료 분사 노즐 입구에 파이프 고정 너트를 풀고 공기를 빼준다(기포가 나오지 않을 때까지).

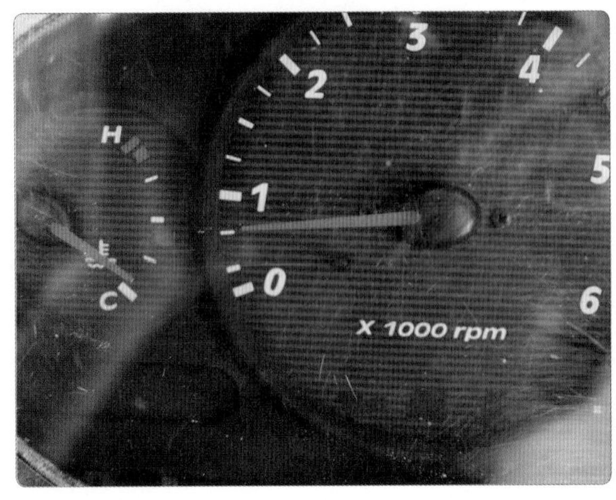

7. 엔진의 시동 상태를 확인한다.

8. 분사 펌프의 가속 케이블 유격을 조정한다.

5 커먼레일 디젤 엔진 점검

1 고장 현상에 따른 진단 절차

커먼레일 엔진의 가속 불량과 출력의 부족은 연료장치 또는 전자 제어 시스템의 이상이 발생되어 ECU 분사량 제한으로 나타난다. 연료계통의 고장점검은 시동이 불가능할 때와 가능상태로 구분하여 고장 진단한다.

커먼레일 디젤 엔진의 연료장치를 정확하고 효율적으로 진단하기 위해 제작된 테스터이다.

(1) 엔진 시동이 불가할 때

① 저압 라인 시험 → ② 인젝터 백리크 시험(정적 테스트) → ③ 고압 라인 시험

(2) 엔진 시동이 가능할 때

① 저압 라인 시험 → ② 인젝터 백리크 시험(동적 테스트) → ③ 고압 라인 시험

※ 주의 : 커먼레일 엔진 시스템에는 정밀 공정이 적용된 부품들이 사용되므로 연료 라인 및 부품이 작업 중 이물질 등에 오염되지 않도록 청결에 각별한 주의가 필요하며, 필요시 에어건을 이용하여 에어로 깨끗하게 청결을 유지한 상태에서 점검한다.

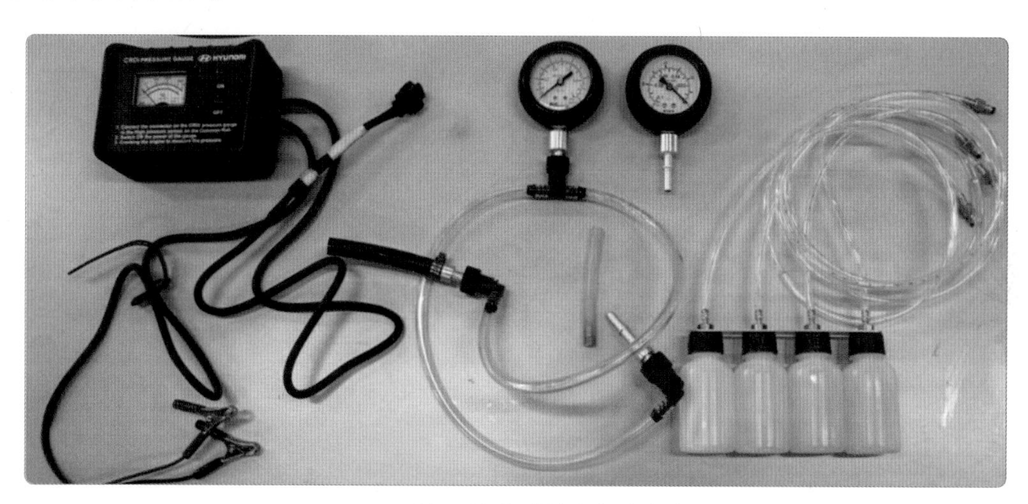

CRDI 연료 압력 시험기와 전압계

1. 점검용 디젤 커먼레일 엔진을 준비한다.

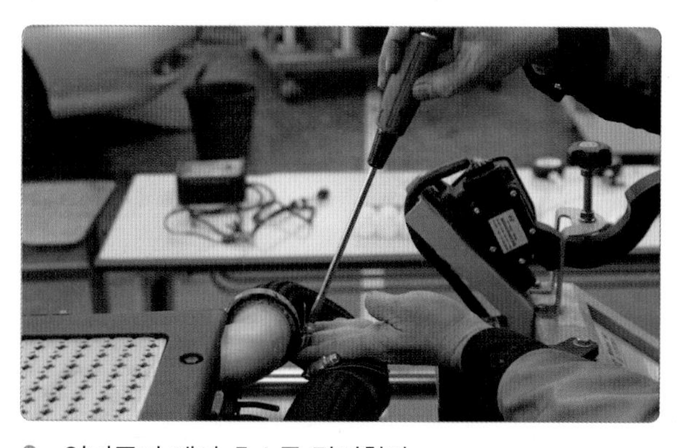

2. 인터쿨러 에어 호스를 탈거한다.

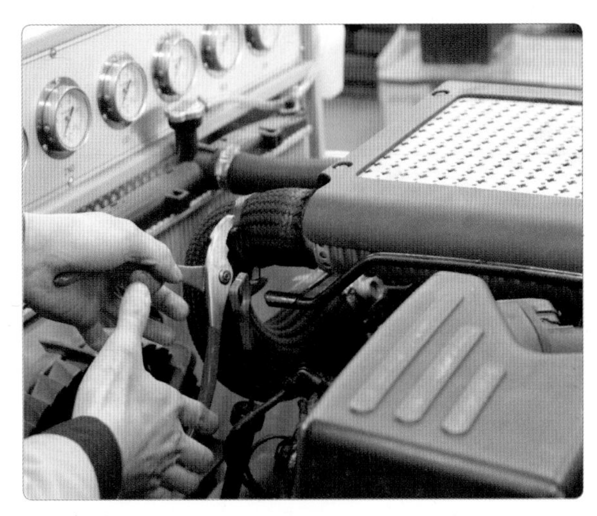

3. 인터쿨러 출구 호스를 탈거한다.

4. 인터쿨러 어셈블리를 탈거한다.

5. 연료 인젝터 및 커먼레일을 확인한다.

6. 인젝터 리턴 파이프 고정 클립을 탈거한다.

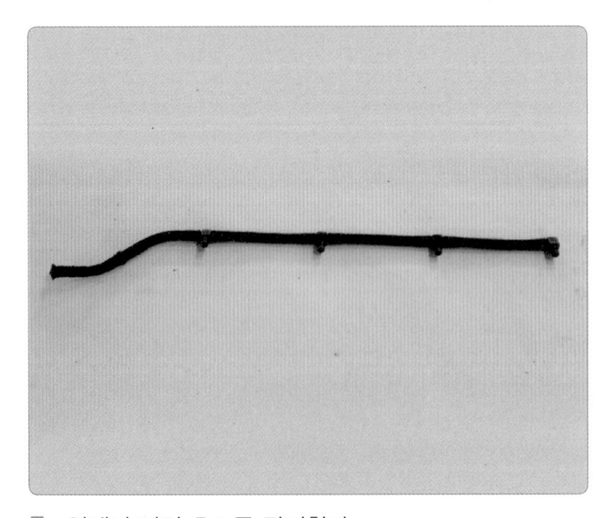

7. 인젝터 리턴 호스를 탈거한다.

8. 고압 펌프 리턴측 차단 튜브를 장착한다.

9. 인젝터 커넥터를 탈거한다.

10. 저압 게이지 설치를 위한 고압 펌프 호스를 탈거한다.

11. 저압 게이지 설치를 준비한다(수분 필터 출구측 호스에 장착).

12. 백리크 측정용 니플, 투명 호스 플러그를 인젝터 리턴 호스에 연결한다.

13. 각 인젝터 리턴 홀에 측정용 플라스크를 연결한다.

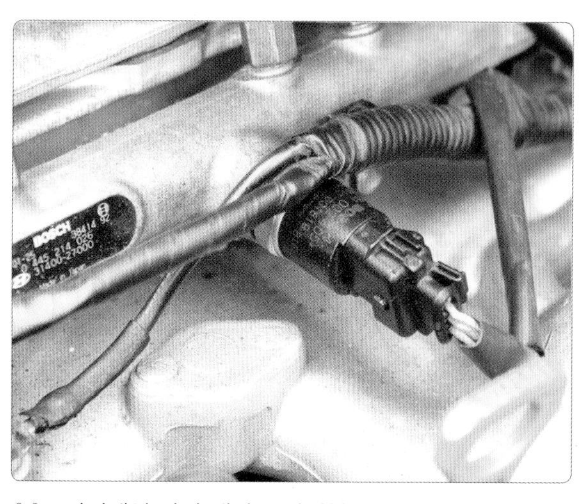

14. 커먼레일 압력 센서를 탈거한다.

15. 측정용 고압 게이지를 준비한다.

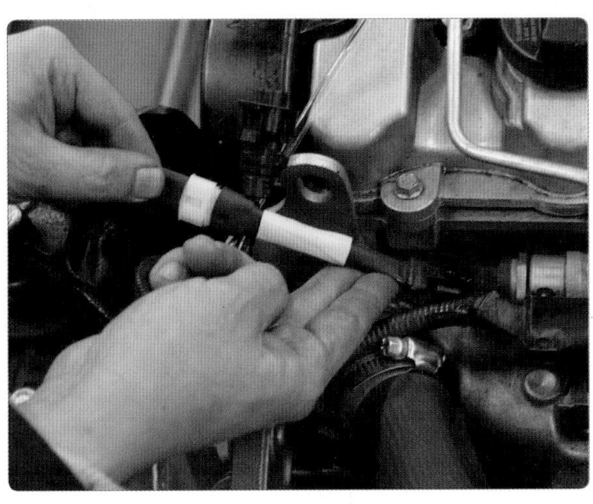

16. 연료 압력 센서에 고압 게이지 측정용 커넥터를 체결한다.

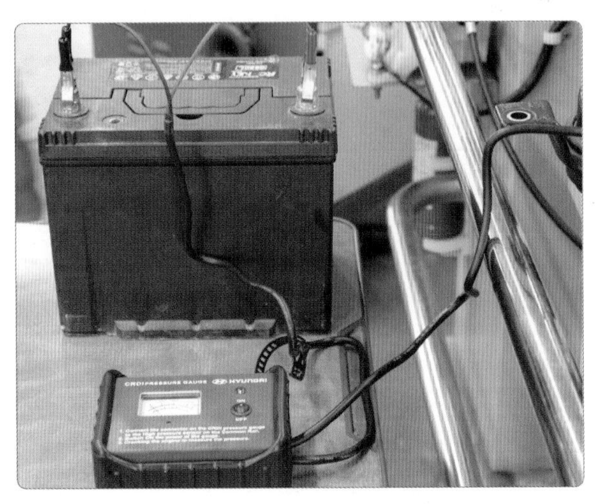

17. 고압 게이지 (+), (–) 클립을 배터리에 연결한다.

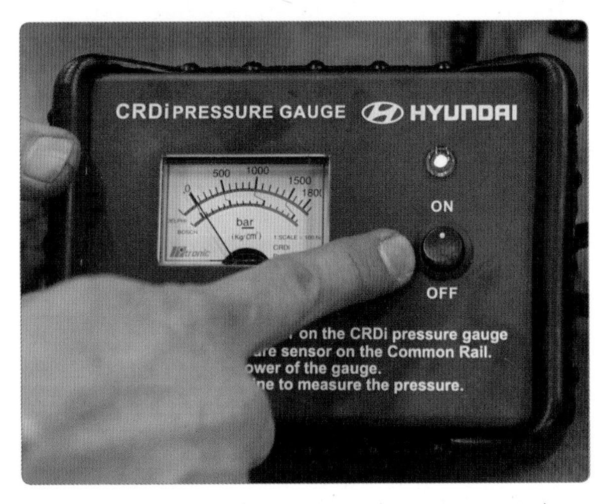

18. 고압 게이지 전원을 ON시킨다(전원표시등 점등).

19. 엔진을 크랭킹한다(5초 실시).

20. 저압 게이지에 표시된 연료 압력을 확인한다.

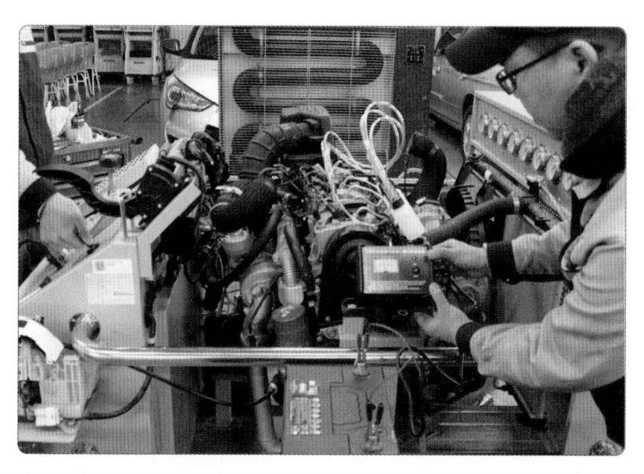
21. 엔진을 크랭킹 실시 중 고압 게이지 압력을 확인한다(5초 실시).

22. 고압 압력 측정(1150 bar)

저압 연료 펌프(보시 타입) 규정값과 판정		
구 분	규정 압력 및 측정 압력	판 정
1	1.5~3 kgf/cm²	정상으로 이상 없음
2	4~6 kgf/cm²	저압 연료 라인 막힘 및 연료 필터 막힘
3	0~1.5 kgf/cm²	저압 연료 라인 누설 또는 전기 펌프 고장

2 인젝터 백리크 시험(정적 테스트)

① 각 인젝터에 연결된 리턴 호스를 탈거하고 인젝터 리턴 호스 어댑터를 연결한 후 끝을 비커에 넣는다.

② 연료 리턴 호스를 분리한 후 고압 펌프측을 인젝터 리턴 호스 플러그로 막는다.

③ 레일 압력 센서 커넥터를 탈거한 후 레일 압력 센서 어댑터에 연결한 다음 고압 게이지를 연결한다.

④ 인젝터 작동 중지를 위해 커넥터를 탈거한다.

⑤ 고압 라인에 연료가 최대한 공급되로록 고압 펌프에 장착된 커넥터를 탈거한다.

⑥ 5초간 엔진을 크랭킹시킨다(최소 200 rpm 이상으로 시험하며 냉각수 온도 30 ℃ 이하에서 실시할 것).

1. 인젝터에 연결된 리턴 호스를 탈거한다.

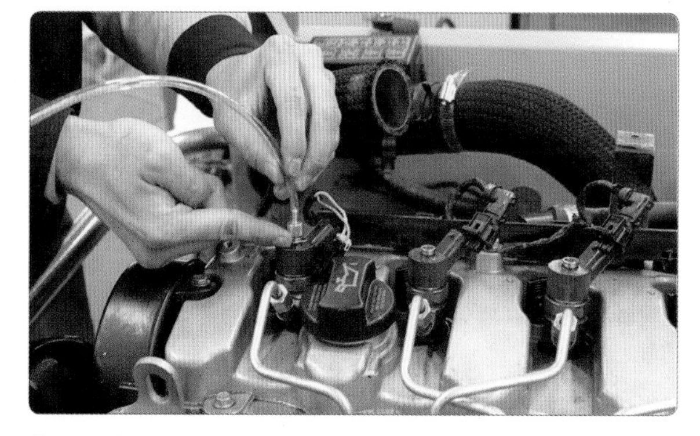
2. 플러그를 연료 리턴 호스에 연결한다.

3. 인젝터가 작동하지 않게 모든 인젝터 커넥터를 탈거한다.

4. 인젝터 리턴 홀에 플라스크를 연결한다.

5. 레일 압력 센서의 커넥터를 탈거하고 레일 압력 센서 어댑터를 체결한다.

6. 고압 압력 게이지 터미널을 배터리에 연결한다.

7. 고압 펌프 출구의 레일 압력 조절 밸브 커넥터를 탈거한다.

8. 커먼레일의 출구측 레일 압력 조절 밸브 커넥터를 탈거하고 레일 압력 조절 밸브 케이블에 배터리 전원을 연결한다.

9. 고압 게이지 스위치를 ON시킨다.

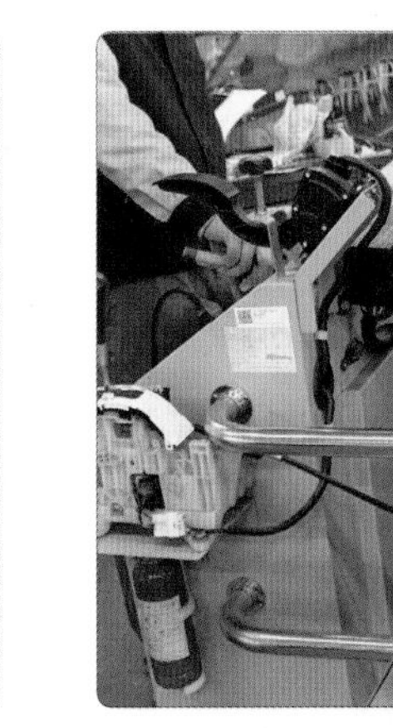

10. 엔진을 5초간 크랭킹한다.(크랭킹은 5초를 초과하지 말 것, 엔진 회전수는 200 rpm 이하로 할 것, 냉각수온 30℃ 이하에서 실시할 것)

11. 고압 압력 게이지 최댓값을 측정한다.

12. 백리크된 연료의 양을 확인한다.

고압 펌프 및 인젝터 백리크 판정				
측 정	고압 압력(bar)	측정된 백리크 양	판 정	점검 부위
1	고압력(1000 bar 이상)	0~200 mm	정상	–
2	0~1000 bar	200~400 mm	인젝터 고장(백리크 과도)	해당 인젝터 교환
3	0~1000 bar	0~200 mm	고압 펌프 고장	고압 라인 시험 실시

고압 펌프 테스트 판정			
NO	고압 펌프 압력	판 정	비 고
1	1000~1500 bar	고압 펌프 정상	–
2	0~1000 bar	고압 펌프 & 레일 압력 조절 밸브 비정상	저압 연료 라인 점검
3	0 미만	레일 압력 센서 비정상	레일 압력 센서 & 테스터기 점검

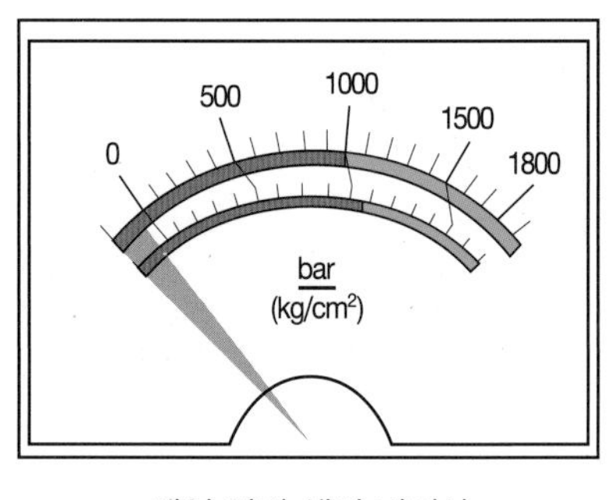

레일 압력 센서 비정상

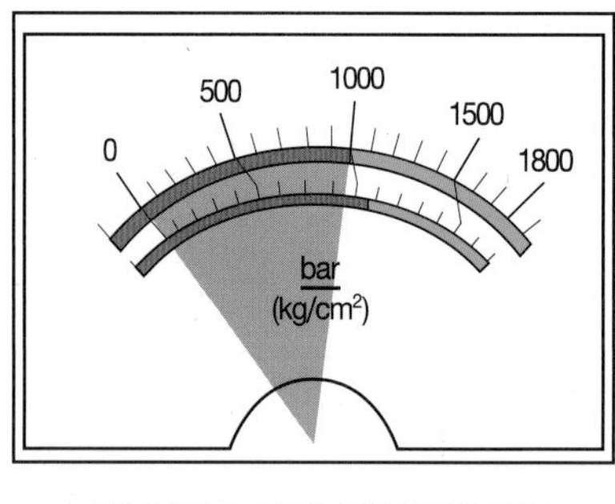

고압 펌프 & 레일 압력 조절 밸브 비정상

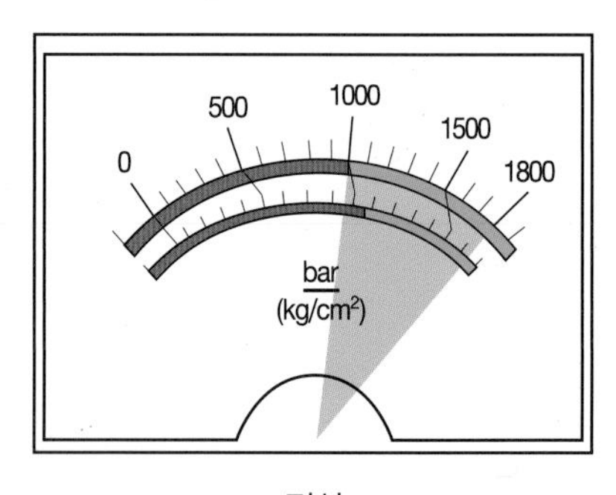

정상

실습 주요 point

고압 펌프를 교환하기 전에 연료 필터에 이물질 유무를 확인한다. 만약, 연료 필터 내에 이물질이 발견되면 연료 탱크를 포함한 연료 라인을 세척한 후 필요 부품을 교환한다.

3 인젝터 백리크 시험(동적 테스트)

앞의 인젝터 백리크 시험(정적 테스트)과 같이 각 인젝터의 리턴 호스를 분리하고 인젝터 리턴 호스 어댑터(CRT−1032), 투명 튜브(CRT−1031), 플라스크(CRT−1030), 인젝터 리턴 호스 플러그(CRT−1033)를 연결한다(단, 엔진 작동이 되도록 연료 인젝터 커넥터를 체결한다).

① 엔진을 시동하고 공회전 rpm으로 1분간 유지한 후 3000 rpm까지 가속한다(30초간 유지).

② 엔진을 정지한다.

③ 시험 종료 후 비커에 담긴 연료의 양을 측정한다. 각 플라스크(CRT−1030)에 담긴 연료의 양을 측정한다.

인젝터 백리크 시험(동적 테스트)

1. 인젝터에 연결된 리턴 호스를 탈거한다

2. 플러그를 연료 리턴 호스에 연결한다.

3. 탈거된 인젝터 커넥터를 체결한다.

4. 인젝터 리턴 홀에 인젝터 리턴 호스에 플라스크를 연결한다.

5. 엔진을 시동한다(공회전 상태 유지 1분간).

6. 엔진을 가속하여 3000 rpm으로 유지시킨다.

센서출력		14/33
배터리전압	14.2	V
흡기온센서	33.8	℃
흡기온센서(전압)	3.2	V
냉각수온센서	86.3	℃
냉각수온센서(전압)	1.2	V
공기량센서	43.5	Kg/h
공기량센서(전압)	1.7	V
엔진회전수	2688	RPM
차속센서	109	Km/h
에어컨스위치	OFF	

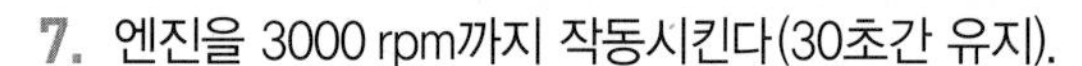

7. 엔진을 3000 rpm까지 작동시킨다(30초간 유지).

8. 플라스크에 측정된 백리크 연료량을 확인한다.

결과 : 1분간 공회전 → 30초 동안 3000 rpm 유지 → 시동 OFF → 시험의 정확도를 위해 테스트는 2회 이상 실시한다. 연료량이 최소인 것보다 3배 이상 많은 실린더의 해당 인젝터를 교환한다.

4 레일 압력 조절 밸브 점검

- 레일 압력 조절 밸브 상단의 연료 리턴 커넥터를 탈거한다.
- 레일 압력 조절 밸브 하단의 연료 리턴 호스를 탈거한다.
- 커먼레일의 출구측 레일 압력 조절 밸브 커넥터를 탈거하고 레일 압력 조절 밸브 케이블(G)에 배터리 전원을 연결한다.
- 연료 리턴 커넥터와 레일 압력 조절 밸브 하단을 플라스크에 연결한다.
- 엔진을 5초간 크랭킹한다. 한계값 : 10 cc 이하(연료 압력이 1000 bar를 초과하는 조건에서 시험 실시)

※ Euro-4는 더미저항을 사용해서 출구측 조절 밸브 커넥터에 연결한다(만약 더미저항이 없으면 연료 펌프 릴레이를 강제 구동한다).

(1) 레일 압력 센서 교환

1. 탈거할 연료 압력 센서 주변을 정리한다.

2. 연료 압력 센서 고정 볼트를 분해한다.

3. 연료 압력 센서를 탈거한 후 시험위원의 확인을 받는다.

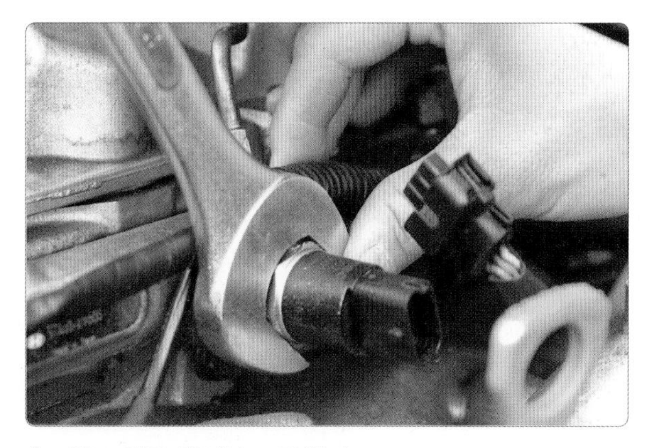

4. 연료 압력 센서를 조립한다.

5. 연료 압력 센서의 조립된 상태를 확인한다.

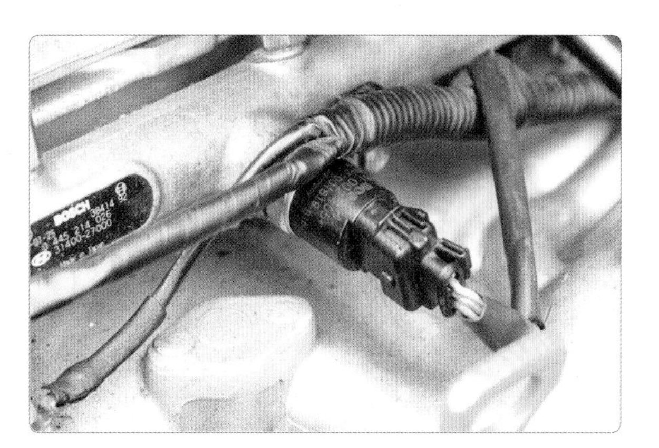

6. 연료 압력 센서 커넥터를 조립한 후 시험위원의 확인을 받는다.

(2) 연료 압력 점검

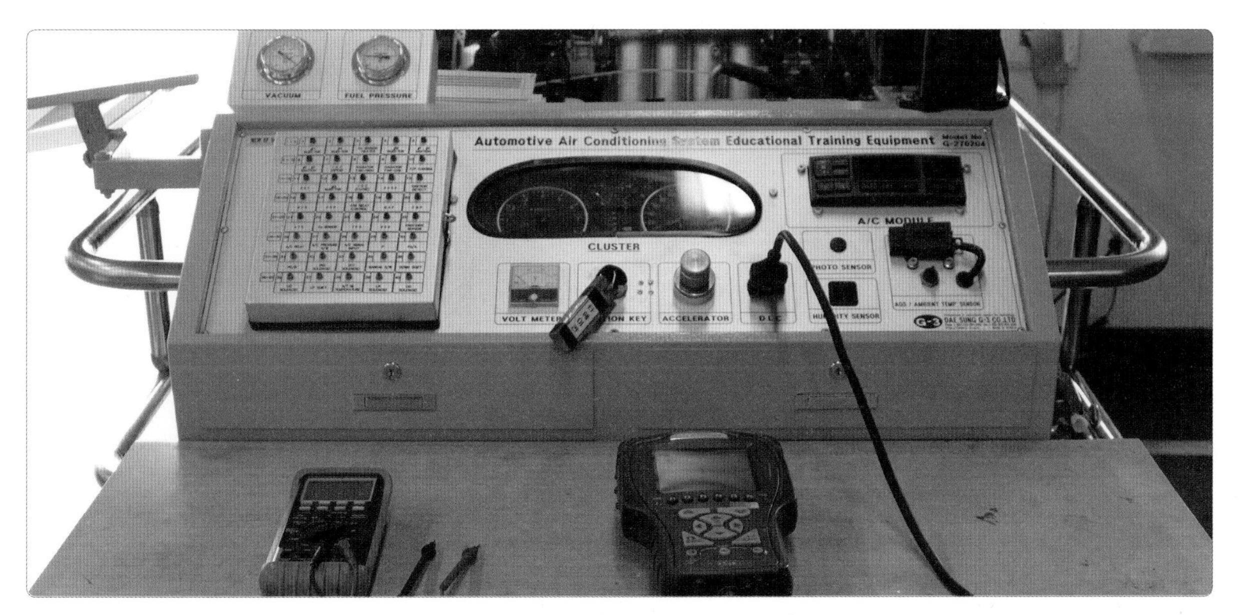

스캐너 전원 ON(엔진 시동 ON 상태)

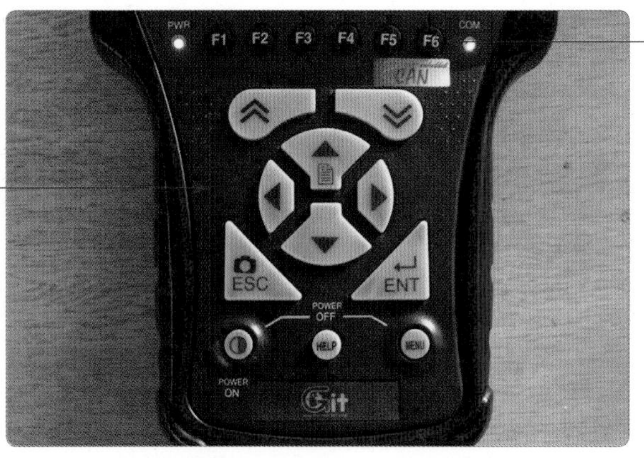

부가 기능 버튼
화면 하단 부가 기능 선택 시 사용

기능 버튼
시스템 작동 시 기능을 독립적으로 수행하기 위한 키

스캐너 전원 ON(엔진 시동 ON 상태)

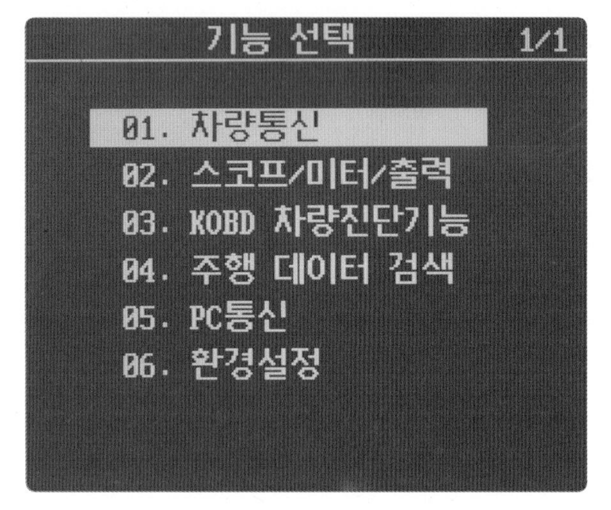

1. 기능 선택 메뉴에서 차량통신을 선택한다.

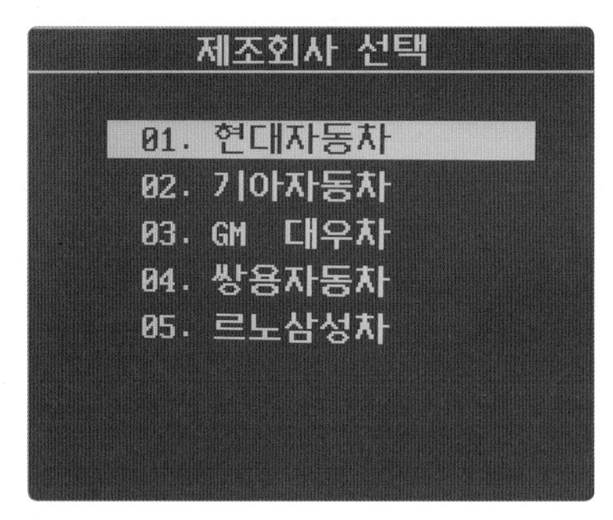

2. 제조사를 선택한다.

차종 선택 68/73
61. 갤로퍼 II
62. 갤로퍼
63. 싼타모
64. 트라제 XG
65. 맥스크루즈(NC)
66. 싼타페(DM)
67. 산타페(CM F/L)
68. 산타페(CM)
69. 산타페
70. 투싼ix(LM F/L)
71. 투싼ix(LM)
72. 투싼
73. 블루온

3. 대상 차량 차종을 선택한다(싼타페).

제어장치 선택 1/12
차 종 : 산타페(CM)
01. 엔진제어 디젤
02. 자동변속
03. 제동제어(ABS/VDC)
04. 에어백
05. 오토헤드램프레벨링
06. 파워스티어링
07. 오토에어콘
08. 4륜구동시스템

4. 엔진제어 디젤을 선택한다.

사양 선택 1/2

차　　종 : 산타페(CM)
제어장치 : 엔진제어 디젤

01. CRDI디젤 WITHOUT CPF
02. CRDI디젤 WITH CPF

5. 사양을 선택한다.

진단기능 선택 2/12

차　　종 : 산타페(CM)
제어장치 : 엔진제어 디젤
사　　양 : CRDI디젤 WITHOUT CPF

01. 자기진단
02. 센서출력
03. 액츄에이터 검사
04. 시스템 사양정보
05. ECU 맵핑 확인
06. 압축압력 및 연료계통 점검
07. 센서출력 & 자기진단

6. 센서출력을 선택한다.

센서출력	4/58
이그니션스위치	ON
배터리전압	14.1 V
연료분사량	11.4 mm3
레일압력	333.3 bar
목표레일압력	333.3 bar
레일압력조절기(레일)	16.9 %
레일압력조절기(펌프)	32.9 %
연료온도센서	26.9 ℃
연료온도센서출력전압	3039 mV
흡입공기량(Kg/h)	51.0 Kg/h

고정 | 분할 | 전체 | 파형 | 기록 | 도움

7. 센서출력에서 레일압력을 측정한다(333.3 bar).

8. 연료 압력 측정이 끝나면 엔진 시동을 OFF하고 기록지를 작성한다.

측정(점검) : 연료 압력 측정값 333.3 bar/834 rpm을 정비 지침서 제원 280~340 bar/850 rpm을 적용하여 판정한다. 측정값이 불량일 때는 연료 압력 조절기를 교환한 후 다시 한번 점검하여 확인한다.

실습 주요 point

전자 제어 시스템–연료 압력 센서

- 커먼레일의 연료 압력 검출(엔진 ECU 입력)
- 연료 분사량, 분사 시기 조정 신호로 사용

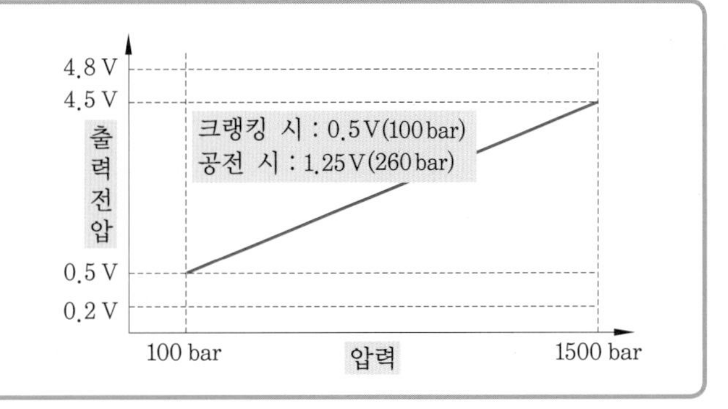

(3) 공전속도 점검

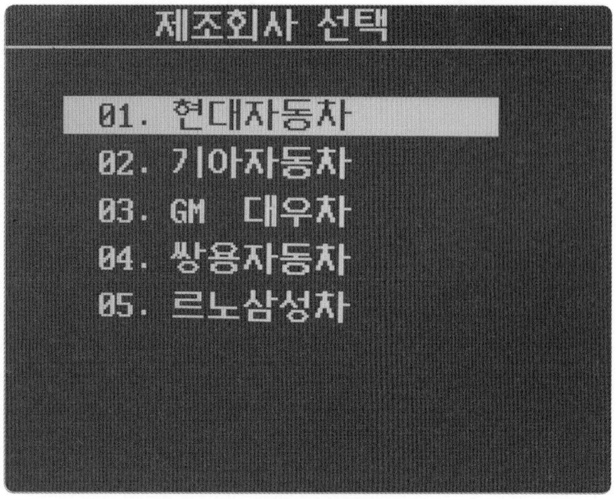

제조회사 선택
01. 현대자동차
02. 기아자동차
03. GM 대우차
04. 쌍용자동차
05. 르노삼성차

1. 제조사에 해당되는 차종을 선택한다.

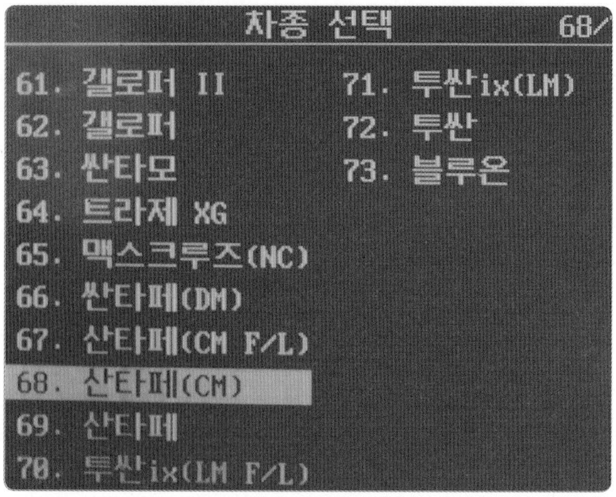

차종 선택 68/
61. 갤로퍼 II
62. 갤로퍼
63. 싼타모
64. 트라제 XG
65. 맥스크루즈(NC)
66. 싼타페(DM)
67. 산타페(CM F/L)
68. 산타페(CM)
69. 산타페
70. 투싼ix(LM F/L)
71. 투싼ix(LM)
72. 투싼
73. 블루온

2. 대상 차량 차종을 선택한다(싼타페).

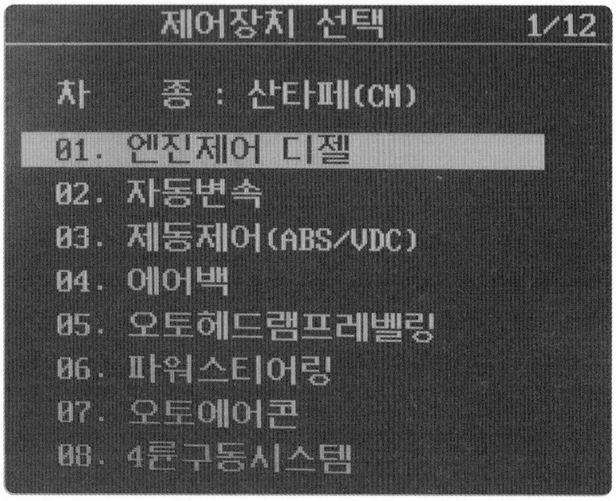

제어장치 선택 1/12
차 종 : 산타페(CM)
01. 엔진제어 디젤
02. 자동변속
03. 제동제어(ABS/VDC)
04. 에어백
05. 오토헤드램프레벨링
06. 파워스티어링
07. 오토에어콘
08. 4륜구동시스템

3. 엔진제어 디젤을 선택한다.

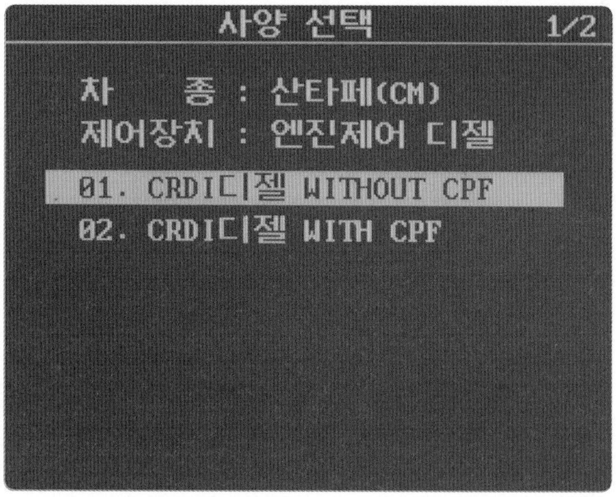

사양 선택 1/2
차 종 : 산타페(CM)
제어장치 : 엔진제어 디젤
01. CRDI디젤 WITHOUT CPF
02. CRDI디젤 WITH CPF

4. 사양을 선택한다(VGT).

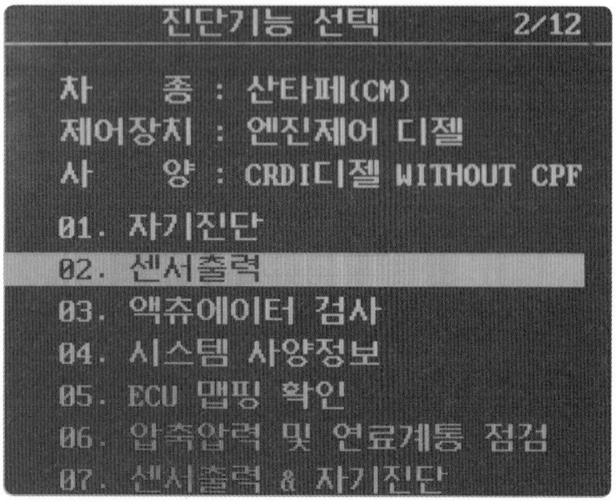

진단기능 선택 2/12
차 종 : 산타페(CM)
제어장치 : 엔진제어 디젤
사 양 : CRDI디젤 WITHOUT CPF
01. 자기진단
02. 센서출력
03. 액츄에이터 검사
04. 시스템 사양정보
05. ECU 맵핑 확인
06. 압축압력 및 연료계통 점검
07. 센서출력 & 자기진단

5. 센서출력을 선택한다.

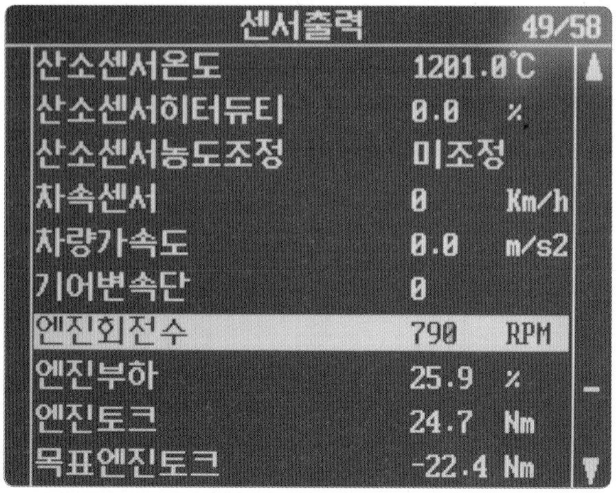

센서출력 49/58

산소센서온도	1201.0℃	
산소센서히터듀티	0.0	%
산소센서농도조정	미조정	
차속센서	0	Km/h
차량가속도	0.0	m/s2
기어변속단	0	
엔진회전수	790	RPM
엔진부하	25.9	%
엔진토크	24.7	Nm
목표엔진토크	-22.4	Nm

6. 엔진 rpm을 확인한다(790 rpm).

측정(점검) : 공전속도 측정값 790 rpm을 해당 차량 정비 지침서 규정(한계)값 750±100 rpm을 적용하여 판정하며 측정값이 불량일 때는 전자 제어 및 연료 계통을 점검한다.

공전 rpm 규정값			
차 종	엔진 형식	분사 시기	공전속도(rpm)
그레이스	D4BB	ATDC5°	850±100
	D4BH	ATDC9°	750±30
스타렉스	D4BB	ATDC5°	850±100
	D4BF	ATDC7°	750±30
무쏘/코란도	OM601	BTDC15±1°	700±50
	OM602	BTDC15±1°	750±50

(4) 인젝터 저항 점검

1. 점검할 인젝터를 확인한다.

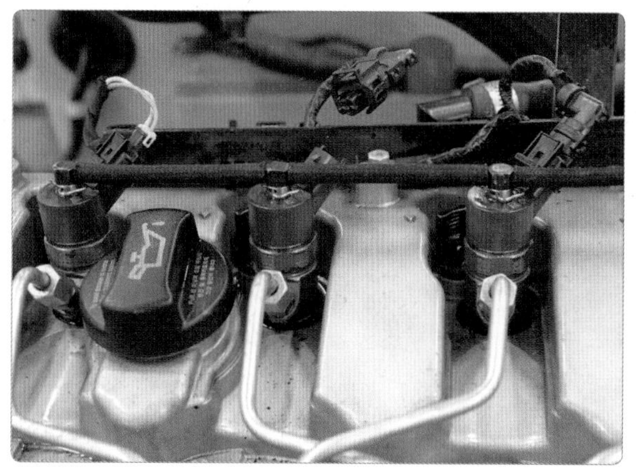

2. 인젝터 커넥터를 탈거한다.

3. 멀티 테스터를 저항(Ω)에 선택한다.

4. 인젝터 저항을 측정한다(저항 Ω).

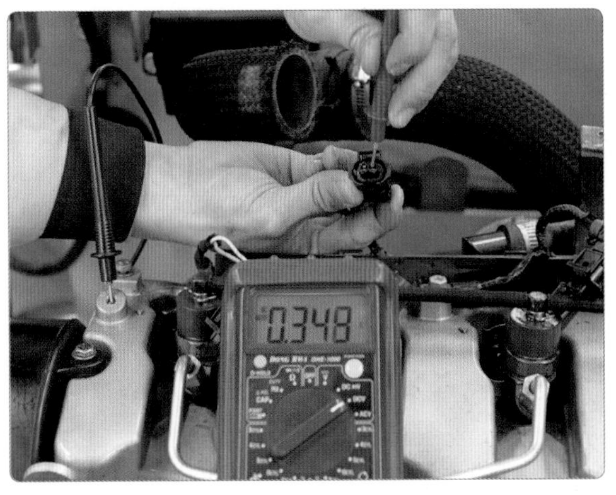

5. 멀티 테스터를 저항(Ω)에 선택한 후 커넥터 전압을 점검한다.

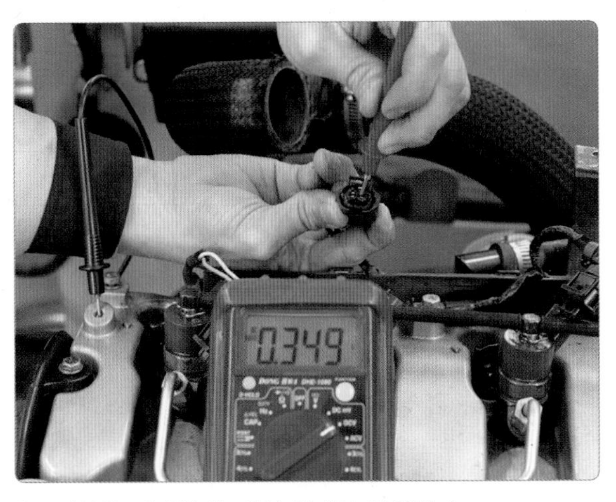

6. 전압을 점검한 후 배선 상태를 확인한다.

5 디젤 커먼레일 인젝터 탈부착

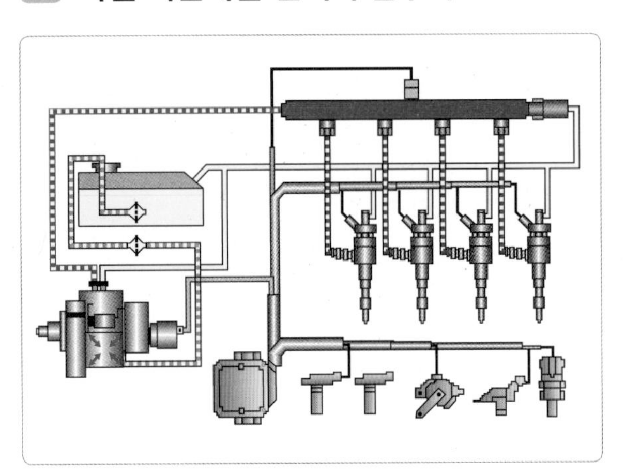

디젤(CRDI) 엔진 시스템

인젝터 작동

1. 커먼레일 인젝터 커넥터를 분리한다.

2. 연료 리턴 호스 고정키를 탈거한다.

3. 연료 리턴 파이프를 탈거한다.

4. 인젝터 고정 볼트 플러그를 확인한다.

5. 인젝터 고정 볼트 플러그를 제거한다.

6. 인젝터 고정 볼트를 확인한다.

7. 인젝터 고정 볼트를 별표 렌치를 이용하여 분해한다.

8. 고정 볼트 홀에 드라이버로 지그를 밀고 분해된 볼트를 자석을 이용하여 들어낸다.

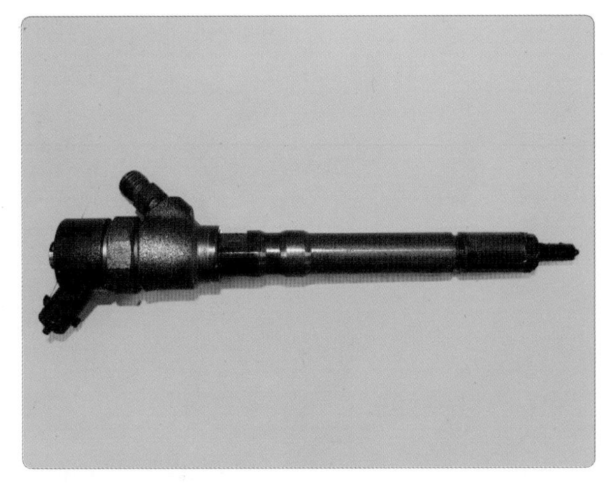

9. 인젝터를 탈거한 후 시험위원의 확인을 받는다.

10. 인젝터를 조립한다(고정 지그를 드라이버를 이용하여 고정 위치로 밀어 맞춘다).

11. 고정 볼트를 홀에 넣고 조립한다.

12. 별표 렌치를 이용하여 인젝터를 조립한다.

13. 인젝터 홀 플러그를 CLOSE로 돌려 플러그를 조립한다.

14. 연료 리턴 파이프를 조립한다.

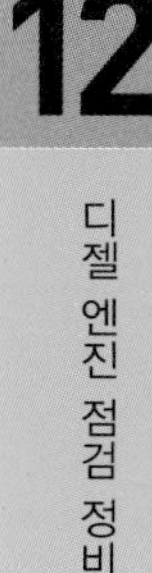

15. 연료 리턴 파이프 키를 조립한다.

16. 커넥터를 체결한 후 시험위원의 확인을 받는다.

6 액셀 포지션 센서(APS : accelerator position sensor) 점검

액셀 포지션 센서는 운전자의 가속 의지를 검출하여 가속 상태에 따른 연료량을 결정한다. APS는 가변 저항으로 되어 있어 운전자가 페달을 밟는 양에 따라 전압이 상승하여 연료 분사량과 혼합비를 농후하게 해주는 기능을 하며 APS 1과 APS 2가 있다.

APS 1은 연료 분사량과 분사 시기를 결정하고, APS 2는 APS 1의 이상 유무를 감지하며 이상 신호에 의한 엔진 과다출력과 차량 급발진을 방지한다. 일반적으로 1이 2보다는 2배 이상 전압차를 갖기 때문에 센서의 이상 유무를 판단하기가 쉽다. 액셀러레이터 페달과 브레이크 페달을 동시에 밟았을 경우 FAIL SAFE라는 기능이 작동된다. APS는 케이블이 아닌 센서로 운전자의 의지를 반영한 센서이다.

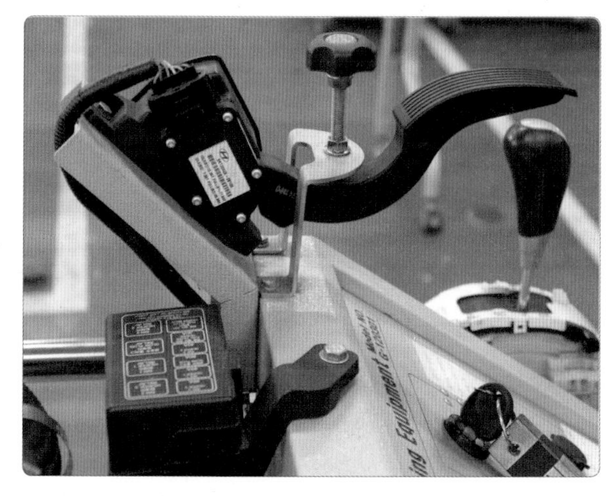

1. APS 센서 위치를 확인한다.

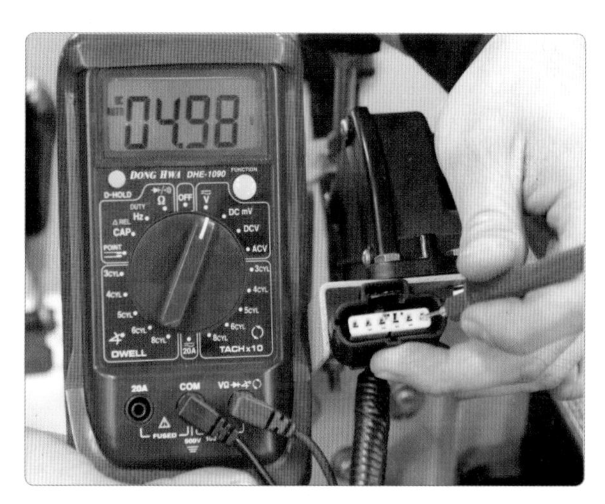

2. 센서 공급 전원을 측정한다.

3. APS 파형 출력 단자를 확인한다.

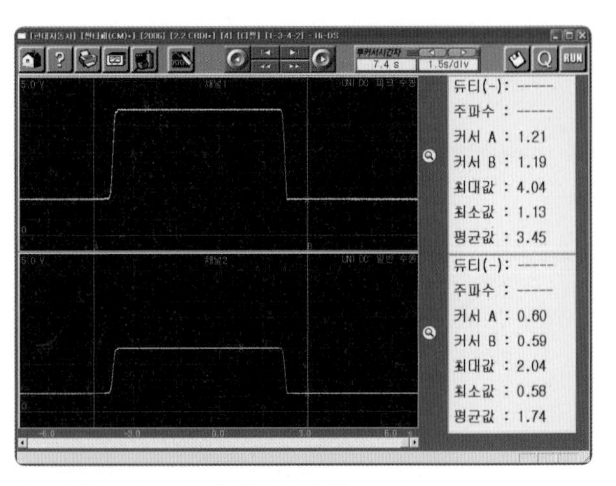

4. 파형 APS 1, 2 출력을 분석한다.

실습 주요 point

전자 제어 시스템-액셀 포지션 센서

액셀러레이터 페달 위치를 검출하여 연료 분사량과 분사 시기를 결정한다.

- 센서 1 : 주센서이며, 분사량 및 분사 시기를 결정한다.
- 센서 2 : 센서 1을 감시하는 센서(안전 보상)

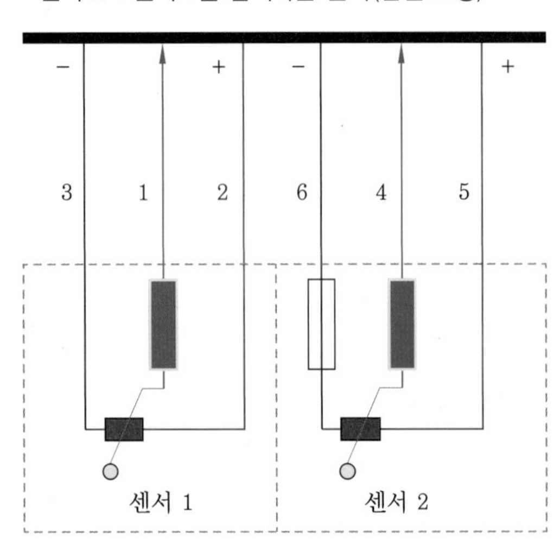

대학과정 실습교재
자동차 엔진 정비

2017년 1월 10일 1판 1쇄
2023년 1월 10일 1판 2쇄

저　자 : 임춘무 · 이일권 · 최종기
펴낸이 : 이정일

펴낸곳 : 도서출판 **일진사**
www.iljinsa.com
(우) 04317 서울시 용산구 효창원로 64길 6
전화 : 704-1616/팩스 : 715-3536
등록 : 제1979-000009호 (1979.4.2)

값 22,000 원

ISBN : 978-89-429-1499-9